Studienbücher Chemie

Reihe herausgegeben von
Jürgen Heck, Hamburg, Deutschland
Burkhard König, Regensburg, Deutschland
Roland Winter, Dortmund, Deutschland

Die „Studienbücher Chemie" sollen in Form einzelner Bausteine grundlegende und weiterführende Themen aus allen Gebieten der Chemie abdecken. Sie streben nicht unbedingt die Breite eines umfassenden Lehrbuchs oder einer umfangreichen Monographie an, sondern sollen Studierende der Chemie – durch ihren Praxisbezug aber auch bereits im Berufsleben stehende Chemiker – kompakt und dennoch kompetent in aktuelle und sich in rascher Entwicklung befindende Gebiete der Chemie einführen. Die Bücher sind zum Gebrauch neben der Vorlesung, aber auch anstelle von Vorlesungen geeignet. Es wird angestrebt, im Laufe der Zeit alle Bereiche der Chemie in derartigen Texten vorzustellen. Die Reihe richtet sich auch an Studierende anderer Naturwissenschaften, die an einer exemplarischen Darstellung der Chemie interessiert sind.

Weitere Bände in der Reihe http://www.springer.com/series/12700

Über den Autor

Georg Job studierte Chemie an der Universität Hamburg und promovierte dort 1968 bei A. Knappwost. Von 1970 bis 2001 war er Dozent am Institut für Physikalische Chemie der Universität Hamburg. Zwei Gastdozenturen führten ihn an das Institut für Didaktik der Physik der Universität Karlsruhe (1979–80) und an die Tongji-Universität in Shanghai (1983).

Schon früh war ihm die Vereinfachung und Vereinheitlichung der Wärmelehre ein großes Anliegen. Dies mündete schließlich in die Veröffentlichung des Buches „Neudarstellung der Wärmelehre" im Jahre 1972. Im Folgenden wurde das neue Lehrkonzept von G. Job konsequent weiterentwickelt und in seiner Anwendung erweitert, so dass es letztendlich große Teile der physikalischen Chemie umfasste. Es wurde von ihm in zahlreichen Artikeln und Vorträgen auf nationalen und internationalen Tagungen vorgestellt. In Zusammenarbeit mit R. Rüffler entstand schließlich das Lehrbuch „Physikalische Chemie – Eine Einführung nach neuem Konzept mit zahlreichen Experimenten", das auch ins Englische übersetzt wurde. Ergänzend wurde das vorliegende Arbeitsbuch mit zahlreichen Übungsaufgaben und den zugehörigen ausführlichen Lösungen verfasst.

Regina Rüffler studierte Chemie an der Universität des Saarlandes und promovierte dort 1991 bei U. Gonser. Von 1989 bis 2002 war sie Dozentin am Institut für Physikalische Chemie der Universität Hamburg, unterbrochen von einem zweijährigen Aufenthalt als Gastwissenschaftlerin an der Universität des Saarlandes. Während ihrer Dozentur betreute sie zahlreiche Lehrveranstaltungen im Grund- und Hauptstudium wie Vorlesungen, Praktika und Übungen.

Ihre Begeisterung für die Lehre ließ sie 2002 in die Eduard-Job-Stiftung eintreten. Neben der Abfassung des Lehr- sowie des Arbeitsbuches „Physikalische Chemie" in Zusammenarbeit mit G. Job erstellt sie Versuchsbeschreibungen zu den über hundert in das Lehrbuch integrierten Demonstrationsexperimenten und produziert zugehörige Videos, für die sie mehrfach Preise gewonnen hat (https://job-stiftung.de/index.php?versuche-1). Auch wurde das neue Lehrkonzept in all seinen Facetten von ihr auf zahlreichen Konferenzen im In- und Ausland vorgestellt und seit 2012 an der Universität Hamburg in der Experimentalvorlesung „Thermodynamik" für Studierende der Holzwirtschaft umgesetzt.

Georg Job · Regina Rüffler

Arbeitsbuch Physikalische Chemie

Aufgaben zum Lehrbuch mit ausführlichen Lösungen

Springer Spektrum

Georg Job
Job-Stiftung
Hamburg, Deutschland

Regina Rüffler
Job-Stiftung
Universität Hamburg
Hamburg, Deutschland

ISSN 2627-2970 ISSN 2627-2989 (electronic)
Studienbücher Chemie
ISBN 978-3-658-25109-3 ISBN 978-3-658-25110-9 (eBook)
https://doi.org/10.1007/978-3-658-25110-9

Die Deutsche Nationalbibliothek verzeichnet diese Publikation in der Deutschen Nationalbibliografie; detaillierte bibliografische Daten sind im Internet über http://dnb.d-nb.de abrufbar.

Springer Spektrum

Planung: Rainer Münz

Springer Spektrum ist ein Imprint der eingetragenen Gesellschaft Springer Fachmedien Wiesbaden GmbH und ist ein Teil von Springer Nature
Die Anschrift der Gesellschaft ist: Abraham-Lincoln-Str. 46, 65189 Wiesbaden, Germany

Vorwort

Das Arbeitsbuch bietet in Ergänzung zum Lehrbuch „Physikalische Chemie. Eine Einführung nach neuem Konzept mit zahlreichen Experimenten“ die ausgezeichnete Möglichkeit, den erarbeiteten Stoff durch Auseinandersetzung mit einer konkreten Problemstellung einzuüben und so das Verständnis zu vertiefen. Es gliedert sich in einen Aufgabenteil und einen anschließenden Lösungsteil.

Der Aufgabenteil umfasst knapp 200 Übungsaufgaben, die sich thematisch an das Lehrbuch anschließen. Aufgaben mit einem höheren Schwierigkeitsgrad sind dabei mit einem * markiert. Die mit † gekennzeichneten Aufgaben basieren auf Vorlagen von Prof. Friedrich Herrmann.

Bei der Bearbeitung der Aufgaben, bei denen als Ergebnis ein Zahlenwert verlangt wird, empfiehlt sich die folgende Vorgehensweise: Zunächst wird die allgemeine Formel angegeben, dann werden, um Rechenfehler zu vermeiden, die Größenwerte in SI-Einheiten (mit entsprechendem Vorzeichen) eingesetzt, also das Volumen nicht etwa in Litern, sondern in m^3, die Masse nicht in g, sondern in kg usw. Abschließend wird das Endergebnis berechnet. Bei Zwischenrechnungen ist es zweckmäßig, die Einheitenvorsätze (außer k beim kg) als Zehnerpotenzen auszuschreiben und die Vorsätze erst im Endergebnis wieder zu benutzen.

Im Anschluss an den Aufgabenteil werden im Lösungsteil die Rechenwege zu allen Aufgaben Schritt für Schritt ausführlich erläutert. Kurze Zwischenrechnungen (punktiert-gestrichelt unterstrichen) wurden in die Berechnung der gesuchten Größe eingeschoben, längere Zwischenrechnungen vorangestellt.

Die Nummern der Gleichungen beziehen sich auf das Lehrbuch „Physikalische Chemie. Eine Einführung nach neuem Konzept mit zahlreichen Experimenten“, das 2011 im Rahmen der Studienbücher Chemie im Vieweg+Teubner Verlag (heute Springer-Verlag) erschienen ist.

Beim Vorstand der Job-Stiftung möchten wir uns herzlich für die stete Unterstützung und die große Geduld bedanken. Unser ganz besonderer Dank gilt jedoch Eduard J. Job†, der die Job-Stiftung 2001 gründete, und seinem Bruder Norbert Job, der seit 2017 die Finanzierung der Stiftung übernommen hat. Den Mitarbeiterinnen und Mitarbeitern des Springer-Verlags sind wir für die stets gute Zusammenarbeit sehr dankbar.

Hamburg, im November 2018 — Georg Job, Regina Rüffler

Inhaltsverzeichnis

1 Aufgabenteil

1.1 Einführung und erste Grundbegriffe

1.1.1 Stoffmengenkonzentration

In 500 cm^3 einer wässrigen Lösung (L) von Glucose (Stoff B; $C_6H_{12}O_6$) sind 45 g dieses Zuckers gelöst. Wie groß ist die Stoffmengenkonzentration c_B der Lösung?

Hinweis: Die molaren Massen M der betrachteten Stoffe werden in der Regel nicht angegeben, da sie bei bekannter Gehaltsformel leicht zu berechnen sind: Sie entsprechen den Summen aus den molaren Massen (deren Zahlenwert gleich den relativen Atommassen ist) der die Verbindung aufbauenden Elemente, multipliziert mit den zugehörigen Gehaltszahlen. So besteht Glucose aus den Elementen Kohlenstoff, Wasserstoff und Sauerstoff mit den molaren Massen $12{,}0 \cdot 10^{-3}\,\mathrm{kg\,mol^{-1}}$, $1{,}0 \cdot 10^{-3}\,\mathrm{kg\,mol^{-1}}$ und $16{,}0 \cdot 10^{-3}\,\mathrm{kg\,mol^{-1}}$. Die molare Masse M_B der Glucose ergibt sich schließlich zu $(6 \cdot 12{,}0 + 12 \cdot 1{,}0 + 6 \cdot 16{,}0) \cdot 10^{-3}\,\mathrm{kg\,mol^{-1}} = 180{,}0 \cdot 10^{-3}\,\mathrm{kg\,mol^{-1}}$.

1.1.2 Massen- und Stoffmengenanteil

Ein Volumen von 100 mL Kochsalzlösung [Lösung L; bestehend aus Natriumchlorid (Stoff B) und Wasser (Stoff A)] enthält bei 25 °C 15,4 g des gelösten Salzes. Berechnen Sie den Massenanteil w_B und den Stoffmengenanteil x_B, wenn die Dichte der Kochsalzlösung $\rho_L = 1{,}099\,\mathrm{g\,mL^{-1}}$ beträgt.

1.1.3 Massenanteil

Schnaps kann vereinfachend als ein Gemisch aus Ethanol (Stoff A) und Wasser (Stoff B) angesehen werden. Wir wollen einen „Schnaps" mit einem Massenanteil w_A von 33,5 % an Alkohol herstellen, was einer im Spirituosenhandel üblichen Gehaltsangabe von „40 % Vol." entspricht. (Einen solchen Alkoholgehalt weisen z. B. viele Wodkasorten auf.) Dazu stehen uns 100 g Ethanol zur Verfügung. Wie viel Gramm Wasser müssen hinzugefügt werden, um zu dem gewünschten Alkoholgehalt zu gelangen?

1.1.4 Zusammensetzung eines Gasgemisches

Wie groß sind Stoffmengen- und Massenkonzentration, c_B und β_B, sowie Stoffmengen- und Massenanteil, x_B und w_B, des Sauerstoffs (Stoff B) in Luft unter Normbedingungen [vereinfachend als ein Gemisch aus Sauerstoff und Stickstoff (Stoff A) zu betrachten, in dem 21 % der Molekeln O_2 sind]?

G. Job und R. Rüffler, *Arbeitsbuch Physikalische Chemie*, Studienbücher Chemie,
https://doi.org/10.1007/978-3-658-25110-9_1

Hinweis: Gehen Sie der Einfachheit halber von einer Luftmenge von 1 mol aus und beachten Sie, dass 1 mol eines beliebigen Gases, sei es rein oder gemischt, unter Normbedingungen [298 K (25 °C), 100 kPa (1 bar)] rund 24,8 L einnimmt.

1.1.5* Umrechnungsbeziehungen

In Tabelle 1.1 im Lehrbuch „Physikalische Chemie" sind Umrechnungsbeziehungen der gebräuchlichsten Zusammensetzungsgrößen für binäre Gemische aus zwei Komponenten A und B angegeben. Zeigen Sie, dass der folgende, in der zweiten Spalte der ersten Zeile stehende Ausdruck gleich x_B ist:

$$\frac{M_A c_B}{\rho - c_B(M_B - M_A)} .$$

1.1.6 Beschreibung des Reaktionsablaufs

Die Ammoniaksynthese ist das wichtigste industrielle Verfahren zur Umwandlung des kaum reaktiven Luftstickstoffs in eine nutzbare Stickstoffverbindung, denn aus Ammoniak kann z. B. Kunstdünger hergestellt werden. Wir betrachten nun die Bildung von Ammoniak in einem Durchflussreaktor im stationären Betrieb während einer kurzen Weile:

	Stoffkürzel	B	B′	D
Umsatzformel:		$N_2\vert g$ +	$3\ H_2\vert g \rightarrow$	$2\ NH_3\vert g$

Stand der Umsetzung: $\xi(10^h 10^m) = 13$ mol, $\xi(10^h 40^m) = 19$ mol

Zur besseren Übersichtlichkeit werden hier und im Folgenden statt der vollständigen Stoffnamen oder –formeln geeignete Kürzel verwendet.

a) Wie lauten die Umsatzzahlen ν_B, $\nu_{B'}$ und ν_D?

b) Wie groß ist der Umsatz $\Delta\xi$ in der betrachteten Zeitspanne?

c) Wie groß sind die Mengen- und Massenänderungen aller beteiligten Stoffe in dieser Zeit?

1.1.7 Anwendung der stöchiometrischen Grundgleichung bei Titrationsverfahren

250 mL einer Schwefelsäurelösung (Stoff B; H_2SO_4) mit unbekannter Konzentration $c_{B,0}$ werden in einem Erlenmeyerkolben vorgelegt, mit einigen Tropfen einer Phenolphthalein-Lösung als Säure-Base-Indikator versetzt und anschließend mit Natronlauge (Stoff B′; NaOH) der Konzentration $c_{B',0} = 0{,}1\ \text{kmol}\,\text{m}^{-3}$ bis zum Farbumschlag von farblos nach rosaviolett titriert. Der Verbrauch an Natronlauge bis zum Äquivalenzpunkt beträgt 24,40 mL.

a) Formulieren Sie die Umsatzformel für die zugrunde liegende Säure-Base-Reaktion und die zugehörige stöchiometrische Grundgleichung.

b) Geben Sie die Stoffmengenkonzentration $c_{B,0}$ der Schwefelsäurelösung an.

c) Berechnen Sie die Masse $m_{B,0}$ an H_2SO_4 (in mg), die in ihr enthalten ist.

1.1.8 Anwendung der stöchiometrischen Grundgleichung in der Fällungsanalyse

Aus einem Messkolben (*1*) wird mit Hilfe einer Vollpipette (*2*) eine Ba^{2+}-Ionen enthaltende Lösung (z. B. eine Bariumnitratlösung) abpipettiert und in ein Becherglas gefüllt. Durch Zusatz eines Überschusses an verdünnter Schwefelsäure wird schwerlösliches $BaSO_4$ gefällt, der Niederschlag abfiltriert, gewaschen, getrocknet und gewogen; die Auswaage der Substanz im Filtertiegel ergibt 467 mg.

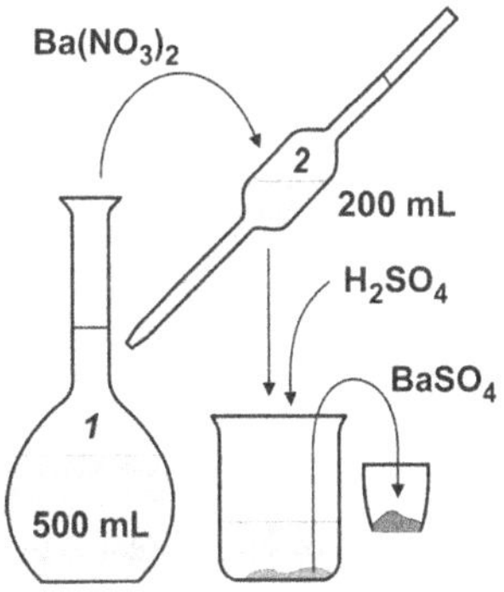

Stoffkürzel B B′ D

Umsatzformel: $Ba^{2+}|w + SO_4^{2-}|w \rightarrow BaSO_4|s$

Grundgleichung: $\Delta\xi = \dfrac{\Delta n_B}{\nu_B} = \dfrac{\Delta n_{B'}}{\nu_{B'}} = \dfrac{\Delta n_D}{\nu_D}$

a) Wie groß ist der bei der vollständigen Fällung erreichte Umsatz $\Delta\xi$?

b) Welcher Wert ergibt sich daraus für die Mengenänderung Δn_B an Ba^{2+}?

c) Wie groß ist die Ba^{2+}-Konzentration $c_{B,1}$ der Bariumnitratlösung im Messkolben?

d) Wie groß war die Stoffmenge $n_{B,1}$ an Ba^{2+} im vollen Messkolben, d. h. vor der Probenahme?

1.1.9 Stöchiometrische Grundgleichung bei Beteiligung von Gasen

Bei der Auflösung von $BaCO_3$ in verdünnter Salpetersäure, um z. B. die Bariumnitratlösung aus Aufgabe 1.1.8 herzustellen, wird CO_2 entwickelt.

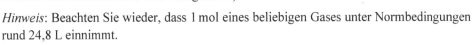

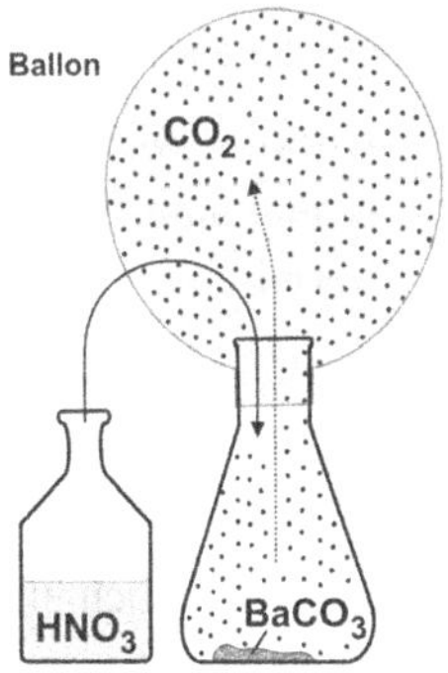

a) Wie lautet die Umsatzformel für diesen Vorgang und wie die stöchiometrische Grundgleichung?

b) Welches Volumen an Salpetersäure ($c = 2\ \text{kmol}\,\text{m}^{-3}$) ist mindestens nötig, um 1 g $BaCO_3$ aufzulösen?

c) Welches Volumen an CO_2 entsteht dabei (unter Normbedingungen)? (In der nebenstehenden Abbildung werden die Gasmoleküle stark vereinfachend als Punkte dargestellt.)

Hinweis: Beachten Sie wieder, dass 1 mol eines beliebigen Gases unter Normbedingungen rund 24,8 L einnimmt.

1.2 Energie

1.2.1 Energieaufwand beim Dehnen einer Feder

Eine Stahlfeder, wie sie etwa das nebenstehende Bild zeigt, habe eine Federhärte D in der Größenordnung von 10^5 N m^{-1}.

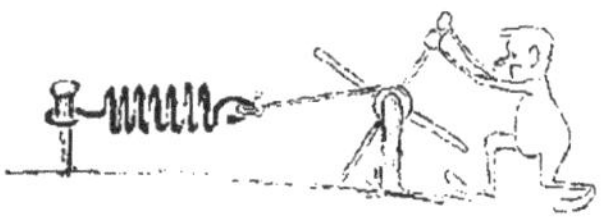

a) Wie viel Energie W_1 ist nötig, um die Feder um 10 cm zu dehnen, ausgehend von ihrer Ruhelänge l_0?

b) Wie viel Energie W_2 braucht man, um die Feder um dasselbe Stück zu verlängern, wenn sie bereits um 50 cm vorgedehnt ist?

c) Um welches Stück Δl wird die Feder länger, wenn sich der 50 kg schwere Mensch an die an der Decke befestigte Feder hängt?

1.2.2 Energie bei Volumenänderung (I)

In einem offenen Becherglas findet die in der Aufgabe 1.1.9 angegebene Umsetzung zwischen Bariumcarbonat und verdünnter Salpetersäure statt (bei 298 K und 100 kPa) (siehe nebenstehende Abbildung; die CO_2-Moleküle werden stark vereinfachend als Punkte dargestellt).

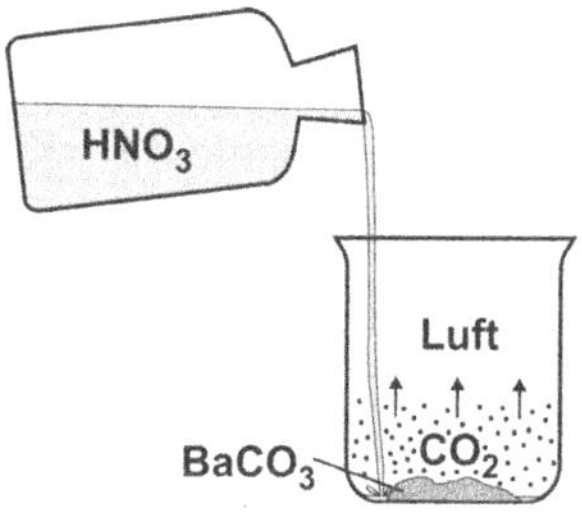

a) Berechnen Sie zunächst die Volumenzunahme ΔV auf Grund der Gasentwicklung, wenn 20 g des Carbonats eingesetzt werden, wobei wir uns vorstellen wollen, dass das entstehende Kohlendioxid die darüberstehende Luft vor sich her schiebt.

   Hinweis: Man erinnere sich: 1 mol eines beliebigen Gases – sei es rein oder gemischt – nimmt unter Normbedingungen (298 K, 100 kPa) etwa 24,8 L ein. Daher ändert auch eine Vermischung des Kohlendioxids mit der Luft darüber praktisch nichts am Wert von ΔV.

b) Bestimmen Sie anschließend den Energieaufwand ΔW, der erforderlich ist, um für das entstehende Gas den nötigen Raum zu schaffen. Da dieser Aufwand zu Lasten des Systems geht, zählt er aus dessen Sicht als negativer Beitrag.

   Hinweis: Auch ein Gas, z. B. in einem Zylinder mit beweglichem Kolben, kann als elastischer „Körper" aufgefasst werden. Es braucht noch nicht einmal tatsächlich ein Kolben vorhanden zu sein: Expandiert ein Gas, das sich im Zuge einer Reaktion bildet, so können wir uns die Grenzfläche zwischen dem expandierenden Gas und der umgebenden Luft als stellvertretend für den Kolben vorstellen.

c) Was könnte man tun, um die Volumenänderung ΔV sichtbar zu machen?

1.2.3 Energie bei Volumenänderung (II)

Octan (C_8H_{18}), ein Bestandteil des Motorenbenzins, wird unter Luftzufuhr verbrannt und die Abgase werden auf Zimmertemperatur heruntergekühlt. Berechnen Sie die zwischen System und Umgebung unter Normbedingungen (298 K, 100 kPa) infolge der Volumenzunahme ΔV ausgetauschte Energie, wenn 1 Liter flüssiges Octan (Dichte $\rho = 0{,}70\ \text{g cm}^{-3}$) eingesetzt wird. Die Umsatzformel, in der die fehlenden Umsatzzahlen noch zu ergänzen sind, lautet:

Stoffkürzel	B	B′	D	D′

$$\square\ C_8H_{18}|l + \square\ O_2|g \rightarrow \square\ CO_2|g + \square\ H_2O|g\,.$$

Anmerkung: Damit der Wasserdampf im Abgas nicht kondensiert, ist etwa die fünffache Menge an (trockener) Luft erforderlich, als zur vollständigen Verbrennung nötig ist. Das Volumen V des betrachteten Systems ändert sich hierdurch drastisch, nicht jedoch ΔV.

1.2.4 Energie eines bewegten Körpers

Ein Personenwagen mit einer Masse von 1,5 t (1 t = 1000 kg) wird auf einer geraden Strecke von 0 auf 50 km h^{-1} beschleunigt.

a) Wie groß ist dann seine kinetische Energie W_{kin}?

b) Wie hoch könnte der mit 50 km h^{-1} fahrende Wagen eine schräge Rampe antriebslos aufwärts rollen, wenn die Reibung vernachlässigbar wäre?

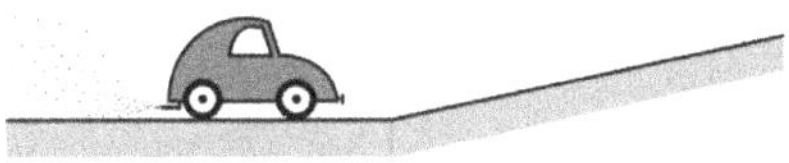

1.2.5 Fallen ohne Reibung †

Ein Elefant (E; $m_E = 2000$ kg) und eine Maus (M; $m_M = 20$ g) springen von einer Brücke ins Wasser.

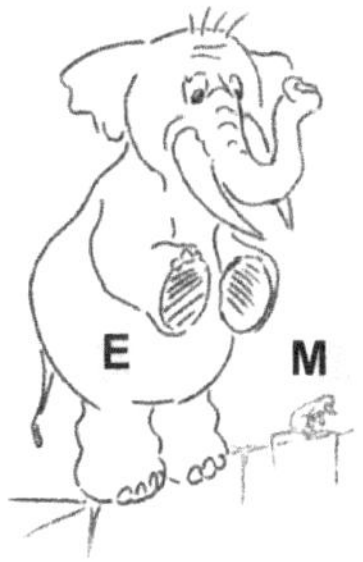

a) Die Falldauer Δt_E des Elefanten ist 2 s. Welche Geschwindigkeit v_E und wie viel Impuls p_E hat er, wenn er unten ankommt?

b) Wie groß ist die Falldauer Δt_M der Maus und welche Geschwindigkeit v_M und wie viel Impuls p_M hat sie, wenn sie unten ankommt?

c) Wie hoch ist die Brücke (über der Wasseroberfläche)?

1.2.6 Energie eines gehobenen Körpers †

Ein Pumpspeicherwerk hat ein „Oberbecken" auf einer Höhe h_o von 800 m Höhe und ein „Unterbecken" auf einer Höhe h_u von 400 m.

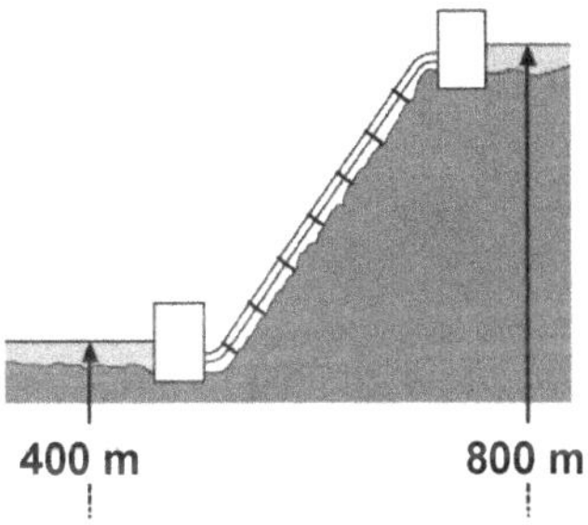

a) Das Volumen der nutzbaren Wassermenge beträgt 8 Millionen Kubikmeter. Wie viel Energie kann gespeichert werden? (Als Dichte des Wassers soll 1 g cm^{-3} angenommen werden.)

b) Die Generatoren liefern eine Leistung $P = W/\Delta t$ von maximal 800 MW [1 Watt (W) = 1 J s^{-1}]. Wie viele Stunden reicht der Energievorrat?

1.2.7 Energieaufwand zum Aufstieg

Ein Urlauber (U), 80 kg schwer, erklimmt am Meer eine 100 m hohe Düne, um eine bessere Aussicht zu haben.

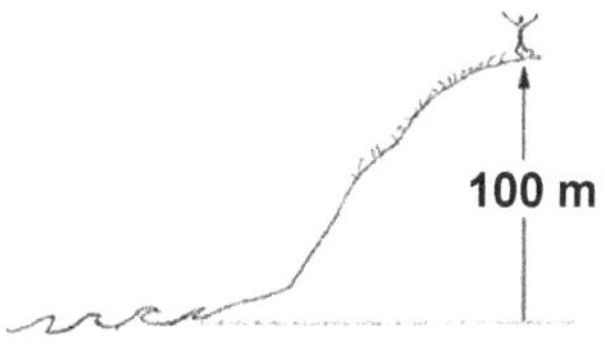

a) Wie viel Energie muss er dazu aufwenden?

b) Wie hoch könnte ein Astronaut (A), der mit der erforderlichen Ausrüstung eine Masse von 200 kg auf die Waage bringt, bei gleichem Energieaufwand von der Mondoberfläche aus steigen (g_{Mond} = 1,60 m s^{-2})?

1.3 Entropie und Temperatur

1.3.1 Eiskalorimeter

a) In dem Reagenzglas im Eiskalorimeter aus Versuch 3.5 im Lehrbuch „Physikalische Chemie“ befinden sich 20 g einer Mischung aus Eisen- und Schwefelpulver im Mengenverhältnis $n_{Fe}:n_S = 1:1$. Die Mischung wird gezündet und nach Ablauf der Reaktion das entstandene Wasser im Messzylinder aufgefangen. Das gemessene Wasservolumen V beträgt 63 mL. (Zur Erinnerung: Ein Volumen V_I von 0,82 mL an Schmelzwasser entspricht einer Entropiemenge S_I von 1 Ct). Welche Entropiemenge S' würde bei der Reaktion von $n' = 1$ mol Eisen mit $n' = 1$ mol Schwefel abgegeben werden?

b) Mit Hilfe des Eiskalorimeters wurde die Schmelztemperatur von Eis zu $T = 273$ K bestimmt (Versuch 3.6). Dazu wurde der Tauchsieder [Leistung $P = 1000$ W $(= 1000 \text{ J s}^{-1})$] für die Dauer Δt von 27 s eingeschaltet. Welches Volumen V an Schmelzwasser war entstanden?

1.3.2 Messung des Entropieinhalts

Das Schaubild zeigt die Aufheizkurve für einen Kupferklotz von 1 kg.

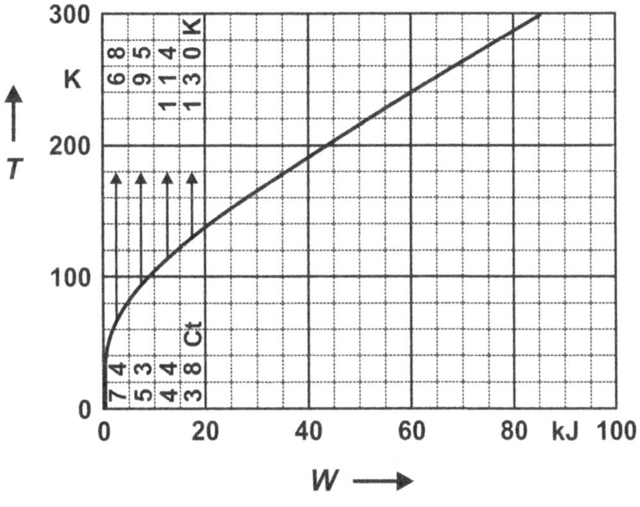

a) Schreiben Sie, wie angedeutet, Temperaturen und Entropiezuwächse ΔS_i je 5 kJ Energieaufwand senkrecht in die Spalten.

b) Wie viel Entropie enthält der Klotz bei 300 K insgesamt und wie viel bezogen auf die Stoffmenge an Kupfer?

1.3.3 Entropie des Wassers

Im folgenden Schaubild wurde die Entropie von 1 g Wasser als Funktion der Temperatur aufgetragen (bei konstantem Druck).

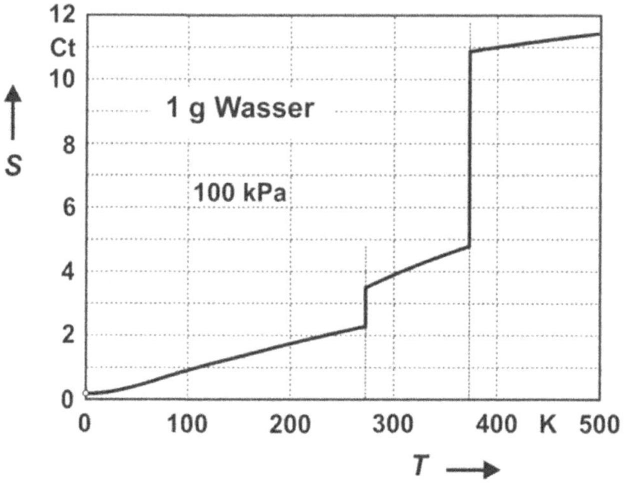

a) Welchen Entropiezuwachs ΔS braucht man etwa, um 1 g laues Wasser (20 °C) zum Sieden zu erhitzen?

b) Wie groß ist die molare Nullpunktsentropie $S_{0,m}$?

c) Wie groß ist die molare Schmelzentropie $\Delta_{sl}S^{\ominus}_{Gl}$ [$\equiv \Delta_{sl}S(T^{\ominus}_{sl})$] am Normschmelzpunkt?

d) Wie groß ist die molare Verdampfungsentropie $\Delta_{lg}S^{\ominus}_{Gl}$ [$\equiv \Delta_{lg}S(T^{\ominus}_{lg})$] am Normsiedepunkt?

e) Erläutern Sie, warum die Werte für die molare Schmelzentropie und die molare Verdampfungsentropie recht stark voneinander abweichen.

1.3.4* Entropie und Entropiekapazität †

Die Sonne scheint für die Dauer Δt von vier Stunden auf einen flachen Teich, der eine Oberfläche A von 6000 m^2 und eine mittlere Tiefe l von 1 m aufweist. Die Leistungsdichte $P''_{ein} = P_{ein}/A$ der Sonnenstrahlung, hier bezogen auf die beschienene Teichfläche, beträgt rund 500 W m^{-2}.

a) Wie viel Energie W gelangt in das Teichwasser, wenn nur 80 % der Strahlung absorbiert wird (Wirkungsgrad $\eta_{abs} = 0{,}80$), während der Rest reflektiert wird?

b) Um wie viel nimmt die Entropie des Teichwassers dadurch zu, wenn dessen Temperatur bei rund 298 K liegt?

c) Um wie viel Grad erwärmt sich das Wasser? [molare Entropiekapazität und Dichte des Wassers bei 298 K (und 100 kPa): $\mathcal{C}_m = 0{,}253$ Ct $mol^{-1}K^{-1}$ und $\rho = 997$ kg m^{-3}]

1.3.5 Wärmepumpe †

Ein Planschbecken wird mit einer Wärmepumpe geheizt, die die Entropie aus der 17 °C kühlen Umgebungsluft (1) in das 27 °C warme Beckenwasser (2) pumpt. Die aufgenommene Leistung der Wärmepumpe betrage 3 kW. Welche Entropiemenge $S_ü$ würde die Wärmepumpe im Idealfall in einer Stunde aus der Luft ins Wasser befördern?

1.3.6 Wärmepumpe im Vergleich zu elektrischer Heizung †

a) Ein Haus wird mit einer (idealen) Wärmepumpe geheizt. Die Außentemperatur betrage $\vartheta_1 = 0$ °C, die Temperatur im Haus $\vartheta_2 = 25$ °C. Die Wärmepumpe befördert pro Sekunde eine Entropiemenge von 30 Ct von draußen in das Haus hinein (um den Entropieverlust des Hauses durch die Wände auszugleichen). Wie hoch ist die übertragene Entropie $S_ü$ und wie hoch der Energieverbrauch $W_ü$ der Pumpe an einem Tag?

b) Dasselbe Haus wird unter sonst gleichen Bedingungen mit einer gewöhnlichen Elektroheizung geheizt, d. h., die Entropiemenge von 30 Ct pro Sekunde, die zum Ausgleich des Entropieverlusts gebraucht wird, wird jetzt nicht von draußen hineingepumpt, sondern im Haus erzeugt. Die Temperatur im Haus soll entsprechend wieder 25 °C betragen. Wie viel Entropie S_e muss dann an einem Tag erzeugt werden und wie hoch ist der zugehörige Energieverbrauch W_v?

1.3.7* Wärmekraftwerk (I)

In den üblichen Dampfkraftwerken wird die Energie W_n (= $-W_ü$) genutzt, die bei der Übertragung der Entropie aus dem Dampfkessel ($T_1 \approx 800$ K) in den Kühlturm ($T_2 \approx 300$ K) gewinnbar ist, wobei man die Entropie S_e selbst erst unter Energieaufwand W_1 im Kessel erzeugt.

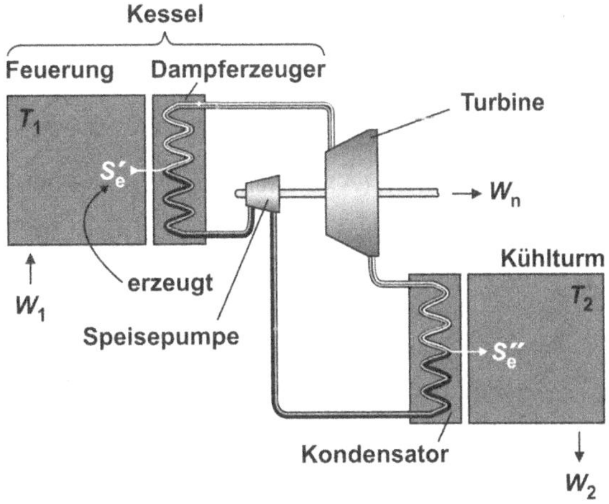

a) Wie groß wären die Energien W_1 und W_n im Falle von $S_e = 1$ Ct?

b) Welcher Wirkungsgrad η_{ideal} wäre hierbei im Idealfall erreichbar ($\eta_{ideal} = W_n/W_ü$)?

c) Der tatsächliche Wert beträgt $\eta_{real} \approx 40$ %. Wie viel Entropie S'_e wird für jedes gewonnene kJ Energie in der Feuerung anfänglich erzeugt, mit welchem Entropiebetrag S''_e wird die Umwelt letztlich belastet?

d) Wo entstehen die Energieverluste von 60 %? Welchen Beitrag liefert allein die Feuerung, welchen der Rest der Anlage?

1.3.8* Wärmekraftwerk (II)

Ein Kohlekraftwerk (Umgebungstemperatur $T_U \approx 300$ K) liefere eine nutzbare Energie von 1100 MJ. Das ist in etwa die elektrische Energie, die ein großer Kraftwerksblock in einer Sekunde in das Überlandnetz abgibt.

a) Bei der Umsetzung von $m_0 = 1$ kg Steinkohle mit Luftsauerstoff ließe sich theoretisch (d. h. bei einem Wirkungsgrad von 100 %) rund $W_{n,0} = 35$ MJ an nutzbarer Energie gewinnen. Welche Masse m_1 an Kohle müsste unter diesen Voraussetzungen verbrannt werden, um obige Nutzenergie von $W_{n,1} = 1100$ MJ bereit zu stellen?

b) Der tatsächliche Wirkungsgrad η_{real} moderner Wärmekraftwerke beträgt rund 40 % und der Kohleverbrauch ist entsprechend größer. Berechnen Sie die Masse m_2 an Kohle, die in diesem Fall eingesetzt werden müsste.

c) 60 % an nutzbarer Energie geht also bereits unter Entropieerzeugung im Kraftwerk verloren, an welcher Stelle hauptsächlich (bitte ankreuzen)?

   Kessel □, Turbine □, Generator □, Kondensator + Kühlturm □.

   An welcher Stelle hauptsächlich verlässt die erzeugte Entropie das Kraftwerk?

   Kessel □, Turbine □, Generator □, Kondensator + Kühlturm □.

   Durch welche Stellen wird die Entropie befördert, ohne dass ihre Menge wesentlich zunimmt?

   Kessel □, Turbine □, Generator □, Kondensator + Kühlturm □.

d) Wie viel Entropie S_e wird folglich bei der Bereitstellung von $W_n = 1100$ MJ letztlich (an allen Stellen zusammen) erzeugt?

1.3.9 Kraftwerkstypen †

Ein Kohlekraftwerk (A) und ein Kernkraftwerk (B) liefern jeweils eine nutzbare Energie W_n ($= -W_ü$) von 1200 MJ.

a) Welche Entropiemenge $S_ü$ müsste dazu jeweils von hoher Temperatur T_1 zu tiefer Temperatur T_2 übertragen werden (ideale Verhältnisse vorausgesetzt)?

   (Temperatur T_1 am Eingang der Dampfturbine beim Kohlekraftwerk 800 K, beim Kernkraftwerk 550 K; Temperatur T_2, bei der die Entropie an die Umgebung abgegeben wird, in beiden Fällen 320 K)

b) Wie viel Energie W_1 müsste zur Erzeugung dieser Entropie jeweils aufgewandt werden?

c) Welcher Wirkungsgrad $\eta_{ideal} = W_n/W_1$ wäre daher im Idealfall in einem Kohlekraftwerk erreichbar und welcher in einem Kernkraftwerk?

d) Wie sieht es bezüglich der erzeugten Entropie und des Wirkungsgrades in einem Wasserkraftwerk (C) aus?

1.3.10 Entropieerzeugung im Entropiestrom †

Der Heizdraht einer Kochplatte mit einer Leistung P von 1000 W hat eine Temperatur T_1 von 1000 K.

a) Wie viel Entropie S_e' wird in einer Sekunde im Heizdraht erzeugt?

b) Auf der Kochplatte steht ein Topf mit Wasser, die Wassertemperatur beträgt $\vartheta_2 = 100$ °C. Wie viel Entropie S_e entsteht auf dem Weg vom Heizdraht zum Wasser?

c) Wie viel Entropie kommt insgesamt pro Sekunde im Wasser an (unter der Annahme, dass keine Entropie an die Umgebung abgegeben wird)?

Hinweis: Leider ist uns in der Gleichung (3.30) im Lehrbuch „Physikalische Chemie" ein Fehler unterlaufen. Es muss richtig heißen: $S_e = W_v/T_2$. Gleichung (3.32) ist auch entsprechend abzuändern.

1.4 Chemisches Potenzial

Alle erforderlichen Daten finden Sie in der Tabelle A2.1 im Anhang des Lehrbuchs „Physikalische Chemie".

1.4.1 Beständigkeit von Zustandsarten

Entscheiden Sie anhand der chemischen Potenziale, welche Zustandsart eines Stoffes unter Normbedingungen beständig ist.

a) Graphit – Diamant

b) rhombischer Schwefel – monokliner Schwefel

c) festes Iod – flüssiges Iod – Ioddampf

d) Wassereis – Wasser – Wasserdampf

e) Ethanol – Ethanoldampf

1.4.2 Voraussage von Umsetzungen

Prüfen Sie anhand der chemischen Potenziale, ob der Antrieb der folgenden Reaktionen positiv und damit eine Umsetzung (unter Normbedingungen) – nach Beseitigung etwaiger Hemmungen – zu erwarten ist. Stellen Sie dazu zunächst die jeweilige Umsatzformel auf.

a) Bindung von Kohlendioxid durch Branntkalk (CaO)

b) Verbrennung von Ethanoldampf (unter Bildung von Wasserdampf)

c) Zerfall von Silberoxid in die Elemente

d) Reduktion von Hämatit (Fe_2O_3) mit Kohlenstoff (Graphit) zu Eisen (unter Entstehung von Kohlenmonoxidgas)

1.4.3 Löseverhalten

Überschlagen Sie (in nullter Näherung) anhand der chemischen Potenziale im reinen und im Wasser gelösten Zustand, ob sich die folgenden Stoffe in Wasser leicht lösen oder nicht. Genauere Angaben erhält man bei Beachtung der Massenwirkung (Kapitel 6 im Lehrbuch „Physikalische Chemie").

a) Rohrzucker

b) Kochsalz

c) Kalkstein (Calcit)

d) Sauerstoff

e) Kohlendioxid

f) Ammoniak

1.5 Einfluss von Temperatur und Druck auf Stoffumbildungen

Alle erforderlichen Daten finden Sie in der Tabelle A2.1 im Anhang des Lehrbuchs „Physikalische Chemie“.

1.5.1 Temperaturabhängigkeit des chemischen Potenzials und Umwandlungstemperatur

a) Berechnen Sie die Änderung $\Delta\mu$ des chemischen Potenzials, wenn Ethanol bei 100 kPa von 25 °C auf 50 °C erwärmt wird.

b) Welchen Wert erhält man in erster Näherung für die Normsiedetemperatur $T_{\text{lg}}^{\ominus}$ des Ethanols?

1.5.2 Zersetzungs- bzw. Reaktionstemperatur

Berechnen Sie aus dem Antrieb $\mathcal{A}^{\ominus}$ für die jeweilige Umsetzung und dessen Temperaturkoeffizienten α die Zersetzungstemperatur T_{Z} bzw. die Reaktionstemperatur T_{R}, d. h. die Temperatur, bei der die Reaktion einsetzt. Formulieren Sie jeweils zunächst die entsprechende Umsatzformel.

a) Zersetzung von Kalkstein (Calcit, $CaCO_3$) (unter Bildung von Branntkalk)

b) Reduktion von Magnetit (Fe_3O_4) mit Kohlenstoff (Graphit) zu Eisen (unter Entstehung von Kohlendioxidgas)

1.5.3 Druckabhängigkeit des chemischen Potenzials

a) Wie ändert sich das chemische Potenzial μ_{l} [= $\mu(H_2O|l)$] von (flüssigem) Wasser (β_{l} = 18,1 µG Pa^{-1}), wenn der Druck (bei 298 K) von 100 kPa auf 200 kPa erhöht wird?

b) Wie ändert sich hingegen das chemische Potenzial μ_{g} [= $\mu(H_2O|g)$] von Wasserdampf, wenn der Druck unter den gleichen Bedingungen wie unter a) erhöht wird? Berücksichtigen Sie dabei, dass Wasserdampf als (ideales) Gas zu behandeln ist.

1.5.4 Verhalten von Gasen bei Druckänderung

Kohlendioxid zählt zu den sogenannten Treibhausgasen. Berechnen Sie das chemische Potenzial μ_{B} [= $\mu(CO_2|g)$] dieses Gases bei 25 °C, wenn sein Druck von 1,0 bar auf 0,00039 bar, den Partialdruck von CO_2 in der Luft, erniedrigt wird.

1.5.5 „Siededruck“

Anhand der Schauversuche 5.3 und 5.4 kann demonstriert werden, dass die Siedetemperatur des Wassers vom Druck abhängt, und zwar ist sie umso niedriger, je geringer der Druck ist. Bei welchem Druck $p_{\text{lg}}^{\ominus}$ nun siedet Wasser bereits bei Zimmertemperatur (25 °C)?

1.5.6 Temperatur- und Druckabhängigkeit eines Vergärungsprozesses

Rohrzucker (Saccharose) lässt sich in wässriger Lösung mit Hilfe geeigneter Hefen zu Alkohol (Ethanol) vergären (nach enzymatischer Spaltung), um schließlich z. B. Rum herzustellen. Die Umsatzformel für den gesamten Vergärungsprozess lautet (fügen Sie noch die Umsatzzahlen in die leeren Kästchen in der Formel ein):

Stoffkürzel	B		B′		D		D′
	□ $C_{12}H_{22}O_{11}\vert w$	+	□ $H_2O\vert l$	→	□ $C_2H_6O\vert w$	+	□ $CO_2\vert g$.

Der Einfachheit halber verwendet man statt der vollen Stoffnamen oder -formeln wieder Kürzel.

a) Berechnen Sie zunächst den Temperaturkoeffizienten α des Antriebs $\mathcal{A}^{\ominus}$ und dann die Änderung $\Delta\mathcal{A}$ des Antriebs, wenn man die Temperatur von 25 °C auf 50 °C erhöht. Der Temperaturkoeffizient α von Ethanol in wässriger Lösung beträgt $-148\ \mathrm{G\,K^{-1}}$. Die übrigen Werte finden Sie in der erwähnten Tabelle A2.1.

b) Interpretieren Sie das Ergebnis aus stoffdynamischer Sicht.

c*) Wenn der Zucker in einem geschlossenen Gefäß vergoren wird, lässt das aus der Lösung perlende CO_2-Gas den Druck p ansteigen. Wie wirkt sich ein Druckzuwachs von 1 bar auf 10 bar bei Normtemperatur auf den Antrieb $\mathcal{A}$ des Gärprozesses aus?

d) Interpretieren Sie auch dieses Ergebnis aus stoffdynamischer Sicht.

1.5.7 Umwandlungstemperatur und -druck

Bei 298 K und 100 kPa beträgt der chemische Antrieb für die Umwandlung von rhombischem Schwefel (rhom) in monoklinen Schwefel (mono) –75,3 G.

a) Welche der beiden Modifikationen ist unter den genannten Bedingungen stabil?

b) Der Temperaturkoeffizient α des chemischen Potenzials von rhombischem Schwefel beträgt $-32{,}07\ \mathrm{G\,K^{-1}}$, der des chemischen Potenzials von monoklinem Schwefel $-33{,}03\ \mathrm{G\,K^{-1}}$. Kann man durch Erhöhung der Temperatur erreichen, dass die andere Phase stabil wird? Wenn dies der Fall sein sollte, bei welcher Temperatur findet dann die Phasenumwandlung bei einem Druck von 100 kPa statt?

c) Der Druckkoeffizient β des chemischen Potenzials von rhombischem Schwefel beträgt $15{,}49\ \mathrm{\mu G\,Pa^{-1}}$, der des chemischen Potenzials von monoklinem Schwefel $16{,}38\ \mathrm{\mu G\,Pa^{-1}}$. Kann man durch Erhöhung des Druckes erreichen, dass die andere Phase stabil wird? Wenn dies der Fall sein sollte, bei welchem Druck findet dann die Phasenumwandlung bei einer Temperatur von 298 K statt?

1.5.8* Druckabhängigkeit des chemischen Potenzials und Gefrierpunktsverschiebung

a) Es soll die Änderung des chemischen Potenzials von (flüssigem) Wasser (l) bzw. Eis (s) (jeweils bei 0 °C) bestimmt werden, wenn der Druck von 0,1 MPa auf 5 MPa erhöht wird.

In Tabellen findet man normalerweise nicht die Druckkoeffizienten β der Substanzen unter verschiedenen Bedingungen, sondern deren Dichten. Die Dichten von Wasser und Eis am Normschmelzpunkt betragen nun 1,000 g cm^{-3} bzw. 0,917 g cm^{-3}. Denken Sie bei der Berechnung an die Merkhilfe „$\beta = V_m = V/n$", die in Abschnitt 5.3 des Lehrbuchs „Physikalische Chemie" erwähnt wird.

b) Was bedeutet das Ergebnis, stoffdynamisch gesehen?

c) Bestimmen Sie den Schmelzpunkt des Eises unter dem erhöhten Druck von 5 MPa. Der Temperaturkoeffizient α des Antriebs für den Schmelzvorgang betrage +22,0 G K^{-1}.

1.5.9 Zersetzungsdruck bei erhöhter Temperatur

Silberoxid (Ag_2O) ist ein schwarzbraunes Pulver und unter Normbedingungen (298 K, 100 kPa) stabil. Erst, wenn man es über eine Mindesttemperatur T_Z hinaus *offen* erhitzt, zersetzt es sich vollständig (Versuch 5.2). In einem *geschlossenen* (zuvor evakuierten) Glaskolben stellt sich jedoch im Gleichgewicht ein bestimmter Zersetzungsdruck des Silberoxids, d. h. ein bestimmter Sauerstoffdruck $p(O_2)$, ein. Berechnen Sie diesen Sauerstoffdruck bei 400 K.

1.6 Massenwirkung und Konzentrationsabhängigkeit des chemischen Potenzials

1.6.1 Konzentrationsabhängigkeit des chemischen Potenzials

In 500 cm^3 einer wässrigen Lösung von Glucose (Glc) ($C_6H_{12}O_6$) sind 10 g dieses Zuckers gelöst. Berechnen Sie das chemische Potenzial μ_B [$= \mu(\mathrm{Glc}|\mathrm{w})$] der Glucose in der Lösung bei 25 °C.

1.6.2* Konzentrationsabhängigkeit eines Vergärungsprozesses

Wir betrachten wieder die Vergärung von Rohrzucker (Saccharose) in wässriger Lösung mit Hilfe geeigneter Hefen zu Alkohol (Ethanol), wobei die Umsatzformel für den gesamten Prozess lautet:

Stoffkürzel B B′ D D′

$$C_{12}H_{22}O_{11}|w + H_2O|l \rightleftarrows 4\,C_2H_6O|w + 4\,CO_2|g.$$

a) Berechnen Sie den chemischen Antrieb $\mathcal{A}^\ominus$ für den Gärvorgang unter Normbedingungen. Der Normwert des chemischen Potenzials von Ethanol in wässriger Lösung beträgt −181 kG. Die übrigen Werte können Sie wieder der Tabelle A2.1 im Anhang des Lehrbuchs „Physikalische Chemie" entnehmen.

b) Wie groß muss die Zuckerkonzentration $c_{B,1}$ in der Ausgangslösung sein, um am Ende einen Alkoholgehalt $c_{D,1} \approx 1\,\mathrm{mol\,L^{-1}}$ (ähnlich wie in üblichen Bieren) erreichen zu können?

c) Wie groß sind die Konzentrationen an Zucker und Alkohol, $c_{B,2}$ und $c_{D,2}$, wenn etwa die Hälfte des anfänglichen Zuckers ($c_{B,1}$) vergoren ist, und wie groß ist der Antrieb $\mathcal{A}$ in diesem Fall bei der Normtemperatur (nur die in Wasser gelösten Stoffe brauchen berücksichtigt zu werden)?

1.6.3 Abhängigkeit des Antriebs der Ammoniaksynthese von der Gaszusammensetzung

Wir hatten uns bereits in Aufgabe 1.1.6 kurz mit der industriell bedeutsamen Ammoniaksynthese befasst. Jetzt soll untersucht werden, wie sich der Antrieb dieses Prozesses mit der Gaszusammensetzung ändert. Unter Normbedingungen beträgt der Antrieb $\mathcal{A}^\ominus$ der Reaktion, die durch die folgende Umsatzformel beschrieben wird,

Stoffkürzel B B′ D

$$N_2|g + 3\,H_2|g \rightleftarrows 2\,NH_3|g,$$

+32,9 kG. Wie groß ist nun der Antrieb bei 298 K, wenn die Partialdrücke von Stickstoff, Wasserstoff und Ammoniak 25 kPa, 52 kPa bzw. 75 kPa betragen? In welcher Richtung läuft die Reaktion unter diesen Bedingungen freiwillig ab?

1.6.4 Massenwirkungsgesetz (I)

Sn^{2+}-Ionen in wässriger (salzsaurer) Lösung reagieren bei Zugabe einer Iodlösung zu Sn^{4+}-Ionen:

$$Sn^{2+}|w + I_2|w \rightleftarrows Sn^{4+}|w + 2\,I^-|w\,.$$

Der Normwert $\mu^\ominus$ des chemischen Potenzials von Sn^{4+}-Ionen in salzsaurer Lösung betrage +2,5 kG. Geben Sie die Gleichgewichtszahl $\mathcal{K}_c^\ominus$ und die herkömmliche Gleichgewichtskonstante $K_c^\ominus$ der Reaktion bei 25 °C an.

1.6.5 Massenwirkungsgesetz (II)

Ein Gemisch der Gase Brom und Chlor wird auf 1000 K erhitzt, wobei sich etwas Brommonochloridgas bildet:

$$\begin{array}{llll} \text{Stoffkürzel} & \text{B} & \text{B}' & \text{D} \\ & Br_2|g + & Cl_2|g \rightleftarrows & 2\,BrCl|g\,. \end{array}$$

Bei dieser Temperatur beträgt die Gleichgewichtszahl der Reaktion $\mathring{\mathcal{K}}_c = 0{,}2$.

a) Berechnen Sie den Antrieb $\mathring{\mathcal{A}}$ des Prozesses.

b) Wie groß ist die Konzentration c_D an BrCl in einem Gleichgewichtsgemisch mit den Konzentrationen $c_B = 1{,}45\ \text{mmol L}^{-1}$ an Br_2 und $c_{B'} = 2{,}41\ \text{mmol L}^{-1}$ an Cl_2?

1.6.6 Zusammensetzung eines Gleichgewichtgemisches (I)

Das Monosaccharid D-Mannose (D-Man; $C_6H_{12}O_6$) ist Baustein zahlreicher pflanzlicher Polysaccharide (Mannane). Wie die D-Glucose existiert es in zwei stereoisomeren Formen, der α-D-Mannose und der β-D-Mannose. Löst man z. B. reine α-D-Mannose in einer Konzentration c_0 von $0{,}1\ \text{kmol m}^{-3}$ in Wasser auf, so wandelt sie sich teilweise in β-D-Mannose um:

$$\begin{array}{lll} \text{Stoffkürzel} & \alpha & \beta \\ & \alpha\text{-D-Man}|w \rightleftarrows & \beta\text{-D-Man}|w\,. \end{array}$$

Der Antrieb der Reaktion unter Normbedingungen beträgt $\mathcal{A}^\ominus = -1{,}7$ kG. Es soll nun die Zusammensetzung einer Lösung bestimmt werden, in der sich α-D-Mannose (c_α) und β-D-Mannose (c_β) bei 25 °C im Gleichgewicht befinden.

1.6.7* Zusammensetzung eines Gleichgewichtgemisches (II)

Iodwasserstoffgas (HI) zerfällt bei 700 K nach der Umsatzformel

$$\begin{array}{llll} \text{Stoffkürzel} & \text{B} & \text{D} & \text{D}' \\ & 2\,HI|g \rightleftarrows & H_2|g + & I_2|g \end{array}$$

teilweise in Wasserstoff und Iod. Die herkömmliche Gleichgewichtskonstante $\mathring{K}_c$ hat bei dieser Temperatur den Wert 0,0185. Am Anfang der Reaktion soll in dem Kolben nur reiner

Iodwasserstoff in einer Konzentration $c_{B,0}$ von 10 mol m^{-3} vorliegen. Bestimmen Sie die Zusammensetzung des Gleichgewichtsgemisches, d. h., geben Sie die Konzentrationen c_B, c_D und $c_{D'}$ an.

Tipp: Verschaffen Sie sich zunächst einen Überblick durch eine Tabelle, wie sie im Lehrbuch im Abschnitt 6.3 dargestellt wird (Tab. 6.1).

1.6.8 Silberoxidzersetzung

Mit Silberoxid, Ag_2O, und seiner Zersetzung in die Elemente gemäß

Stoffkürzel	B		D	D′
	$2\,Ag_2O\vert s$	$\rightleftarrows$	$4\,Ag\vert s$ +	$O_2\vert g$

hatten wir uns schon unter verschiedenen Aspekten beschäftigt. Hier soll nun der Zersetzungsdruck des Ag_2O unter Normbedingungen berechnet werden. Bestimmen Sie dazu zunächst aus den chemischen Potenzialen die Gleichgewichtszahl $\mathcal{K}_p^{\ominus}$ und dann die herkömmliche Gleichgewichtskonstante $K_p^{\ominus}$ und formulieren Sie anschließend das Massenwirkungsgesetz.

1.6.9 Löslichkeit von Silberchlorid

Silberchlorid ist in Wasser kaum löslich. Berechnen Sie, ausgehend von der Umsatzformel

$$AgCl|s \rightleftarrows Ag^+|w + Cl^-|w\,,$$

die Sättigungskonzentration c_{sd} des schwerlöslichen Salzes in wässriger Lösung bei 25 °C. Gehen Sie dabei wie in der vorherigen Aufgabe vor, d. h., bestimmen Sie zunächst aus den chemischen Potenzialen die Gleichgewichtszahl $\mathcal{K}_{sd}^{\ominus}$ und dann die herkömmliche Gleichgewichtskonstante $K_{sd}^{\ominus}$.

1.6.10* Löslichkeitsprodukt (I)

Ein weiteres sehr schwer lösliches Salz ist Calciumfluorid (CaF_2). Es kommt in der Natur in großen Mengen als sogenannter Flussspat vor. Das „Löslichkeitsprodukt“ $\mathcal{K}_{sd}^{\ominus}$ von Calciumfluorid beträgt $3{,}45 \cdot 10^{-11}$.

a) Wie groß ist die Sättigungskonzentration c_{sd} von Calciumfluorid in Wasser bei 25 °C?

b) Wie hoch ist die Ca^{2+}-Ionenkonzentration, wenn Calciumfluorid in einer wässrigen NaF-Lösung (0,010 kmol m^{-3}) gelöst wird (ebenfalls bei 25 °C)?

1.6.11* Löslichkeitsprodukt (II)

Calciumphosphate sind sehr wichtige Biomineralien, da sie maßgeblich am Aufbau der Knochen und Zähne der Wirbeltiere beteiligt sind. Wir wollen uns etwas näher mit dem sehr schwerlöslichen Tricalciumphosphat (TCP), $Ca_3(PO_4)_2$, beschäftigen. Die Gleichgewichtszahl für den Löseprozess beträgt $\mathcal{K}^{\ominus}_{sd} = 2{,}07 \cdot 10^{-33}$.

a) Wie viel Milligramm des Phosphates lösen sich theoretisch in 500 mL Wasser bei 25 °C?

b) Einige Anionen wie PO_4^{3-}, aber auch CO_3^{2-} und S^{2-}, neigen zur „Hydrolyse", d. h. zur Reaktion mit Wasser. Wie wirkt sich dies qualitativ auf die Löslichkeit des Salzes aus?

1.6.12 Sauerstoffgehalt im Wasser

In einem Gartenteich sorgt ein Springbrunnen dafür, dass das Wasser gut belüftet wird. Wie groß ist die Massenkonzentration an Sauerstoff (Stoff B) im luftgesättigten Wasser, $\beta(\mathrm{B|w})$, in $\mathrm{mg\,L^{-1}}$ bei einem Umgebungsdruck von 100 kPa? Die HENRY-Konstante $K^{\ominus}_{\mathrm{H}}$ (= $K^{\ominus}_{\mathrm{gd}}$) für die Löslichkeit von Sauerstoff in Wasser beträgt $1{,}3 \cdot 10^{-5}\ \mathrm{mol\,m^{-3}\,Pa^{-1}}$.

1.6.13 CO_2-Löslichkeit

a) Welche molare Konzentration an Kohlendioxid (Stoff B), $c_1(\mathrm{B|w})$, stellt sich bei 25 °C in einem Mineralwasser ein, wenn darüber CO_2 bei gewöhnlichem Druck [$p_1(\mathrm{B|g}) = 1$ bar] steht? Berechnen Sie zunächst die HENRY-Konstante $K^{\ominus}_{\mathrm{gd}}$ mit Hilfe der chemischen Potenziale. Legen Sie dabei die Reaktion $CO_2|g \rightleftarrows CO_2|w$ zugrunde.

b) Welchem Volumen $V_1(\mathrm{B|g})$ an Gas entspricht die in 1 L gelöste CO_2-Menge?

c*) Welches Volumen $V_{\mathrm{A}}(\mathrm{B|g})$ an Kohlendioxid perlt im Laufe der Zeit aus einer geöffneten 1-L-Flasche, wenn das Mineralwasser bei einem CO_2-Druck $p_2(\mathrm{B|g})$ von 3 bar abgefüllt wurde?

1.6.14* CO_2-Absorption in Kalkwasser

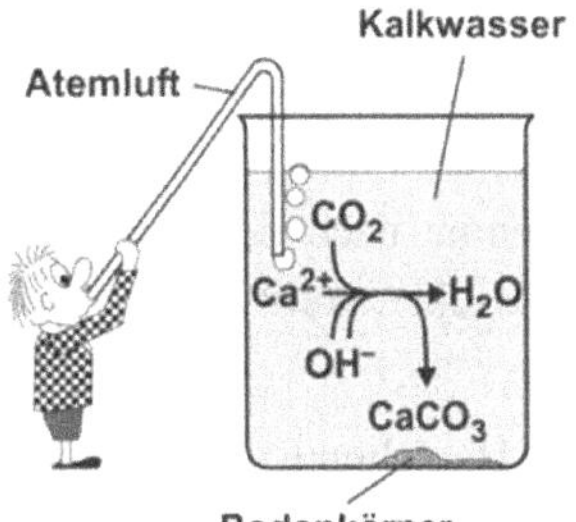

Bläst man die kohlendioxidhaltige Atemluft in Kalkwasser, eine wässrige Calciumhydroxid-Lösung, so tritt eine weißliche Trübung durch die Ausfällung von Calciumcarbonat auf:

Stoffkürzel B B′ B″ D D′

$$Ca^{2+}|w + 2\ OH^-|w + CO_2|g \rightleftarrows CaCO_3|s + H_2O|l.$$

Es soll nun der Partialdruck des CO_2 in der ausperlenden Luft bestimmt werden. Die Konzentration des Kalkwassers betrage ungefähr $20\ \mathrm{mol\,m^{-3}}$. Berechnen Sie zunächst den Antrieb $\mathcal{A}^{\ominus}$ der Fällungsreaktion sowie die Gleichgewichtszahl $\mathcal{K}^{\ominus}_{pc}$ und die herkömmliche Gleichgewichtskonstante $K^{\ominus}_{pc}$. Es handelt sich um eine sogenannte „gemischte" Gleichgewichtszahl bzw. -konstante, da sowohl Konzentrationen als auch (Partial-)Drücke in das Massenwirkungsgesetz eingehen.

1.6.15 Iodverteilung

Ein im Labor häufig genutztes Trennverfahren ist das sogenannte „Ausschütteln“, bei dem ein gelöster Stoff B mit Hilfe eines zweiten, mit dem ersten nicht mischbaren Lösemittels, in dem B weitaus besser löslich ist, aus der ursprünglichen Lösung extrahiert wird. Wie im Schauversuch 4.3 gezeigt, soll nun Iod (Stoff B) aus einer wässrigen Lösung „ausgeschüttelt“ werden, diesmal jedoch anstelle von Ether mit Chloroform (Trichlormethan $CHCl_3$, kurz Chl):

$$I_2|\mathrm{w} \rightleftarrows I_2|\mathrm{Chl}$$

$$\mu^\ominus/\mathrm{kG} \quad \ldots\ldots \qquad 4{,}2$$

a) Welcher Iod-Anteil $a_W = n(B|w)/n_{ges}$ bleibt in der wässrigen Phase zurück, wenn man diese mit dem gleichen Volumen an Chloroform ausschüttelt ($V_{L,w} = V_{L,Chl}$)? (Da Chloroform eine höhere Dichte als Wasser aufweist, liegt die Wasserschicht über der Chloroformschicht.)

b*) Wie ändert sich das Ergebnis, wenn man das Iod zunächst mit dem halben Volumen an Chloroform ausschüttelt, die iodhaltige untere Schicht aus dem Scheidetrichter ablaufen lässt und dann den Vorgang mit der zweiten Hälfte des Chloroforms wiederholt?

1.6.16* Iodverteilung für Fortgeschrittene

Statt Ether oder Chloroform kann man auch Schwefelkohlenstoff (Kohlenstoffdisulfid, CS_2) zum „Ausschütteln“ von Iod (Stoff B) aus einer wässrigen Lösung einsetzen. In 500 mL der Lösung sollen 500 mg Iod enthalten sein. Welche Masse m_x an Iod verbleibt nach dem Ausschütteln in der wässrigen Phase, wenn mit 50 mL CS_2 ausgeschüttelt wird? Der Verteilungskoeffizient $K^\ominus_{dd}$ von Iod zwischen Schwefelkohlenstoff und Wasser beträgt 588.

1.6.17 BOUDOUARD-Gleichgewicht

Das BOUDOUARD-Gleichgewicht zwischen festem Kohlenstoff, Kohlendioxid und Kohlenmonoxid,

Stoffkürzel	B		B′		D
	$C\vert\mathrm{Graphit}$	+	$CO_2\vert g$	$\rightleftarrows$	$2\ CO\vert g$,

benannt nach dem französischen Chemiker Octave Leopold BOUDOUARD, der es um 1900 entdeckte, stellt einen wichtigen Teilprozess bei der Verhüttung von Eisenerz im Hochofen dar.

a) Berechnen Sie zunächst die Gleichgewichtskonstante $K^\ominus_p$ unter Normbedingungen. Was können Sie über die Lage des Gleichgewichts aussagen?

b) Schätzen Sie nun die Gleichgewichtskonstante $\overset{\circ}{K}_p$ bei einer Temperatur von 800 °C ab. Wie würde das System folglich auf die Temperaturerhöhung reagieren?

c) Bei einer Temperatur von 800 °C soll der Partialdruck des Kohlendioxids im Gleichgewichtsgasgemisch 30 kPa betragen. Wie groß ist dann der Partialdruck des Kohlenmonoxids?

d) Was würde passieren, wenn das entstehende Kohlenmonoxid kontinuierlich aus dem System entfernt werden würde?

1.6.18* BOUDOUARD-Gleichgewicht für Fortgeschrittene

Reines Kohlendioxidgas steht mit einem Ausgangsdruck von 1 bar bei einer Temperatur von 700 °C in einem geschlossenen Behälter über glühendem Kohlenstoff. Berechnen Sie die Partialdrücke von Kohlendioxid und Kohlenmonoxid, die sich im BOUDOUARD-Gleichgewicht einstellen, sowie den Gesamtdruck. Die herkömmliche Gleichgewichtskonstante $\overset{\circ}{K}_p$ bei 700 °C betrage 0,81 bar.

Tipp: Verschaffen Sie sich zunächst wieder einen Überblick durch eine Tabelle, wie im Lehrbuch dargestellt (Tab. 6.1). Außerdem erfordert die Bearbeitung der Aufgabe die Lösung einer quadratischen Gleichung.

1.7 Konsequenzen der Massenwirkung: Säure-Base-Reaktionen

1.7.1 Protonenpotenzial starker Säure-Base-Paare (I)

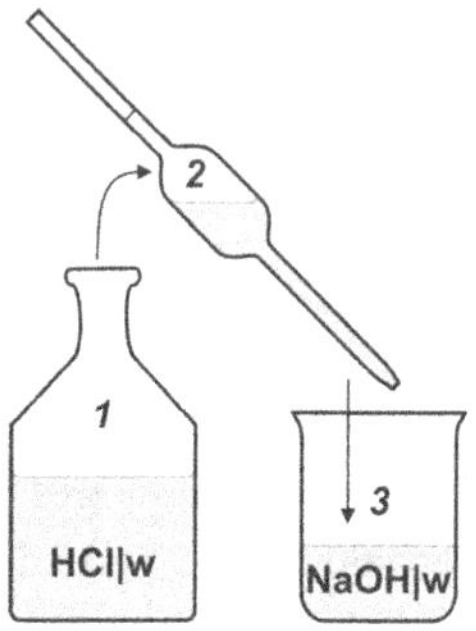

In einer Flasche (*1*) im Vorratsschrank befindet sich verdünnte Salzsäure mit einer Konzentration von 0,50 $\mathrm{kmol\,m^{-3}}$.

a) Geben Sie das Protonenpotenzial der Salzsäure bei 25 °C an.

b) 50 mL der Salzsäure werden mit einer Vollpipette (*2*) aus der Vorratsflasche entnommen und zu 50 mL einer Natronlauge mit der Konzentration 0,20 $\mathrm{kmol\,m^{-3}}$ in einem Becherglas (*3*) gegeben. Welche Konzentration an Oxoniumionen H_3O^+ und welches Protonenpotenzial liegen nun vor?

1.7.2 Protonenpotenzial starker Säure-Base-Paare (II)

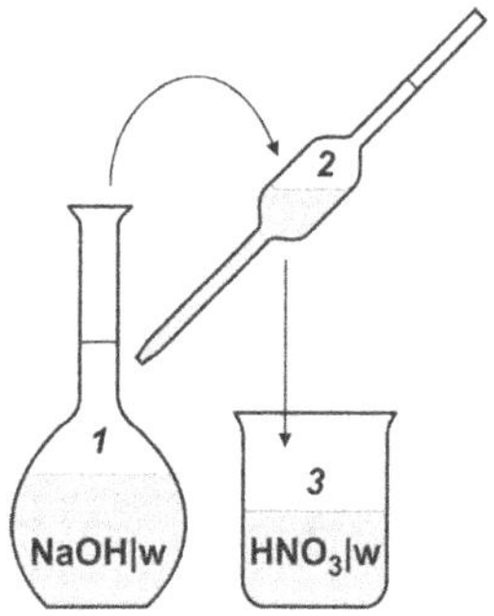

12,0 g Natriumhydroxid-Plätzchen wurden in einem Becherglas abgewogen, in etwas Wasser gelöst und die Lösung in einen 500 mL-Messkolben (*1*) überführt. Anschließend wurde mit Wasser bis zur Marke aufgefüllt und geschüttelt.

a) Geben Sie die Hydroxidionenkonzentration und das Protonenpotenzial in der Lösung bei 25 °C an.

b) 50 $\mathrm{cm^3}$ der alkalischen Lösung werden mit einer Vollpipette (*2*) aus dem Kolben entnommen und zu 150 $\mathrm{cm^3}$ einer verdünnten Salpetersäure mit der Konzentration 0,10 $\mathrm{kmol\,m^{-3}}$ in einem Becherglas (*3*) gegeben. Welche Hydroxidionenkonzentration und welches Protonenpotenzial liegen nun vor?

1.7.3 Protonenpotenzial schwacher Säure-Base-Paare (I)

a) Welches Protonenpotenzial liegt bei 25 °C in einer Milchsäure-Lösung der Konzentration $c_{\mathrm{HLac}} = 0{,}30\ \mathrm{kmol\,m^{-3}}$ vor? (Lac steht als Kürzel für die Gruppe C_2H_4OHCOO)

b) Bestimmen Sie den Protonierungsgrad Θ. Beurteilen Sie anhand des Ergebnisses, ob die zur Herleitung der unter a) eingesetzten Gleichung verwendete Annahme, dass Säuren schwacher Säure-Base-Paare, gelöst in reinem Wasser, nur zu einem sehr geringen Teil dissoziiert vorliegen, gerechtfertigt war.

1.7.4 Protonenpotenzial schwacher Säure-Base-Paare (II)

Das Protonenpotenzial einer wässrigen Lösung, die 245 mg Natriumcyanid (NaCN) auf 100 mL Lösung (V_{L}) enthält, beträgt bei 25 °C –62,6 kG. Schätzen Sie den Normwert $\mu_{\mathrm{p}}^{\ominus}(\mathrm{HCN/CN^-})$ des Protonenpotenzials des schwachen Säure-Base-Paares ab.

1.7.5 Titration einer schwachen Säure

100 mL einer Benzoesäure-Lösung (HBenz, C_6H_5COOH) der Konzentration 0,100 kmol m^{-3} werden in einem Titrierkolben vorgelegt (V_0) und anschließend mit Natronlauge der Konzentration 2,000 kmol m^{-3} titriert. Der Normwert des Protonenpotenzials des Säure-Base-Paares $C_6H_5COOH/C_6H_5COO^-$ beträgt −23,9 kG.

a) Welches Protonenpotenzial hat die Ausgangslösung bei 25 °C?

b) Berechnen Sie das Protonenpotential der Lösung, nachdem 2,00 mL des Titrators ($V_{T,1}$) hinzufügt wurden.

c) Welchen Wert zeigt das Protonenpotenzial der Lösung nach Zugabe eines weiteren Milliliters des Titrators (insgesamt wurde das Volumen $V_{T,2}$ zur Benzoesäurelösung hinzugefügt)?

d) Welches Volumen an Natronlauge wird bis zum Äquivalenzpunkt verbraucht ($V_{T,3}$)?

e) Welches Protonenpotenzial weist die Lösung am Äquivalenzpunkt auf?

1.7.6 Pufferwirkung

Aus einer wässrigen Essigsäure-Lösung der Konzentration 0,20 kmol m^{-3} und einer wässrigen Natriumacetat-Lösung der gleichen Konzentration werden 500 mL einer Pufferlösung hergestellt, die gleiche Anteile an Essigsäure (HAc) und Acetat (Ac^-) enthält.

a) Geben Sie das Protonenpotenzial in der Pufferlösung an (bei 25 °C).

b) Wie ändert sich das Protonenpotenzial der Pufferlösung, wenn mit einer Mikroliterpipette 500 µL Salzsäure der Konzentration 2,00 kmol m^{-3} hinzugegeben werden?

c) Welche Änderung des Protonenpotenzials tritt auf, wenn man die gleiche Menge an Salzsäure zu 500 mL reinem Wasser hinzufügt?

1.7.7 Pufferkapazität

Eine Pufferlösung enthält Ammoniumchlorid in einer Konzentration von 0,060 kmol m^{-3} und Ammoniak in einer Konzentration von 0,040 kmol m^{-3}.

a) Berechnen Sie das Protonenpotenzial in der Pufferlösung (bei 25 °C).

b) Wie viel mL Natronlauge mit einer Konzentration von 0,1 kmol m^{-3} kann man zu 50 cm^3 der Pufferlösung geben, ohne dass deren Pufferwirkung erschöpft ist?

   Als Faustregel gilt, dass ein Puffer erschöpft ist, sobald das Verhältnis von Säure zu korrespondierender Base den Wert von 1 zu 10 (bzw. 10 zu 1) überschreitet. Das Protonenpotenzial eines Puffers kann daher bei Zugabe von Säuren oder Basen um ca. ± 6 kG (entspricht dem Dekapotenzial μ_d) schwanken, bevor er erschöpft ist.

1.7.8 Indikator

Der Normwert $\mu_p^\ominus$ des Protonenpotenzials des Säure-Base-Indikators Phenolrot beträgt –45,1 kG. Die Indikatorsäure HInd ist gelb, die Indikatorbase Ind^- hingegen rot. Ein Farbumschlag des Indikators zu Gelb ist erkennbar, wenn das Konzentrationsverhältnis der gelben zur roten Form ca. 30:1 beträgt. Der Umschlag zu Rot ist erkennbar, wenn das Konzentrationsverhältnis der roten zur gelben Form ca. 2:1 beträgt. Bestimmen Sie den Bereich des Protonenpotenzials, in dem der Indikator umschlägt.

1.8 Begleiterscheinungen stofflicher Vorgänge

1.8.1 Anwendung partieller molarer Volumina

In einem an Schauversuch 8.2 angelehnten Experiment wurden 50,0 mL Wasser (W) und 50,0 mL Ethanol (E) in einem Mischzylinder zusammengegeben und durch Schütteln miteinander vermischt. Anschließend konnte ein „Volumenschwund" festgestellt werden. Schätzen Sie das Gesamtvolumen des Gemisches unter Verwendung des untenstehenden Diagramms ab, das das molare Volumen von Wasser und Ethanol in Ethanol-Wasser-Gemischen in Abhängigkeit vom Stoffmengenanteil x_E an Ethanol bei 298 K zeigt [basierend auf den Daten aus Benson G C, Kiyohara O (1980) Thermodynamics of Aqueous Mixtures of Nonelectrolytes. I. Excess Volumes of Water – n-Alcohol Mixtures at Several Temperatures. J Solution Chem 9:791–803]. Die Dichten der reinen Flüssigkeiten bei 298 K betragen $\rho_W = 0{,}997\ \text{g cm}^{-3}$ und $\rho_E = 0{,}789\ \text{g cm}^{-3}$. Berechnen Sie zunächst die Stoffmengen an Ethanol und Wasser im fraglichen Gemisch und daraus den Stoffmengenanteil an Ethanol.

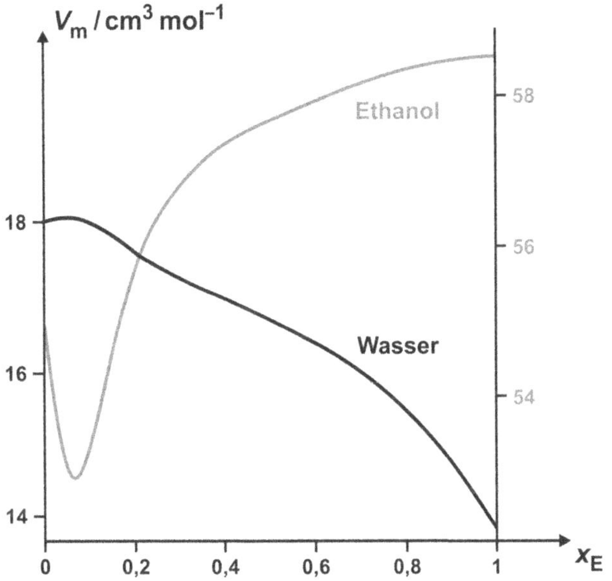

1.8.2 Raumanspruch gelöster Ionen

Wie ändert sich das Volumen V_W von 10 L Wasser unter Normbedingungen,

a) wenn man darin 1,00 cm³ festes Calciumhydroxid $Ca(OH)_2$ (≙ 0,030 mol) einbringt und auflöst?

Stoffkürzel B D D′

$$Ca(OH)_2|s \rightarrow Ca^{2+}|w + 2\ OH^-|w\,.$$

Berechnen Sie zunächst das molare Reaktionsvolumen $\Delta_R V^\ominus$ und daraus das Endvolumen V_{End} der Lösung (unter Normbedingungen).

b) wenn das Wasser vom ionenfreien Zustand bis zum Gleichgewicht dissoziiert?

Stoffkürzel B D D′

$$H_2O|l \rightarrow H^+|w + OH^-|w,$$

Berechnen Sie auch hier zuerst das molare Reaktionsvolumen $\Delta_R V^\ominus$ und daraus dann die Volumenänderung ΔV (unter Normbedingungen).

benötigte Daten:

	$Ca^{2+}|w$	$H^+|w$	$OH^-|w$
$V_m^\ominus / cm^3\,mol^{-1}$	−17,7	0,2	−5,2

sowie siehe auch Tabelle 8.1 im Lehrbuch „Physikalische Chemie“.

1.8.3 Reaktionsentropie

Der Schauversuch 4.10 befasst sich mit der Reaktion von Calciumcarbid mit Wasser, wobei Calciumhydroxid und Acetylen (Ethin) entsteht:

Stoffkürzel B B′ D D′

$$CaC_2|s + 2\,H_2O|l \rightarrow Ca(OH)_2|s + C_2H_2|g.$$

a) Berechnen Sie die molare Reaktionsentropie $\Delta_R S^\ominus$ für diese Umsetzung.

b) Wie groß ist die Entropieänderung ΔS unter Normbedingungen, wenn 8,0 g Calciumcarbid eingesetzt werden?

Hinweis: Benutzen Sie als Datenquelle die Tabelle A2.1 im Anhang des Lehrbuchs „Physikalische Chemie“. Dabei ist – im Vorgriff auf eine spätere Herleitung – zu berücksichtigen, dass gilt: $S_m(B) = -\alpha(B)$.

1.8.4 Erdgasverbrennung zur Energiegewinnung

Im Alltag gebräuchlich und verbreitet ist die Kilowattstunde (kWh) als Maßeinheit der Energie. In dieser Einheit werden vor allem Strom-, aber auch Heizkosten abgerechnet. Eine Kilowattstunde entspricht der Energie, welches ein System mit einer Leistung von einem Kilowatt in einer Stunde aufnimmt oder abgibt.

Durch die Verbrennung von Erdgas,

Stoffkürzel B B′ D D′

$$\square\ CH_4|g + \square\ O_2|w \rightarrow \square\ CO_2|w + \square\ H_2O|l,$$

(in der Umsatzformel vereinfachend mit Methan, CH_4, gleichgesetzt) soll eine frei nutzbare Energie W_n^* ($= -W_{\to\xi}$) von 1 kWh gewonnen werden (unter Normbedingungen). (Der Index * kennzeichnet die Umgebung.)

a) Welche Stoffmenge an Erdgas wird hierzu benötigt? Fügen Sie dazu zunächst die Umsatzzahlen in die leeren Kästchen in der oben stehenden Umsatzformel ein.

b) Wie ändert sich das Volumen an Erdgas während des Prozesses?

1.8.5 Entropiebilanz einer Umsetzung

Wir wollen uns im Folgenden mit der Umsetzung von Wasserstoff mit Sauerstoff,

$$\begin{array}{llll} \text{Stoffkürzel} & \text{B} & \text{B}' & \text{D} \\ & 2\,H_2|g & +\;O_2|g \to & 2\,H_2O|l, \end{array}$$

der sogenannten „Knallgas-Reaktion“, unter verschiedenen Aspekten beschäftigen. Der Wasserstoff kann zum einen in einem Gasbrenner verbrannt werden, wobei eine sehr heiße Flamme entsteht, die z. B. beim Schweißen eingesetzt werden kann. Die bei der Reaktion freiwerdende Energie bleibt ungenutzt, d. h., sie wird vollständig zur Entropieerzeugung verbraucht (Fall 1, $\eta = 0$). Alternativ kann die Energie aber auch in einer Wasserstoff-Sauerstoff-Brennstoffzelle (Knallgaszelle) auf elektrischem Wege nutzbar gemacht werden (um z. B. einen Motor anzutreiben). Hier wollen wir eine heute übliche Brennstoffzelle (Fall 2, $\eta \approx 70\,\%$) und eine verlustfreie Brennstoffzelle (Fall 3, $\eta = 100\,\%$) betrachten. In allen drei Fällen soll jeweils 1,0 kg Wasser bei Zimmertemperatur (25 °C) gebildet werden (d. h. im Falle des Brenners nach Abkühlung der Brandgase).

a) Berechnen Sie zunächst die molare Reaktionsentropie $\Delta_R S^\ominus$ für die Knallgasreaktion unter Normbedingungen und dann die Entropieänderung ΔS (unter Normbedingungen), wenn die gewünschte Masse an Wasser entsteht.

b) Berechnen Sie den Antrieb $\mathcal{A}^\ominus$ der Reaktion und den Maximalwert der Nutzenergie $W_{n,max}^*$ (d. h. für $\eta = 1$).

c) Wie viel Entropie wird in den drei Fällen erzeugt, S_e, und wie viel mit der Umgebung ausgetauscht, S_a? Die Energie $T \cdot S_a$ heißt in Thermodynamikerkreisen „*Wärme*“ (bezogen auf den Umsatz, $T \cdot S_a / \Delta\xi$, auch „*molare Reaktionswärme*“). Berechnen Sie auch diese Energie.

1.8.6 Energie und Entropiebilanz der Wasserverdunstung

Wir betrachten die Verdunstung von 1,0 cm^3 Wasser bei einer relativen Luftfeuchte von 70 % und Zimmertemperatur (25 °C):

$$\begin{array}{lll} \text{Stoffkürzel} & \text{B} & \text{D} \\ & H_2O|l \to & H_2O|g,\text{Luft}\,. \end{array}$$

Das chemische Potenzial des Wasserdampfes in der Umgebungsluft beträgt unter den angegebenen Bedingungen –238,0 kG.

a) Berechnen Sie den Antrieb $\mathcal{A}$ für die Verdunstung sowie die maximal nutzbare Energie $W^*_{n,max}$.

b) Wie hoch ließe sich ein 1 kg-Gewicht heben, wenn die aus der Umbildung stammende Energie vollständig genutzt werden könnte?

c) Wie viel Entropie S_e entsteht, wenn die Energie völlig ungenutzt bleibt?

d*) Leiten Sie den angegebenen Wert μ_D [= $\mu(H_2O|g,Luft)$] mit Hilfe der Massenwirkungsgleichung her. Beachten Sie, dass bei 100 % relativer Luftfeuchte der Antrieb $\mathcal{A}$ verschwindet.

1.8.7* „Arbeitende" Ente

Die als Spielzeug bekannte „Trinkente" neigt sich schwankend, taucht den Schnabel ins Wasser, pendelt zurück und beginnt das Spiel von vorn. Das Nicken lässt sich nutzen, um mit Hilfe einer geeigneten Vorrichtung ein Gewicht zu heben, wie wir im Schauversuch 8.5 gesehen haben. Die Funktionsweise der Ente beruht auf der Wasserverdunstung (siehe Aufgabe 1.8.6). Wir wollen annehmen, dass sie bei 298 K 1 mmol Wasser bei einer relativen Luftfeuchte von 50 % verdunstet.

a) Berechnen Sie das chemische Potenzial des Wasserdampfes μ_D = [$\mu(H_2O|g,Luft)$] mit Hilfe der Massenwirkungsgleichung.

b) Berechnen Sie die maximal nutzbare Energie $W^*_{n,max}$.

c) Wie groß wäre der Wirkungsgrad η, wenn die Ente einen Klotz von 10 g um 10 cm hebt?

1.8.8 „Muskelenergie" durch Glucose-Oxidation

Ein Schornsteinfeger, 70 kg schwer, muss 24 m hoch Treppen steigen, um seinen Arbeitsplatz auf dem Hausdach zu erreichen. Die dafür nötige Energie liefert die Oxidation von Glucose ($C_6H_{12}O_6$) zu Kohlendioxid und Wasser im Muskelgewebe. Fügen Sie zunächst die Umsatzzahlen in die leeren Kästchen in der unten stehenden Umsatzformel ein:

Stoffkürzel	B		B′		D		D′
	□ $C_6H_{12}O_6|w$	+	□ $O_2|w$	→	□ $CO_2|w$	+	□ $H_2O|l$.

a) Berechnen Sie den chemischen Antrieb $\mathcal{A}^\ominus$ für den Oxidationsprozess (unter Normbedingungen).

b) Wie viel Energie W_{min} wird mindestens benötigt, damit der Mann seinen Arbeitsplatz erreichen kann?

c) Die als schneller Energielieferant beliebten Traubenzucker-Täfelchen wiegen rund 6 g. Wie viel für den Aufstieg nutzbare Energie W^*_n liefert ein solches Täfelchen bei einem geschätzten Wirkungsgrad η von 20 %?

d) Wie viel Gramm Glucose verbraucht der Schornsteinfeger letztendlich für seinen Aufstieg oder, anders gefragt, wie groß ist die Massenänderung seines Glucose-Vorrates Δm_B^* infolge des Aufstiegs? Wie viele Traubenzucker-Täfelchen muss er mindestens zu sich nehmen, damit er bis auf das Dach gelangt?

1.8.9 Brennstoffzelle

Wir denken uns eine Brennstoffzelle, in der Propan mit Sauerstoff umgesetzt wird:

$$\begin{array}{lcccc} \text{Stoffkürzel} & \text{B} & \text{B}' & \text{D} & \text{D}' \\ & \square\ C_3H_8|g + & \square\ O_2|g \rightarrow & \square\ CO_2|g + & \square\ H_2O|g. \end{array}$$

Solche Brennstoffzellen werden z. B. zur Stromerzeugung in Campingmobilen eingesetzt. Ergänzen Sie zunächst die fehlenden Umsatzzahlen in den leeren Kästchen der obigen Umsatzformel.

a) Berechnen Sie den chemischen Antrieb $\mathcal{A}^\ominus$ für den Oxidationsprozess (unter Normbedingungen).

b) Wie groß ist hierbei die molare Reaktionsentropie $\Delta_R S^\ominus$?

c) Wie viel nutzbare Energie W_n^* kann bei einem Umsatz $\Delta\xi = 2$ mol und einem Wirkungsgrad $\eta = 80$ % bei Normtemperatur gewonnen werden? Die Brennstoffzelle soll eine maximale Leistungsabgabe von 250 Watt besitzen. Wie lange kann sie unter diesen Bedingungen betrieben werden?

d) Wie viel Entropie S_e entsteht unter den in c) genannten Bedingungen in der Zelle und wie viel Entropie S_a wird mit der Umgebung ausgetauscht?

e) Wie viel Entropie S_e' entsteht und wie viel Entropie S_a' wird mit der Umgebung ausgetauscht, wenn man die Brennstoffzelle kurzschließt?

1.8.10 Kalorimetrische Antriebsbestimmung

Zur Bestimmung des Antriebs für die Verbrennung von Ethanol, das inzwischen auch Ottokraftstoffen zugesetzt wird, wurden 0,001 mol der Substanz bei einer mittleren Temperatur von 25 °C und einem Druck von 1 bar, was etwa Normbedingungen entspricht, im Reaktionsgefäß eines Kalorimeters in einer Sauerstoffatmosphäre verbrannt. Die Verbrennung führte zu einer Temperaturerhöhung von 2,49 K. Um das Kalorimeter zu kalibrieren, wurde seine elektrische Heizspirale für eine Dauer von 150 s an eine Spannungsquelle angeschlossen, die eine Spannung von 12 V bei einer Stromstärke von 1,5 A lieferte.

a) Wie groß ist die während der Reaktion von der Probe abgegebene Entropie $-S_a$, wenn die elektrische Aufheizung des Kalorimeters zu einer Temperaturerhöhung um 4,92 K führte?

b) Bestimmen Sie den Antrieb für die Reaktion. Die molare Reaktionsentropie $\Delta_R S^\ominus$ (unter Normbedingungen) beträgt für die Verbrennung von Ethanol $-138{,}8\ \mathrm{Ct\,mol^{-1}}$. Wie groß wäre der prozentuale Fehler, wenn Sie die auftretende latente Entropie nicht berücksichtigen würden?

1.9 Querbeziehungen

1.9.1 Stürzregel

Wenden Sie die Stürzregel an, um den Zusammenhang $\beta = V_m$ herzuleiten, wobei β den Druckkoeffizienten des chemischen Potenzials μ eines Stoffes und V_m dessen molares Volumen bezeichnet. Kommentieren Sie dabei jeden Schritt.

1.9.2 Temperaturerhöhung bei Verdichtung

Körper, die sich bei Entropiezufuhr ausdehnen – und das tun fast alle –, erwärmen sich beim Zusammendrücken.

a) Die Ausdehnung bei Entropiezufuhr kann man durch den Koeffizienten $(\partial V/\partial S)_p > 0$ quantifizieren. Durch Stürzen erhält man einen neuen Koeffizienten. Welcher ist es und inwiefern folgt daraus der anfangs angegebene Satz?

b) Wie verhält sich Eiswasser (Wasser unter 4 °C) in dieser Hinsicht?

1.9.3 Volumenänderung einer Betonwand

Um wie viel Kubikzentimeter verändert sich das Volumen einer Betonwand von l = 10 m Länge, h = 3 m Höhe und b = 20 cm Breite im Schnitt zwischen Winter (ϑ_1 = –15 °C) und Sommer (ϑ_2 = +35 °C)? Für Beton wird ein thermischer Volumenausdehnungskoeffizient von $\gamma \approx 36 \cdot 10^{-6}\ \mathrm{K}^{-1}$ angenommen.

1.9.4* Benzinfass

Ein Stahlfass (S) hat bei 20 °C einen Rauminhalt von 216 L. Wie viel Benzin (B) darf man höchstens in das Fass füllen, wenn aus Sicherheitsgründen mit einer Endtemperatur von 50 °C gerechnet werden muss und keine Verluste durch Überlaufen eintreten sollen? Der thermische Volumenausdehnungskoeffizient γ des Stahls beträgt $35 \cdot 10^{-6}\ \mathrm{K}^{-1}$, der des Benzins $950 \cdot 10^{-6}\ \mathrm{K}^{-1}$.

1.9.5 Kompressibilität von Hydrauliköl

Ein Hydrauliköl in einem Zylinder besitzt unter einem äußeren Druck von 10 bar ein Volumen von 1 L. Anschließend wird der Druck auf 20 bar erhöht, wobei sich das Volumen auf 0,9997 L verringert. Schätzen Sie die Kompressibilität χ des Öls ab. (Die Temperatur soll näherungsweise konstant bleiben.)

1.9.6* Dichte des Wassers in der Meerestiefe

Es soll abgeschätzt werden, um wie viel Prozent die Dichte des Meerwassers in 200 m Tiefe gegenüber seiner Dichte an der Wasseroberfläche zunimmt. Der Schweredruck des Meerwassers in 200 m Tiefe betrage 2 MPa; für die Kompressibilität χ des Wassers wird ein Wert von $4{,}6 \cdot 10^{-10}$ Pa^{-1} angenommen. Außerdem wird näherungsweise davon ausgegangen, dass die Wassertemperatur unabhängig von der Tiefe einen konstanten Wert besitzt.

1.9.7* Druckanstieg im Flüssigkeitsthermometer

Wir betrachten ein mit Ethanol gefülltes Glasthermometer. Während das Volumen des eingefüllten Ethanols sich bei Temperatur- und Druckzunahme merklich ändert, kann man das Glasgefäß im Vergleich dazu als thermisch und mechanisch starr ansehen.

Nehmen Sie nun an, Sie wären aus Versehen am Ende des Messbereichs des Thermometers angelangt, der bei rund 60 °C liegt, so dass das gesamte Volumen des Glasgefäßes mit Ethanol gefüllt gewesen wäre. Schätzen Sie die zu erwartende Druckerhöhung Δp im Innern ab, wenn die Temperatur um weitere 5 °C erhöht worden wäre. Gegeben ist der thermische Volumenausdehnungskoeffizient $\gamma = 1{,}1 \cdot 10^{-3}$ K^{-1} und die Kompressibilität $\chi = 1{,}5$ GPa^{-1} des Ethanols bei 60 °C. Die entsprechenden Werte für Glas, $\gamma \approx 0{,}02 \cdot 10^{-3}$ K^{-1} und $\chi \approx 0{,}01$ GPa^{-1}, betragen nur einen winzigen Bruchteil davon.

1.9.8 Isochore molare Entropiekapazität

Ethanol besitzt bei 20 °C eine isobare molare Entropiekapazität $\mathcal{C}_{\mathrm{m},p}$ von 0,370 Ct mol^{-1} K^{-1}. Es soll nun die isochore molare Entropiekapazität $\mathcal{C}_{\mathrm{m},V}$ berechnet werden. Zu diesem Zweck stehen die folgenden Angaben zur Verfügung: thermischer Volumenausdehnungskoeffizient $\gamma = 1{,}40 \cdot 10^{-3}$ K^{-1}; Kompressibilität $\chi = 11{,}2 \cdot 10^{-10}$ Pa^{-1}; Dichte $\rho = 0{,}789$ g cm^{-3}.

1.9.9* Isentrope Kompressibilität

Die Schallgeschwindigkeit c in Flüssigkeiten oder Gasen gehorcht der einfachen Gleichung

$$c = \sqrt{\frac{1}{\chi_S \cdot \rho}},$$

in der ρ die Dichte und χ_S die Kompressibilität bezeichnet, und zwar nicht die isotherme $\chi = \chi_T = -V^{-1}(\partial V/\partial p)_T$, sondern die isentrope $\chi_S = -V^{-1}(\partial V/\partial p)_S$. Der Grund dafür ist, dass sich die Entropie im Vergleich zum Schall nur langsam ausbreitet. Die in einem kleinen, die Stoffmenge Δn umfassenden Ausschnitt enthaltene Entropie bleibt konstant, auch wenn dort der Druck und die Temperatur beim Durchlauf einer Schallwelle merklich schwanken. Die Größen χ_S und χ_T lassen sich wie folgt ineinander umrechnen:

$$\chi_S = \chi_T - \frac{M\gamma^2}{\rho \mathcal{C}_\mathrm{m}}$$

[M molare Masse, γ thermischer Volumenausdehnungskoeffizient, ρ Dichte, $\mathcal{C}_m$ (isobare) molare Entropiekapazität].

a) Leiten Sie die obige Beziehung zwischen isothermer und isentroper Kompressibilität unter Zuhilfenahme der in Abschnitt 9.4 im Lehrbuch „Physikalische Chemie" vorgestellten Rechenregeln für Differenzialquotienten her.

b) Welcher Wert ergibt sich für die isentrope Kompressibilität χ_S von Ethanol, wenn man die in Aufgabe 1.9.8 angegebenen Daten benutzt?

c) Wie groß ist die Schallgeschwindigkeit in Ethanol?

1.9.10* Verdichten von Eiswasser

Wie ändert sich die Temperatur von Wasser, wenn es bei 0 °C mit einem Überdruck von 1000 bar (isentrop) komprimiert wird? Wir wollen dabei annehmen, dass der Ausdehnungskoeffizient $\gamma = -70 \cdot 10^{-6}\,K^{-1}$ und die (isobare) molare Entropiekapazität $\mathcal{C}_m = 0{,}28\,Ct\,K^{-1}\,mol^{-1}$ annähernd konstant sind.

1.10 Dünne Gase aus molekularkinetischer Sicht

1.10.1 Stahlgasflasche

In einer Stahlflasche mit einem Volumen V_0 von 50 L befindet sich Stickstoff bei einem Druck p_0 von 5 MPa und einer Temperatur ϑ_0 von 20 °C. Das Gas kann unter diesen Bedingungen noch als ideal behandelt werden.

a) Welche Stoffmenge n und welche Masse m an Stickstoff enthält die Flasche?

b) Im Außenlager war die Stahlflasche längere Zeit der direkten Sonneneinstrahlung ausgesetzt und hat sich samt Inhalt auf $\vartheta_1 = 45$ °C erwärmt. Welcher Druck p_1 herrscht jetzt in der Flasche?

1.10.2* Wetterballon

Ein Wetterballon wird auf Meereshöhe ($p_0 = 100$ kPa) bei einer Temperatur ϑ_0 von 25 °C mit Wasserstoff gefüllt, bis er einen Radius r_0 von 1,5 m erreicht hat. Anschließend lässt man ihn aufsteigen. Welches Volumen V_1 und welchen Radius r_1 hat der Ballon in 10 km Höhe, wenn dort ein Druck p_1 von 30 kPa und eine Temperatur ϑ_1 von −50 °C herrschen? Der Wasserstoff kann in guter Näherung als ideales Gas behandelt werden, der Ballon als kugelförmig und der Druck innen und außen als gleich.

1.10.3 Kaliumhyperoxid als Lebensretter

Kaliumhyperoxid (KO_2) besitzt die bemerkenswerte Eigenschaft, Kohlendioxid zu binden und gleichzeitig Sauerstoff freizusetzen:

Stoffkürzel	B	B′	D	D′

$$\square\ KO_2|s + \square\ CO_2|g \rightarrow \square\ K_2CO_3|s + \square\ O_2|g.$$

Es kann daher in Atemschutzgeräten (z. B. Tauchrettern) zur Regenerierung der Atemluft eingesetzt werden. Welche Masse an KO_2 wird benötigt, wenn 40 dm^3 CO_2 bei 10 °C und 100 kPa gebunden werden sollen?

1.10.4* Taucherkrankheit

Ein Taucher mit einer Masse von 80 kg bereitet sich auf einem Boot auf seinen Tauchgang vor.

a) Bestimmen Sie die Menge $n(\mathrm{B|Bl})_0$ an Stickstoff (Stoff B) in seinem Blut (Bl). Ein Mensch hat ein Blutvolumen von ca. 70 mL pro Kilogramm Körpergewicht. Als HENRY-Konstante für die Löslichkeit von Stickstoff in Blut kann vereinfachend diejenige von Stickstoff in Wasser angenommen werden, d. h. $\overset{\circ}{K}_{\mathrm{H}}\ (= \overset{\circ}{K}_{\mathrm{gd}}) = 5{,}45 \cdot 10^{-6}$ mol m^{-3} Pa^{-1} bei 37 °C, der normalen Körpertemperatur eines Menschen. Die Umgebungsluft besteht zu 78 % aus Stickstoff; der Luftdruck $p_{\mathrm{ges},0}$ auf Meereshöhe betrage 100 kPa.

b) Der Taucher erreicht bei seinem Tauchgang eine Tiefe von 20 m. Er atmet dann aus seinem Pressluftgerät Luft mit einem Druck von $p_{ges,1}$ = 300 kPa ein. Bestimmen Sie die Menge $n(B|Bl)_1$ an Stickstoff, die jetzt im gleichen Blutvolumen gelöst wird.

c) Der Taucher taucht nun sehr schnell auf Meereshöhe auf. Welches Volumen $\Delta V(B|g)_2$ an N_2-Gas wird in Form von Blasen in der Blutbahn des Tauchers freigesetzt? Die durch die Gasblasen verursachten arteriellen Verschlüsse (Luftembolie) sind die Ursache der gefürchteten „Taucherkrankheit".

1.10.5* Volumetrische Erfassung von Gasen

Um z. B. ein bei einer Reaktion freigesetztes Gas volumetrisch zu erfassen (siehe auch Versuch 16.8 im Lehrbuch), kann man es durch Wasser perlen lassen, um seine Menge über das verdrängte Wasservolumen zu bestimmen (siehe Abbildung). Dabei löst sich einerseits ein Teil des Gases im Wasser, andererseits nimmt das Gas Wasserdampf auf. Der erste Vorgang vermindert das aufgefangene Gasvolumen, der zweite vermehrt es. Beide Einflüsse sollen für Sauerstoff (Stoff B) abgeschätzt werden, der in einem Eudiometer (einseitig verschlossenes und mit einer Skale versehenes Glasrohr) unter Zimmerbedingungen (298 K, 100 kPa) aufgefangen wird.

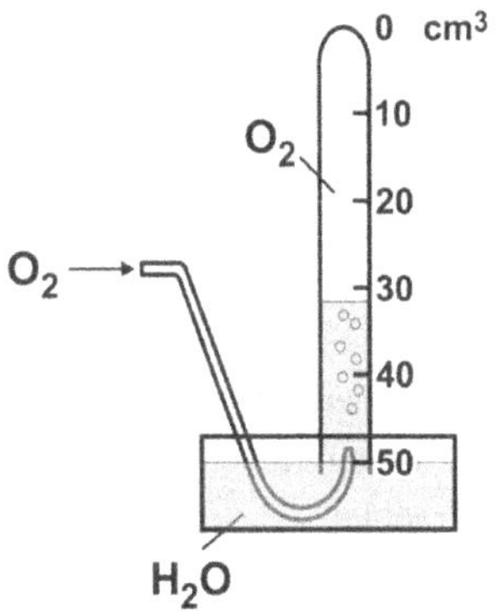

a) Berechnen Sie dazu zunächst die Löslichkeit von O_2 in Wasser, d. h. die Sättigungskonzentration $c(B|w)$. Die HENRY-Konstante $K_H^\ominus$ (= $K_{gd}^\ominus$) beträgt $1{,}3 \cdot 10^{-5}$ mol m^{-3} Pa^{-1}.

b) Berechnen Sie dann den Sättigungsdampfdruck $p_{lg,D}$ des Wassers (Stoff D) mit Hilfe der chemischen Potenziale.

c) Wie viel O_2 löst sich, wenn V_D = 50 cm^3 Wasser damit gesättigt werden? Welchem O_2-Gasvolumen $V(B|g)$ entspricht diese Stoffmenge?

d) Wie groß ist der Gesamtdruck $p_{ges,Eu}$ und der O_2-Teildruck $p(B|g)_{Eu}$ im Gasraum des Eudiometers (Eu) bei einem Stand von 50 cm^3?

e) Welchen Beitrag $V(D|g)$ liefert der Wasserdampf zu dem Gesamtvolumen von 50 cm^3?

1.10.6* Aufpumpen von Fahrradreifen

Die Reifen üblicher Fahrräder haben ganz grob ein konstantes Volumen V_0 von 2 L. Wie viel Energie W muss man mindestens aufbringen, um den Reifen von 1 auf 5 bar aufzupumpen?

Hinweis: Zur Vereinfachung denken wir uns eine Pumpe mit einem Hubraum von $4V_0$, so dass der Reifen in einem einzigen Schub vom Anfangsdruck auf den Enddruck gebracht werden kann. Der Prozess soll jedoch so langsam ablaufen, dass die Temperatur dabei nicht merklich zunimmt.

1.10.7 Kathodenstrahlröhre

In früheren Fernsehgeräten und Computerbildschirmen wurden Kathodenstrahlröhren zur Bilderzeugung verwendet. Damit der Elektronenstrahl verlustfrei ein Bild auf die Mattscheibe bringen konnte, sollten möglichst wenige Gasmolekeln den Elektronen „im Wege sein". Wie viele Gasmolekeln sind in jedem cm^3 einer Kathodenstrahlröhre enthalten, wenn in ihr bei 20 °C ein Druck von etwa 0,1 mPa herrscht?

1.10.8 Geschwindigkeit und Translationsenergie von Gasmolekeln

Berechnen Sie die mittlere quadratische Geschwindigkeit und die mittlere molare kinetische Energie von

a) Wasserstoffmolekülen bei $T_1 = 298$ K und $T_2 = 800$ K und

b) Sauerstoffmolekülen bei den gleichen Temperaturen.

1.10.9 Geschwindigkeit von Luftmolekülen

Wie ändert sich die mittlere quadratische Geschwindigkeit der Luftmoleküle, wenn man einmal einen heißen Sommertag ($\vartheta_1 = 35$ °C) und einmal einen kalten Wintertag ($\vartheta_2 = -10$ °C) betrachtet?

1.10.10* MAXWELLsche Geschwindigkeitsverteilung

Schätzen Sie mit Hilfe der MAXWELLschen Geschwindigkeitsverteilung den Anteil der Moleküle mit einer Geschwindigkeit zwischen 299,5 $m\,s^{-1}$ und 300,5 $m\,s^{-1}$ in Stickstoffgas bei einer Temperatur von 25 °C ab.

Hinweis: Leider ist in der Gleichung (10.54) für die MAXWELLsche Geschwindigkeitsverteilung im Lehrbuch „Physikalische Chemie" im Exponentialausdruck der Faktor 2 verloren gegangen. Korrekt muss es heißen: $\exp(-mv^2/\mathbf{2}k_BT)$.

1.11 Übergang zu dichteren Stoffen

1.11.1 VAN DER WAALS-Gleichung

Ein Gefäß mit einem Volumen von 5,00 L ist mit 352 g Kohlendioxid gefüllt.

a) Berechnen Sie mit Hilfe der VAN DER WAALS-Gleichung den Druck, der bei einer Temperatur von 27 °C herrscht.

b) Wie hoch wäre der Druck, wenn man von einem idealen Verhalten des Gases ausginge?

1.11.2 Zustandsdiagramm von Wasser

a) Berechnen Sie anhand der im Lehrbuch „Physikalische Chemie“ vorgestellten Gleichungen Werte für die Schmelz-, Siede- und Sublimationsdruckkurve des Wassers und tragen Sie diese in die Wertetafeln ein.

Benötigte Daten:
Benutzen Sie als Datenquelle für die chemischen Potenziale $\mu^{\ominus}$ und deren Temperaturkoeffizienten α die Tabelle A2.1 im Anhang und für die Druckkoeffizienten β die Tabelle 5.2.

	$H_2O\vert s$	$H_2O\vert l$	$H_2O\vert g$
$\mu^{\ominus}/\mathrm{kG}$			
$\alpha/\mathrm{G\,K^{-1}}$			
$\beta/\mathrm{\mu G\,Pa^{-1}}$			

Schmelzen:

Wegen des sehr steilen, nahezu senkrechten Anstiegs der Schmelzdruckkurve empfiehlt es sich, die allgemeine Gleichung zur Berechnung dieser Kurve nach T aufzulösen und anschließend Anfangs- und Endwert des betrachteten Druckbereichs (hier 0 und 50 kPa) einzusetzen.

Zugehörige Wertetabelle:

p/kPa	0	50
T/K		

Sieden:

Zugehörige Wertetabelle:

T/K	240	260	280	300	320	340	360
p/kPa							

Sublimieren:

Zugehörige Wertetabelle:

T/K	240	260	280	300	320	340
p/kPa						

Zeichnen Sie anhand der berechneten Punkte die Schmelz-, Siede- und Sublimationsdruckkurve des Wassers in die Netztafel ein.

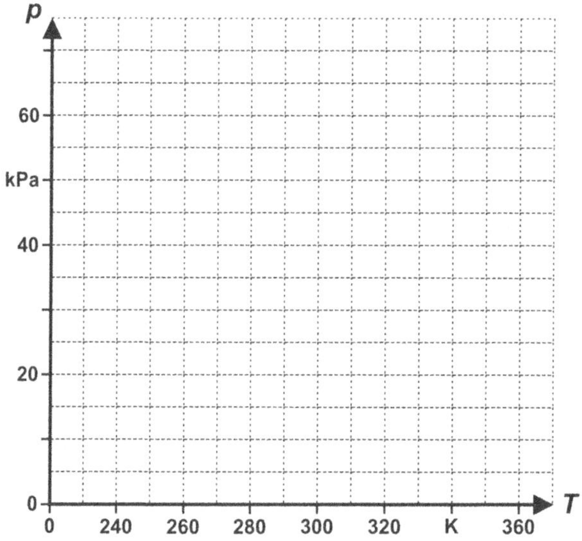

b) Schätzen Sie anhand der Siededruckkurve (Dampfdruckkurve) die Siedetemperatur des Wassers auf dem Mount Everest (Gipfelhöhe von 8848 m) ab, wenn dort im Mittel ein Luftdruck von 32,6 kPa herrscht.

1.11.3 Verdunstungsgeschwindigkeit

Wievielmal größer ist, grob geschätzt, die Verdunstungsgeschwindigkeit ω_1 von Wasser an einem heißen Sommertag (ϑ_1 = 34 °C) verglichen mit derjenigen (ω_2) an einem kühlen Herbsttag (ϑ_2 = 10 °C)? Die Randbedingungen seien dabei so, dass der (temperaturabhängige) Dampfdruck p_{lg} des Wassers die Verdunstungsgeschwindigkeit ganz maßgeblich bestimmt.

1.11.4 Badezimmeratmosphäre

Eine Person nimmt ein ausgiebiges heißes Wannenbad in einem kleinen Badezimmer ohne Lüftung mit einer Grundfläche von 4 m^2 und einer Höhe von 2,5 m. Welche Stoffmenge und welche Masse an Wasser befinden sich in der Luft des Badezimmers, wenn sie bei 38 °C mit Wasserdampf gesättigt ist?

1.11.5 Arbeitsplatzgrenzwert

In einem Labor steht verbotenerweise für längere Zeit ein offenes Gefäß mit Aceton. Um das Wievielfache wird der Arbeitsplatzgrenzwert von 1200 mg m^{-3} bei einer Temperatur von 20 °C überschritten, wenn wir annehmen, dass die Raumluft mit Aceton gesättigt ist? Der Normsiedepunkt $T_{\mathrm{lg}}^{\ominus}$ des Acetons liegt bei 329 K, seine molare Verdampfungsentropie (am Normsiedepunkt) $\Delta_{\mathrm{lg}}S_{\mathrm{Gl}}^{\ominus}$ [$\equiv \Delta_{\mathrm{lg}}S(T_{\mathrm{lg}}^{\ominus})$] beträgt 88,5 Ct mol^{-1}.

1.11.6 Siededruck von Benzol

Der Normsiedepunkt von Benzol liegt bei 80 °C. Schätzen Sie ab, bei welchem Druck Benzol bereits bei 60 °C siedet. Gehen Sie dabei davon aus, dass es sich bei Benzol um eine typische unpolare Verbindung handelt.

1.11.7 Verdampfung von Methanol

Methanol siedet bei 64,3 °C (unter Normdruck). Bei Raumtemperatur (25 °C) wurde ein Dampfdruck von 16,8 kPa gemessen.

a) Schätzen Sie die molare Verdampfungsentropie $\Delta_{\mathrm{lg}}S_{\mathrm{Gl}}^{\ominus}$ von Methanol am Normsiedepunkt ab.

b) Vergleichen Sie das Ergebnis mit der PICTET-TROUTONschen Regel.

1.11.8* Tripelpunkt von 2,2-Dimethylpropan

Die Temperaturabhängigkeit des Dampfdrucks von flüssigem 2,2-Dimethylpropan wird näherungsweise durch die folgende empirische Gleichung beschrieben,

$$\ln(p_{\mathrm{lg}}/p^{\ominus}) = -\frac{2877{,}56\ \mathrm{K}}{T} + 10{,}1945\ ,$$

die von festem 2,2-Dimethylpropan durch die Gleichung

$$\ln(p_{\mathrm{sg}}/p^{\ominus}) = -\frac{3574.36\ \mathrm{K}}{T} + 12{,}9086\ .$$

a) Schätzen Sie durch Koeffizientenvergleich mit Gleichung (11.11) die molare Verdampfungsentropie $\Delta_{\mathrm{lg}}S_{\mathrm{Gl}}^{\ominus}$ am Normsiedepunkt sowie den Normsiedepunkt $T_{\mathrm{lg}}^{\ominus}$ von 2,2-Dimethylpropan ab. Führen Sie die Betrachtung in analoger Weise für die molare Sublimationsentropie $\Delta_{\mathrm{sg}}S_{\mathrm{Gl}}^{\ominus}$ [$\equiv \Delta_{\mathrm{sg}}S(T_{\mathrm{sg}}^{\ominus})$] am Normsublimationspunkt sowie den Normsublimationspunkt $T_{\mathrm{sg}}^{\ominus}$ durch.

b) Schätzen Sie die Temperatur T_{slg} und den Dampfdruck p_{slg} am Tripelpunkt des 2,2-Dimethylpropans ab.

1.11.9* Druckabhängigkeit der Umwandlungstemperatur

Wie in Kapitel 5 gezeigt wurde, sind Umwandlungstemperaturen vom Druck abhängig, was sich besonders stark bei den Siedetemperaturen bemerkbar macht (siehe z. B. die Versuche 5.3 und 5.4). Diese Druckabhängigkeit kann allgemein durch den Koeffizienten $(\partial T/\partial p)_{\mathcal{A},\xi}$ ausgedrückt werden.

a) Wir wollen als Beispiel den Siedevorgang betrachten:

$$\mathrm{B|l} \rightleftarrows \mathrm{B|g}\,.$$

Formen Sie den obigen Koeffizienten so um, dass sich ein Zusammenhang mit dem molaren Verdampfungsvolumen und der molaren Verdampfungsentropie ergibt.

b) Die Temperatureinheit wurde früher dadurch festgelegt, dass der Temperaturunterschied zwischen Gefrier- und Siedetemperatur des Wassers bei 1 atm (101325 Pa) 100 Einheiten beträgt. Heute definiert man die Einheit durch die Vereinbarung, dass die absolute Temperatur des Tripelpunktes T_{slg} des Wassers 273,16 K betragen soll. Zugleich hat die IUPAC (International Union of Pure and Applied Chemistry) die Empfehlung ausgesprochen, nicht 1 atm, sondern 100 kPa (= 1 bar) als Normdruck für thermodynamische Daten zu verwenden. Berechnen Sie, wie sich dies auf den Wert für die Siedetemperatur des Wassers auswirkt. Die molare Verdampfungsentropie $\Delta_{\mathrm{lg}}S_{\mathrm{Gl}}$ (am Siedepunkt) beträgt 109,0 Ct mol^{-1} und kann im betrachteten Druckbereich als konstant angesehen werden.

1.12 Stoffausbreitung

1.12.1 Dampfdruckerniedrigung

Im Schauversuch 12.9 wurde gezeigt, dass der Dampfdruck von Diethylether ($C_4H_{10}O$) durch Zusatz von Ölsäure (Oleinsäure, $C_{18}H_{34}O_2$) abgesenkt wird.

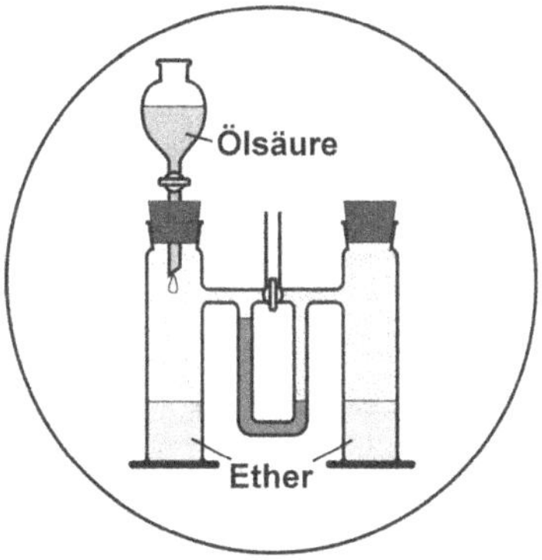

a) Berechnen Sie die Dampfdruckänderung, wenn 11,3 g Ölsäure (Stoff B) bei 20 °C in 100,0 g Diethylether (Stoff A) gelöst werden. Der Dampfdruck des Ethers bei dieser Temperatur beträgt 586 hPa.

b) Geben Sie den Dampfdruck der Lösung an.

c) Wie groß wäre der Höhenunterschied zwischen den Flüssigkeitsspiegeln in den beiden Schenkeln des Manometers, wenn Wasser ($\rho \approx 998\ \mathrm{kg\,m^{-3}}$ bei 20 °C) als Sperrflüssigkeit dient?

1.12.2 „Chemie im Haushalt"

a) In 250 mL Wasser (Stoff A) werden bei Raumtemperatur drei Würfel Zucker (Saccharose, $C_{12}H_{22}O_{11}$; Stoff B) gelöst. Ein Zuckerwürfel wiegt ca. 3 g; die Dichte des Wassers beträgt ca. 1 g cm^{-3} (bei 25 °C). Schätzen Sie ab, bei welcher Temperatur die Zuckerlösung gefrieren würde. Nutzen Sie dazu die Daten in Tabelle 12.1 im Lehrbuch „Physikalische Chemie".

b) Auf Nudelpackungen findet man als Zubereitungsanweisung: „ Die Nudeln in kochendes Salzwasser geben und ab und zu umrühren, bis die Nudeln bissfest sind." Ein typisches „Nudelwasser" hat einen Gehalt an Kochsalz (NaCl; Stoff B) von 10 g pro Kilogramm Wasser. Schätzen Sie ab, bei welcher Temperatur die Salzlösung kocht (bei 100 kPa). Denken Sie daran, dass die kolligativen Eigenschaften von der Anzahl der gelösten Teilchen abhängen.

1.12.3 Osmotischer Druck

Eine wässrige Harnstofflösung weist bei 298 K einen osmotischen Druck von 99 kPa auf.

a) Wie groß ist die Stoffmenge n_B an Harnstoff in 1 L Lösung?

b) Um die weit größere Wassermenge n_A in 1 L der Lösung näherungsweise zu berechnen, kann man die Anwesenheit des Harnstoffs in der dünnen Lösung ignorieren, so dass Volumen, Masse, Dichte der Lösung mit der des reinen Wassers übereinstimmen. Welcher Wert ergibt sich damit für m_A und n_A? (Die Dichte von Wasser bei 298 K beträgt ca. 1000 kg m^{-3}).

c) Wie groß ist der Mengenanteil x_B des Harnstoffs in der Lösung?

d) Wie ändert sich das chemische Potenzial des Lösemittels Wasser durch Zugabe des Fremdstoffs Harnstoff?

e) Durch die Zugabe des Fremdstoffs wird der Gefrierpunkt des Wassers abgesenkt. Berechnen Sie diese Temperaturänderung. Die molare Schmelzentropie $\Delta_{sl}S^{\bullet}_{Gl,A}$ des Wassers (am Normschmelzpunkt) beträgt 22,0 Ct mol^{-1}.

f) Welche Menge $n_{B'}$ an Magnesiumchlorid ($MgCl_2$) müsste theoretisch eingesetzt werden, damit 1 L der Salzlösung den gleichen osmotischen Druck wie die Harnstofflösung im Aufgabenteil a) aufweist?

1.12.4 Meerwasser

Meerwasser kann man ganz grob als wässrige Kochsalzlösung auffassen mit einem Massenanteil w_B des Salzes von 3,5 %. Durch die Potenzialsenkung infolge des Salzgehaltes werden beispielsweise Dampfdruck, Siedepunkt und Gefrierpunkt des Wassers verändert. Allerdings sind auf Grund des relativ hohen Salzgehaltes des Meerwassers die auf der Massenwirkung beruhenden Beziehungen nur mit Vorbehalt anzuwenden, doch lassen sich zumindest Schätzwerte ermitteln.

a) Wie groß sind die Stoffmengen n_B des Natriumchlorids und n_A des Lösemittels Wasser in 1000 g Meerwasser und wie groß ist daher der Fremdstoffanteil x_F?

b) Wie groß ist die Potenzialänderung $\Delta\mu_A$ des Lösemittels Wasser (bei 298 K)?

c) Meerwasser (M) verdunstet wegen seines geringeren Dampfdrucks p_{lg} langsamer als Süßwasser (S) (reines Wasser, $p^{\bullet}_{lg,A}$). Schätzen Sie ab, wie viel langsamer in etwa das Meerwasser verdunstet (bei 298 K).

d) Wie viel niedriger liegt der Gefrierpunkt des Meerwassers (verglichen mit Süßwasser)? Die molare Schmelzentropie $\Delta_{sl}S^{\bullet}_{Gl,A}$ des Wassers (am Normschmelzpunkt) beträgt 22,0 Ct mol^{-1}.

e) Wie viel höher ist sein Siedepunkt (bei Normdruck)? Die molare Verdampfungsentropie $\Delta_{lg}S^{\bullet}_{Gl,A}$ des Wassers (am Normsiedepunkt) beträgt 109,0 Ct mol^{-1}.

f) Welcher Überdruck ist bei 298 K mindestens erforderlich, um Meerwasser (Lösung L) zur Entsalzung durch ein nur für H_2O durchlässiges Filter zu pressen (Umkehrosmose)? Die Dichte ρ_L einer 3,5 %-igen Kochsalzlösung liegt bei der gegebenen Temperatur bei 1022 kg m^{-3}.

1.12.5 „Frostschutz“ im Tierreich

Die Hämolymphe (umgangssprachlich auch als „Blut“ der Insekten bezeichnet) einer parasitischen Wespe, *Bracon cephi*, enthält im Winter einen Massenanteil w_B von annähernd 0,3 an Glycerin ($C_3H_8O_3$), um niedrige Temperaturen überstehen zu können.

a) Die Hämolymphe der Wespe soll vereinfachend als wässrige Glycerinlösung aufgefasst werden. Wie groß sind dann die Stoffmengen n_B an Glycerin und n_A an Wasser, wenn man von 100 g Lösung (L) ausgeht und wie groß ist der Stoffmengenanteil x_F an Fremdstoff?

b) Schätzen Sie ab, bis zu welcher Temperatur unter 0 °C die Wespe am Leben bleiben kann, d. h. ohne dass ihr buchstäblich „das Blut gefriert"? [Molare Schmelzentropie des Wassers (am Normschmelzpunkt): $\Delta_{sl}S^{\bullet}_{Gl,A} = 22{,}0\ \text{Ct mol}^{-1}$]

c) Wie groß ist die osmotische Konzentration c_F (früher auch als Osmolarität bezeichnet) der Hämolymphe bei 20 °C? Berücksichtigen Sie dabei, dass eine Glycerinlösung mit einem Massenanteil w von 0,3 an Glycerin bei dieser Temperatur eine Dichte ρ_L von ca. 1,065 g mL^{-1} aufweist.

d) Welchen osmotischen Druck hat die Hämolymphe bei 20 °C?

1.12.6 „Osmosekraftwerk"

Das chemische Potenzial μ_A des Wassers ist im Meer (M) wegen seines Salzgehaltes niedriger als in einem Fluss [Süßwasser (S); nahezu reines Wasser]: $\mu_{A,S} > \mu_{A,M}$. In sogenannten „Osmosekraftwerken" sucht man dieses Gefälle (es entspricht energetisch einem Wasserfall von rund 250 m) zur Energiegewinnung zu nutzen. Eine Pilotanlage dieser Art steht am Oslofjord in Norwegen. Die im Folgenden benötigten Daten, den Normwert $\mu^\ominus$ sowie den zugehörigen Temperatur- und Druckkoeffizienten, α und β, finden Sie in der Tabelle:

Stoff	Formel	$\mu^\ominus$/kG	α/G K^{-1}	β/G Pa^{-1}
Wasser	$H_2O\vert l$	–237,14	–70	$18 \cdot 10^{-6}$

a) Wie groß sind $\mu_{A,S}$ und $\mu_{A,M}$ bei 100 kPa und einer Wassertemperatur von 10 °C? Man kann Meerwasser als wässrige Lösung von Kochsalz mit einem Stoffmengenanteil x_B = 0,011 betrachten (Ergebnisse hier nicht runden).

b) Man kann die durch den Salzgehalt verursachte Erniedrigung des Wasserpotenzials auf den Wert $\mu_{A,M}$ ausgleichen, indem man den Druck p auf das Meerwasser soweit erhöht, dass dessen chemisches Potenzial wieder dem des Süßwassers entspricht. In einer mit Meerwasser gefüllten, in Süßwasser eintauchenden Osmosezelle entsteht die zu berechnende Druckänderung Δp durch das eindringende Wasser von selbst. In einem „Osmosekraftwerk" werden Salzwasser und Süßwasser in große Tanks gepumpt, die durch eine semipermeable Membran voneinander getrennt sind.

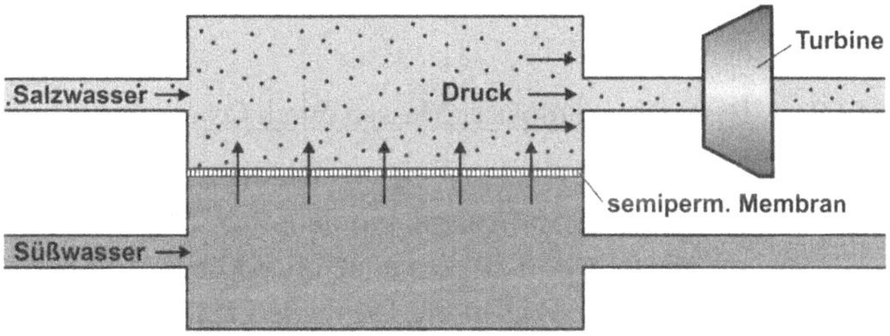

Durch das auf die salzhaltige Seite einströmende Wasser wird ein Druck aufgebaut. Beim Abbau dieses Druckes über eine Wasserturbine wird Strom erzeugt.

c) Der H_2O-Übertritt vom Fluss- ins Meerwasser, $H_2O|S \rightarrow H_2O|M$, kann als chemische Reaktion aufgefasst werden. Wie groß ist der Antrieb $\mathcal{A}$ unter den in Teilaufgabe a) genannten Bedingungen? Der Verbrauch von 1 m^3 Süßwasser entspricht einem Umsatz $\Delta\xi$ von 55500 mol. Wie viel nutzbare Energie W_n^* kann auf diese Weise gewonnen werden (Wirkungsgrad unter Volllast $\eta \approx 60$ %)?

1.12.7 Isotonische Salzlösung

Um die Blutkörperchen nicht zu schädigen, muss eine Kochsalzlösung, die einem Patienten als Infusion verabreicht wird, bei Körpertemperatur (37 °C) den gleichen osmotischen Druck wie das Blutplasma ($p_{osm} \approx 7{,}38$ bar) aufweisen (sogenannte isotonische Kochsalzlösung).

a) Wie viel Gramm Kochsalz benötigt man, um 500 mL einer isotonischen Kochsalzlösung herzustellen (wenn man von der Näherung für dünne Lösungen ausgeht)?

b) Die isotonische Kochsalzlösung, die in der Medizin als Infusionslösung verwendet wird, enthält 9,0 g Natriumchlorid pro 1000 mL Lösung. Schätzen Sie den Korrekturfaktor f ab [zur Erläuterung siehe Lösung zu Aufgabe 1.12.4.f)].

1.12.8 Bestimmung molarer Massen mittels Kryoskopie

Historisch gesehen war die Kryoskopie, als noch keine genaueren Verfahren zur Verfügung standen, eine wichtige Methode zur Bestimmung molarer Massen. Wegen seiner hohen kryoskopischen Konstanten wurde gerne Campher (Stoff A) bei höheren Temperaturen als Lösemittel eingesetzt. Nach Zugabe von 40 mg einer unbekannten organischen Substanz (Stoff B) zu 10,0 g flüssigem Campher wird eine Erniedrigung der Erstarrungstemperatur um 0,92 K gemessen.

a) Berechnen Sie die molare Masse der unbekannten Substanz.

b) Wenn die Verhältnisformel der unbekannten Substanz C_5H_6O ist, wie lautet dann ihre Summenformel? Um welche Substanz, die auch in der Zahnmedizin eingesetzt wird, könnte es sich handeln?

1.12.9 Bestimmung molarer Massen durch Osmometrie

Auf Grund ihrer Empfindlichkeit eignet sich die Osmometrie besonders für die Untersuchung von makromolekularen Stoffen wie synthetischen Polymeren, Proteinen und Enzymen. 10,0 g des Enzyms Katalase (Stoff B), das in aeroben Lebewesen wie dem Menschen den Zerfall des Zellgifts Wasserstoffperoxid in die Elemente katalysiert, werden in so viel Wasser (Stoff A) gelöst, dass man 1,00 L Lösung enthält. Die Lösung zeigt bei 27 °C einen osmotischen Druck von 104 Pa. Schätzen Sie die molare Masse des Enzyms ab.

1.13 Gemische und Gemenge

1.13.1 Ideale flüssige Mischung

0,8 mol Benzol (Komponente A) und 1,2 mol Toluol (Komponente B) werden bei 25 °C miteinander gemischt. Die Lösung soll als ideal aufgefasst werden.

a) Bestimmen Sie den Antrieb $\mathcal{A}_M$ des Mischungsvorganges, die molare Mischungsentropie $\Delta_M S$ sowie das molare Mischungsvolumen $\Delta_M V$.

b*) In welchem Stoffmengenverhältnis muss man Benzol und Toluol mischen, damit die maximal mögliche Mischungsentropie auftritt, bezogen auf 1 mol des Gemisches? Leiten Sie das Ergebnis mathematisch her.

1.13.2 Chemisches Potenzial eines Gemisches

a) Zeichnen Sie in die nebenstehende Netztafel das chemische Potenzial von Stickstoff-Sauerstoff-Gemischen (unter Normbedingungen) für $x_B = 0 \ldots 1$ gemäß der Gleichung

$$\mu_G = x_A \cdot (\mathring{\mu}_A + RT \ln x_A) + x_B \cdot (\mathring{\mu}_B + RT \ln x_B)$$

ein, wobei der Index A für Sauerstoff, der Index B für Stickstoff steht. Beachten Sie, dass $x_A = 1 - x_B$ ist.

b) Welcher μ-Wert gilt für Luft?

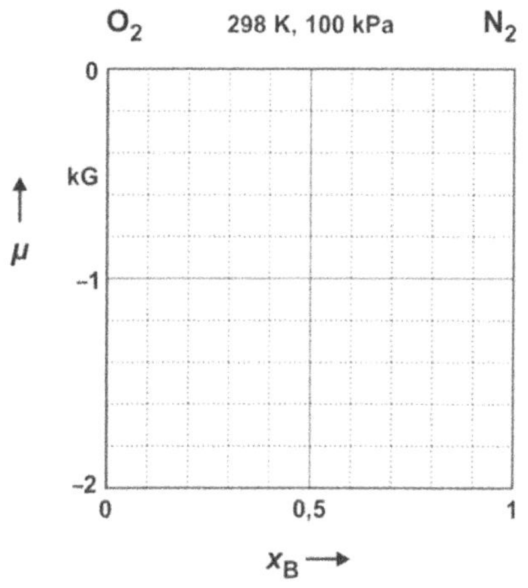

1.13.3 Mischen von idealen Gasen

Ein Behälter mit einem Volumen von 10 L wird durch eine Trennwand in zwei gleiche Hälften unterteilt. In einer Hälfte soll sich Wasserstoff (Stoff A) unter einem Druck von 100 kPa und in der anderen Hälfte Stickstoff (Stoff B) unter dem gleichen Druck befinden. Die Temperatur beider Gase betrage 15 °C. Es wird angenommen, dass sich die Gase ideal verhalten. Die Trennwand wird nun entfernt, so dass sich die Gase vermischen können.

a) Bestimmen Sie den Mischungsantrieb $\mathcal{A}_M$ und daraus die Energie W_f ($= -W_{\rightarrow\xi}$), die beim Mischungsprozess freigesetzt wird.

b*) In einem zweiten Versuch soll sich in einer Hälfte weiterhin Wasserstoff unter einem Druck von 100 kPa befinden, in der zweiten jedoch Stickstoff unter einem Druck von 300 kPa. Die Temperatur beider Gase betrage wieder 15 °C. Wie groß ist nun die freiwerdende Energie W_f, wenn die Trennwand entfernt wird?

1.13.4 Reale Mischung

Um die in realen Mischungen auftretenden Wechselwirkungen zu berücksichtigen, wird die Gleichung für das chemische Potenzial μ_G eines idealen Gemisches um das „Zusatzglied" $\overset{+}{\mu}_G$ ergänzt. Dieser Beitrag beschreibt demgemäß die Differenz zwischen dem experimentell beobachteten chemischen Potenzial und dem chemischen Potenzial des idealen Gemisches. Für eine reale Mischung zweier Substanzen A und B sei die Abhängigkeit des „Zusatzgliedes" von der Zusammensetzung durch die folgende empirische Formel gegeben:

$$\overset{+}{\mu}_G(x_B) = 0{,}49RT \cdot x_B \cdot (1 - x_B)\,.$$

a) Sind die beiden Komponenten A und B des Gemisches wohlverträglich, missverträglich oder unverträglich?

b) Bestimmen Sie den Antrieb $\mathcal{A}_M$ des Mischungsvorganges sowie die molare Mischungsentropie $\Delta_M S$, wenn man die Komponenten A und B bei 30 °C im Stoffmengenverhältnis 1:4 miteinander mischt.

c) Wie viel Energie W_f wird beim Mischen von 1 mol der Komponente A mit 4 mol der Komponente B freigesetzt?

1.13.5 Siedegleichgewicht im System Butan-Pentan

Die nebenstehende Abbildung zeigt den Verlauf der $\mu(x_B)$-Kurve für ein Butan-Pentan-Gemisch als Flüssigkeit (l) und als Dampf (g) unter Normbedingungen (Index A Butan, Index B Pentan). Welche Phasen liegen bei den durch a, b, c, d, e und f gekennzeichneten Zusammensetzungen im Gleichgewicht vor? Wie sind die Phasen zusammengesetzt (x_B^l, x_B^g) und in welchen Anteilen (x^l, x^g) entstehen sie?

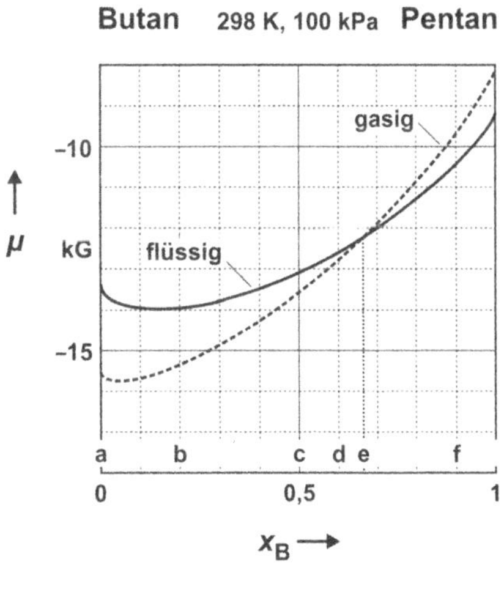

	Flüssigkeit: x^l, x_B^l		Dampf: x^g, x_B^g	
a)	.... %,	.... %	.... %,	.... %
b)	.... %,	.... %	.... %,	.... %
c)	.... %,	.... %	.... %,	.... %
d)	.... %,	.... %	.... %,	.... %
e)	.... %,	.... %	.... %,	.... %
f)	.... %,	.... %	.... %,	.... %

1.14 Zweistoffsysteme

1.14.1 Mischungsdiagramm

Im Schauversuch 14.1 hatten wir gesehen, dass sich beim Zusammengeben von Phenol, C_6H_5OH, und Wasser bei Zimmertemperatur in einem Verhältnis von ca. 1:1 zwei Phasen ausbilden. A. N. Campbell und A. J. R. Campbell haben 1937 das nebenstehende Mischungsdiagramm experimentell ermittelt, in dem die Temperatur T gegen den Massenanteil w an Phenol (Stoff B) aufgetragen wurde.

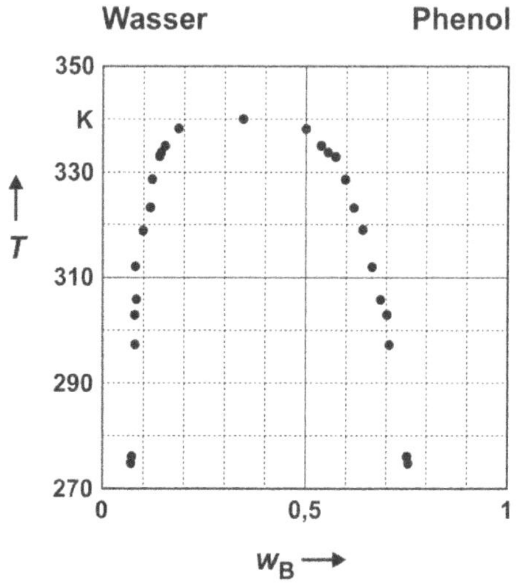

a) Zeichnen Sie die Phasengrenzlinien ein. Kennzeichnen Sie den oberen kritischen Mischungspunkt und schraffieren Sie das Zweiphasengebiet.

b) Bei Zimmertemperatur (298 K) wird eine Mischung aus 5 g Wasser und 5 g Phenol hergestellt. Bestimmen Sie die Zusammensetzungen der Phasen und deren jeweiligen Anteil an der Mischung.

c) Auf welche Temperatur muss die Mischung mindestens erwärmt werden, damit nur noch eine einzige Phase vorliegt?

1.14.2 Schmelzdiagramm von Kupfer und Nickel

Das Schmelzdiagramm von Kupfer (Stoff A) und Nickel (Stoff B) kann näherungsweise durch die folgenden Daten beschrieben werden:

w_B	Schmelztemperatur ϑ_{sl} / °C	Erstarrungstemperatur ϑ_{ls} / °C
0	1085	1085
0,1	1105	1138
0,2	1129	1190
0,3	1157	1233
0,4	1190	1276
0,5	1223	1310
0,6	1262	1343
0,7	1300	1371
0,8	1343	1400
0,9	1400	1424
1,0	1452	1452

a) Zeichnen Sie das Schmelzdiagramm in die Netztafel ein, wobei w_B dem Massenanteil an Nickel entspricht. Beschriften Sie das Diagramm vollständig (d. h. kennzeichnen Sie die Erstarrungs- und die Schmelzkurve und geben Sie jeweils an, welche Phasen in den einzelnen Diagrammgebieten vorliegen). Schraffieren Sie eventuelle Zweiphasen-gebiete.

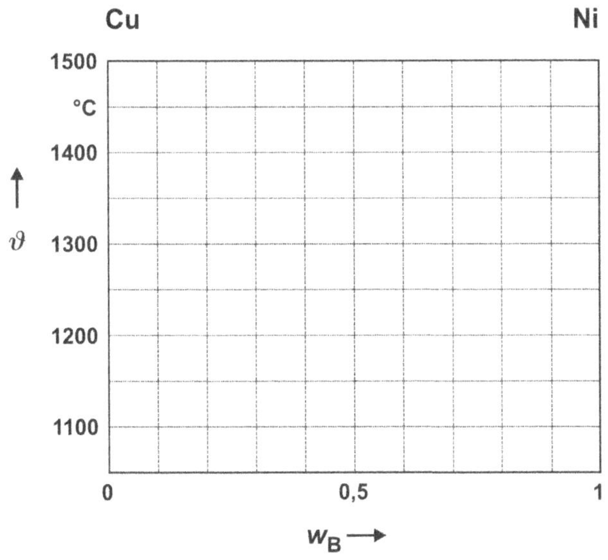

b) Verhalten sich die Legierungspartner Kupfer und Nickel wohlverträglich, indifferent, missverträglich, unverträglich oder völlig unverträglich?

c) Es sollen 10 kg einer Schmelze einer Cu-Ni-Legierung mit einem Massenanteil an Nickel von $w_B = 0{,}25$ vorliegen. Eine solche Legierung wird z. B. bei der Herstellung der 1- und 2-Euro-Münzen eingesetzt. Diese Schmelze wird nun äußerst langsam von einer Temperatur von 1300 °C auf eine Temperatur von 1175 °C abgekühlt, so dass man von einer Gleichgewichtseinstellung ausgehen kann. Welche Phasen liegen bei dieser Temperatur vor und welche Zusammensetzung haben sie?

d) Geben Sie den jeweiligen Anteil der Phasen bei 1175 °C an.

e) Wie groß ist die Gesamtmasse an Mischkristallen bei 1175 °C?

1.14.3 Schmelzdiagramm von Wismut und Cadmium

Das Schmelzdiagramm von Wismut (Substanz A) und Cadmium (Substanz B)kann näherungsweise durch die folgenden Daten beschrieben werden [aus: Moser Z, Dutkiewicz J, Zabdyr L, Salawa J (1988) The Bi-Cd (Bismuth-Cadmium) System. Bull Alloy Phase Diagr 9:445–448]:

x_B	Schmelztemperatur ϑ_{sl} / °C	Erstarrungstemperatur ϑ_{ls} / °C
0	271	271
0,05	261	146
0,1	250	146
0,2	231	146
0,3	211	146
0,4	187	146
0,5	158	146
0,55	146	146
0,6	164	146
0,7	211	146
0,8	251	146
0,9	284	146
0,95	301	146
1,0	321	321

a) Zeichnen Sie das Schmelzdiagramm in die Netztafel ein, wobei x_B dem Stoffmengenanteil an Cadmium entspricht. Beschriften Sie das Diagramm vollständig und schraffieren Sie eventuelle Zweiphasengebiete.

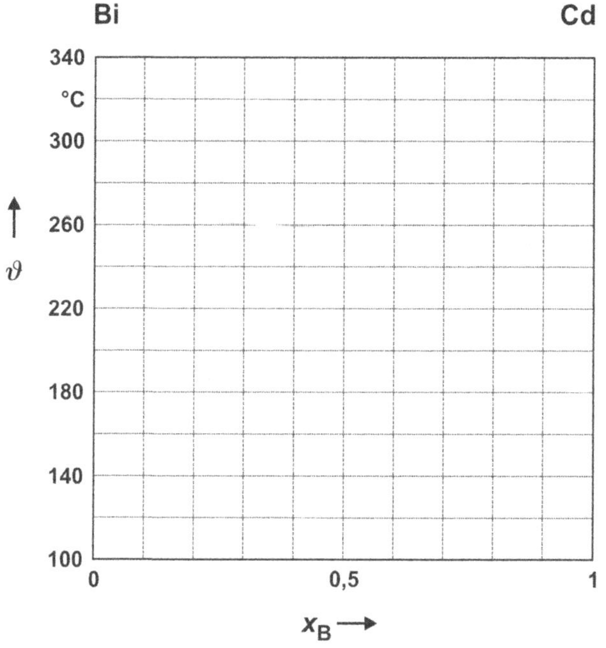

b) Verhalten sich die Legierungspartner Wismut und Cadmium wohlverträglich, indifferent, missverträglich, unverträglich oder völlig unverträglich?

Im Folgenden soll nun eine teilweise schmelzflüssige Wismut-Cadmium-Legierung vorliegen, deren Schmelze einen Stoffmengenanteil von $x_B = 0{,}3$ an Wismut aufweist. Die Gesamtmenge aus flüssiger und kristalliner Phase betrage 20 mol.

c) Welche Temperatur herrscht und welche Zusammensetzung hat die feste Phase bei dieser Temperatur?

d) Bei der Temperatur im Aufgabenteil c) haben sich bereits 10 mol an Kristallen gebildet. Geben Sie die Zusammensetzung der Ausgangsmischung an.

e) Wie groß ist die Menge an Wismutkristallen, wenn die Legierung bis zur vollständigen Verfestigung abgekühlt wurde?

1.14.4* Schmelzdiagramm von Wismut und Blei

Die folgende Abbildung zeigt schematisch das Schmelzdiagramm von Wismut und Blei, wobei x_B den Mengenanteil des Bleis (Stoff B) angibt.

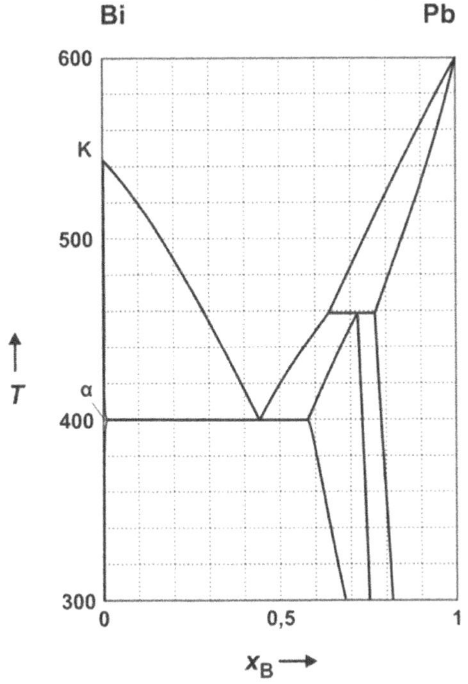

a) Zeichnen Sie Schmelz- und Erstarrungskurve verschiedenfarbig nach und schraffieren Sie die Zweiphasenbereiche.

b) Es treten insgesamt vier verschiedene „Phasen“ (Einphasenbereiche) auf. Kennzeichnen Sie diese im Schaubild mit „l“, wenn sie flüssig sind, und, von links nach rechts fortschreitend, mit griechischen Buchstaben (α, β, γ...), wenn sie fest sind. Markieren Sie auch den eutektischen Punkt.

c) Welche dieser Phasen treten beim Abkühlen einer Schmelze aus gleichen Teilen Wismut und Blei auf? Geben Sie jeweils Mengenanteil x der betreffenden Phase und Bleigehalt x_B an.

T/K	Phase „l“	Phase „α“	Phase „β“	Phase „γ“
500	.... %, ... %	.... %, ... %	.... %, ... %	.... %, ... %
420	.... %, ... %	.... %, ... %	.... %, ... %	.... %, ... %
401	.... %, ... %	.... %, ... %	.... %, ... %	.... %, ... %
300	.... %, ... %	.... %, ... %	.... %, ... %	.... %, ... %

1.14.5 Flüssige Mischphase mit zugehörigem Mischdampf

Es soll eine Mischung aus 50 g Ethanol (Stoff A) und 50 g Methanol (Stoff B) bei 20 °C vorliegen, d. h. ein Gemisch aus zwei flüchtigen Flüssigkeiten, die sich (nahezu) indifferent zueinander verhalten.

a) Berechnen Sie die Stoffmengenanteile an Ethanol und Methanol in der flüssigen Mischphase.

b) Bestimmen Sie die Teildrücke der beiden Komponenten im Mischdampf sowie den gesamten Dampfdruck über der flüssigen Mischphase. Die Dampfdrücke der reinen Komponenten bei 20 °C betragen 5,8 kPa für Ethanol bzw. 12,9 kPa für Methanol.

c) Berechnen Sie die Stoffmengenanteile an Ethanol und Methanol im Mischdampf.

1.14.6 Dampfdruckdiagramm von m-Xylol und Benzol

Die flüssigen Kohlenwasserstoffe m-Xylol (Stoff A) und Benzol (Stoff B) sind (nahezu) indifferent zueinander, zeigen also sowohl in der flüssigen als auch in der gasigen Phase ideales Verhalten. Der Dampfdruck von reinem m-Xylol beträgt bei 20 °C 8,3 mbar, der von reinem Benzol 100,0 mbar.

a) Berechnen Sie für die Stoffmengenanteile x_B^l des Benzols in der flüssigen Mischphase von 0,05, 0,1, 0,25, 0,5 und 0,75 die zugehörigen Stoffmengenanteile x_B^g an Benzol im Mischdampf sowie den gesamten Dampfdruck über der flüssigen Mischphase.

b) Zeichnen Sie das Dampfdruckdiagramm in die untenstehende Netztafel ein, wobei x_B dem Stoffmengenanteil an Benzol entspricht. Beschriften Sie das Diagramm vollständig (d. h. kennzeichnen Sie die Siede- und die Taukurve und geben Sie jeweils an, welche Phasen in den einzelnen Diagrammgebieten vorliegen). Schraffieren Sie eventuelle Zweiphasengebiete.

c) Bestimmen Sie aus dem Dampfdruckdiagramm, bei welchem Druck eine flüssige Mischung aus 2 mol Benzol und 1 mol m-Xylol zu sieden beginnt.

d) Berechnen Sie die Zusammensetzung des zugehörigen Mischdampfs.

e) Bestimmen Sie die Zusammensetzung und den Dampfdruck der letzten verbleibenden Tropfen an Flüssigkeit, wenn fast die gesamte flüssige Mischphase verdampft ist.

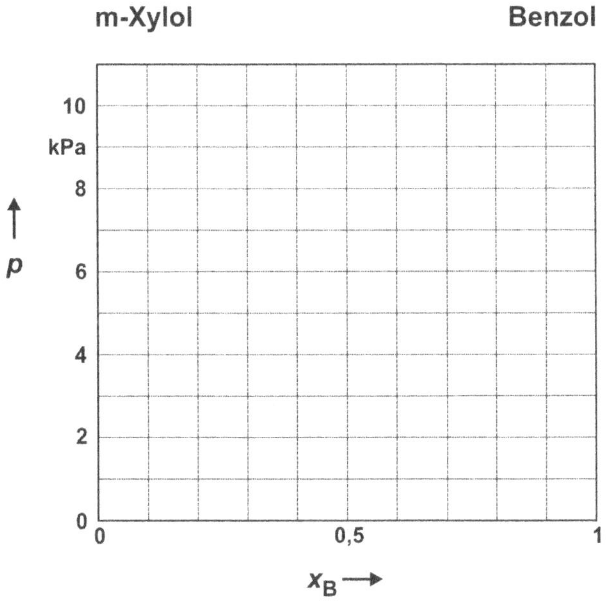

1.14.7 Siedediagramm von Toluol und Benzol sowie Destillation

Toluol (Stoff A) und Benzol (Stoff B) sind ebenfalls (nahezu) indifferent zueinander. In der nachfolgenden Tabelle sind die Dampfdrücke von reinem Toluol und reinem Benzol bei verschiedenen Temperaturen angegeben. Die Normsiedetemperatur von Toluol beträgt 384 K, diejenige von Benzol 353 K.

T/K	$p_A^\bullet$/kPa	$p_B^\bullet$/kPa
358	46	116
363	56	133
368	63	155
373	76	179
378	86	206

a) Um ein Siedediagramm für das System Toluol / Benzol zu erstellen, sind für die in der obigen Tabelle vorgegebenen Temperaturen die Stoffmengenanteile an Benzol in der flüssigen Phase (Siedekurve) und der gasigen Phase (Taukurve) zu berechnen. Der konstante Gesamtdruck betrage 100 kPa.

Zeichnen Sie das Siedediagramm in die Netztafel ein, wobei x_B dem Stoffmengenanteil an Benzol entspricht. Beschriften Sie das Diagramm vollständig und schraffieren Sie eventuelle Zweiphasengebiete.

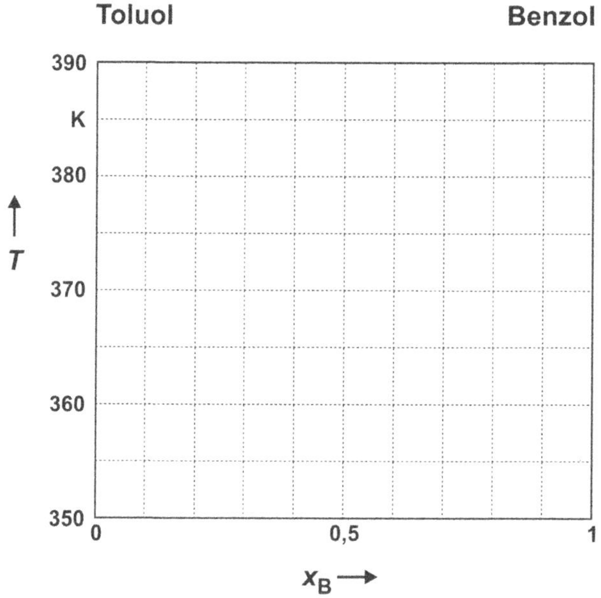

b) Ein Gemisch aus Toluol und Benzol im Massenverhältnis 1:1 wird auf 365 K erhitzt. Welche Zusammensetzung haben die miteinander im Gleichgewicht stehenden Phasen?

c) Im Labor sollen Abfälle eines Lösemittelgemisches aus Toluol und Benzol, das bei 375 K siedet, durch Destillation aufgearbeitet werden. Dafür steht eine Labordestille mit fünf theoretischen Böden zur Verfügung. Mit welcher Reinheit (bezogen auf die Stoffmengen) lässt sich Benzol zurückgewinnen?

1.14.8 Siedediagramm mit azeotropem Maximum

In dem unten stehenden Siedediagramm der beiden Stoffe A und B charakterisiert x_B^l den Stoffmengenanteil an B in der Flüssigkeit (Phase l) und x_B^g den B-Anteil im Dampf (Phase g).

a) Zeichnen Sie Siede- und Taukurve verschiedenfarbig nach. Beschriften Sie das Diagramm vollständig und schraffieren Sie die Zweiphasengebiete.

b) Bei welcher Temperatur siedet ein flüssiges Gemisch mit einem Stoffmengenanteil an B von 0,7? Welche Zusammensetzung hat der entstehende Dampf?

c) Bei welcher Temperatur „taut“ (kondensiert) ein Dampf mit einem B-Anteil von 0,7? Wie groß ist der B-Gehalt im entstehenden Tau (Kondensat)?

d) Welche Zusammensetzung hat das azeotrope Gemisch und bei welcher Temperatur siedet es? Wie ist der entstehende Dampf zusammengesetzt?

e) Was kann man über die „Verträglichkeit“ der beiden Flüssigkeiten A und B sagen?

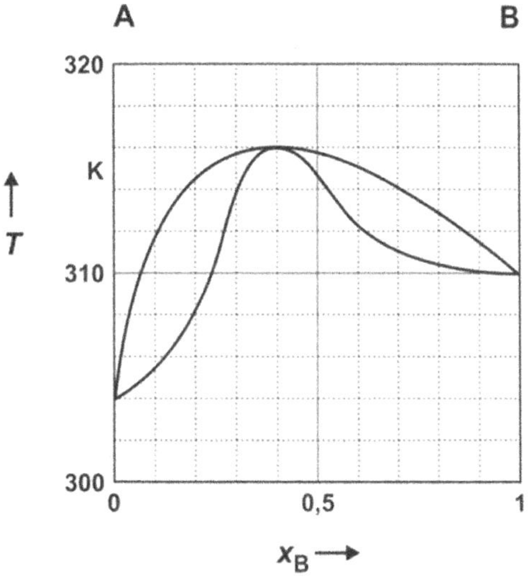

1.14.9 Destillation von Wasser-Ethanol-Gemischen

Das bekannteste System, das ein Siedediagramm mit Azeotrop aufweist, ist das System Wasser (Stoff A) / Ethanol (Stoff B), da es eine große Rolle in der Spirituosenherstellung spielt. Das Siedediagramm kann näherungsweise durch die Daten in unten stehender Tabelle beschrieben werden.

a) Zeichnen Sie das Siedediagramm in die Netztafel ein, wobei w_B dem Massenanteil an Ethanol entspricht.

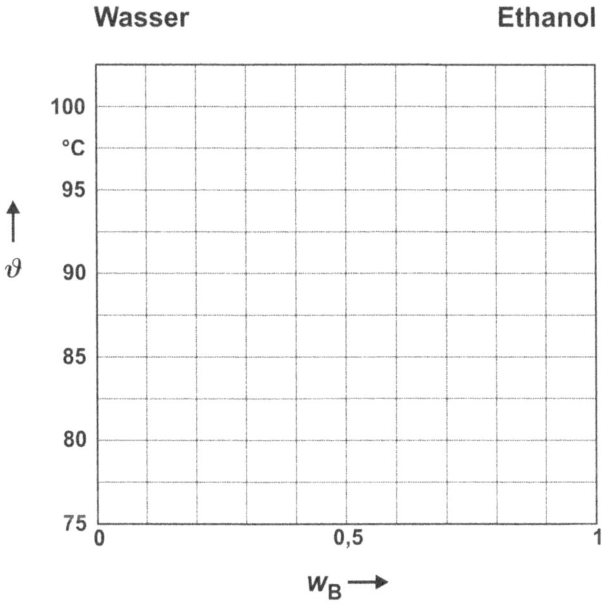

Beschriften Sie das Diagramm vollständig und schraffieren Sie eventuelle Zweiphasengebiete.

b) Im Spirituosenhandel wird der „Alkohol"gehalt (Ethanolgehalt) eines Getränkes nicht als Stoffmengen- oder Massenanteil, sondern in „% vol.", d. h. in der sogenannten Volumenkonzentration $\sigma_B = V_B / V_{ges}$, angegeben. Dabei ist V_B das Volumen einer betrachteten Mischungskomponente B *vor* dem Mischungsvorgang und V_{ges} das tatsächliche Gesamtvolumen des Gemisches *nach* dem Mischungsvorgang. Im vorliegenden Fall ist das Gesamtvolumen aufgrund der Volumenkontraktion beim Mischen von Wasser und Ethanol nicht gleich der Summe der Volumina der reinen Komponenten, der Effekt ist aber so klein, dass er hier vernachlässigt werden kann.
Schätzen Sie ab, welche Volumenkonzentration σ_B Sie bei der einfachen Destillation eines Wasser-Ethanol-Gemisches mit einer Volumenkonzentration an Ethanol von 10 % (dies entspricht etwa dem Alkoholgehalt von Wein) erhalten. Welches Getränk weist z. B. einen solchen Gehalt auf? [Dichten (bei 20 °C): Wasser: $\rho_A = 0{,}998\ \text{g cm}^{-3}$; Ethanol: $\rho_B = 0{,}791\ \text{g cm}^{-3}$]

c) Durch Destillation soll eine Volumenkonzentration an Ethanol von 80 % erreicht werden (dies entspricht etwa dem „Alkohol"gehalt von Stroh-Rum). Wie viele theoretische Böden sind zu diesem Zweck erforderlich?

Erforderliche Daten [aus: Kadlec P, Henke S, Bubník Z (2010) Properties of ethanol and ethanol-water solutions – Tables and Equations. Sugar Industry 135:607–613; Daten für einen Druck von 1 atm (101325 Pa)]:

w_B^l	w_B^g	ϑ / °C
0,00	0,00	100,0
0,01	0,12	96,8
0,03	0,26	92,5
0,05	0,34	89,8
0,10	0,46	86,1
0,20	0,53	83,1
0,30	0,58	81,6
0,40	0,62	80,6
0,50	0,66	79,7
0,60	0,70	79,0
0,70	0,76	78,5
0,80	0,82	78,2
0,90	0,90	78,1
0,97	0,97	78,2
1,00	1,00	78,3

1.15 Grenzflächenerscheinungen

1.15.1 Oberflächenenergie

Ein benetzter Drahtbügel (mit einem Abstand der beiden Schenkel von 3 cm) wird so aus einer verdünnten Seifenlösung (σ = 30 mN m^{-1}) gezogen, dass eine ebene Flüssigkeitslamelle entsteht. Welche Energie muss zur Bildung der neuen Oberfläche aufgewandt werden, wenn eine rechteckige Lamelle der Größe 3 × 4 cm^2 erzeugt werden soll?

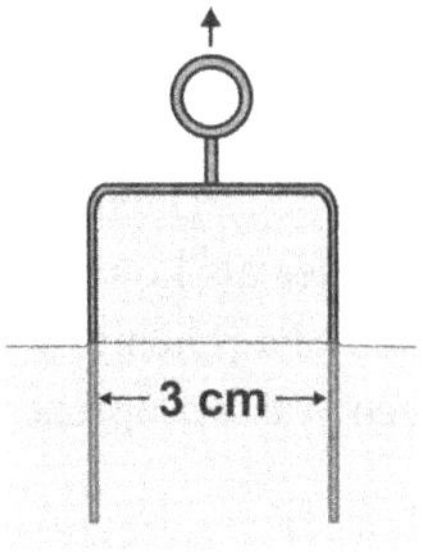

1.15.2* Zerstäubung

Ein Volumen von 1 L Wasser soll bei 25 °C zu kugelförmigen Tröpfchen mit einem Durchmesser von 1 µm zerstäubt werden. Welche Energie muss zur Bildung der neuen Oberfläche aufgewandt werden?

1.15.3 Kapillardruck

Berechnen Sie den Überdruck p_σ in einem kugelförmigen Wassertröpfchen mit einem Radius von 250 nm bei 283 K.

1.15.4* Schwimmende Tropfen und Blasen

Je kleiner ein Tropfen ist, desto stärker wird seine Gestalt durch die Grenzflächenspannungen geprägt, während Gewichts- und Auftriebskräfte zurücktreten. Welche Gestalt würde der rechts gezeichnete, sehr klein gedachte Tropfen annehmen, falls (Ergänzen Sie die Bilder entsprechend!):

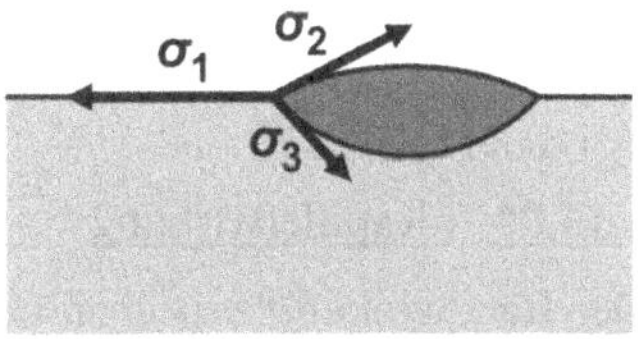

a) a1) $\sigma_1 = \sigma_2 = \sigma_3$, a2) $\sigma_1 > \sigma_2 + \sigma_3$, a3) $\sigma_2 > \sigma_1 + \sigma_3$, a4) $\sigma_3 > \sigma_1 + \sigma_2$?

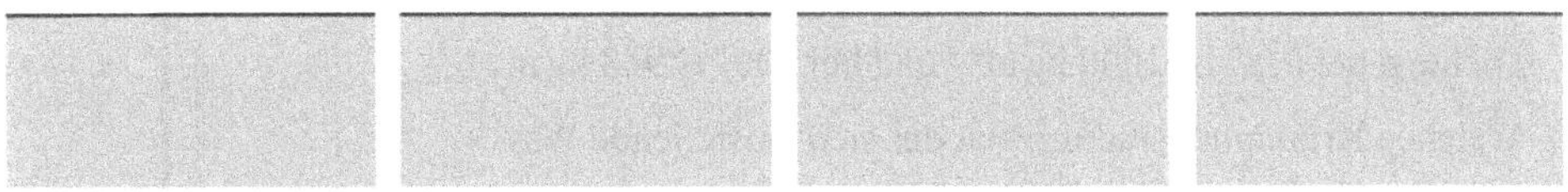

b) Welche Lage und Gestalt (bitte skizzieren) nehmen Luftblasen an einer Wasseroberfläche an (σ = 73 mN m^{-1}) und wie groß ist der Überdruck darin,

b1) wenn sie sehr klein sind, r = 0,1 mm, b2) wenn sie groß sind, r = 10 mm?

1.15.5 Dampfdruck kleiner Tropfen (I)

Wasser als kompakte Flüssigkeit zeigt bei 298 K einen Sättigungsdampfdruck von $p_{\mathrm{lg},r=\infty} =$ 3167 Pa [Dichte: $\rho(H_2O) = 0{,}997\ \mathrm{g\ cm^{-3}}$]. Berechnen Sie den Dampfdruck eines kugelförmigen Wassertröpfchens mit einem Radius von 5 nm bei gleicher Temperatur.

1.15.6* Dampfdruck kleiner Tropfen (II)

Benzol wird bei 25 °C in feinste kugelförmige Tröpfchen zerstäubt, die durchschnittlich 200 Moleküle umfassen. Geben Sie den Faktor an, um welchen sich der Dampfdruck der Tröpfchen gegenüber dem der kompakten Flüssigkeit ändert. Die Oberflächenspannung von Benzol beträgt bei der vorgegebenen Temperatur 28,2 $\mathrm{mN\,m^{-1}}$, seine Dichte 0,876 $\mathrm{g\,cm^{-3}}$.

1.15.7 Bestimmung der Oberflächenspannung

Der Kapillareffekt kann genutzt werden, um die Oberflächenspannung von Flüssigkeiten zu bestimmen, die Glas vollständig benetzen (Steighöhen- oder Kapillarmethode). Ermittelt werden soll die Oberflächenspannung eines Ethanol-Wasser-Gemisches mit einem Massenanteil von 30 % an Ethanol bei 20 °C (Dichte des Gemisches: $\rho = 0{,}955\ \mathrm{g\,cm^{-3}}$). Die Flüssigkeitssäule steigt bei dieser Temperatur in einer Glaskapillare mit einem Innendurchmesser von 0,400 mm 3,58 cm hoch.

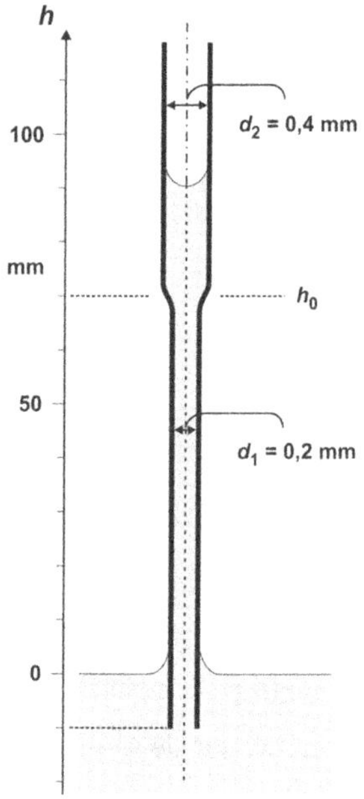

1.15.8* Kapillarwirkung

Der Randwinkel θ zwischen Glas und Wasser ist bei ganz reinen Glasflächen nahezu null.

a) Bis zu welcher Höhe h würde Wasser bei einer Temperatur von 0 °C in dem Glasrohr rechts steigen? Wie sähe es bei 100 °C aus? Die Oberflächenspannung σ von Wasser bei 0 °C beträgt 76 $\mathrm{mN\,m^{-1}}$, bei 100 °C hingegen 59 $\mathrm{mN\,m^{-1}}$; seine Dichte ρ bei 0 °C ist 1000 $\mathrm{kg\,m^{-3}}$ und bei 100 °C 958 $\mathrm{kg\,m^{-3}}$.

b) Welchen Krümmungsradius r hat der sich einstellende Wasserspiegel in beiden Fällen?

c) Zeichnen Sie den Druckverlauf längs der Rohrachse von h = –20 ... +100 mm in das Achsenkreuz ein, und zwar genauer $\Delta p = p - p_{\mathrm{Luft}}$ für den unter a) dargestellten Fall (1 mm Wassersäule entspricht ungefähr 10 Pa).

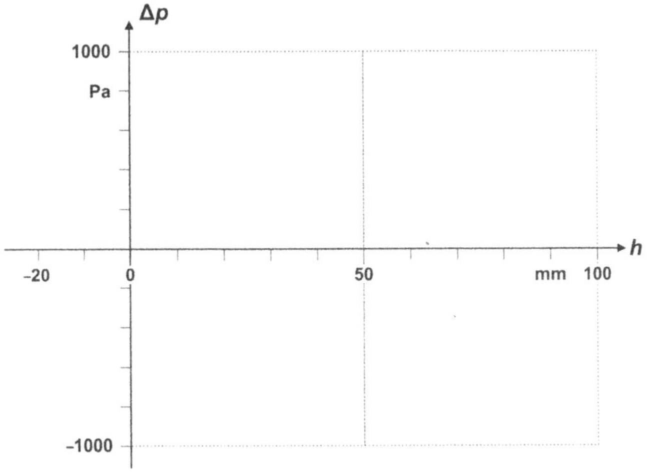

1.15.9 Bedeckungsgrad

An 50,0 g Aktivkohle mit der spezifischen Oberfläche 900 $m^2\ g^{-1}$ werden bei 490 kPa und 190 K 46,0 cm^3 Stickstoff adsorbiert. Welcher Bedeckungsgrad Θ wird erreicht, wenn ein Stickstoffmolekül eine Fläche von 0,16 nm^2 belegt?

1.15.10 LANGMUIR-Isotherme (I)

Die Adsorption eines Gases an einer Oberfläche werde bei 298 K durch eine LANGMUIR-Isotherme mit der Konstanten $\overset{\circ}{K} = 0{,}65\ kPa^{-1}$ beschrieben. Bei welchem Druck belegt das Gas die Hälfte der Oberfläche?

1.15.11* LANGMUIR-Isotherme (II)

Kohlenmonoxid (CO) soll bei 273 K an Holzkohle adsorbiert werden. Bei einem Druck von 400 mbar werden 31,45 mg CO absorbiert, bei einem Druck von 800 mbar hingegen 51,34 mg. Das Adsorptionsverhalten kann durch eine LANGMUIR-Isotherme beschrieben werden.

a) Bestimmen Sie die Konstante $\overset{\circ}{K}$ sowie die Masse m_{mono}, die einer vollständigen Bedeckung entspricht.

b) Wie groß ist der jeweilige Bedeckungsgrad bei den beiden Drücken?

1.16 Grundzüge der Kinetik

1.16.1 Umsatzgeschwindigkeit und Geschwindigkeitsdichte

Wir vergleichen überschlägig folgende höchst unterschiedliche „Reaktoren“, eine Kerze und die Sonne, von der Zündung bis zum Verlöschen (V Reaktorvolumen, m_0 Brennstoffmasse zu Beginn, Δt Brenndauer, ν bei der Kernfusion entstehende Neutrinos). Wir unterstellen dabei vereinfachend, dass die stofflichen Veränderungen in den „Reaktoren“ unabhängig von Ort und Zeit gleichförmig verlaufen.

	 $V \approx 10^{-6}\,\mathrm{m^3}$ $m_0 \approx 1 \cdot 10^{-2}\,\mathrm{kg}$ $\Delta t \approx 1\,\mathrm{h}$	 $V \approx 10^{27}\,\mathrm{m^3}$ $m_0 \approx 2 \cdot 10^{30}\,\mathrm{kg}$ $\Delta t \approx 5 \cdot 10^{18}\,\mathrm{s}$
Umsatzformel	$2\,(CH_2) + 3\,O_2 \rightarrow 2\,CO_2 + 2\,H_2O$	$4\,{}^1H \rightarrow {}^4He + 2\,\nu$
Antrieb $\mathcal{A}$	$1{,}2 \cdot 10^6$ G	$3 \cdot 10^{12}$ G
Gesamtumsatz $\Delta\xi$	.... mol	.... mol
Umsatzgeschwindigkeit ω	.... $\mathrm{mol\,s^{-1}}$	.... $\mathrm{mol\,s^{-1}}$
Geschwindigkeitsdichte r	.... $\mathrm{mol\,m^{-3}\,s^{-1}}$	.... $\mathrm{mol\,m^{-3}\,s^{-1}}$
Heizleistung $P = \mathcal{A} \cdot \omega$	.... W	.... W
Leistungsdichte $\varphi = \mathcal{A} \cdot r$	.... $\mathrm{W\,m^{-3}}$	.... $\mathrm{W\,m^{-3}}$

1.16.2 Geschwindigkeitsgleichung

Bei einer Reaktion

$$B + B' + B'' \rightarrow \text{Produkte}$$

werden für die Geschwindigkeitsdichte r bei verschiedenen Konzentrationen der Ausgangsstoffe B, B′ und B″ die folgenden Werte bestimmt:

Nr.	$c_B\,/\,\mathrm{kmol\,m^{-3}}$	$c_{B'}\,/\,\mathrm{kmol\,m^{-3}}$	$c_{B''}\,/\,\mathrm{kmol\,m^{-3}}$	$r\,/\,\mathrm{mol\,m^{-3}\,s^{-1}}$
1	0,2	0,2	0,2	3,2
2	0,3	0,2	0,2	4,8
3	0,2	0,3	0,2	7,2
4	0,3	0,2	0,4	9,6

a) Bestimmen Sie die Ordnungen der Reaktion in Bezug auf die einzelnen Stoffe B, B′ und B″ und stellen Sie die Geschwindigkeitsgleichung auf.

b) Wie groß ist der Geschwindigkeitskoeffizient k?

1.16.3* Geschwindigkeitsgleichung für Fortgeschrittene

Die Abbildung zeigt den Konzentrationsverlauf $c_{B'}(t)$ für Ansätze mit verschiedener Anfangskonzentration c_B der Umsetzung

$$2\,B + B' \rightarrow D\,.$$

Weil $c_B >> c_{B'}$ ist, bleibt c_B während des Ablaufs nahezu unverändert.

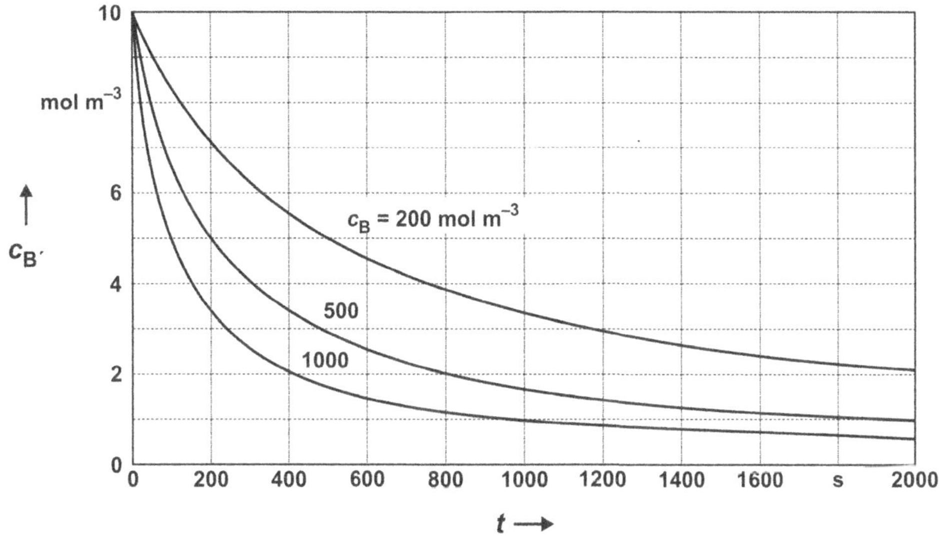

a) Schätzen Sie den Konzentrationsgang $\dot{c}_{B'} = dc_{B'}/dt$ und die Geschwindigkeitsdichte r zur Zeit $t = 0$ ab bei $c_B/\mathrm{mol\,m^{-3}}$:

$c_B/\mathrm{mol\,m^{-3}}$	200	500	1000
$\dot{c}_{B',0}/\mathrm{mol\,m^{-3}\,s^{-1}}$	....	....	....
$r_0/\mathrm{mol\,m^{-3}\,s^{-1}}$	....	....	....

b) Wie groß ist die Geschwindigkeitsdichte r in mol $\mathrm{m^{-3}\,s^{-1}}$ bei folgenden Konzentrationen:

$c_B/\mathrm{mol\,m^{-3}}$	200	500	1000
$c_{B'}/\mathrm{mol\,m^{-3}} = 2$	–	....	....
5	....	....	....
10	....	....	....

c) Welche Geschwindigkeitsgleichung ergibt sich aus diesem Befund? Schätzen Sie den Geschwindigkeitskoeffizienten k ab.

1.16.4 Zerfall des Distickstoffpentoxids

Das farblose, bei 32 °C sublimierende Distickstoffpentoxid $N_2O_5|s$ (Stoff B) ist recht unbeständig. Es zerfällt leicht – oft explosionsartig – in braunes Stickstoffdioxid und Sauerstoff.

a) Wie groß ist der chemische Antrieb $\mathcal{A}$ für die Sublimation bzw. für die Zersetzung (beides unter Normbedingungen)?

$$N_2O_5|s \rightarrow N_2O_5|g, \qquad N_2O_5|s \rightarrow 2\,NO_2|g + \tfrac{1}{2}\,O_2|g.$$

b) Die Untersuchung des Zerfalls in einer CCl_4-Lösung ergibt bei 45 °C z. B. folgende Werte:

t / min	c_B / (mol m^{-3})
0	900
200	800
500	670
1000	490
1500	370
2000	270
2500	200
3000	150

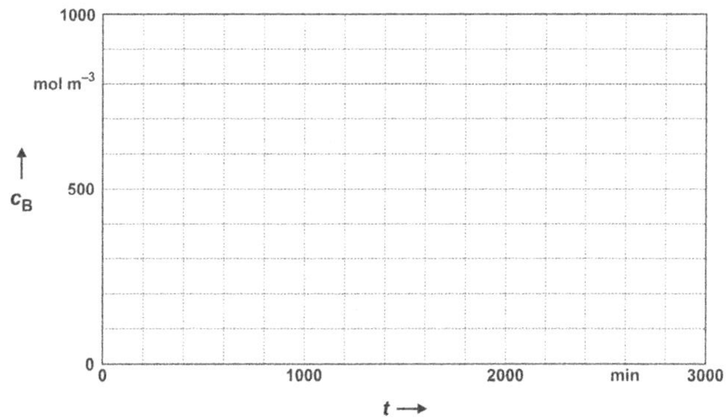

Erstellen Sie ein Diagramm, in dem der zeitliche Konzentrationsverlauf $c_B(t)$ dargestellt wird. Wir empfehlen zur Lösung Millimeterpapier (oder ein geeignetes Datendarstellungsprogramm) zu benutzen, wobei die abgebildete Netztafel als verkleinertes Muster für die zu wählenden Skalen gedacht ist. Überprüfen Sie anhand der Daten, ob es sich um eine Exponentialfunktion handeln könnte. (Nutzen Sie dazu das im Anhang A1.1 des Lehrbuchs „Physikalische Chemie" angegebene Kriterium.)

c) Verifizieren Sie graphisch die gefundene Ordnung der Reaktion bezüglich Distickstoffpentoxid mit Hilfe einer geeigneten Auftragung.

d) Bestimmen Sie anhand des Graphen aus c) den Geschwindigkeitskoeffizienten k. Wie groß ist die Halbwertszeit $t_{1/2}$?

1.16.5 Dissoziation von Ethan

Die im Rahmen des Crackens (Verfahren der Erdölaufbereitung, mit dem Kohlenwasserstoffe längerer Kettenlänge in Kohlenwasserstoffe kürzerer Kettenlänge gespalten werden) bedeutsame Dissoziation des Ethans (Stoff B) in Methylradikale,

$$C_2H_6|g \rightarrow \bullet CH_3|g + \bullet CH_3|g\,,$$

stellt eine Reaktion erster Ordnung dar. Bei 700 °C findet man einen Geschwindigkeitskoeffizienten k von 0,033 min^{-1}.

a) Wie viel % der Ausgangsmenge $n_{B,0}$ sind nach 2 Stunden zerfallen?

b) Wie groß ist die Halbwertszeit $t_{1/2}$ von Ethan?

1.16.6 Zerfall von Dibenzoylperoxid

Der Zerfall von Dibenzoylperoxid (Stoff B) in Benzol als Lösemittel folgt ebenfalls einem Zeitgesetz erster Ordnung. Die molare Konzentration sinkt bei 70 °C von einem Anfangswert von 200 mmol L^{-1} innerhalb von 5 Stunden auf 143 mmol L^{-1}. Wie lautet der Geschwindigkeitskoeffizient k dieser Reaktion?

1.16.7 Altersbestimmung

1946 wurde die Radiokarbondatierung von Willard Frank Libby entwickelt, der für diese Leistung 1960 den Nobelpreis für Chemie erhielt. Dieses Verfahren zur Altersbestimmung kohlenstoffhaltiger archäologischer Proben beruht darauf, dass in abgestorbenen Organismen die Menge an gebundenen radioaktiven ^{14}C-Atomen durch den Zerfall zu ^{14}N-Atomen nach einem Zerfallsgesetz erster Ordnung abnimmt. Die Halbwertszeit wurde zu 5730 Jahren (Abkürzung: a) bestimmt.

a) Berechnen Sie den Geschwindigkeitskoeffizienten k des Zerfallsprozesses.

b) Ein Holzbalken, der bei einer archäologischen Ausgrabung gefunden wurde, wies nur noch 77 % des ^{14}C-Gehaltes von frischem Holz auf. Wie alt ist das Fundstück?

1.16.8 Zerfall von Iodwasserstoff

Iodwasserstoff (Stoff B) zerfällt in der Gasphase in Wasserstoff und Iod,

$$2\,HI|g \rightarrow H_2|g + I_2|g\,.$$

Die Reaktion läuft nach einem Zeitgesetz zweiter Ordnung ab. Der Geschwindigkeitskoeffizient k beträgt $1{,}0 \cdot 10^{-2}$ L mol^{-1} s^{-1} bei 500 °C. Wie lange dauert es, bis in einer Probe von 20 mol m^{-3} Iodwasserstoff die Konzentration

a) auf die Hälfte,

b) auf ein Achtel der Ausgangskonzentration gefallen ist?

1.16.9 Alkalische Esterverseifung

Die Verseifung von Essigsäureethylester in alkalischer Lösung,

Stoffkürzel	B		B′		D		D′
	$CH_3COOC_2H_5\|w$	+	$OH^-\|w$	$\rightarrow$	$CH_3COO^-\|w$	+	$C_2H_5OH\|w$,

verläuft nach einem Zeitgesetz zweiter Ordnung. Berechnen Sie den Geschwindigkeitskoeffizienten k und die Halbwertszeit $t_{1/2}$, wenn beide Ausgangsstoffe jeweils in einer Anfangskonzentration von 100 mol m^{-3} eingesetzt werden und die Konzentrationswerte nach 60 min auf 62 mol m^{-3} abgesunken sind.

1.17 Zusammengesetzte Reaktionen

1.17.1 Eine „süße“ Gleichgewichtsreaktion

Bei der Umwandlung von α-D-Glucose (Stoff B) in β-D-Glucose (Stoff D) in wässriger Lösung handelt es sich um eine Gleichgewichtsreaktion,

$$\alpha\text{-D-Glucose} \underset{-1}{\overset{+1}{\rightleftarrows}} \beta\text{-D-Glucose},$$

bei der sowohl die Hin- als auch die Rückreaktion einem Zeitgesetz erster Ordnung gehorcht. H. C. Curtis, J. A. Vollmin und M. Müller bestimmten 1968 für diesen Umwandlungsprozess bei 37 °C (und pH 6) einen Geschwindigkeitskoeffizienten k_{+1} für die Hinreaktion von 0,0525 min^{-1} und eine herkömmliche Gleichgewichtskonstante $\overset{\circ}{K}_c$ von 1,64.

a) Wie groß ist der Geschwindigkeitskoeffizient k_{-1} für die Rückreaktion?

b) Berechnen Sie den Grundwert $\overset{\circ}{\mathcal{A}}$ des chemischen Antriebs.

c*) Wie lange dauert es, bis die Konzentration von β-D-Glucose genau so groß ist wie die von α-D-Glucose, wenn bei $t = 0$ reine α-D-Glucose vorliegt?

1.17.2 Gleichgewichtsreaktion

Eine Gleichgewichtsreaktion

$$\mathrm{B} \underset{-1}{\overset{+1}{\rightleftarrows}} \mathrm{D}$$

soll in beiden Richtungen monomolekular verlaufen. Nach 10 min ist die Ausgangskonzentration $c_{\mathrm{B},0}$ von 1,00 kmol m^{-3} auf $c_\mathrm{B} = 0{,}70$ kmol m^{-3} gesunken. Die Gleichgewichtskonzentration $c_{\mathrm{B,Gl}}$ beträgt 0,20 kmol m^{-3}.

a) Berechnen Sie die herkömmliche Gleichgewichtskonstante $\overset{\circ}{K}_c$.

b*) Wie groß sind die Geschwindigkeitskoeffizienten k_{-1} und k_{+1}?

1.17.3 Zerfall von Essigsäure

Bei hohen Temperaturen (550 bis 950 °C) zerfällt Essigsäure (Stoff B) in Methan (Stoff D) und Kohlendioxid bzw. in Keten (Stoff D′) und Wasser:

$$\mathrm{CH_3COOH|g} \overset{1}{\rightarrow} \mathrm{CH_4|g + CO_2|g},$$

$$\mathrm{CH_3COOH|g} \overset{2}{\rightarrow} \mathrm{CH_2CO|g + H_2O|g}.$$

Die Geschwindigkeitskoeffizienten für diese beiden parallel ablaufenden Reaktion erster Ordnung betragen bei 1179 K $k_1 = 3{,}74\ \mathrm{s^{-1}}$ und $k_2 = 4{,}65\ \mathrm{s^{-1}}$.

a) Wie lange dauert es, bis 90 % der Essigsäure verbraucht sind?

b) Bestimmen Sie das Konzentrationsverhältnis der Reaktionsprodukte Methan und Keten.

c) Wie groß ist unter den gegebenen Bedingungen die maximale Ausbeute $\eta_{D',max}$ an Keten (in Prozent der ursprünglichen Essigsäurekonzentration)?

1.17.4* Parallelreaktionen

Es sollen zwei parallel ablaufende monomolekulare Elementarreaktionen 1 und 2 betrachtet werden, bei denen aus einem Ausgangsstoff B die Produkte D und D′ entstehen:

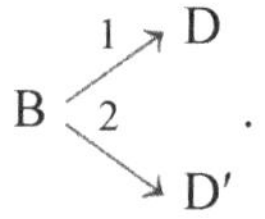

Die Anfangskonzentration an B betrage $c_{B,0} = 0{,}50\ \text{kmol}\,\text{m}^{-3}$. Nach 40 min ist die Konzentration an B auf $0{,}05\ \text{kmol}\,\text{m}^{-3}$ gesunken; in der gleichen Zeit hat sich Produkt D′ mit der Konzentration $c_{D'} = 0{,}10\ \text{kmol}\,\text{m}^{-3}$ gebildet. Berechnen Sie die Geschwindigkeitskoeffizienten k_1 und k_2.

1.17.5* Folgereaktionen

Der einfachste Fall einer Folgereaktion ist eine Abfolge zweier monomolekularer Elementarreaktionen,

$$\mathrm{B} \xrightarrow{1} \mathrm{Z} \xrightarrow{2} \mathrm{D}\,,$$

wie sie z. B. in radioaktiven Zerfallsreihen auftritt. Zu Beginn soll nur der Ausgangsstoff B in der Konzentration $c_{B,0}$ vorliegen. Dann ändert sich die Konzentration des Zwischenstoffes Z, der bei der Reaktion 1 gebildet und bei der Folgereaktion 2 abgebaut wird, mit der Zeit wie folgt [Gl. (17.27)]:

$$c_Z(t) = \frac{k_1}{k_2 - k_1} c_{B,0}(e^{-k_1 t} - e^{-k_2 t})\,.$$

a) Leiten Sie aus obiger Gleichung einen Ausdruck für die Zeit t_{max} her, zu der die Konzentration des Zwischenstoffes Z maximal ist.

b) Die Anfangskonzentration $c_{B,0}$ an B betrage $1{,}00\ \text{kmol}\,\text{m}^{-3}$, der Geschwindigkeitskoeffizient k_1 $0{,}010\ \text{s}^{-1}$ und der Geschwindigkeitskoeffizient k_2 $0{,}006\ \text{s}^{-1}$. Berechnen Sie die Zeit t_{max} für diesen konkreten Fall.

c) Geben Sie die Maximalkonzentration $c_{Z,max}$ an Z an.

1.17.6* Konstruktion der $c(t)$-Kurven einer mehrstufigen Umsetzung

Die mehrstufige Umsetzung

$$\mathrm{B} \xrightarrow{1} \mathrm{Z} \xrightarrow{2} \mathrm{Z'} \xrightarrow{3} \mathrm{D}$$

habe die folgenden Geschwindigkeitsgleichungen:

$r_1 = k_1 \cdot c_B \cdot c_Z$ mit $k_1 = 5 \cdot 10^{-6}\ \mathrm{m^3\,mol^{-3}\,s^{-1}}$,

$r_2 = k_2 \cdot c_Z \cdot c_{Z'}$ mit $k_2 = 100 \cdot 10^{-6}\ \mathrm{m^3\,mol^{-3}\,s^{-1}}$ und

$r_3 = k_3 \cdot c_{Z'}$ mit $k_3 = 5 \cdot 10^{-3}\ \mathrm{s^{-1}}$.

a) Ergänzen Sie die Gleichungen für den Konzentrationsgang $\dot{c} = \mathrm{d}c/\mathrm{d}t$ der vier Stoffe B, Z, Z′, D:

$\dot{c}_B =$ .... $=$ .... ,

$\dot{c}_Z = r_1 - r_2$ .... $= k_1 c_B c_Z - k_2 c_Z c_{Z'}$ .... ,

$\dot{c}_{Z'} =$ .... $=$ .... ,

$\dot{c}_D =$ .... $=$ ....

b) Die Konzentrationskurven $c(t)$ der vier Stoffe lassen sich schrittweise zeichnen, indem man die Kurvensteigungen $\dot{c}$ mit Hilfe obiger Gleichungen berechnet und sie während einer kurzen Zeitspanne Δt als konstant betrachtet. Wiederholung des Schrittes mit den neuen Konzentrationswerten am Ende der kurzen, geraden Kurvenstücke liefert die gesuchten Kurven näherungsweise als Streckenzüge. Verlängern Sie die beiden angefangenen Streckenzüge für die Stoffe Z und Z′ mit einem Zeittakt $\Delta t = 100$ s. Zur Vereinfachung sei angenommen, dass die Konzentration c_B konstant gehalten wird, $c_B = 1000\ \mathrm{mol\,m^{-3}}$, indem der verbrauchte Stoff B laufend ersetzt wird.

t / s	c_Z / $\mathrm{mol\,m^{-3}}$	$c_{Z'}$ / $\mathrm{mol\,m^{-3}}$	$k_1 c_B c_Z$ / $\mathrm{mol\,m^{-3}\,s^{-1}}$	$k_2 c_Z c_{Z'}$ / $\mathrm{mol\,m^{-3}\,s^{-1}}$	$k_3 c_{Z'}$ / $\mathrm{mol\,m^{-3}\,s^{-1}}$	$\dot{c}_Z \cdot \Delta t$ / $\mathrm{mol\,m^{-3}}$	$\dot{c}_{Z'} \cdot \Delta t$ / $\mathrm{mol\,m^{-3}}$
0	50,0	35,0	0,250	0,175	0,175	7,5	0
100	57,5	35,0	0,288	0,201	0,175	8,7	2,6
200	66,2	37,6	....	....	....	....	....
300	....	....	....	....	....	....	....
400	....	....	....	....	....	....	....
500	....	....	....	....	....	....	....
600	....	....	....	....	....	....	....
700	....	....	....	....	....	....	....
800	....	....	....	....	....	....	....
900	....	....	....	....	....	....	....
1000	....	....	–	–	–	–	–

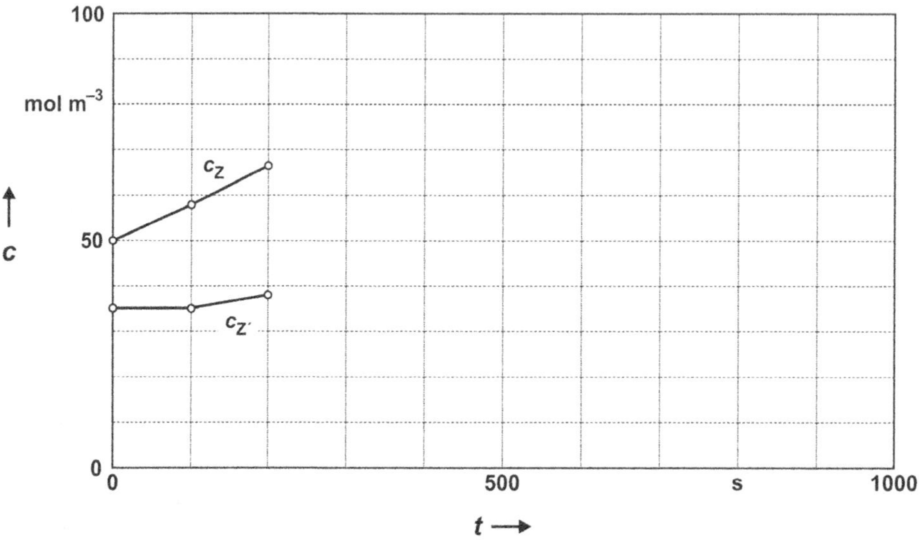
100
mol m⁻³
c
50
0
c_Z
$c_{Z'}$
0
500
s
1000
t

1.18 Theorie der Reaktionsgeschwindigkeit

1.18.1 Zerfall von Distickstoffpentoxid

Für den Zerfall von Distickstoffpentoxid in Stickstoffdioxid und Sauerstoff gemäß der Umsatzformel

$$2\ N_2O_5|g \rightarrow 4\ NO_2|g + O_2|g$$

beträgt die Aktivierungsenergie 103 $kJ\,mol^{-1}$ und der Frequenzfaktor $4{,}94 \cdot 10^{13}\ s^{-1}$. Bestimmen Sie den Geschwindigkeitskoeffizienten bei einer Temperatur von $\vartheta = 65\ °C$.

1.18.2 Kinetik im Alltag

Die Alltagserfahrung lehrt, dass Lebensmittel, die an einem heißen Sommertag draußen stehen, viel schneller verderben als im Kühlschrank. Schätzen Sie die Aktivierungsenergie für diese Zersetzungsprozesse unter der Annahme ab, dass die Nahrung bei 30 °C etwa 40-mal schneller als bei 8 °C verdirbt.

1.18.3 Säurekatalysierte Hydrolyse von Benzylpenicillin

Die säurekatalysierte Hydrolyse von Benzylpenicillin (sog. Penicillin G, das 1928 von Alexander Fleming entdeckt wurde) stellt eine Reaktion erster Ordnung dar. Bei einer Temperatur von 60 °C und einem pH-Wert von 4 wurde eine Halbwertszeit von 18,3 min bestimmt. Die Aktivierungsenergie W_A beträgt 87,14 $kJ\,mol^{-1}$.

a) Bestimmen Sie den Frequenzfaktor k_∞.

b) Wie groß ist die Halbwertszeit bei 30 °C und pH 4?

1.18.4 Geschwindigkeit des N_2O_4-Zerfalls

Ein Distickstofftetroxidmolekül kann in zwei Stickstoffdioxidmoleküle zerfallen, wenn es mit einem geeigneten Stoßpartner zusammentrifft, etwa einem Stickstoffmolekül:

Stoffkürzel	B		B′		D		D′
	$N_2O_4\|g$	+	$N_2\|g$	$\rightarrow$	$2\ NO_2\|g$	+	$N_2\|g$.

Das Geschwindigkeitsgesetz für diesen Vorgang lautet

$$r = k \cdot c_B \cdot c_{B'} \quad \text{mit} \quad k = k_\infty\, e^{-\frac{W_A}{RT}},$$

wobei die beiden Parameter $k_\infty = 2 \cdot 10^{11}\ m^3\,mol^{-1}\,s^{-1}$ und $W_A = 46\ kJ\,mol^{-1}$ betragen. Da der Stickstoff nicht verbraucht wird, bleibt seine Konzentration konstant, so dass N_2O_4 gleichsam in einer Reaktion erster Ordnung zerfällt. Es verschwindet exponentiell, jedenfalls solange nur wenig NO_2 vorhanden ist und damit die Rückreaktion keine Rolle spielt.

a) Wie groß ist die Geschwindigkeitsdichte r, wenn N_2O_4 unter Zimmerbedingungen zerfällt, genauer gesagt, wenn $c_B = 1$ mol m^{-3}, $c_{B'} = 40$ mol m^{-3}, $T = 298$ K beträgt?

b) Wie groß wäre die Halbwertszeit $t_{1/2}$, wenn man die Rückreaktion unberücksichtigt lässt?

1.18.5 Iodwasserstoff-Gleichgewicht

Das Iodwasserstoff-Gleichgewicht beruht auf zwei gegenläufigen Reaktionen, die nach zweiter Ordnung verlaufen, der Bildung des Iodwasserstoffs aus den Elementen und dessen Zerfall zurück in die Elemente,

$$H_2|g + I_2|g \underset{-1}{\overset{+1}{\rightleftarrows}} 2\,HI|g\,.$$

Es wurde bereits 1899 von dem Physikochemiker Max BODENSTEIN eingehend untersucht. Basierend auf den Daten von BODENSTEIN beträgt die Gleichgewichtskonstante $\mathring{K}_c$ bei einer Temperatur von 356 °C 76,4, bei einer Temperatur von 427 °C hingegen 52,0. Für die Hinreaktion ergaben sich die ARRHENIUS-Parameter zu $W_{A,+1}$ = 165,7 kJ mol^{-1} und $k_{\infty,+1}$ = 3,90 · 10^{11} dm^3 mol^{-1} s^{-1}. Bestimmen Sie die ARRHENIUS-Parameter $W_{A,-1}$ und $k_{\infty,-1}$ für die Rückreaktion.

1.18.6 Stoßtheorie

Eine für die Stoßtheorie relevante Größe ist der Bruchteil q aller Teilchen, deren kinetische Energie mindestens W_{min} beträgt.

a) Berechnen Sie diesen Bruchteil bei einer Temperatur von 300 K, wenn W_{min} einen Wert von 60 kJ mol^{-1} hat.

b) Wie ändert sich der Bruchteil an Teilchen mit ausreichender kinetischer Energie, wenn die Temperatur um 100 K erhöht wird?

1.18.7* Stickoxide in Luft

Das farblose Stickstoffmonoxid wird durch Sauerstoff leicht zu braunem Stickstoffdioxid oxidiert. Den Vorgang kann man als einstufige, trimolekulare Umsetzung mit einem sechsatomigen „Übergangsstoff" ‡ auffassen:

	$2\,NO$	$+\,O_2$	$\rightarrow$ ‡	$\rightarrow 2\,NO_2$
$\mathring{\mu}(298\,K)/kG$	2 · 87,6	……..	+240	……..
	……..			……..
$\alpha/G\,K^{-1}$	2 · (−211)	……..	−356	……..
$\mathring{\mu}(398\,K)/kG$	……..	……..	……..	……..
	……..			……..

Der Grundwert $\overset{\circ}{\mu}$ ($= \overset{\bullet}{\mu}$) entspricht hier dem chemischen Potenzial des reinen Stoffes.

a) Ergänzen Sie die oben fehlenden Angaben für 298 K (z. B. aus der Tabelle A2.1 im Anhang des Lehrbuchs „Physikalische Chemie“) und berechnen Sie anschließend die Werte für eine Temperatur von 398 K. Tragen Sie dann die chemischen Potenziale $\overset{\circ}{\mu}$ (2 NO + O_2), $\overset{\circ}{\mu}$ (‡) und $\overset{\circ}{\mu}$ (2 NO_2) für beide Temperaturen in ein Schaubild gemäß dem Muster rechts ein.

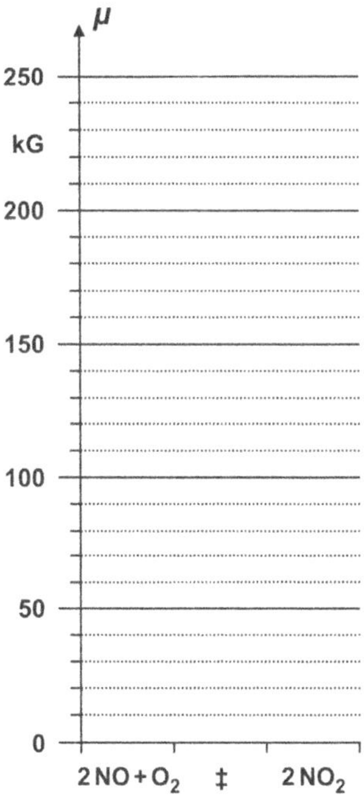

b) Wie groß sind der Grundwert $\overset{\circ}{\mathcal{A}}_‡$ des chemischen Antriebs und die Gleichgewichtszahl $\overset{\circ}{\mathcal{K}}_‡$ für den Aktivierungsschritt sowie der Grundwert $\overset{\circ}{\mathcal{A}}$ des chemischen Antriebs und die Gleichgewichtszahl $\overset{\circ}{\mathcal{K}}$ für den Gesamtvorgang bei beiden Temperaturen?

c) Die Gleichgewichtszahl $\overset{\circ}{\mathcal{K}}_‡ = \overset{\circ}{\mathcal{K}}_{‡p}$ kann durch Multiplikation mit dem Faktor $(p^{\ominus}/c^{\ominus}RT)^{\nu}$ mit $\nu = \nu(\text{NO}) + \nu(\text{O}_2) + \nu(‡)$ in die Gleichgewichtszahl $\overset{\circ}{\mathcal{K}}_{‡c}$ umgerechnet werden. Begründen Sie zunächst diese Feststellung. Aus $\overset{\circ}{\mathcal{K}}_{‡c}$ kann dann gemäß $k = \kappa_‡ \cdot (k_B T/h)\overset{\circ}{\mathcal{K}}_{‡c}$ mit dem Dimensionsfaktor $\kappa_‡ = (c^{\ominus})^{\nu}$ der Geschwindigkeitskoeffizient k berechnet werden. Bestimmen Sie $\overset{\circ}{\mathcal{K}}_{‡c}$ und k bei beiden Temperaturen.

d) Welchen Wert hat das Potenzial $\mu = \mu(2\ \text{NO} + \text{O}_2)$ in Luft mit einem Gehalt an NO von $x(\text{NO}) = 0{,}001$ bei 298 K am Anfang ($\xi = 0$), nachdem 90 % des NO oxidiert sind ($\xi = 0{,}9 \cdot \xi_{max}$) und welchen Wert hat das Potenzial $\mu = \mu(2\ \text{NO}_2)$ am Ende (ξ_{End})? (Denken Sie auch daran, wie sich Luft zusammensetzt.) Zeichnen Sie die Werte ebenfalls in das Schaubild ein.

e) Wie groß ist die Halbwertszeit des NO bei einem Gehalt von $x(\text{NO}) = 0{,}001$ in Luft (bei Normdruck)? Wegen des großen O_2-Überschusses kann die Umsetzung als scheinbar „bimolekular“ mit dem Geschwindigkeitskoeffizienten $k' = k \cdot c(\text{O}_2)$ aufgefasst und die Halbwertszeit entsprechend berechnet werden.

f) Wie lange dauert es, bis der Gehalt auf 1/1000 des Anfangswertes abgesunken ist?

1.19 Katalyse

1.19.1 Katalyse der Wasserstoffperoxid-Zersetzung durch Iodid

Die Zersetzung von Wasserstoffperoxid in wässriger Lösung zu Sauerstoff und Wasser besitzt eine molare Aktivierungsenergie W_A von 76 kJ mol^{-1} und verläuft daher bei Zimmertemperatur nur sehr langsam. Durch die Zugabe von Iodidionen als Katalysator wird die Aktivierungsenergie auf 59 kJ mol^{-1} herabgesetzt. Um welchen Faktor wird die Reaktion dadurch bei 298 K beschleunigt, wenn wir annehmen, dass der Frequenzfaktor sich nicht ändert?

1.19.2 Katalytische Spaltung von Acetylcholin

Die Acetylcholinesterase, ein Enzym in Nervenzellen, katalysiert die hydrolytische Spaltung des Neurotransmitters Acetylcholin in Acetat und Cholin. Sie besitzt eine MICHAELIS-Konstante K_M von $9 \cdot 10^{-5}$ mol L^{-1} und eine Wechselzahl k_2 von $1{,}4 \cdot 10^4$ s^{-1}. Bestimmen Sie die Anfangsgeschwindigkeitsdichte r_0 der enzymatischen Acetylincholinspaltung, wenn die Ausgangskonzentration an Substrat $c_{S,0} = 1{,}0 \cdot 10^{-2}$ mol L^{-1} und die Enzymkonzentration $c_{E,0} = 5 \cdot 10^{-9}$ mol L^{-1} beträgt. Wie groß ist die maximale Anfangsgeschwindigkeitsdichte $r_{0,max}$?

1.19.3 Anwendung der MICHAELIS-MENTEN-Kinetik

Für eine einfache enzymatische Reaktion, die der MICHAELIS-MENTEN-Kinetik gehorcht, wurden experimentell die folgenden Geschwindigkeitskoeffizienten bestimmt:

$k_1 = 1{,}0 \cdot 10^5$ m^3 mol^{-1} s^{-1}, $k_{-1} = 4 \cdot 10^4$ s^{-1} und $k_2 = 8 \cdot 10^5$ s^{-1}.

a) Bestimmen Sie die Dissoziationskonstante $\overset{\circ}{K}_{diss}$ für den Enzym-Substrat-Komplex.

b) Wie groß sind die MICHAELIS-Konstante K_M und die katalytische Effizienz k_2/K_M des eingesetzten Enzyms?

c) Ist K_M unter den gegebenen Umständen als Maß für die Substrataffinität des Enzyms brauchbar? Was ist die Voraussetzung dafür, dass dies der Fall ist?

1.19.4 Hydratisierung von Kohlendioxid mittels Carboanhydrase

Die Carboanhydrase, ein zinkhaltiges Enzym, katalysiert die Hydratisierung von Kohlendioxid zu Hydrogencarbonat-Ionen:

$$CO_2|g + H_2O|l \rightleftarrows HCO_3^-|w + H^+|w \,.$$

Das deutlich leichter lösliche Hydrogencarbonat kann in effizienter Weise im Blutstrom zu den Lungen transportiert werden. Howard DEVOE et al. haben 1961 die Enzymkinetik von Carboanhydrase untersucht [DeVoe H, Kistiakowsky GB (1961) The Enzymic Kinetics of Carbonic Anhydrase from Bovine and Human Erythrocytes. J Am Chem Soc 83:274-280].

Bei einer Konzentration des aus Rinder-Erythrocyten gewonnenen Enzyms von $2{,}8 \cdot 10^{-9}$ mol L^{-1}, einem pH-Wert von 7,1 und einer Temperatur von 0,5 °C bestimmten sie die folgenden Anfangsgeschwindigkeitsdichten r_0 in Abhängigkeit von unterschiedlichen Substratkonzentrationen $c_{S,0}$:

$c_{S,0}$ / (mmol L^{-1})	r_0 / (mol L^{-1} s^{-1})
1,25	$2{,}78 \cdot 10^{-5}$
2,50	$4{,}98 \cdot 10^{-5}$
5,00	$8{,}13 \cdot 10^{-5}$
20,00	$1{,}54 \cdot 10^{-4}$
40,00	$1{,}89 \cdot 10^{-4}$

a) Bestimmen Sie durch eine geeignet gewählte Auftragung die MICHAELIS-Konstante K_M der Carboanhydrase sowie die maximale Anfangsgeschwindigkeitsdichte $r_{0,max}$ unter den gewählten Bedingungen.

b) Wie groß ist die katalytische Effizienz?

1.20 Transporterscheinungen

1.20.1 Glucosefluss

Die Konzentration an Glucose (Stoff B) in einer Lösungskammer betrage $c_{B,1}$ = 1,0 mmol L^{-1}, die in einer zweiten $c_{B,2}$ = 0,2 mmol L^{-1}. Beide Kammern sind durch eine wässrige Diffusionsstrecke mit einer Länge l von 1 mm und einem Querschnitt A von 5 cm^2 voneinander getrennt. Der Diffusionskoeffizient D_B von Glucose in Wasser beträgt bei 25 °C $0{,}67 \cdot 10^{-9}$ m^2 s^{-1}. Bestimmen Sie den Stofffluss J_B (unter der Annahme eines linearen Konzentrationsgefälles).

1.20.2 Diffusion von Kohlenstoff in Eisen

Eine Seite eines Bleches mit der Dicke $d = 3$ mm aus Eisen (kubisch-raumzentrierte Struktur) wird bei einer Temperatur von 750 °C einer kohlenstoffhaltigen Atmosphäre ausgesetzt. Der Kohlenstoff (Stoff B) beginnt in das Eisen hineinzuwandern und nach einiger Zeit stellt sich ein stationäres Gleichgewicht ein. In diesem Zustand betrage die Stoffflussdichte j_B des Kohlenstoffs $28{,}3 \cdot 10^{-6}$ mol m^{-2} s^{-1}. Nach dem Abschrecken des Bleches auf Raumtemperatur wird auf der einen Seite eine Kohlenstoffkonzentration $c_{B,1}$ von 1850 mol m^{-3} und auf der anderen Seite eine Kohlenstoffkonzentration $c_{B,2}$ von 185 mol m^{-3} gemessen.

a) Berechnen Sie den Diffusionskoeffizienten D_B für Kohlenstoff in der Eisenprobe bei der gegebenen Temperatur.

b) Der Diffusionskoeffizient hängt von der Temperatur ab. Diese Temperaturabhängigkeit kann für die thermisch aktivierte Diffusion in Feststoffen durch einen ARRHENIUS-Ansatz beschrieben werden:

$$D_B = D_{B,0} \cdot \exp\left(-\frac{W_A}{RT}\right),$$

wobei $D_{B,0}$ den „Frequenzfaktor“ und W_A die Aktivierungsenergie des Diffusionsprozesses darstellt.

Wiederholt man obiges Experiment bei 900 °C, so wird ein Diffusionskoeffizient D_B von $1{,}7 \cdot 10^{-10}$ m^2 s^{-1} gefunden. Welche Werte ergeben sich für $D_{B,0}$ und W_A in diesem Fall? [Es soll sich wieder um die Diffusion von Kohlenstoff in Eisen (mit kubisch-raumzentrierter Struktur) handeln.]?

1.20.3* Diffusion von Rohrzucker

Wir denken uns in einem Glas kalten, mit einem Teelöffel Zucker (Stoff B) (etwa 10 g) gesüßten Tees ein lineares Konzentrationsgefälle vom Boden auf 0 an der Oberfläche.

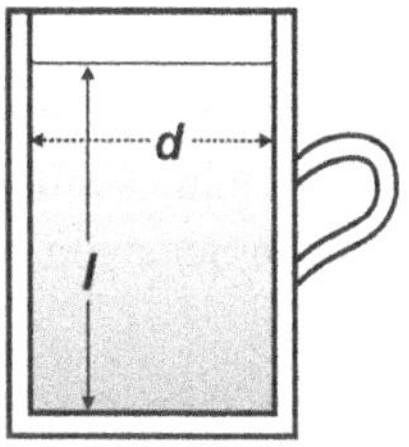

a) Wie groß wäre die Konzentration $c_{B,0}$ des Zuckers (bei Gleichverteilung im Teeglas)? Wie groß ist dann seine Konzentration $c_{B,1}$ am Boden? Die Dimensionen des Glases sollen $l = 7$ cm und $d = 5$ cm betragen.

b) Bestimmen Sie die Stoffflussdichte j_B und die Driftgeschwindigkeit $v_{B,1}$ in Bodennähe. Der Diffusionskoeffizient D_B von Rohrzucker (Saccharose) unter den gegebenen Bedingungen betrage ca. $0{,}5 \cdot 10^{-9}$ m^2 s^{-1}.

c) Wie lange muss man etwa warten, bis sich der Zucker von selbst ungefähr gleichmäßig verteilt hat?

1.20.4 Öl als Gleitmittel

Ein quaderförmiger Körper liegt auf einem dünnen Ölfilm auf einer horizontalen Platte. Welche Kraft muss auf den Block wirken, damit er sich mit einer Geschwindigkeit v_0 von 0,3 m s^{-1} bewegt? Das Öl hat eine dynamische Viskosität η von 0,1 Pa s, die Dicke d des Gleitfilms beträgt 0,1 mm und die rechteckige Kontaktfläche A des Körpers 0,6 m × 0,3 m.

1.20.5 Molekülradius und -volumen

Myoglobin ist der rote Farbstoff im Muskelgewebe, Hämoglobin der rote Blutfarbstoff in den Erythrocyten. Diese beiden Proteine aus der Gruppe der Globine, (annähernd) kugelförmiger Proteine, dienen dem Sauerstoff-Transport. Der Diffusionskoeffizient von Myoglobin in Wasser wird bei 20 °C zu $0{,}113 \cdot 10^{-9}$ m^2 s^{-1} bestimmt, der von Hämoglobin zu $0{,}069 \cdot 10^{-9}$ m^2 s^{-1}. Die (dynamische) Viskosität η des Wassers beträgt bei dieser Temperatur 1,002 mPa s.

a) Schätzen Sie den Radius und das Volumen der globulären (kugelartigen) Proteinmoleküle ab.

b) Interpretieren Sie das Ergebnis unter Berücksichtigung der Struktur der beiden Globine.

1.20.6 Sinken von Schadstoffpartikeln in Luft

Annähernd kugelförmige Schadstoffpartikel mit einem Durchmesser d_P von 16 µm und einer Dichte ρ_P von 2,5 g cm^{-3} sinken in der Luft im Schwerefeld der Erde nach unten.

a) Schätzen Sie die (konstante) Sinkgeschwindigkeit v_P der Partikel ab, die sich bei Kräftegleichgewicht einstellt. Die dynamische Viskosität η_L der Luft beträgt bei 300 K 18,5 µPa s.

b) Wie lange braucht ein solches Teilchen, um bei Windstille 50 m nach unten zu sinken?

c) Was ändert sich am Ergebnis, wenn man die Auftriebskraft F_A ($= \rho_L \cdot V_P \cdot g$) einbezieht? Die Dichte ρ_L der Luft bei 300 K beträgt 1,2 kg m^{-3}.

1.20.7 Entropieleitung durch eine Kupferplatte

Bestimmen Sie die Dichte j_S des Entropiestroms durch eine Kupferplatte mit einer Dicke d von 20 mm, wenn auf der einen Seite der Platte eine Temperatur von $\vartheta_1 = 50$ °C und auf der anderen Seite von $\vartheta_2 = 0$ C° herrscht (unter der Annahme eines linearen Temperaturgefälles).

1.20.8* Entropieverlust bei Wohngebäuden †

Auf einer Vollziegelwand von 12 cm Dicke werden außen 5 cm dicke Styroporplatten befestigt. Um wie viel vermindert sich dadurch der Entropieverlust? Der Temperaturunterschied zwischen der Oberfläche der Ziegelwand innen und der Oberfläche der Styroporverkleidung außen soll dabei stets 20 K betragen. Die Entropieleitfähigkeit der Vollziegel (Z) betrage $\sigma_{S,Z} = 0{,}003\ \text{Ct K}^{-1}\,\text{s}^{-1}\,\text{m}^{-1}$, die des Styropors (S) $\sigma_{S,S} = 0{,}00013\ \text{Ct K}^{-1}\,\text{s}^{-1}\,\text{m}^{-1}$.

a) Berechnen Sie zunächst die Entropiestromdichte $j_{S,Z}$ für die nicht isolierte Wand.

b) Schätzen Sie die Entropiestromdichte $j_{S,ZS,1}$ für die isolierte Wand ab, indem Sie der Einfachheit halber annehmen, dass sie nur aus der Styroporverkleidung besteht. Wie könnte diese Vorgehensweise begründet werden?

c) Für eine genauere Berechnung der Entropiestromdichte $j_{S,ZS,2}$ für die isolierte Wand muss das Temperaturprofil über die Wand bekannt sein. Nehmen Sie zur Bestimmung dieses Profils an, dass der Entropiestrom, der durch die Ziegel fließt ($J_{S,Z}$) gleich dem Entropiestrom ist, der durch das Styropor fließt ($J_{S,S}$). Vergleichen Sie anschließend die Entropiestromdichte $j_{S,ZS,2}$ mit der Entropiestromdichte $j_{S,Z}$ aus a) und der Entropiestromdichte $j_{S,ZS,1}$ aus b).
Hinweis: Leider fehlt in dem zu verwendenden Ausdruck für den Entropiestrom im Lehrbuch „Physikalische Chemie" das Minuszeichen.

In der vorliegenden Aufgabe wird nur die Entropieübertragung durch Leitung (in ruhender Materie) berücksichtigt. Eine Entropieübertragung durch Konvektion (wie sie z. B. in dünnen Luftgrenzschichten auf beiden Seiten der Wand auftritt) oder auch durch Strahlung bleibt außer Betracht.

1.21 Elektrolytlösungen

1.21.1 Leitfähigkeit von Leitungswasser

Leitungswasser ist, grob gesehen, eine dünne $Ca(HCO_3)_2$-Lösung mit Beimengungen anderer Salze (im Folgenden eine exemplarische Zusammensetzung):

	Ca^{2+}	Mg^{2+}	Na^+	SO_4^{2-}	Cl^-	HCO_3^-
$c\,/\,\mathrm{mol\,m^{-3}}$	1,0	0,2	0,5	0,3	0,5	....
$u\,/\,10^{-8}\,\mathrm{m^2\,V^{-1}\,s^{-1}}$	....	....	....	....	....	....

a) Wie groß muss die Konzentration der Hydrogencarbonationen sein, damit die Lösung ladungsneutral wird?

b) Tragen Sie die (elektrischen) Beweglichkeiten u bei 25 °C aus irgendeiner Datenquelle nach (z. B. der Tabelle 21.2 im Lehrbuch „Physikalische Chemie") und berechnen Sie die spezifische Leitfähigkeit σ des Leitungswassers bei 25 °C.

c)* Welche Leitfähigkeit ergibt sich aufgrund der Faustformel „$\Delta\sigma/\sigma = 2\,\%$ je Grad" für siedendes Wasser?

1.21.2 Wanderung von Zn^{2+}-Ionen

In einem homogenen elektrischen Feld der Stärke $E = 5\ \mathrm{V\,cm^{-1}}$ beträgt die Wanderungsgeschwindigkeit v von Zn^{2+}-Ionen bei 25 °C in wässriger Lösung $2{,}74 \cdot 10^{-5}\ \mathrm{m\,s^{-1}}$.

a) Schätzen Sie den Radius r des hydratisierten Zn^{2+}-Ions ab. Die dynamische Viskosität η des Wassers beträgt bei der gegebenen Temperatur 0,890 mPa s.

b) Wie groß ist der Diffusionskoeffizient D des Ions?

1.21.3 Dissoziation der Ameisensäure in wässriger Lösung

Eine Elektrolytlösung zwischen zwei Elektroden verhält sich wie ein OHMscher Widerstand, wobei gilt $R = \rho \cdot Z$. Z stellt eine vom geometrischen Aufbau der Messzelle abhängige Größe dar, die als Zellkonstante bezeichnet wird. Im Idealfall eines quaderförmigen elektrolytischen Trogs mit dem Querschnitt A und der Länge l, an dessen Stirnseiten zwei Elektroden angebracht sind, erhält man $Z = l/A$ [vgl. Gl. (21.25)]. In der Praxis [siehe nebenstehende Abbildung; sogenannte „Platin-Doppelelektrode" mit zwei platinierten Platinelektroden und zugehöriges Leitfähigkeitsmessgerät (Konduktometer)]

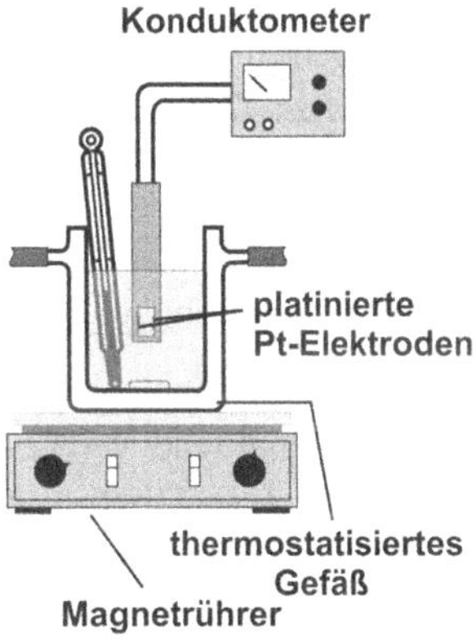

bestimmt man die Zellkonstante Z jedoch durch Vermessung einer Eichlösung bekannten σ-Wertes (meist einer Kaliumchloridlösung). (Da die Leitfähigkeit temperaturabhängig ist, empfiehlt sich eine Thermostatisierung wie in der Abbildung durch das doppelwandige Gefäß mit Anschlüssen angedeutet.)

a) Bei der Kalibrierung einer Leitfähigkeitsmesszelle mit einer KCl-Eichlösung (E) der Konzentration $c_E = 0{,}100 \text{ mol L}^{-1}$ wurde bei 25 °C ein Widerstand R_E von 40,0 Ω gemessen. Aus Tabellenwerken ist bekannt, dass eine solche Lösung bei der gegebenen Temperatur eine spezifische Leitfähigkeit σ_E von $12{,}88 \text{ mS cm}^{-1}$ aufweist. Welchen Wert hat die Zellkonstante Z?

b) Anschließend wurde die Messzelle mit einer wässrigen Ameisensäurelösung der Konzentration $c = 0{,}010 \text{ mol L}^{-1}$ gefüllt. Die Messung ergab bei 25 °C einen Widerstand R von 1026,3 Ω. Wie groß sind die spezifische und die molare Leitfähigkeit der Lösung?

c) Berechnen Sie den Dissoziationsgrad α sowie die zugehörige Gleichgewichtskonstante $K_c^{\ominus}$ und Gleichgewichtszahl $\mathcal{K}_c^{\ominus}$. Die Grenzleitfähigkeit Λ^0 der Ameisensäure beträgt $404{,}3 \text{ S cm}^2 \text{ mol}^{-1}$.

d) Bestimmen Sie den Normwert $\mu_p^{\ominus}$ des Protonenpotenzials des Säure-Base-Paares Ameisensäure/Formiat ($HCOOH/HCOO^-$) und das Protonenpotenzial μ_p in der Ameisensäurelösung.

1.21.4* Löslichkeitsprodukt von Bleisulfat

In die Leitfähigkeitsmesszelle aus Aufgabe 1.21.3 wird eine gesättigte Lösung von $PbSO_4$ in destilliertem Wasser gefüllt und anschließend ein Widerstand R von 10340 Ω gemessen. Die spezifische Leitfähigkeit des destillierten Wassers betrage bei 25 °C $\sigma_W = 1{,}80 \text{ µS cm}^{-1}$. Aus Tabellenwerken können die folgenden molaren Grenzleitfähigkeiten entnommen werden: $\Lambda^0(Pb^{2+}) = 142 \text{ S cm}^2 \text{ mol}^{-1}$, $\Lambda^0(SO_4^{2-}) = 160 \text{ S cm}^2 \text{ mol}^{-1}$. Bestimmen Sie das Löslichkeitsprodukt $\mathcal{K}_{sd}^{\ominus}$ von $PbSO_4$.

1.21.5 Molare Grenzleitfähigkeit von Silberbromid

Bestimmen Sie die molare Grenzleitfähigkeit von AgBr bei 25 °C anhand der folgenden, bei der gleichen Temperatur ermittelten Werte: $\Lambda^0(NaBr) = 12{,}82 \text{ mS m}^2 \text{ mol}^{-1}$, $\Lambda^0(NaNO_3) = 12{,}15 \text{ mS m}^2 \text{ mol}^{-1}$ und $\Lambda^0(AgNO_3) = 13{,}33 \text{ mS m}^2 \text{ mol}^{-1}$.

1.21.6 Experimentelle Bestimmung der molaren Grenzleitfähigkeit

Eine wässrige Elektrolytlösung wurde in eine Leitfähigkeitsmesszelle gefüllt und anschließend fortschreitend verdünnt. Dabei wurde bei jedem Schritt der Widerstand der Lösung gemessen (siehe Tabelle). Als Zellkonstante Z wurde durch eine Eichmessung ein Wert von $0{,}3130 \text{ cm}^{-1}$ bestimmt.

$c\,/\,\mathrm{mol\,L^{-1}}$	0,05	0,02	0,01	0,005	0,001	0,0005
$R\,/\,\Omega$	81,38	192,6	373,7	730,3	3537	7018

a) Wie kann man feststellen, ob es sich um einen starken oder einen schwachen Elektrolyten handelt?

b) Bestimmen Sie in Abhängigkeit von der Antwort unter a) die molare Grenzleitfähigkeit Λ° des Elektrolyten.

1.21.7 Wanderung des Permanganations im elektrischen Feld

In einer Anordnung aus zwei Elektroden in einem Abstand von 15 cm, an die eine elektrische Spannung von 20 V angelegt wird, bestimmt man die Wanderungsgeschwindigkeit des MnO_4^--Ions in einer verdünnten wässrigen $KMnO_4$-Lösung bei 25 °C experimentell zu $v = -8{,}5 \cdot 10^{-4}\,\mathrm{cm\,s^{-1}}$. (Nehmen Sie vereinfachend an, dass der Wert näherungsweise auch für eine verschwindend geringe Konzentration gilt.) Die molare Grenzleitfähigkeit des K^+-Ions betrage 73,5 S cm^2 mol^{-1}. Berechnen Sie die Überführungszahl des MnO_4^--Ions.

1.21.8 HITTORFsche Überführungszahlen

In einer HITTORFschen Überführungszelle mit Pt-Elektroden wird eine Salzsäurelösung mit einer Ausgangskonzentration c_0 von 0,1000 kmol m^{-3} elektrolysiert. Nach Beendigung des Experimentes findet man im Kathodenraum eine Konzentration von 0,0979 kmol m^{-3}, im Anodenraum hingegen eine Konzentration von 0,0904 kmol m^{-3} vor.

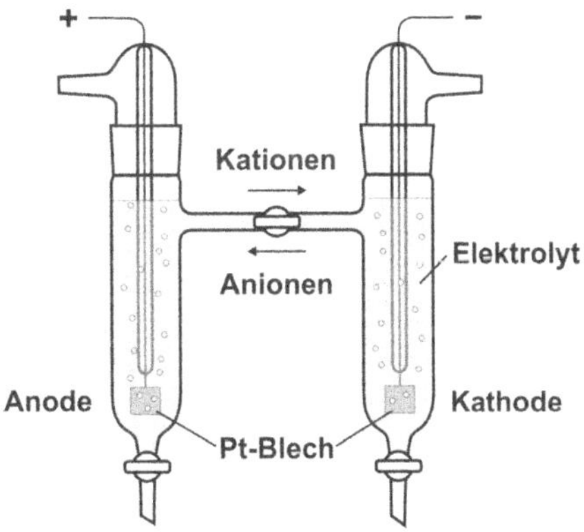

a) Bestimmen Sie die Überführungszahlen der H^+- und Cl^--Ionen.

b) Wie groß sind die Ionenleitfähigkeiten der H^+- und Cl^--Ionen bei unendlicher Verdünnung, wenn die Grenzleitfähigkeit $\Lambda^{\circ}(\mathrm{HCl})$ 426,0 S cm^2 mol^{-1} beträgt?

1.21.9* HITTORFsche Überführungszahlen für Fortgeschrittene

Kalilauge mit einem Massenanteil w_0 von 0,2 % an KOH wird in eine HITTORFsche Überführungszelle mit Pt-Elektroden gefüllt. Anschließend wird die Lösung bei einer konstanten Stromstärke von 80 mA eine Stunde lang elektrolysiert. Nach der Elektrolyse werden 25,00 g der Lösung aus dem Kathodenraum entnommen und analysiert; sie enthalten 0,0615 g KOH. Wie groß sind die Überführungszahlen der K^+- und OH^--Ionen? Gehen Sie davon aus, dass der Kathodenraum insgesamt 100,00 g an Lösung fasst und berücksichtigen Sie bei der Berechnung, dass die K^+-Ionen an der Kathode nicht entladen werden.

1.22 Elektrodenreaktionen und Galvanispannungen

1.22.1 Elektronenpotenzial

Formulieren Sie die Halbreaktion für das zusammengesetzte Redoxsystem, an dem das Gas NO und NO_3^--Ionen beteiligt sind (in saurer Lösung). Wie groß ist der Normwert des Elektronenpotenzials?

1.22.2 Gleichgewichtsgalvanispannung und Differenz der chemischen Potenziale

Wie unterscheiden sich die chemischen Potenziale der Zinkionen in Metall [$\mu(Zn^{2+}|m)$] und wässriger Lösung [$\mu(Zn^{2+}|w)$], wenn zwischen beiden Phasen eine Gleichgewichtsgalvanispannung $U_{Me \to L}$ von –0,3 V besteht?

1.22.3 Galvanispannung von Redoxelektroden

Formulieren Sie die Halbreaktion für das zusammengesetzte Redoxsystem, an dem Cr^{3+}- und $Cr_2O_7^{2-}$-Ionen beteiligt sind (in saurer Lösung) und stellen Sie die NERNSTsche Gleichung für die Potenzialdifferenz $\Delta\varphi$ auf.

1.22.4 Konzentrationsabhängigkeit der Galvanispannung von Metallionenelektroden

Wie ändert sich die Galvanispannung einer Cu/Cu^{2+}-Elektrode bei 25 °C, wenn die Konzentration der Cu^{2+}-Ionen um den Faktor 5 erhöht wird?

1.22.5 Diffusionsspannung

a) Eine NaCl-Lösung der Konzentration 0,3 kmol m^{-3} (Lösung I) grenze an eine NaCl-Lösung der Konzentration 0,1 kmol m^{-3} (Lösung II), wobei die Phasengrenze durch ein Diaphragma stabilisiert ist. Berechnen Sie die Diffusionsspannung U_{Diff} (= $-\Delta\varphi_{Diff}$), die sich im stationären Zustand bei 25 °C einstellt. Die elektrische Beweglichkeit des Na^+-Ions beträgt $5{,}2 \cdot 10^{-8}\ m^2\ V^{-1}\ s^{-1}$, die des Cl^--Ions $-7{,}9 \cdot 10^{-8}\ m^2\ V^{-1}\ s^{-1}$.

b) Wie groß wäre die Diffusionsspannung U_{Diff}, wenn statt NaCl-Lösungen KCl-Lösungen gleicher Konzentrationen wie in Teilaufgabe a) eingesetzt würden? Die elektrische Beweglichkeit des K^+-Ions beträgt $7{,}6 \cdot 10^{-8}\ m^2\ V^{-1}\ s^{-1}$.

1.22.6 Membranspannung

Eine für K^+- und Cl^--Ionen durchlässige Membran trennt eine äußere reine KCl-Lösung (Lösung I) von einer inneren Lösung ab, die neben K^+ und Cl^- noch ein positiv geladenes Protein $Prot^{5+}$ enthält (Lösung II).

a) Formulieren Sie die Elektroneutralitätsbedingung für beide Lösungen.

b) Wie groß ist die Cl^--Konzentration im Innern, wenn die Cl^--Konzentration außen $150\ \mathrm{mol\,m^{-3}}$ beträgt? Das Verhältnis $c_{K^+}(\mathrm{I})/c_{K^+}(\mathrm{II})$ betrage nach der Gleichgewichtseinstellung 1,08.

c) Berechnen Sie die Membranspannung (DONNAN-Spannung) U_{Mem} $(= -\Delta\varphi_{\mathrm{Mem}})$ bei 25 °C.

1.22.7* Membranspannung für Fortgeschrittene

Ribonuklease trägt bei einem bestimmten pH-Wert eine negative Nettoladung von 3. 100 mL einer Ribonukleaselösung (als Natriumsalz) der Konzentration $3\ \mathrm{mol\,m^{-3}}$ (Lösung II) werden durch eine nur für kleine Ionen durchlässige Membran eingeschlossen, die von 100 mL einer NaCl-Lösung der Konzentration $50\ \mathrm{mol\,m^{-3}}$ (Lösung I) umgeben ist.

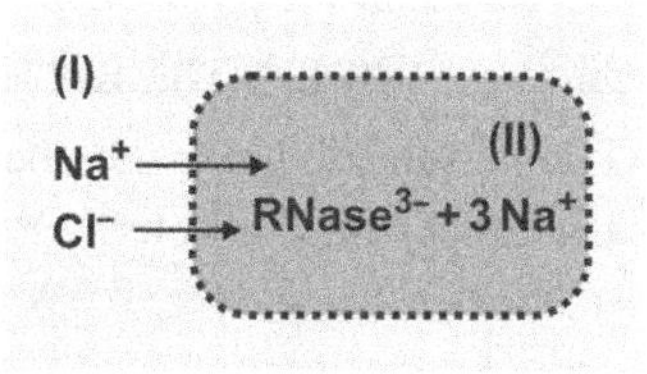

a) Welche Endkonzentrationen an Ionen stellen sich auf beiden Seiten der Membran ein?

b) Berechnen Sie die Membranspannung U_{Mem} bei 25 °C.

1.23 Redoxpotenziale und galvanische Zellen

1.23.1 NERNSTsche Gleichung einer Halbzelle

Berechnen Sie die Normwerte $E^{\ominus}$ der Redoxpotenziale aus den chemischen Potenzialen der beteiligten Stoffe und formulieren Sie die zugehörige NERNSTsche Gleichung in den folgenden Fällen:

a) Halbzelle $Cl^-|AgCl|Ag$
Die Halbzellen sind dabei gedanklich stets durch eine Wasserstoff-Normalelektrode (NHE) zu ergänzen, die mittels einer Salzbrücke (Kürzel ¦¦) spannungsfrei mit der betreffenden Halbzelle verbunden ist, so dass $Cl^-|AgCl|Ag$ als Kurzbezeichnung für die Vollzelle $Pt|H_2|H^+$¦¦$Cl^-|AgCl|Ag|Pt$ aufzufassen ist.

b) Halbzelle MnO_4^-, $Mn^{2+}|Pt$

c) Halbzelle $HCOOH|CO_2|Pt$
Das chemische Potenzial von Ameisensäure in wässriger Lösung beträgt unter Normbedingen –372,4 kG. Kohlendioxid soll als Gas vorliegen.

d) Was ändert sich im Fall der Halbzelle c) beim Übergang von saurer zu basischer Lösung [$\mu^{\ominus}(HCOO^-|w) = -351{,}0$ kG]?

1.23.2 Konzentrationsabhängigkeit von Redoxpotenzialen

Berechnen Sie die Redoxpotenziale E der folgenden Halbzellen bei 25 °C:

a) Halbzelle Fe^{2+}, $Fe^{3+}|Pt$
Die Konzentration an Fe^{2+}-Ionen betrage $c(Fe^{2+}) = 0{,}005\ \text{kmol m}^{-3}$, die an Fe^{3+}-Ionen $c(Fe^{3+}) = 0{,}010\ \text{kmol m}^{-3}$.

b) Halbzelle H^+, Cl^-, ClO_4^- $|Pt$
Es sollen die Konzentrationen $c(Cl^-) = 0{,}005\ \text{kmol m}^{-3}$ und $c(ClO_4^-) = 0{,}020\ \text{kmol m}^{-3}$ vorliegen. Der pH-Wert betrage 3,0, der Normwert $E^{\ominus}$ des Redoxpotenzials +1,389 V.

c) Halbzelle OH^-, ClO_3^-, ClO_4^- $|Pt$
Es sollen die Konzentrationen $c(ClO_3^-) = 0{,}010\ \text{kmol m}^{-3}$, $c(ClO_4^-) = 0{,}020\ \text{kmol m}^{-3}$ und $c(OH^-) = 0{,}010\ \text{kmol m}^{-3}$ vorliegen. Für den Normwert $E^{\ominus}$ des Redoxpotenzials findet man +0,36 V.

1.23.3 Redoxpotenzial von Gaselektroden

Als Gaselektrode (wobei hier der Begriff „Elektrode“ im weiteren Sinn aufzufassen ist) bezeichnet man eine Halbzelle, in der ein Gas unter Anwesenheit eines Inertmetalles im Gleichgewicht mit seinen in Lösung befindlichen Ionen steht. Im vorliegenden Fall soll bei einer Temperatur von 298 K ein Platinblech in eine KOH-Lösung mit einem pH-Wert von 9,0 eintauchen und von Sauerstoffgas mit einem Druck von 250 mbar umspült werden. Bestimmen Sie das Redoxpotenzial E dieser Sauerstoffelektrode. Die Umsatzformel für den Elektrodenvorgang lautet (fügen Sie noch die Umsatzzahlen in die leeren Kästchen in der Formel ein):

$$\square\ OH^-|w \rightarrow \square\ O_2|g + \square\ H_2O|l + \square\ e^-.$$

Der Normwert $E^\ominus$ des Redoxpotenzials beträgt +0,401 V, das sogenannte „Ionenprodukt" K_W des reinen Wassers $1{,}0 \cdot 10^{-14}$ kmol^2 m^{-6} [$K_W = c(H^+) \cdot c(OH^-)$].

1.23.4 Berechnung von Redoxpotenzialen aus Redoxpotenzialen

Gegeben sind die Normwerte $E^\ominus$ der Redoxpotenziale der Redoxpaare Cr/Cr^{2+} und Cr/Cr^{3+} mit −0,913 V und −0,744 V. Berechnen Sie $E^\ominus(Cr^{2+}/Cr^{3+})$.

1.23.5 Löslichkeitsprodukt von Silberiodid

Berechnen Sie aus den Normwerten $E^\ominus$ der Redoxpotenziale der Silber-Silberionen-Elektrode [$E^\ominus(Ag/Ag^+)$ = +0,7996 V] und der Silber-Silberiodid-Elektrode [$E^\ominus(Ag + I^-/AgI)$ = −0,1522 V] das Löslichkeitsprodukt $\mathcal{K}_{sd}^\ominus$ von AgI und dessen Sättigungskonzentration c_{sd} in wässriger Lösung bei 25 °C.

1.23.6 Konzentrationszelle

Eine Silberelektrode taucht in eine Silbernitratlösung der Konzentration $c_1(AgNO_3)$ = 0,0005 kmol m^{-3} ein, eine zweite Silberelektrode in eine der Konzentration $c_2(AgNO_3)$ = 0,0100 kmol m^{-3}. Die Elektrolytlösungen sind durch eine Salzbrücke miteinander verbunden. Berechnen Sie die Differenz ΔE der Redoxpotenziale für die elektrochemische Zelle bei 25 °C (unter Gleichgewichtsbedingungen).

1.23.7 Galvanische Zelle

Gegeben sei die folgende elektrochemische Zelle mit wässrigen Elektrolytlösungen:
$\underline{Pt}|Cr^{2+},Cr^{3+}\,\vdots\vdots\,Fe^{2+},Fe^{3+}|Pt$.

a) Formulieren Sie die beiden Halbreaktionen sowie die Gesamtreaktion der Zelle.

b) Stellen Sie die Beziehung für die Konzentrationsabhängigkeit der Potenzialdifferenz ΔE der Zelle bei 25 °C auf.

c) Geben Sie den Normwert $\Delta E^\ominus$ an.

d) Berechnen Sie den chemischen Antrieb $\mathcal{A}^\ominus$ der Zellreaktion. In welcher Richtung läuft die Reaktion freiwillig ab? Welche Elektrode stellt unter Normbedingungen die Kathode dar?

2 Lösungsteil

2.1 Einführung und erste Grundbegriffe

2.1.1 Stoffmengenkonzentration

Stoffmengenkonzentration c_B der Glucoselösung:

Die Stoffmengenkonzentration c_B eines gelösten Stoffes B ergibt sich aus dem Quotienten aus der Stoffmenge n_B der betreffenden Substanz und dem Lösungsvolumen V_L:

$$c_B = \frac{n_B}{V_L}\,. \qquad \text{Gl. (1.9)}$$

Stoffmenge n_B an Glucose:

Die Stoffmenge n_B an Glucose kann aus ihrer Masse m_B mit Hilfe der molaren Masse $M_B = M(C_6H_{12}O_6) = 180{,}0 \cdot 10^{-3}\ \text{kg mol}^{-1}$ berechnet werden:

$$n_B = \frac{m_B}{M_B} = \frac{45 \cdot 10^{-3}\ \text{kg}}{180{,}0 \cdot 10^{-3}\ \text{kg mol}^{-1}} = 0{,}25\ \text{mol}\,. \qquad \text{Gl. (1.6)}$$

$$c_B = \frac{0{,}25\ \text{mol}}{500 \cdot 10^{-6}\ \text{m}^3} = 500\ \text{mol m}^{-3} = \mathbf{0{,}50\ kmol\ m^{-3}}\,.$$

2.1.2 Massen- und Stoffmengenanteil

Massenanteil w_B des Natriumchlorids:

Der Massenanteil w_B eines bestimmten Stoffes B in einem Gemisch entspricht dem Quotienten aus seiner Masse m_B und der Summe der Massen aller im Gemisch vorhandenen Stoffe m_{ges}:

$$w_B = \frac{m_B}{m_{ges}}\,. \qquad \text{Gl. (1.8)}$$

Masse m_L der Lösung:

Zur Berechnung der Masse m_L (= m_{ges}) der Lösung wird die (Massen-)Dichte $\rho = m/V$ herangezogen:

$$m_L = \rho_L \cdot V_L = 1099\ \text{kg m}^{-3} \cdot (100 \cdot 10^{-6}\ \text{m}^3) = 109{,}9 \cdot 10^{-3}\ \text{kg}\,.$$

$$w_B = \frac{15{,}4 \cdot 10^{-3}\ \text{kg}}{109{,}9 \cdot 10^{-3}\ \text{kg}} = \mathbf{0{,}140}\,.$$

G. Job und R. Rüffler, *Arbeitsbuch Physikalische Chemie*, Studienbücher Chemie,
https://doi.org/10.1007/978-3-658-25110-9_2

Stoffmengenanteil x_B des Natriumchlorids:

Der Stoffmengenanteil x_B eines bestimmten Stoffes B wird analog zum Massenanteil w_B berechnet; es werden lediglich die Massen durch die Stoffmengen ersetzt:

$$x_B = \frac{n_B}{n_{ges}} = \frac{n_B}{n_B + n_A} . \qquad \text{Gl. (1.7)}$$

Stoffmenge n_B des Natriumchlorids:

Mit der molaren Masse $M_B = 58{,}5 \cdot 10^{-3}$ kg mol^{-1} des Natriumchlorids ergibt sich:

$$n_B = \frac{m_B}{M_B} = \frac{15{,}4 \cdot 10^{-3}\ \text{kg}}{58{,}5 \cdot 10^{-3}\ \text{kg mol}^{-1}} = 0{,}263\ \text{mol} .$$

Masse m_A des Wassers:

Die Masse m_A des Wassers ergibt sich als Differenz aus der Gesamtmasse der Lösung und der Masse an Natriumchlorid.

$$m_A = m_L - m_B = (109{,}9 \cdot 10^{-3}\ \text{kg}) - (15{,}4 \cdot 10^{-3}\ \text{kg}) = 94{,}5 \cdot 10^{-3}\ \text{kg} .$$

Stoffmenge n_A des Wassers:

Mit der molaren Masse $M_A = 18{,}0 \cdot 10^{-3}$ kg mol^{-1} des Wassers erhalten wir:

$$n_A = \frac{m_A}{M_A} = \frac{94{,}5 \cdot 10^{-3}\ \text{kg}}{18{,}0 \cdot 10^{-3}\ \text{kg mol}^{-1}} = 5{,}25\ \text{mol} .$$

$$x_B = \frac{0{,}263\ \text{mol}}{0{,}263\ \text{mol} + 5{,}25\ \text{mol}} = \mathbf{0{,}048} .$$

2.1.3 Massenanteil

Masse m_B an Wasser im „Schnaps“:

Wir gehen von Gleichung (1.8) für den Massenanteil w eines Stoffes in einem Gemisch aus:

$$w_A = \frac{m_A}{m_{ges}} = \frac{m_A}{m_A + m_B} .$$

Wir lösen die Gleichung nach m_B auf,

$$m_B = \frac{m_A - w_A \cdot m_A}{w_A} ,$$

und erhalten:

$$m_B = \frac{(100 \cdot 10^{-3}\ \text{kg}) - 0{,}335 \cdot (100 \cdot 10^{-3}\ \text{kg})}{0{,}335} = \mathbf{0{,}199\ kg} .$$

2.1.4 Zusammensetzung eines Gasgemisches

1 mol eines beliebigen Gases und damit auch der Luft nimmt unter Normbedingungen ein Volumen V von etwa 24,8 L ein. 21 % der Molekeln und damit 0,21 mol sind Sauerstoff.

Stoffmengenkonzentration c_B des Sauerstoffs:

$$c_B = \frac{n_B}{V} = \frac{0,21 \text{ mol}}{0,0248 \text{ m}^3} = \mathbf{8,5 \text{ mol m}^{-3}}.$$

Massenkonzentration β_B des Sauerstoffs:

Die Massenkonzentration β_B eines gelösten Stoffes B entspricht dem Quotienten aus der Masse m_B des betreffenden Stoffes und dem Lösungsvolumen V. Entsprechendes gilt auch für Gasgemische:

$$\beta_B = \frac{m_B}{V}. \qquad \text{Gl. (1.10)}$$

Masse m_B:

Mit der molaren Masse $M_B = 32,0 \cdot 10^{-3}$ kg mol^{-1} des Sauerstoffs ergibt sich:

$$m_B = n_B \cdot M_B = 0,21 \text{ mol} \cdot (32,0 \cdot 10^{-3} \text{ kg mol}^{-1}) = 6,72 \cdot 10^{-3} \text{ kg}.$$

$$\beta_B = \frac{6,72 \cdot 10^{-3} \text{ kg}}{0,0248 \text{ m}^3} = \mathbf{0,271 \text{ kg m}^{-3}}.$$

Stoffmengenanteil x_B des Sauerstoffs:

$$x_B = \frac{n_B}{n_{ges}} = \frac{0,21 \text{ mol}}{1 \text{ mol}} = \mathbf{0,21}.$$

Massenanteil w_B des Sauerstoffs:

$$w_B = \frac{m_B}{m_{ges}} = \frac{m_B}{m_B + m_A}.$$

Masse m_A des Stickstoffs:

Die Masse m_A des Stickstoffs in der Luft kann aus seiner Stoffmenge $n_A = n_{ges} - n_B =$ 1 mol – 0,21 mol = 0,79 mol mit Hilfe der molaren Masse $M_A = 28,0 \cdot 10^{-3}$ kg mol^{-1} berechnet werden:

$$m_A = n_A \cdot M_A = 0,79 \text{ mol} \cdot (28,0 \cdot 10^{-3} \text{ kg mol}^{-1}) = 22,12 \cdot 10^{-3} \text{ kg}.$$

$$w_B = \frac{6,72 \cdot 10^{-3} \text{ kg}}{(6,72 \cdot 10^{-3} \text{ kg}) + (22,12 \cdot 10^{-3} \text{ kg})} = \mathbf{0,233}.$$

2.1.5* Umrechnungsbeziehungen

Rechenweg:

$$\frac{M_A c_B}{\rho - c_B(M_B - M_A)} \xrightarrow{1)} \frac{M_A c_B}{(c_A M_A + c_B M_B) - (c_B M_B - c_B M_A)} \xrightarrow{2)}$$

$$\frac{M_A c_B}{c_A M_A + c_B M_A} \xrightarrow{3)} \frac{c_B}{c_A + c_B} \xrightarrow{4)} \frac{n_B/V}{n_A/V + n_B/V} \xrightarrow{5)} \frac{n_B}{n_A + n_B} = x_B \,.$$

1) Wir müssen zunächst einen geeigneten Ausdruck für die Massendichte ρ der Lösung finden. Ausgangspunkt ist dabei die Definitionsgleichung:

$$\rho = \frac{m_A + m_B}{V} \,.$$

Die Massen lassen sich durch die Stoffmengen ersetzen [Gl. (1.5)],

$$\rho = \frac{n_A M_A + n_B M_B}{V} = \frac{n_A M_A}{V} + \frac{n_B M_B}{V} \,,$$

und die Quotienten n/V durch die jeweilige Stoffmengenkonzentration c [Gl. (1.9)],

$$\rho = c_A M_A + c_B M_B \,.$$

2) Der Term $c_B M_B$ im Nenner hebt sich weg.
3) M_A kürzt sich heraus.
4) Die Konzentrationen c werden durch den Ausdruck n/V ersetzt.
5) V kürzt sich heraus.

2.1.6 Beschreibung des Reaktionsablaufs

a) Umsatzzahlen ν_i:

$$\nu_B = \mathbf{-1} \,, \qquad \nu_{B'} = \mathbf{-3} \,, \qquad \nu_D = \mathbf{+2} \,.$$

Die Umsatzzahlen ν_i sind für die Ausgangsstoffe negativ, für die Endstoffe positiv.

b) Umsatz $\Delta\xi$:

Der Umsatz $\Delta\xi$ bei einer beliebigen Reaktion $\mathcal{R}$ ergibt sich aus der Änderung des (zeitabhängigen) Reaktionsstandes ξ:

$$\Delta\xi = \xi(10^h 20^m) - \xi(10^h 10^m) = 19\ \text{mol} - 13\ \text{mol} = \mathbf{6\ mol} \,.$$

c) Mengenänderungen Δn_i:

Die Mengenänderung eines an der Reaktion beteiligten Stoffes ergibt sich aus dem Umsatz $\Delta\xi$ durch Einsetzen in Gleichung (1.17), einer Variante der stöchiometrischen Grundgleichung:

$\Delta n_i \quad = \nu_i \cdot \Delta\xi \,.$

$\Rightarrow \quad \Delta n_\mathrm{B} \quad = (-1) \cdot 6 \text{ mol} = \mathbf{-6 \text{ mol}},$

$\Delta n_{\mathrm{B}'} \quad = (-3) \cdot 6 \text{ mol} = \mathbf{-18 \text{ mol}},$

$\Delta n_\mathrm{D} \quad = (+2) \cdot 6 \text{ mol} = \mathbf{+12 \text{ mol}}.$

Massenänderungen Δm_i:

$\Delta m_i \quad = \Delta n_i \cdot M_i \,.$ vgl. Gl. (1.5)

Molare Massen M_i:

$M_\mathrm{B} = 28{,}0 \cdot 10^{-3} \text{ kg mol}^{-1}$, $M_{\mathrm{B}'} = 2{,}0 \cdot 10^{-3} \text{ kg mol}^{-1}$ und $M_\mathrm{D} = 17{,}0 \cdot 10^{-3} \text{ kg mol}^{-1}$

$\Rightarrow \quad \Delta m_\mathrm{B} \quad = -6 \text{ mol} \cdot (28{,}0 \cdot 10^{-3} \text{ kg mol}^{-1}) \quad = \mathbf{-0{,}168 \text{ kg}},$

$\Delta m_{\mathrm{B}'} \quad = -18 \text{ mol} \cdot (2{,}0 \cdot 10^{-3} \text{ kg mol}^{-1}) \quad = \mathbf{-0{,}036 \text{ kg}},$

$\Delta m_\mathrm{D} \quad = +12 \text{ mol} \cdot (17{,}0 \cdot 10^{-3} \text{ kg mol}^{-1}) \quad = \mathbf{+0{,}204 \text{ kg}}.$

2.1.7 Anwendung der stöchiometrischen Grundgleichung bei Titrationsverfahren

a) Umsatzformel und stöchiometrische Grundgleichung:

Umsatzformel: $H_2SO_4|\mathrm{w} + 2\ \mathrm{NaOH}|\mathrm{w} \rightarrow \mathrm{Na_2SO_4}|\mathrm{w} + 2\ H_2O|\mathrm{l}$

Grundgleichung: $\Delta\xi = \dfrac{\Delta n_\mathrm{B}}{\nu_\mathrm{B}} = \dfrac{\Delta n_{\mathrm{B}'}}{\nu_{\mathrm{B}'}}$ Gl. (1.15)

b) Verbrauch $\Delta n_{\mathrm{B}'}$ an NaOH bis zum Äquivalenzpunkt:

Die Stoffmenge $n_{\mathrm{B}',0}$ an NaOH in 24,4 mL Natronlauge kann mit Hilfe von Gleichung (1.9) berechnet werden (V_L bezeichnet das Volumen der jeweiligen Lösung):

$$c_{\mathrm{B}',0} = \frac{n_{\mathrm{B}',0}}{V_{\mathrm{L,B}'}} \quad \Rightarrow$$

$$n_{\mathrm{B}',0} = c_{\mathrm{B}',0} \cdot V_{\mathrm{L,B}'} = (0{,}1 \cdot 10^3 \text{ kmol m}^{-3}) \cdot (24{,}4 \cdot 10^{-6} \text{ m}^3) = 2{,}44 \cdot 10^{-3} \text{ mol}.$$

Diese Menge an NaOH wurde bis zum Äquivalenzpunkt vollständig verbraucht, d. h., es gilt für die Stoffmengenänderung $\Delta n_{\mathrm{B}'}$:

$$\Delta n_{\mathrm{B}'} = 0 - n_{\mathrm{B}',0} = 0 - (2{,}44 \cdot 10^{-3} \text{ mol}) = -2{,}44 \cdot 10^{-3} \text{ mol}.$$

Stoffmenge $n_{\mathrm{B},0}$ in der Schwefelsäurelösung:

Die Stoffmengenänderung Δn_B der Schwefelsäure bis zum Äquivalenzpunkt ergibt sich aus der stöchiometrischen Grundgleichung:

$$\frac{\Delta n_\mathrm{B}}{\nu_\mathrm{B}} = \frac{\Delta n_{\mathrm{B}'}}{\nu_{\mathrm{B}'}} \quad \Rightarrow$$

$$\Delta n_\mathrm{B} = \frac{\nu_\mathrm{B} \cdot \Delta n_{\mathrm{B}'}}{\nu_{\mathrm{B}'}} = \frac{(-1) \cdot (-2{,}44 \cdot 10^{-3} \text{ mol})}{(-2)} = -1{,}22 \cdot 10^{-3} \text{ mol}.$$

Für die Stoffmenge $n_{B,0}$ an Schwefelsäure in der Ausgangslösung erhält man folglich:

$$\Delta n_B = 0 - n_{B,0} \quad \Rightarrow$$

$$n_{B,0} = -\Delta n_{B,0} = -(-1{,}22 \cdot 10^{-3} \text{ mol}) = 1{,}22 \cdot 10^{-3} \text{ mol} .$$

Konzentration $c_{B,0}$ der Schwefelsäurelösung:

$$c_{B,0} = \frac{n_{B,0}}{V_{L,B}} = \frac{1{,}22 \cdot 10^{-3} \text{ mol}}{250 \cdot 10^{-6} \text{ m}^3} = \mathbf{4{,}88 \text{ mol m}^{-3}} .$$

c) Masse $m_{B,0}$ an Schwefelsäure:

$$m_{B,0} = n_{B,0} \cdot M_B .$$

Mit der molaren Masse $M_B = 98{,}1 \cdot 10^{-3}$ kg mol^{-1} der Schwefelsäure ergibt sich:

$$m_{B,0} = (1{,}22 \cdot 10^{-3} \text{ mol}) \cdot (98{,}1 \cdot 10^{-3} \text{ kg mol}^{-1}) = 120 \cdot 10^{-6} \text{ kg} = \mathbf{120 \text{ mg}} .$$

2.1.8 Anwendung der stöchiometrischen Grundgleichung in der Fällungsanalyse

a) Umsatz $\Delta\xi$:
Der Umsatz $\Delta\xi$ ergibt sich aus der stöchiometrischen Grundgleichung zu

$$\Delta\xi = \frac{\Delta n_D}{\nu_D} .$$

Stoffmengenänderung Δn_D an Bariumsulfat:

Die Stoffmenge n_D an Bariumsulfat nach vollständiger Fällung kann aus seiner Masse m_D mit Hilfe der molaren Masse $M_D = M(BaSO_4) = 233{,}4 \cdot 10^{-3}$ kg mol^{-1} berechnet werden:

$$n_D = \frac{m_D}{M_D} = \frac{467 \cdot 10^{-6} \text{ kg}}{233{,}4 \cdot 10^{-3} \text{ kg mol}^{-1}} = 2{,}00 \cdot 10^{-3} \text{ mol} .$$

Die Stoffmengenänderung ergibt sich dann zu $\Delta n_D = n_D - 0 = 2{,}00 \cdot 10^{-3}$ mol.

$$\Delta\xi = \frac{2{,}00 \cdot 10^{-3} \text{ mol}}{(+1)} = \mathbf{2{,}00 \cdot 10^{-3} \text{ mol}} .$$

b) Stoffmengenänderung Δn_B an Ba^{2+}:

$$\Delta\xi = \frac{\Delta n_B}{\nu_B} \quad \Rightarrow$$

$$\Delta n_B = \nu_B \cdot \Delta\xi = (-1) \cdot (2{,}00 \cdot 10^{-3} \text{ mol}) = \mathbf{-2{,}00 \cdot 10^{-3} \text{ mol}} .$$

c) Die Ba^{2+}-Konzentration im Messkolben (*1*) ist identisch mit der Ba^{2+}-Konzentration in der 200 mL-Vollpipette (*2*).

Stoffmenge $n_{B,2}$ an Ba^{2+} in der Pipette:

$$\Delta n_B = 0 - n_{B,2} \quad \Rightarrow$$

$$n_{B,2} = -\Delta n_B = -(-2{,}00 \cdot 10^{-3}\ \text{mol}) = 2{,}00 \cdot 10^{-3}\ \text{mol}\,.$$

Konzentration $c_{B,1}$ der Ba^{2+}-Lösung im Messkolben:

$$c_{B,1} = c_{B,2} = \frac{n_{B,2}}{V_2} = \frac{2{,}00 \cdot 10^{-3}\ \text{mol}}{200 \cdot 10^{-6}\ \text{m}^3} = \mathbf{10{,}00\ mol\,m^{-3}}\,.$$

d) Stoffmenge $n_{B,1}$ an Ba^{2+} im vollen Messkolben:

$$c_{B,1} = \frac{n_{B,1}}{V_1} \quad \Rightarrow$$

$$n_{B,1} = c_{B,1} \cdot V_1 = 10{,}00\ \text{mol}\,\text{m}^{-3} \cdot (500 \cdot 10^{-6}\ \text{m}^3) = 5{,}00 \cdot 10^{-3}\ \text{mol} = \mathbf{500\ mmol}\,.$$

2.1.9 Stöchiometrische Grundgleichung bei Beteiligung von Gasen

a) Umsatzformel und stöchiometrische Grundgleichung:

Stoffkürzel B B′ D D′ D″

Umsatzformel: $BaCO_3|s + 2\,H^+|w \rightarrow Ba^{2+}|w + CO_2|g + H_2O|l$

Grundgleichung: $$\Delta\xi = \frac{\Delta n_B}{\nu_B} = \frac{\Delta n_{B'}}{\nu_{B'}} = \frac{\Delta n_D}{\nu_D} = \frac{\Delta n_{D'}}{\nu_{D'}} = \frac{\Delta n_{D''}}{\nu_{D''}}$$

b) Stoffmenge $n_{B'}$ an HNO_3, die zur Auflösung des Carbonats erforderlich ist:

Die Stoffmengenänderung $\Delta n_{B'}$ an H^+ und damit an HNO_3 aufgrund der Auflösungsreaktion ergibt sich aus der stöchiometrischen Grundgleichung

$$\frac{\Delta n_B}{\nu_B} = \frac{\Delta n_{B'}}{\nu_{B'}} \quad \text{zu}$$

$$\Delta n_{B'} = \frac{\nu_{B'} \cdot \Delta n_B}{\nu_B}\,.$$

Stoffmengenänderung Δn_B an $BaCO_3$:

Die Stoffmenge n_B, die einer Masse m_B von $1 \cdot 10^{-3}$ kg an festem $BaCO_3$ entspricht, kann mit Hilfe von dessen molarer Masse $M_B = M(BaCO_3) = 197{,}3 \cdot 10^{-3}\ \text{kg}\,\text{mol}^{-1}$ berechnet werden:

$$n_B = \frac{m_B}{M_B} = \frac{1 \cdot 10^{-3}\ \text{kg}}{197{,}3 \cdot 10^{-3}\ \text{kg mol}^{-1}} = 5{,}07 \cdot 10^{-3}\ \text{mol}\,.$$

Die Stoffmengenänderung ergibt sich dann zu $\Delta n_B = 0 - n_B = -5{,}07 \cdot 10^{-3}$ mol.

$$\Delta n_{B'} = \frac{(-2) \cdot (-5{,}07 \cdot 10^{-3}\ \text{mol})}{(-1)} = -10{,}14 \cdot 10^{-3}\ \text{mol}\,.$$

Für die Stoffmenge $n_{B'}$ an HNO_3, die zur Auflösung des Carbonats erforderlich ist, erhält man daher $n_{B'} = -\Delta n_{B'} = 10{,}14 \cdot 10^{-3}$ mol.

Erforderliches Volumen $V_{L,B'}$ an Salpetersäure:

$$c_{B'} = \frac{n_{B'}}{V_{L,B'}} \quad \Rightarrow$$

$$V_{L,B'} = \frac{n_{B'}}{c_{B'}} = \frac{10{,}14 \cdot 10^{-3}\ \text{mol}}{2 \cdot 10^3\ \text{mol m}^{-3}} = 5{,}07 \cdot 10^{-6}\ \text{m}^{-3} = \mathbf{5{,}07\ mL}\,.$$

Es sind also mindestens 5,07 mL der Säure notwendig, um das vorliegende Bariumcarbonat vollständig aufzulösen.

c) Entstandenes Volumen $V_{D'}$ an CO_2:

Auch hier gehen wir wieder von der stöchiometrischen Grundgleichung aus:

$$\frac{\Delta n_B}{\nu_B} = \frac{\Delta n_{D'}}{\nu_{D'}} \quad \Rightarrow$$

$$\Delta n_{D'} = \frac{\nu_{D'} \cdot \Delta n_B}{\nu_B} = \frac{(+1) \cdot (-5{,}07 \cdot 10^{-3}\ \text{mol})}{(-1)} = 5{,}07 \cdot 10^{-3}\ \text{mol}\,.$$

Der Stoffmenge $n_{D'}$ (= $\Delta n_{D'}$) an Kohlendioxid entspricht gemäß der Zusatzinformation aus dem Hinweis ein Volumen $V_{D'}$ von $(5{,}07 \cdot 10^{-3}\ \text{mol}) \cdot (24{,}8 \cdot 10^{-3}\ \text{m}^3\ \text{mol}^{-1}) = 126 \cdot 10^{-6}\ \text{m}^3 = \mathbf{126\ mL}$.

2.2 Energie

2.2.1 Energieaufwand beim Dehnen einer Feder

a) Energieaufwand W_1 zum Dehnen der entspannten Feder:

Der Energieaufwand W_1 zum Dehnen der Feder kann mit Hilfe von Gleichung (2.4) berechnet werden (Die Energie W_0 der entspannten Feder wird der Einfachheit halber gleich null gesetzt.):

$$W_1 = \tfrac{1}{2} D \cdot (l - l_0)^2 .$$

$$W_1 = \tfrac{1}{2} \cdot (1 \cdot 10^5\ \text{N}\,\text{m}^{-1}) \cdot (0{,}1\ \text{m})^2 = 500\ \text{N}\,\text{m} = \mathbf{500\ J} .$$

b) Energieaufwand W_2 zum Dehnen der bereits gespannten Feder:

Der Energieaufwand W_2 zum Dehnen der bereits gespannten Feder ergibt sich als Differenz aus der Energie $W(l_2)$, die man zum Dehnen der Feder um 60 cm benötigt, und der Energie $W(l_1)$, die zum Dehnen der Feder um 50 cm erforderlich ist:

$$W_2 = W(l_2) - W(l_1) = \tfrac{1}{2} D \cdot (l_2 - l_0)^2 - \tfrac{1}{2} D \cdot (l_1 - l_0)^2 = \tfrac{1}{2} D \cdot [(l_2 - l_0)^2 - (l_1 - l_0)^2] .$$

$$W_2 = \tfrac{1}{2} \cdot (1 \cdot 10^5\ \text{N}\,\text{m}^{-1}) \cdot [(0{,}6\ \text{m})^2 - (0{,}5\ \text{m})^2] = 5500\ \text{N}\,\text{m} = \mathbf{5500\ J} .$$

Die Feder um ein kleines Stück Δl zu dehnen, wird immer anstrengender, je weiter die Feder bereits vorgedehnt ist.

c) Ausdehnung Δl der Feder:

Ausgangspunkt ist das HOOKEsche Gesetz [Gl. (2.3)]:

$$F = D \cdot (l - l_0) = D \cdot \Delta l .$$

Auflösen nach Δl ergibt:

$$\Delta l = \frac{F}{D} .$$

Gewichtskraft F_G des Menschen:

Die Gewichtskraft F_G des Menschen ergibt sich zu

$$F_G = m \cdot g = 50\,\text{kg} \cdot 9{,}81\ \text{m}\,\text{s}^{-2} = 490{,}5\ \text{kg}\,\text{m}\,\text{s}^{-2} = 490{,}5\ \text{N} ,$$

wobei g die Fallbeschleunigung ist.

$$\Delta l = \frac{490{,}5\ \text{N}}{1 \cdot 10^5\ \text{N}\,\text{m}^{-1}} \approx \mathbf{5\ mm} .$$

2.2.2 Energie bei Volumenänderung (I)

Zur besseren Übersichtlichkeit werden die Stoffe im Folgenden wieder mit Kürzeln gekennzeichnet.

	Stoffkürzel	B		B′		D		D′		D″
Umsatzformel:		$BaCO_3\|s$	+	$2\ H^+\|w$	→	$Ba^{2+}\|w$	+	$CO_2\|g$	+	$H_2O\|l$

Grundgleichung: $$\Delta\xi = \frac{\Delta n_B}{\nu_B} = \frac{\Delta n_{B'}}{\nu_{B'}} = \frac{\Delta n_D}{\nu_D} = \frac{\Delta n_{D'}}{\nu_{D'}} = \frac{\Delta n_{D''}}{\nu_{D''}}$$

a) Volumenzunahme $\Delta V_{D'}$ auf Grund des entstandenen Kohlendioxidgases:

Wir gehen wieder von der stöchiometrischen Grundgleichung aus (vgl. Lösung 2.1.9):

$$\frac{\Delta n_B}{\nu_B} = \frac{\Delta n_{D'}}{\nu_{D'}} \quad \Rightarrow$$

$$\Delta n_{D'} = \frac{\nu_{D'} \cdot \Delta n_B}{\nu_B} = \frac{\nu_{D'} \cdot (0 - n_B)}{\nu_B} = -\frac{\nu_{D'} \cdot m_B}{M_B \cdot \nu_B}.$$

$$\Delta n_{D'} = -\frac{(+1) \cdot (20 \cdot 10^{-3}\ \text{kg})}{(197{,}3 \cdot 10^{-3}\ \text{kg}\,\text{mol}^{-1}) \cdot (-1)} = 0{,}1014\ \text{mol}.$$

Der Stoffmenge $n_{D'}$ (= $\Delta n_{D'}$) an Kohlendioxid, die während der Reaktion entstanden ist, entspricht gemäß der Zusatzinformation aus dem Hinweis ein Volumen $V_{D'}$ von $(0{,}1014\ \text{mol}) \cdot (24{,}8 \cdot 10^{-3}\ \text{m}^3\,\text{mol}^{-1}) = 0{,}00251\ \text{m}^3$. Die Volumenzunahme beträgt daher $\Delta V_{D'}$ (= $V_{D'} - 0$) = $\mathbf{0{,}00251\ m^3}$.

b) Energieänderung ΔW infolge der Volumenzunahme:

Die Energieänderung ΔW erhält man aus der Definitionsgleichung für den Druck [Gl. (2.6)],

$$p = -\frac{\mathrm{d}W}{\mathrm{d}V},$$

indem man die Gleichung entsprechend umformt:

$$\mathrm{d}W = -p\mathrm{d}V$$

bzw. bei kleinen endlichen Änderungen

$$\Delta W = -p \cdot \Delta V \qquad \text{für } p = \text{const.}$$

$$\Delta W = -(100 \cdot 10^3\ \text{Pa}) \cdot 0{,}00251\ \text{m}^3 = -(100 \cdot 10^3\ \text{N}\,\text{m}^{-2}) \cdot 0{,}00251\ \text{m}^3$$

$$= -251\ \text{N}\,\text{m} = \mathbf{-251\ J}.$$

c) Um die Volumenänderung ΔV sichtbar zu machen, kann man z. B. den Versuch statt in einem Becherglas in einem Erlenmeyerkolben durchführen und dessen Öffnung mit einem Gummiballon verschließen (siehe Abbildung zu Aufgabe 1.1.9).

2.2.3 Energie bei Volumenänderung (II)

	Stoffkürzel	B		B′		D		D′
Umsatzformel:		$2\ C_8H_{18}\vert l$	+	$25\ O_2\vert g$	→	$16\ CO_2\vert g$	+	$18\ H_2O\vert g$

Grundgleichung: $\Delta\xi = \dfrac{\Delta n_B}{\nu_B} = \dfrac{\Delta n_{B'}}{\nu_{B'}} = \dfrac{\Delta n_D}{\nu_D} = \dfrac{\Delta n_{D'}}{\nu_{D'}}$

Umsatz $\Delta\xi$:

$$\Delta\xi = \frac{\Delta n_B}{\nu_B} = \frac{0 - n_B}{\nu_B} = -\frac{m_B}{M_B \cdot \nu_B} = -\frac{V_B \cdot \rho_B}{M_B \cdot \nu_B}.$$

$$\Delta\xi = -\frac{(1 \cdot 10^{-3}\ \mathrm{m^3}) \cdot 700\ \mathrm{kg\,m^3}}{(114{,}0 \cdot 10^{-3}\ \mathrm{kg\,mol^{-1}}) \cdot (-2)} = 3{,}07\ \mathrm{mol}.$$

Mengenänderung Δn(Gase) und Volumenänderung ΔV(Gase) der an der Umsetzung beteiligten Gase:

Die Volumenänderung auf Grund der Umsetzung der Flüssigkeit Octan ($\Delta V_B = -1\ \mathrm{L} = -1 \cdot 10^{-3}\ \mathrm{m^3}$) kann gegenüber der Volumenänderung durch verbrauchte oder entstehende Gase vernachlässigt werden, da letztere um ein Vielfaches größer ist.

Mengenänderungen der beteiligten Gase:

$$\Delta n_i = \nu_i \cdot \Delta\xi.$$

$$\Rightarrow \quad \Delta n_{B'} = -25 \cdot 3{,}07\ \mathrm{mol} = -76{,}75\ \mathrm{mol},$$

$$\Delta n_D = +16 \cdot 3{,}07\ \mathrm{mol} = +49{,}12\ \mathrm{mol}, \quad \Delta n_{D'} = +18 \cdot 3{,}07\ \mathrm{mol} = +55{,}26\ \mathrm{mol}.$$

Bei der Umsetzung sind 49,12 mol Kohlendioxid und 55,26 mol Wasserdampf entstanden, aber auch 76,75 mol Sauerstoff verschwunden.

Mengenänderung Δn(Gase):

$$\Delta n(\text{Gase}) = \Delta n_{B'} + \Delta n_D + \Delta n_{D'} = -76{,}75\ \mathrm{mol} + 49{,}12\ \mathrm{mol} + 55{,}26\ \mathrm{mol} = 27{,}63\ \mathrm{mol}.$$

Dies entspricht einer Volumenänderung ΔV(Gase) von $27{,}63\ \mathrm{mol} \cdot (24{,}8 \cdot 10^{-3}\ \mathrm{m^3\,mol^{-1}}) = 0{,}685\ \mathrm{m^3}$.

Energieänderung ΔW infolge der Volumenzunahme:

$$\Delta W = -p \cdot \Delta V = -(100 \cdot 10^3\ \mathrm{Pa}) \cdot 0{,}685\ \mathrm{m^3} = -68500\ \mathrm{J} = \mathbf{-68{,}5\ kJ}.$$

2.2.4 Energie eines bewegten Körpers

a) Kinetische Energie W_{kin} des Personenwagens:

Die kinetische Energie W_{kin} des Personenwagens ergibt sich aus Gleichung (2.9) zu

$$W_{\text{kin}} = \tfrac{1}{2} m \cdot v^2 .$$

(Da der Wagen aus dem Ruhezustand beschleunigt wird, gilt $W_0 = 0$.)

$$W_{\text{kin}} = \tfrac{1}{2} \cdot 1500\,\text{kg} \cdot (50\,\text{km}\,\text{h}^{-1})^2 = \tfrac{1}{2} \cdot 1500\,\text{kg} \cdot (13{,}9\,\text{m}\,\text{s}^{-1})^2$$

$$= 145 \cdot 10^3\,\text{kg}\,\text{m}^2\,\text{s}^{-2} = 145 \cdot 10^3\,\text{N}\,\text{m} = 145 \cdot 10^3\,\text{J} = \mathbf{145\,kJ} .$$

b) Höhe h des Wagens auf der Rampe:

Die kinetische Energie W_{kin}, die im bewegten Fahrzeug steckt, wird verbraucht, um dieses im Schwerefeld anzuheben. Die auf diese Weise gespeicherte Energie nennt man potenziell, W_{pot}. Dass der Wagen reibungsfrei aufwärts rollen soll, heißt, dass hierbei keine Energie für andere Zwecke abgezweigt wird, so dass gilt:

$$W_{\text{kin}} + W_{\text{pot}} = \text{const.} \qquad \text{Gl. (2.14)}$$

bzw. detaillierter

$$\underbrace{W_{\text{pot}}(\text{End})}_{m \cdot g \cdot h} + \underbrace{W_{\text{kin}}(\text{End})}_{0} = \underbrace{W_{\text{pot}}(\text{Anf})}_{0} + \underbrace{W_{\text{kin}}(\text{Anf})}_{\frac{1}{2} m \cdot v^2} \quad \Rightarrow \quad h = \frac{W_{\text{kin}}(\text{Anf})}{m \cdot g} .$$

$$h = \frac{145 \cdot 10^3\,\text{kg}\,\text{m}^2\,\text{s}^{-2}}{1500\,\text{kg} \cdot 9{,}81\,\text{kg}\,\text{m}\,\text{s}^{-2}} = \mathbf{9{,}85\,m} .$$

2.2.5 Fallen ohne Reibung

a) Geschwindigkeit v_{E} des Elefanten:

Der abwärts zurückgelegte Weg zählt negativ, wenn wir die Höhe h als Ortskoordinate benutzen, um den Sprungvorgang zu beschreiben. Die Fallgeschwindigkeit eines Körpers, hier des Elefanten, ergibt sich dann gemäß Gleichung (2.13) zu

$$v_{\text{E}} = -g \cdot \Delta t_{\text{E}} = -9{,}81\,\text{m}\,\text{s}^{-2} \cdot 2\,\text{s} = -19{,}62\,\text{m}\,\text{s}^{-2} \approx \mathbf{-20\,m\,s^{-1}} .$$

Impuls p_{E} des Elefanten:

Der Impuls eines bewegten Körpers kann mit Hilfe von Gleichung (2.11) berechnet werden:

$$p_{\text{E}} = m_{\text{E}} \cdot v_{\text{E}} = 2000\,\text{kg} \cdot (-20\,\text{m}\,\text{s}^{-1}) = -40000\,\text{kg}\,\text{m}\,\text{s}^{-1} = \mathbf{-40000\,N\,s} .$$

b) Falldauer Δt_M und Geschwindigkeit v_M der Maus:

Ohne Reibung fallen alle Körper gleich schnell, d. h. auch der Elefant und die Maus. Falldauer und Fallgeschwindigkeit stimmen überein.

$$\Delta t_M = \mathbf{2\ s}\,; \qquad v_M \approx \mathbf{-20\ m\,s^{-1}}\,.$$

Impuls p_M der Maus:

$$p_M = m_M \cdot v_M = 0{,}02\ \text{kg} \cdot (-20\ \text{m s}^{-1}) = -0{,}40\ \text{kg m s}^{-1} = \mathbf{-0{,}40\ N\,s}\,.$$

c) Höhe h_0 der Brücke:

Zur Berechnung der Höhe h_0 der Brücke kann der Energiesatz [vgl. Gl. (2.14)] herangezogen werden:

$$\tfrac{1}{2} m \cdot v^2 = m \cdot g \cdot (h_0 - h)\,.$$

Die Wasseroberfläche wird als Nullniveau gewählt, $h = 0$. Auflösen nach h_0 ergibt

$$h_0 = \frac{\tfrac{1}{2} v^2}{g} = \frac{\tfrac{1}{2}(-19{,}62\ \text{m s}^{-1})^2}{9{,}81\ \text{m s}^{-2}} \approx \mathbf{20\ m}\,.$$

2.2.6 Energie eines gehobenen Körpers

a) Potenzielle Energie W_{pot} der nutzbaren Wassermenge:

Die potenzielle Energie W_{pot} ergibt sich gemäß Gleichung (2.13) zu:

$$W_{pot} = m \cdot g \cdot (h_o - h_u)\,.$$

Masse m des Wassers:

$$m = \rho \cdot V = 1000\ \text{kg m}^{-3} \cdot (8 \cdot 10^6\ \text{m}^3) = 8 \cdot 10^9\ \text{kg}\,.$$

$$W_{pot} = (8 \cdot 10^9\ \text{kg}) \cdot 9{,}81\ \text{m s}^{-2} \cdot (800\ \text{m} - 400\ \text{m})$$

$$= 31{,}4 \cdot 10^{12}\ \text{kg m}^2\,\text{s}^{-2} = 31{,}4 \cdot 10^{12}\ \text{N m} = 31{,}4 \cdot 10^{12}\ \text{J} = \mathbf{31{,}4\ TJ}\,.$$

b) Zeitspanne Δt, die zum Aufbrauchen des Energievorrats benötigt wird:

Als Leistung P bezeichnet man die in einer Zeitspanne Δt umgesetzte Energie bezogen auf diese Zeitspanne:

$$P = \frac{W_{pot}}{\Delta t}\,.$$

Durch Auflösen nach Δt erhält man die gesuchte Zeitspanne:

$$\Delta t = \frac{W_{\text{pot}}}{P} = \frac{31{,}4 \cdot 10^{12}\ \text{J}}{800 \cdot 10^{6}\ \text{J}\,\text{s}^{-1}} = 39250\ \text{s} \approx \mathbf{11\ h}\,.$$

2.2.7 Energieaufwand zum Aufstieg

a) Energieaufwand W_{U} des Urlaubers (U) zum Aufstieg:

Der Meeresspiegel stellt das Nullniveau dar.

$$W_{\text{U}} = m_{\text{U}} \cdot g \cdot h_{\text{U}} = 80\ \text{kg} \cdot 9{,}81\ \text{m}\,\text{s}^{-2} \cdot 100\ \text{m} = 78500\ \text{J} = \mathbf{78{,}5\ kJ}\,.$$

Der Aufstieg führt zu einem Gewinn an potenzieller Energie des Urlaubers.

b) Aufstiegshöhe Δh_{A} des Astronauten (A):

$$W_{\text{A}} = W_{\text{U}} = m_{\text{A}} \cdot g_{\text{Mond}} \cdot \Delta h_{\text{A}} \quad \Rightarrow$$

$$\Delta h_{\text{A}} = \frac{W_{\text{U}}}{m_{\text{A}} \cdot g_{\text{Mond}}} = \frac{78500\ \text{kg}\,\text{m}^{2}\,\text{s}^{-2}}{200\ \text{kg} \cdot 1{,}60\ \text{m}\,\text{s}^{-2}} \approx \mathbf{245\ m}\,.$$

2.3 Entropie und Temperatur

2.3.1 Eiskalorimeter

a) Entropiemenge S, die bei der Reaktion von 20 g der Fe-S-Mischung abgegeben wird:

Es gilt:

$$\frac{V}{V_{\mathrm{I}}} = \frac{S}{S_{\mathrm{I}}}.$$

Auflösen nach S ergibt:

$$S = S_{\mathrm{I}} \cdot \frac{V}{V_{\mathrm{I}}} = 1\,\mathrm{Ct} \cdot \frac{63 \cdot 10^{-6}\,\mathrm{m}^3}{0{,}82 \cdot 10^{-6}\,\mathrm{m}^3} = 76{,}8\,\mathrm{Ct}.$$

Stoffmenge $n(\mathrm{FeS})$ an Eisensulfid, die bei der Reaktion des Gemisches entsteht:

$$n(\mathrm{FeS}) = \frac{m(\mathrm{FeS})}{M(\mathrm{FeS})} = \frac{20 \cdot 10^{-3}\,\mathrm{kg}}{87{,}9 \cdot 10^{-3}\,\mathrm{kg\,mol^{-1}}} = 0{,}228\,\mathrm{mol}.$$

Entropiemenge S', die bei der Reaktion von 1 mol Fe mit 1 mol S (zu 1 mol FeS) abgegeben wird:

$$\frac{S'}{S} = \frac{n'(\mathrm{FeS})}{n(\mathrm{FeS})} \quad \Rightarrow \quad S' = S \cdot \frac{n'(\mathrm{FeS})}{n(\mathrm{FeS})} = 76{,}8\,\mathrm{Ct} \cdot \frac{1\,\mathrm{mol}}{0{,}228\,\mathrm{mol}} = \mathbf{336{,}8\,Ct}.$$

b) Entropiemenge S_{e}, erzeugt durch den Tauchsieder:

Die vom Tauchsieder erzeugte Entropiemenge S_{e} ergibt sich aus der Gleichung $W_{\mathrm{v}} = T \cdot S_{\mathrm{e}}$ [vgl. Gl. (3.15)] durch Auflösen nach S_{e}, wobei die „verheizte Energie“ W_{v} aus der Leistung P des Tauchsieders und seiner Einschaltdauer Δt berechnet werden kann:

$$S_{\mathrm{e}} = \frac{W_{\mathrm{v}}}{T} = \frac{P \cdot \Delta t}{T} = \frac{1000\,\mathrm{J\,s^{-1}} \cdot 27\,\mathrm{s}}{273\,\mathrm{K}} = 98{,}9\,\mathrm{J\,K^{-1}} = 98{,}9\,\mathrm{Ct}.$$

Die Einheit Carnot (Ct) der Entropie entspricht Joule/Kelvin ($\mathrm{J\,K^{-1}}$).

Volumen V an Schmelzwasser:

$$\frac{V}{V_{\mathrm{I}}} = \frac{S_{\mathrm{e}}}{S_{\mathrm{I}}} \quad \Rightarrow$$

$$V = V_{\mathrm{I}} \cdot \frac{S_{\mathrm{e}}}{S_{\mathrm{I}}} = 0{,}82 \cdot 10^{-6}\,\mathrm{m}^3 \cdot \frac{98{,}9\,\mathrm{Ct}}{1\,\mathrm{Ct}} = 81{,}1 \cdot 10^{-6}\,\mathrm{m}^3 = \mathbf{81{,}1\,mL}.$$

2.3.2 Messung des Entropieinhalts

a) Zunächst sind aus der Aufheizkurve für einen Kupferklotz von 1 kg die Temperaturen zu bestimmen, die man nach je 5 kJ zusätzlichem Energieaufwand erhält (graue Werte in der oberen Reihe, abgelesen jeweils in der Mitte des Intervalls). Die Vorgehensweise wurde in dem in der Aufgabenstellung vorgegebenen Diagramm anhand von vier Beispielen (schwarze Werte) verdeutlicht. Der jeweilige Entropiezuwachs $\Delta S_{e,i}$ ergibt sich daraus gemäß Gleichung (3.9) zu:

$$\Delta S_{e,i} = \frac{\Delta W_i}{T_i}.$$

Für den ersten Wert erhält man daher z. B.

$$\Delta S_{e,1} = \frac{\Delta W_1}{T_1} = \frac{5000\ \mathrm{J}}{68\ \mathrm{K}} = 74\ \mathrm{J\,K^{-1}} = 74\ \mathrm{Ct}.$$

Die weiteren Werte sind im Diagramm eingetragen (untere Reihe).

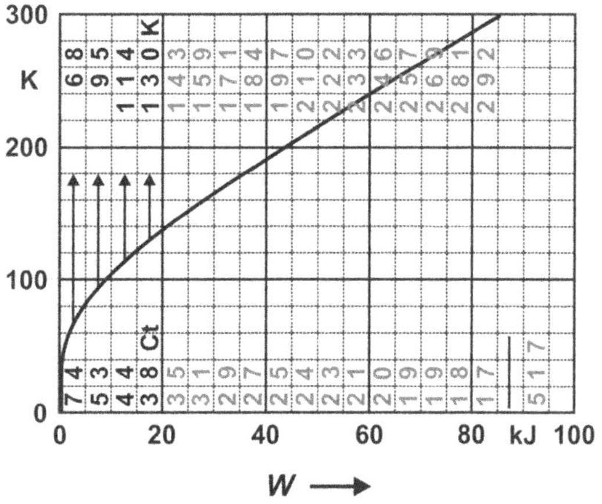

b) Gesamte Entropie S des Klotzes:

Um zur gesamten Entropie zu gelangen, die der Klotz bei 300 K enthält, sind die 17 Werte aufzuaddieren:

$$S \approx \mathbf{517\ Ct}.$$

Molare Entropie S_m von Kupfer:

Der obige Entropiewert bezieht sich auf 1 kg Kupfer. Die molare Entropie des Kupfers ergibt sich dann zu [vgl. Gl. (3.7)]:

$$S_m = \frac{S}{n}.$$

Stoffmenge n des Kupfers:

$$n = \frac{m}{M} = \frac{1\ \mathrm{kg}}{63{,}5 \cdot 10^{-3}\ \mathrm{kg\,mol^{-1}}} = 15{,}75\ \mathrm{mol}.$$

$$S_m \approx \frac{517\ \mathrm{Ct}}{15{,}75\ \mathrm{mol}} = \mathbf{33\ Ct\,mol^{-1}}.$$

Dieser Wert stimmt recht gut mit dem Literaturwert von 33,150 $\mathrm{Ct\,mol^{-1}}$ überein [aus: Haynes W M et al (Hrsg) (2015) CRC Handbook of Chemistry and Physics, 96th edn. CRC Press, Boca Raton].

2.3.3 Entropie des Wassers

Die unterschiedlichen Entropiewerte sind aus dem Diagramm abzulesen.

a) Entropie ΔS, die benötigt wird, um das Wasser zu erhitzen:

Die Entropie, die man braucht, um 1 g laues Wasser (20 °C) zum Sieden zu erhitzen, entspricht der „Länge" des senkrechten schwarzen Doppelpfeiles, der bei 293 K eingezeichnet wurde:

$\Delta S \quad \approx \mathbf{1\,Ct}$.

b) Molare Nullpunktsentropie $S_{0,\mathrm{m}}$:

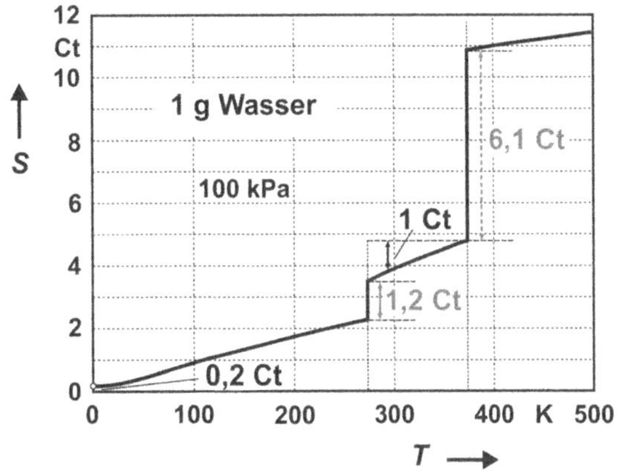

Zunächst ist die Nullpunktsentropie, d. h. der Entropiewert bei 0 K, aus dem Diagramm zu bestimmen:

$S_0 \quad \approx 0{,}2\ \mathrm{Ct}$.

Um zur molaren Nullpunktsentropie zu gelangen, muss dieser Wert, der sich auf 1 g Wasser bezieht, noch durch die Stoffmenge dividiert werden:

$$S_{0,\mathrm{m}} = \frac{S_0}{n} .$$

Stoffmenge n des Wassers:

$$n = \frac{m}{M} = \frac{1 \cdot 10^{-3}\ \mathrm{kg}}{18{,}0 \cdot 10^{-3}\ \mathrm{kg\,mol^{-1}}} = 0{,}056\ \mathrm{mol} .$$

$$S_{0,\mathrm{m}} \approx \frac{0{,}2\ \mathrm{Ct}}{0{,}056\ \mathrm{mol}} = \mathbf{3{,}6\ Ct\,mol^{-1}} .$$

c) Molare Schmelzentropie $\Delta_{\mathrm{sl}}S^{\ominus}_{\mathrm{Gl}}$:

Zur Bestimmung der molaren Schmelzentropie $\Delta_{\mathrm{sl}}S^{\ominus}_{\mathrm{Gl}}$, d. h. der Entropieänderung $\Delta_{\mathrm{sl}}S$ am Normschmelzpunkt $T^{\ominus}_{\mathrm{sl}}$ auf Grund des Schmelzprozesses, bezogen auf 1 mol der Substanz [siehe auch Abschnitt 3.9 (S. 68) im Lehrbuch „Physikalische Chemie"], ist die „Länge" des senkrechten Abschnitts im Diagrammes bei 273 K (Schmelzpunkt des Wassers beim Normdruck $p^{\ominus}$ von 100 kPa) heranzuziehen. Diese wird durch den grauen Doppelpfeil verdeutlicht:

$\Delta S \quad \approx 1{,}2\ \mathrm{Ct}$.

Anschließend muss dieser Wert noch durch die Stoffmenge des Wassers dividiert werden:

$$\Delta_{sl}S^{\ominus}_{Gl} \approx \frac{1{,}2\ \text{Ct}}{0{,}056\ \text{mol}} = \mathbf{21{,}4\ Ct\,mol^{-1}}\,.$$

Der Literaturwert beträgt 22,00 Ct mol^{-1} [aus: Haynes W M et al (Hrsg) (2015) CRC Handbook of Chemistry and Physics, 96th edn. CRC Press, Boca Raton].

d) Molare Verdampfungsentropie $\Delta_{lg}S^{\ominus}_{Gl}$:

Die molare Verdampfungsentropie $\Delta_{lg}S^{\ominus}_{Gl}$ wird ganz analog aus der „Länge" des senkrechten Abschnitts im Diagrammes bei 373 K (Siedepunkt des Wassers beim Normdruck $p^{\ominus}$ von 100 kPa) bestimmt. Diese wird durch den gestrichelten grauen Doppelpfeil verdeutlicht:

$$\Delta S \approx 6{,}1\ \text{Ct}\,.$$

Auch dieser Wert muss noch durch die Stoffmenge des Wassers dividiert werden:

$$\Delta_{lg}S^{\ominus}_{Gl} \approx \frac{6{,}1\ \text{Ct}}{0{,}056\ \text{mol}} = \mathbf{108{,}9\ Ct\,mol^{-1}}\,.$$

Der entsprechende Literaturwert lautet 108,95 Ct mol^{-1} [aus: Haynes W M et al (Hrsg) (2015) CRC Handbook of Chemistry and Physics, 96th edn. CRC Press, Boca Raton].

e) Beim Verdampfen nimmt die Entropie weitaus stärker zu als beim Schmelzen, da beim Übergang von der Flüssigkeit zum Gas die Unordnung wesentlich stärker wächst als beim Übergang vom Feststoff zur Flüssigkeit.

2.3.4* Entropie und Entropiekapazität

a) Eingestrahlte Leistung P_{ein}:

Um zu der von der Sonne eingestrahlten Leistung P_{ein} zu gelangen, muss die Leistungsdichte P''_{ein} der Sonnenstrahlung mit der Fläche A des Teiches multipliziert werden:

$$P''_{ein} = \frac{P_{ein}}{A} \quad\Rightarrow\quad P_{ein} = P''_{ein}\cdot A = 500\ \text{J s}^{-1}\,\text{m}^{-2}\cdot 6000\ \text{m}^2 = 3\cdot 10^6\ \text{J s}^{-1}\,.$$

Energie W, die in das Teichwasser gelangt:

Der Wirkungsgrad η_{abs} entspricht dem Quotienten aus der Energie W, die in das Teichwasser gelangt, und der von der Sonne eingestrahlten Energie W_{ein}:

$$\eta_{abs} = \frac{W}{W_{ein}} = \frac{W}{P_{ein}\cdot\Delta t} \quad\Rightarrow$$

$$W = P_{ein}\cdot\Delta t\cdot\eta_{abs}\,.$$

$$W = (3\cdot 10^6\ \text{J s}^{-1})\cdot 4\ \text{h}\cdot 0{,}8 = (3\cdot 10^6\ \text{J s}^{-1})\cdot 14400\ \text{s}\cdot 0{,}8 = 34{,}6\cdot 10^9\ \text{J} = \mathbf{34{,}6\ GJ}\,.$$

b) Zunahme ΔS der Entropie des Teichwassers:

Die Energie W, die in das Teichwasser gelangt, wird unter Entropieerzeugung „verheizt“:

$$\Delta S = \frac{W}{T}. \qquad \text{vgl. Gl. (3.4)}$$

$$\Delta S = \frac{34{,}6 \cdot 10^9\ \text{J}}{298\ \text{K}} = 116 \cdot 10^6\ \text{J}\,\text{K}^{-1} = \mathbf{116\ MCt}.$$

c) Temperaturerhöhung ΔT des Wassers:

Ausgangspunkt der Berechnung ist die Definitionsgleichung für die molare Entropiekapazität $\mathcal{C}_\text{m}$ [Gl. (3.14)], mit deren Hilfe die auf die Entropiezunahme zurückzuführende Temperaturerhöhung des Wassers ermittelt werden kann:

$$\mathcal{C}_\text{m} = \frac{1}{n} \cdot \frac{\Delta S}{\Delta T} \quad \Rightarrow$$

$$\Delta T = \frac{1}{n} \cdot \frac{\Delta S}{\mathcal{C}_\text{m}}.$$

Volumen V an Wasser im Teich:

$$V = A \cdot l = 6000\ \text{m}^2 \cdot 1\ \text{m} = 6000\ \text{m}^3.$$

Masse m an Wasser:

$$m = \rho \cdot V = 997\ \text{kg}\,\text{m}^{-3} \cdot 6000\ \text{m}^3 = 6 \cdot 10^6\ \text{kg}.$$

Stoffmenge n an Wasser:

$$n = \frac{m}{M} = \frac{6 \cdot 10^6\ \text{kg}}{18{,}0 \cdot 10^{-3}\ \text{kg}\,\text{mol}^{-1}} = 330 \cdot 10^6\ \text{mol}.$$

$$\Delta T = \frac{1}{330 \cdot 10^6\ \text{mol}} \cdot \frac{116 \cdot 10^6\ \text{Ct}}{0{,}253\ \text{Ct}\,\text{mol}^{-1}\,\text{K}^{-1}} = \mathbf{1{,}4\ K}.$$

2.3.5 Wärmepumpe

Energie $W_\text{ü}$ zur Übertragung der Entropie $S_\text{ü}$:

Die Energie $W_\text{ü}$, die zur Übertragung der Entropie $S_\text{ü}$ eingesetzt wird, ergibt sich aus der Leistung P der Wärmepumpe und der betrachteten Einschaltdauer Δt von einer Stunde:

$$W_\text{ü} = P \cdot \Delta t = (3 \cdot 10^3\ \text{J}\,\text{s}^{-1}) \cdot 3600\ \text{s} = 10{,}8 \cdot 10^6\ \text{J} = 10{,}8\ \text{MJ}.$$

Entropiemenge $S_ü$, die aus der Luft ins Wasser befördert wird:

Die übertragene Entropiemenge $S_ü$ kann mittels Gleichung (3.28) aus der eingesetzten Energie berechnet werden:

$$W_ü = (T_2 - T_1) \cdot S_ü \quad \Rightarrow$$

$$S_ü = \frac{W_ü}{T_2 - T_1} = \frac{10{,}8 \cdot 10^6 \text{ J}}{300 \text{ K} - 290 \text{ K}} = 1{,}08 \cdot 10^6 \text{ J K}^{-1} = \mathbf{1080 \text{ kCt}}.$$

2.3.6. Wärmepumpe im Vergleich zu elektrischer Heizung

a) Entropiemenge $S_ü$, die an einem Tag von draußen in das Haus hinein befördert wird:

Die Wärmepumpe befördert in 1 s 30 Ct von draußen in das Haus hinein. An einem Tag (= 86400 s) befördert sie daher $2{,}6 \cdot 10^6$ Ct:

$$S_ü = 2{,}6 \cdot 10^6 \text{ Ct} = \mathbf{2{,}6 \text{ MCt}}.$$

Energieverbrauch $W_ü$ der Wärmepumpe:

$$W_ü = (T_2 - T_1) \cdot S_ü = (298 \text{ K} - 273 \text{ K}) \cdot (2{,}6 \cdot 10^6 \text{ J K}^{-1}) = 65 \cdot 10^6 \text{ J} = \mathbf{65 \text{ MJ}}.$$

b) Entropiemenge S_e, die an einem Tag im Haus erzeugt wird:

Es soll die gleiche Entropiemenge im Haus erzeugt werden wie im Aufgabenteil a) ins Haus hinein befördert wird:

$$S_e = 2{,}6 \cdot 10^6 \text{ Ct} = \mathbf{2{,}6 \text{ MCt}}.$$

Energieverbrauch W_v der Elektroheizung:

Zur Erzeugung der Entropiemenge S_e wird die Energie W_v „verheizt“:

$$W_v = T_2 \cdot S_e. \qquad \text{vgl. Gl. (3.15)}$$

$$W_v = 298 \text{ K} \cdot (2{,}6 \cdot 10^6 \text{ J K}^{-1}) = 775 \cdot 10^6 \text{ J} = \mathbf{775 \text{ MJ}}.$$

Fazit: Die Elektroheizung verbraucht weitaus mehr Energie als die Wärmepumpe (rund das Zwölffache).

2.3.7* Wärmekraftwerk (I)

a) Energieaufwand W_1 zur Erzeugung der Entropie $S_e = 1$ Ct:

Zur Erzeugung der Entropie S_e im Dampfkessel muss die Energie W_1 aufgewandt, d. h. „verheizt“ werden:

$$W_1 = T_1 \cdot S_e. \qquad \text{vgl. Gl. (3.15)}$$

$$W_1 = 800\,\text{K} \cdot 1\,\text{J}\,\text{K}^{-1} = \mathbf{800\,J}\,.$$

Nutzbare Energie W_n:

Im Dampfkraftwerk wird die Energie W_n (= $-W_ü$) genutzt, die bei der Übertragung der Entropie $S_ü$ (= S_e) aus dem Dampfkessel in den Kühlturm gewinnbar ist:

$$W_n = (T_1 - T_2) \cdot S_ü\,. \qquad \text{vgl. Gl. (3.28)}$$

$$W_n = (800\,\text{K} - 300\,\text{K}) \cdot 1\,\text{J}\,\text{K}^{-1} = \mathbf{500\,J}.$$

b) Wirkungsgrad η im Idealfall:

$$\eta_{\text{ideal}} = \frac{W_n}{W_1} = \frac{500\,\text{J}}{800\,\text{J}} = 0{,}625 = \mathbf{62{,}5\,\%}\,.$$

c) Energieaufwand W_1 zur Entropieerzeugung in der Feuerung:

Es soll eine nutzbare Energie W_n von 1 kJ gewonnen werden:

$$\eta_{\text{real}} = \frac{W_n}{W_1} \quad \Rightarrow \quad W_1 = \frac{W_n}{\eta_{\text{real}}} = \frac{1000\,\text{J}}{0{,}40} = 2500\,\text{J}\,.$$

Entropie S'_e, die in der Feuerung erzeugt wurde:

$$S'_e = \frac{W_1}{T_1} = \frac{2500\,\text{J}}{800\,\text{K}} = 3{,}1\,\text{J}\,\text{K}^{-1} = \mathbf{3{,}1\,Ct}\,.$$

Energieaufwand W_2 zur "Abschiebung" der Entropie auf die "Deponie", d. h. in die Umwelt:

$$W_2 = W_1 - W_n = 2500\,\text{J} - 1000\,\text{J} = 1500\,\text{J}\,.$$

Entropiebetrag S''_e, mit dem die Umwelt letztlich belastet wird:

$$S''_e = \frac{W_2}{T_2} = \frac{1500\,\text{J}}{300\,\text{K}} = 5{,}0\,\text{J}\,\text{K}^{-1} = \mathbf{5{,}0\,Ct}\,.$$

d) Energieverlust W'_2 bei der Feuerung, d. h. der Erzeugung der Entropie S'_e:

$$W'_2 = T_2 \cdot S'_e = 300\,\text{K} \cdot 3{,}1\,\text{J}\,\text{K}^{-1} = 930\,\text{J}\,.$$

Bezogen auf die aufgewandte Energie W_1 von 2500 J ergibt sich somit ein Anteil der Feuerung am Energieverlust von **37 %** (930 J/2500 J = 0,37). Auf den Rest der Anlage entfallen damit 60 % – 37 % = **23 %**.

2.3.8* Wärmekraftwerk (II)

a) Masse m_1 an Steinkohle, die im Idealfall verbrannt werden müsste:

Das Massenverhältnis m_1/m_0 an Steinkohle entspricht dem Energieverhältnis $W_{n,1}/W_{n,0}$:

$$\frac{m_1}{m_0} = \frac{W_{n,1}}{W_{n,0}} \quad \Rightarrow \quad m_1 = \frac{m_0 \cdot W_{n,1}}{W_{n,0}} = \frac{1\,\text{kg} \cdot (1100 \cdot 10^6\ \text{J})}{35 \cdot 10^6\ \text{J}} = \mathbf{31{,}4\ kg}\,.$$

b) Masse m_2 an Steinkohle, die im Realfall verbrannt werden muss:

Der reale Wirkungsgrad η_{real} entspricht dem Massenverhältnis m_1/m_2.

$$\eta_{real} = \frac{m_1}{m_2} \quad \Rightarrow \quad m_2 = \frac{m_1}{\eta_{real}} = \frac{31{,}4\ \text{kg}}{0{,}40} = \mathbf{78{,}5\ kg}\,.$$

c) 60 % an nutzbarer Energie geht also bereits unter Entropieerzeugung im Kraftwerk verloren, an welcher Stelle hauptsächlich?

Kessel ☒, Turbine ☐, Generator ☐, Kondensator + Kühlturm ☐.

An welcher Stelle hauptsächlich verlässt die erzeugte Entropie das Kraftwerk?

Kessel ☐, Turbine ☐, Generator ☐, Kondensator + Kühlturm ☒.

Durch welche Stellen wird die Entropie befördert, ohne dass sich ihre Menge wesentlich verändert?

Kessel ☐, Turbine ☒, Generator ☐, Kondensator + Kühlturm ☐.

d) Energieaufwand W_1 zur Entropieerzeugung in der Feuerung:

Der Index 1 bezeichnet im Falle von W_1 (wie in der Abbildung zu Aufgabe 1.3.7) den Eingang, den Kessel.

$$\eta_{real} = \frac{W_n}{W_1} \quad \Rightarrow \quad W_1 = \frac{W_n}{\eta_{real}} = \frac{1100 \cdot 10^6\ \text{J}}{0{,}40} = 2750 \cdot 10^6\ \text{J} = 2750\ \text{MJ}\,.$$

Energieaufwand W_2 zur "Abschiebung" der Entropie auf die "Deponie", d. h. in die Umwelt:

Der Index 2 steht für den Ausgang, den Kühlturm.

$$W_2 = W_1 - W_n = (2750 \cdot 10^6\ \text{J}) - (1100 \cdot 10^6\ \text{J}) = 1650 \cdot 10^6\ \text{J} = 1650\ \text{MJ}\,.$$

Entropie S_e, die letztlich (an allen Stellen zusammen) erzeugt wird:

$$S_e = \frac{W_2}{T_U} = \frac{1650 \cdot 10^6\ \text{J}}{300\ \text{K}} = 5{,}5 \cdot 10^6\ \text{Ct} = \mathbf{5{,}5\ MCt}\,.$$

2.3.9 Kraftwerkstypen †

a) Übertragene Entropiemenge $S_ü$:

$$W_n = (T_1 - T_2) \cdot S_ü \quad \Rightarrow$$

$$S_ü = \frac{W_n}{T_1 - T_2} .$$

Kohlekraftwerk (A):

$$S_ü(A) = \frac{1200 \cdot 10^6\ \text{J}}{800\ \text{K} - 320\ \text{K}} = 2{,}5 \cdot 10^6\ \text{J}\,\text{K}^{-1} = \mathbf{2{,}5\ MCt} .$$

Kernkraftwerk (B):

$$S_ü(B) = \frac{1200 \cdot 10^6\ \text{J}}{550\ \text{K} - 320\ \text{K}} = 5{,}2 \cdot 10^6\ \text{J}\,\text{K}^{-1} = \mathbf{5{,}2\ MCt} .$$

b) Energie W_1 zur Erzeugung der Entropie S_e ($= S_ü$):

$$W_1 = T_1 \cdot S_e .$$

Kohlekraftwerk (A):

$$W_1(A) = 800\ \text{K} \cdot (2{,}5 \cdot 10^6\ \text{J}\,\text{K}^{-1}) = 2000 \cdot 10^6\ \text{J} = \mathbf{2000\ MJ} .$$

Kernkraftwerk (B):

$$W_1(B) = 550\ \text{K} \cdot (5{,}2 \cdot 10^6\ \text{J}\,\text{K}^{-1}) = 2860 \cdot 10^6\ \text{J} = \mathbf{2860\ MJ} .$$

c) Idealer Wirkungsgrad η_{ideal}:

$$\eta_{\text{ideal}} = \frac{W_n}{W_1} .$$

Kohlekraftwerk (A):

$$\eta_{\text{ideal}}(A) = \frac{1200\ \text{MJ}}{2000\ \text{MJ}} = 0{,}60 = \mathbf{60\ \%} .$$

Kernkraftwerk (B):

$$\eta_{\text{ideal}}(B) = \frac{1200\ \text{MJ}}{2860\ \text{MJ}} = 0{,}42 = \mathbf{42\ \%} .$$

Da in Kernkraftwerken bauartbedingt mit niedrigeren Frischdampftemperaturen beim Eintritt in die Dampfturbine gearbeitet wird, haben sie verglichen mit Kohlekraftwerken einen geringeren Wirkungsgrad.

d) Im Wasserkraftwerk (C) wird nur eine geringe Entropiemenge durch Reibung erzeugt. Der Wirkungsgrad ist weitaus höher als bei Kohle- und Kernkraftwerken (bis zu 95 %).

2.3.10 Entropieerzeugung im Entropiestrom

a) Entropiemenge S'_e, die im Heizdraht (H) in einer Sekunde ($\Delta t = 1$ s) erzeugt wird:

$$S'_e = \frac{W_{v,H}}{T_1} = \frac{P \cdot \Delta t}{T_1} = \frac{1000\ \text{J s}^{-1} \cdot 1\ \text{s}}{1000\ \text{K}} = 1\ \text{J K}^{-1} = \mathbf{1\ Ct}.$$

b) Entropiemenge S_e, die auf dem Weg vom Heizdraht zum Wasser erzeugt wird:

Beim Strömen der Entropiemenge S'_e durch eine leitende Verbindung (L) wird zusätzlich die Entropiemenge S_e erzeugt. Dies beruht auf der „Verheizung" der bei der Überführung der Entropiemenge S'_e von einer höheren Temperatur T_1 auf eine niedrigere Temperatur T_2 freiwerdenden Energie $W_{v,L}$.

$$S_e = \frac{W_{v,L}}{T_2} \quad \text{mit} \quad W_{v,L} = (T_1 - T_2) \cdot S'_e \quad \Rightarrow \qquad \text{vgl. Gl. (3.31)}$$

$$S_e = \frac{(T_1 - T_2) \cdot S'_e}{T_2} = \frac{(1000\ \text{K} - 373\ \text{K}) \cdot 1\ \text{Ct}}{373\ \text{K}} = \mathbf{1{,}7\ Ct}.$$

c) Gesamte Entropie S_{ges}, die im Wasser ankommt:

$$S_{ges} = S_e + S'_e = 1\ \text{Ct} + 1{,}7\ \text{Ct} = \mathbf{2{,}7\ Ct}.$$

2.4 Chemisches Potenzial

2.4.1 Beständigkeit von Zustandsarten

Generell ist stets diejenige Zustandsart eines Stoffes stabil, die unter den vorliegenden Bedingungen (hier Normbedingungen) das niedrigste chemische Potenzial aufweist (im Folgenden fett gedruckt).

a)

	Graphit –	Diamant
$\mu^\ominus$/kG	**0**	2,9

Graphit stellt die unter Normbedingungen stabile Modifikation des Kohlenstoffs dar.

b)

	rhombischer Schwefel –	monokliner Schwefel
$\mu^\ominus$/kG	**0**	0,07

Unter Normbedingungen ist rhombischer Schwefel stabil.

c)

	festes Iod –	flüssiges Iod –	Ioddampf
$\mu^\ominus$/kG	**0**	3,3	19,3

Unter Normbedingungen ist Iod im festen Zustand stabil.

d)

	Wassereis –	Wasser –	Wasserdampf
$\mu^\ominus$/kG	–236,6	**–237,1**	–228,6

Unter Normbedingungen ist Wasser im flüssigen Zustand stabil.

e)

	Ethanol –	Ethanoldampf
$\mu^\ominus$/kG	**–174,6**	–167,9

Unter Normbedingungen ist Ethanol im flüssigen Zustand stabil.

2.4.2 Voraussage von Umsetzungen

Eine Umbildung (Umsetzung, Umwandlung, Umverteilung) findet freiwillig statt, wenn ihr chemischer Antrieb $\mathcal{A}$ größer als Null ist. Der Antrieb $\mathcal{A}$ einer beliebigen Umbildung

$$|\nu_B|B + |\nu_{B'}|B' + ... \to \nu_D D + \nu_{D'}D' + ...$$

ist folgendermaßen definiert:

$$\mathcal{A} = |\nu_B|\mu(B) + |\nu_{B'}|\mu(B') + ... - \nu_D\mu(D) - \nu_{D'}\mu(D') - ... ,$$

abgekürzt: $\mathcal{A} = \sum_{\text{Ausg}} |\nu_i|\mu_i - \sum_{\text{End}} \nu_j\mu_j$.

a) Bindung von Kohlendioxid durch Branntkalk (CaO)

Umsatzformel: $CO_2|g + CaO|s \rightarrow CaCO_3|s$

$\mu^{\ominus}/\text{kG}$: −394,4 −603,3 −1128,8

$$\mathcal{A}^{\ominus} = \{[(-394,4)+(-603,3)]-[-1128,8]\}\ \text{kG} = \mathbf{+131{,}1\ kG}\,.$$

Der Antrieb ist positiv, also findet die Umsetzung freiwillig statt.

b) Verbrennung von Ethanoldampf (unter Bildung von Wasserdampf)

Umsatzformel: $C_2H_6O|g + 3\ O_2|g \rightarrow 2\ CO_2|g + 3\ H_2O|g$

$\mu^{\ominus}/\text{kG}$: −167,9 3 · 0 2 · (−394,4) 3 · (−228,6)

$$\mathcal{A}^{\ominus} = \{[(-167,9)+3\cdot 0]-[2\cdot(-394,4)+3\cdot(-228,6)]\}\ \text{kG} = \mathbf{+1306{,}7\ kG}\,.$$

Der Antrieb ist positiv, also findet die Umsetzung freiwillig statt.

c) Zerfall von Silberoxid in die Elemente

Umsatzformel: $2\ Ag_2O|s \rightarrow 4\ Ag|s + O_2|g$

$\mu^{\ominus}/\text{kG}$: 2 · (−11,3) 4 · 0 0

$$\mathcal{A}^{\ominus} = \{[2\cdot(-11,3)]-[4\cdot 0+0]\}\ \text{kG} = \mathbf{-22{,}6\ kG}\,.$$

Der Antrieb ist negativ, also findet die Umsetzung nicht freiwillig statt.

d) Reduktion von Hämatit (Fe_2O_3) mit Kohlenstoff (Graphit) zu Eisen (unter Entstehung von Kohlenmonoxidgas)

Umsatzformel: $Fe_2O_3|s + 3\ C|\text{Graphit} \rightarrow 2\ Fe|s + 3\ CO|g$

$\mu^{\ominus}/\text{kG}$: −741,0 3 · 0 2 · 0 3 · (−137,2)

$$\mathcal{A}^{\ominus} = \{[(-741,0)+3\cdot 0]-[2\cdot 0+3\cdot(-137,2)]\}\ \text{kG} = \mathbf{-329{,}4\ kG}\,.$$

Der Antrieb ist negativ, also findet die Umsetzung nicht freiwillig statt.

2.4.3 Löseverhalten

Ob sich ein Stoff in Wasser, Alkohol usw. gut oder schlecht lösen lässt, ergibt sich aus der Differenz der chemischen Potenziale im reinen und gelösten Zustand. Ist diese größer als Null, d. h. besteht ein Potenzialgefälle vom Ausgangs- zum Endzustand, so ist der Stoff leicht löslich.

a) Rohrzucker

Umsatzformel: $C_{12}H_{22}O_{11}|s \rightarrow C_{12}H_{22}O_{11}|w$

$\mu^{\ominus}/\text{kG}$: −1557,6 > −1564,7

Rohrzucker löst sich selbst in einer Lösung, die bereits 1 $\text{kmol}\,\text{m}^{-3}$ an Zucker enthält, noch auf (auf diese Konzentration bezieht sich der tabellierte Normwert). Er ist also, wie aus dem Alltag bekannt, in Wasser leicht löslich (siehe auch Versuch 4.11 im Lehrbuch).

b) Kochsalz

Umsatzformel: $NaCl|s \rightarrow Na^{+}|w + Cl^{-}|w$

$$\mu^{\ominus}/\text{kG}: \quad -384{,}1 > \underbrace{-261{,}9 \quad -131{,}2}_{-393{,}1}$$

Auch Kochsalz löst sich in Wasser leicht auf.

c) Kalkstein

Umsatzformel: $CaCO_3|s \rightarrow Ca^{2+}|w + CO_3^{2-}|w$

$$\mu^{\ominus}/\text{kG}: \quad -1128{,}8 < \underbrace{-553{,}6 \quad -527{,}8}_{-1081{,}4}$$

Kalkstein ist in Wasser schwerlöslich.

d) Sauerstoff

Umsatzformel: $O_2|g \rightarrow O_2|w$

$\mu^{\ominus}/\text{kG}$: $0 < 16{,}4$

Sauerstoff ist in Wasser schlecht löslich.

e) Kohlendioxid

Umsatzformel: $CO_2|g \rightarrow CO_2|w$

$\mu^{\ominus}/\text{kG}$: $-394{,}4 < -386{,}0$

Kohlendioxid ist in Wasser schlecht löslich, weshalb unter Überdruck in Sprudel, Brause etc. hineingepresstes Kohlendioxid bei Druckentlastung wieder heraussprudelt (siehe auch Versuch 4.13 im Lehrbuch).

f) Ammoniak

Umsatzformel: $NH_3|g \rightarrow NH_3|w$

$\mu^{\ominus}/\text{kG}$: $-16{,}5 > -26{,}6$

Ammoniak ist in Wasser sehr leicht löslich, was das Demonstrationsexperiment „Ammoniak-Springbrunnen" (Versuch 4.12) eindrucksvoll belegt.

2.5 Einfluss von Temperatur und Druck auf Stoffumbildungen

2.5.1 Temperaturabhängigkeit des chemischen Potenzials und Umwandlungstemperatur

a) Änderung $\Delta\mu$ des chemischen Potenzials von Ethanol mit der Temperatur:

Zur Beschreibung der Temperaturabhängigkeit des chemischen Potenzials wird als einfachste Möglichkeit ein linearer Ansatz gewählt:

$$\mu = \mu^{\ominus} + \alpha(T - T^{\ominus}) .$$ vgl. Gl. (5.2)

Anfangswert ist hier der Normwert $\mu^{\ominus}$ des chemischen Potenzials. Gesucht wird jedoch die Änderung des chemischen Potenzials mit der Temperatur:

$$\mu - \mu^{\ominus} = \Delta\mu = \alpha(T - T^{\ominus}) .$$

Wir benötigen in diesem Fall nur den Temperaturkoeffizienten $\alpha = -160{,}7\ \mathrm{G\,K^{-1}}$ des flüssigen Ethanols.

$$\Delta\mu = -160{,}7\ \mathrm{G\,K^{-1}} \cdot (323\ \mathrm{K} - 298\ \mathrm{K}) = -160{,}7\ \mathrm{G\,K^{-1}} \cdot 25\ \mathrm{K} = -4020\ \mathrm{G} = \mathbf{-4{,}02\ kG} .$$

b) Normsiedetemperatur $T_{\mathrm{lg}}^{\ominus}$ des Ethanols:

Die Normsiedetemperatur $T_{\mathrm{lg}}^{\ominus}$ eines Stoffes kann in ganz analoger Weise wie seine Schmelztemperatur T_{sl} [Gl. (5.7)] berechnet werden,

$$T_{\mathrm{lg}}^{\ominus} = T^{\ominus} - \frac{\mathcal{A}^{\ominus}}{\alpha} ,$$

nur dass in diesem Fall der Siedevorgang, in unserem Beispiel genauer gesagt der Siedevorgang von Ethanol, zugrunde gelegt wird:

Umsatzformel:	$C_2H_6O\|l$	$\rightarrow$	$C_2H_6O\|g$
$\mu^{\ominus}/\mathrm{kG}$	−174,6		−167,9
$\alpha/\mathrm{G\,K^{-1}}$	−160,7		−281,6

Antrieb $\mathcal{A}^{\ominus}$ des Siedevorgangs:

$$\mathcal{A}^{\ominus} = \sum_{\mathrm{Ausg}} \mu_i^{\ominus} - \sum_{\mathrm{End}} \mu_j^{\ominus} .$$ Gl. (4.3)

$$\mathcal{A}^{\ominus} = [(-174{,}6) - (-167{,}9)]\ \mathrm{kG} = -6{,}7\ \mathrm{kG} .$$

Temperaturkoeffizient α:

Der Temperaturkoeffizient α des Antriebs lässt sich nach demselben, leicht zu behaltenden Muster berechnen wie der Antrieb selbst:

$$\alpha = \sum_{\mathrm{Ausg}} \alpha_i - \sum_{\mathrm{End}} \alpha_j .$$ Gl. (5.4)

$$\alpha = [(-160{,}7) - (-281{,}6)]\ \mathrm{G\,K^{-1}} = 120{,}9\ \mathrm{G\,K^{-1}} .$$

$$T_{\mathrm{lg}}^{\ominus} = 298\,\mathrm{K} - \frac{(-6{,}7\cdot 10^3\,\mathrm{G})}{120{,}9\,\mathrm{G\,K^{-1}}} = 298\,\mathrm{K} + 55\,\mathrm{K} = \mathbf{353\,K}.$$

Literaturwert: 351,06 K [aus: Haynes W M et al (Hrsg) (2015) CRC Handbook of Chemistry and Physics, 96th edn. CRC Press, Boca Raton] (Die Tabellenwerte für Siedetemperaturen beziehen sich meist auf „Atmosphärendruck", d. h. einen Druck von 101,325 kPa. Sie müssen daher noch auf den Normdruck von 100 kPa korrigiert werden, wie hier geschehen.)

2.5.2 Zersetzungs- bzw. Reaktionstemperatur

Für Zersetzungs- bzw. Reaktionstemperatur gelten ganz analoge Formeln wie für die Phasenumwandlungstemperaturen [vgl. Gl. (5.7)].

a) Zersetzung von Kalkstein:

Umsatzformel:	$CaCO_3\|s \rightarrow$	$CaO\|s$	$+\ CO_2\|g$.
$\mu^{\ominus}/\mathrm{kG}$	−1128,8	−603,3	−394,4 ,
$\alpha/\mathrm{G\,K^{-1}}$	−92,7	−38,1	−213,8 ,

$$T_{\mathrm{Z}} = T^{\ominus} - \frac{\mathcal{A}^{\ominus}}{\alpha}$$

$$\mathcal{A}^{\ominus} = \{[-1128{,}8] - [(-603{,}3) + (-394{,}4)]\}\,\mathrm{kG} = -131{,}1\,\mathrm{kG}.$$

$$\alpha = \{[-92{,}7] - [(-38{,}1) + (-213{,}8)]\}\,\mathrm{G\,K^{-1}} = 159{,}2\,\mathrm{G\,K^{-1}}.$$

$$T_{\mathrm{Z}} = 298\,\mathrm{K} - \frac{(-131{,}1\cdot 10^3\,\mathrm{G})}{159{,}2\,\mathrm{G\,K^{-1}}} = 298\,\mathrm{K} + 824\,\mathrm{K} = \mathbf{1122\,K}.$$

b) Reduktion von Magnetit mit Kohlenstoff:

Umsatzformel:	$Fe_3O_4\|s$	$+\ 2\ C\|s$	$\rightarrow 3\ Fe\|s$	$+\ 2\ CO_2\|g$,
$\mu^{\ominus}/\mathrm{kG}$	−1017,5	2 · 0	3 · 0	2 · (−394,4)
$\alpha/\mathrm{G\,K^{-1}}$	−145,3	2 · (−5,7)	3 · (−27,3)	2 · (−213,8)

$$T_{\mathrm{R}} = T^{\ominus} - \frac{\mathcal{A}^{\ominus}}{\alpha}$$

$$\mathcal{A}^{\ominus} = \{[(-1017{,}5) + 2\cdot 0] - [3\cdot 0 + 2\cdot(-394{,}4)]\}\,\mathrm{kG} = -228{,}7\,\mathrm{kG}.$$

$$\alpha = \{[(-145{,}3) + 2\cdot(-5{,}7)] - [3\cdot(-27{,}3) + 2\cdot(-213{,}8)]\}\,\mathrm{G\,K^{-1}} = 352{,}8\,\mathrm{G\,K^{-1}}.$$

$$T_{\mathrm{R}} = 298\,\mathrm{K} - \frac{(-228{,}7\cdot 10^3\,\mathrm{G})}{352{,}8\,\mathrm{G\,K^{-1}}} = 298\,\mathrm{K} + 648\,\mathrm{K} = \mathbf{946\,K}.$$

2.5.3 Druckabhängigkeit des chemischen Potenzials

a) Änderung $\Delta\mu_l$ des chemischen Potenzials von flüssigem Wasser mit dem Druck:

Zur Beschreibung der Druckabhängigkeit des chemischen Potenzials von Flüssigkeiten (und Feststoffen) ist wie im Falle der Temperaturabhängigkeit bei der hier angestrebten Genauigkeit ein linearer Ansatz ausreichend [vgl. Gl. (5.8)]:

$$\mu_l = \mu_l^\ominus + \beta_l(p - p^\ominus) \quad \Rightarrow$$

$$\mu_l - \mu_l^\ominus = \Delta\mu_l = \beta_l(p - p^\ominus).$$

Da der Druckkoeffizienten β_l des flüssigen Wassers 18,1 μG Pa^{-1} beträgt, erhalten wir:

$$\Delta\mu_l = (18{,}1 \cdot 10^{-6}\ \text{G Pa}^{-1}) \cdot [(200 \cdot 10^3\ \text{Pa}) - (100 \cdot 10^3\ \text{Pa})] = \mathbf{1{,}8\ G}.$$

b) Änderung $\Delta\mu_g$ des chemischen Potenzials von Wasserdampf mit dem Druck:

Im Falle eines (idealen) Gases wie es Wasserdampf darstellt, muss ein logarithmischer Ansatz für den Zusammenhang zwischen chemischem Potenzial und Druck gewählt werden [vgl. Gl. (5.18)]:

$$\mu_g = \mu_g^\ominus + RT^\ominus \ln \frac{p}{p^\ominus} \quad \Rightarrow$$

$$\mu_g - \mu_g^\ominus = \Delta\mu_g = RT^\ominus \ln \frac{p}{p^\ominus}.$$

$$\Delta\mu_g = 8{,}314\ \text{G K}^{-1} \cdot 298\ \text{K} \cdot \ln \frac{200 \cdot 10^3\ \text{Pa}}{100 \cdot 10^3\ \text{Pa}} = 8{,}314\ \text{G K}^{-1} \cdot 298\ \text{K} \cdot \ln 2$$

$$= 1720\ \text{G} = \mathbf{1{,}72\ kG}.$$

Fazit: Im Falle des Gases ist die Zunahme des chemischen Potenzials rund tausendmal größer als im Falle der Flüssigkeit (bei gleicher Druckerhöhung).

2.5.4 Verhalten von Gasen bei Druckänderung

Chemisches Potenzial μ_B des Kohlendioxids:

Auch im Falle des Kohlendioxidgases muss der logarithmische Ansatz zur Beschreibung der Druckabhängigkeit des chemischen Potenzials herangezogen werden:

$$\mu_B = \mu_B^\ominus + RT^\ominus \ln \frac{p}{p^\ominus}.$$

Der Normwert $\mu_B^\ominus$ des chemischen Potenzials des Kohlendioxidgases beträgt –394,4 kG.

$$\mu_B = (-394{,}4 \cdot 10^3\ \text{G}) + 8{,}314\ \text{G K}^{-1} \cdot 298\ \text{K} \cdot \ln \frac{39\ \text{Pa}}{100 \cdot 10^3\ \text{Pa}}$$

$$\mu_B = (-394{,}4 \cdot 10^3\ \text{G}) + 8{,}314\ \text{G K}^{-1} \cdot 298\ \text{K} \cdot \ln 0{,}00039$$
$$= (-394{,}4 \cdot 10^3\ \text{G}) - (19{,}4 \cdot 10^3\ \text{G}) = \mathbf{-413{,}8\ kG}.$$

2.5.5 „Siededruck"

„Siededruck" $p_{lg}^{\ominus}$ des Wassers bei Zimmertemperatur:

Der Berechnung zugrunde liegt der Siedevorgang des Wassers:

Umsatzformel:	$H_2O\vert l$	$\rightarrow H_2O\vert g$
$\mu^{\ominus}/\text{kG}$:	$-237{,}14$	$-228{,}58$

Der „Siededruck" des Wassers lässt sich äquivalent zum Zersetzungsdruck des Calciumcarbonats am Ende von Abschnitt 5.5 im Lehrbuch "Physikalische Chemie" berechnen. Da die Druckabhängigkeit des chemischen Potenzials des flüssigen Wassers im Vergleich zu der des Wasserdampfes um drei Zehnerpotenzen geringer ist (siehe Lösung 2.5.3), kann sie vernachlässigt werden und wir gelangen zu der folgenden Formel [vgl. Gl. (5.19)]:

$$p_{lg}^{\ominus} = p^{\ominus} \exp \frac{\mathcal{A}^{\ominus}}{RT^{\ominus}}.$$

Antrieb $\mathcal{A}^{\ominus}$ des Siedevorganges:

$$\mathcal{A}^{\ominus} = [(-237{,}14) - (-228{,}58)]\ \text{kG} = -8{,}56\ \text{kG}.$$

$$p_{lg}^{\ominus} = (100 \cdot 10^3\ \text{Pa}) \cdot \exp \frac{(-8{,}56 \cdot 10^3\ \text{G})}{8{,}314\ \text{G K}^{-1} \cdot 298{,}15\ \text{K}} = (100 \cdot 10^3\ \text{Pa}) \cdot \exp(-3{,}453) = \mathbf{3165\ Pa}.$$

Literaturwert: 3166 Pa (aus: Cerbe G, Hoffmann H J (1990) Einführung in die Wärmelehre, 9. Aufl. Carl Hanser Verlag, München)

2.5.6 Temperatur- und Druckabhängigkeit eines Vergärungsprozesses

a) Temperaturabhängigkeit des Vergärungsprozesses:

Stoffkürzel	B		B′	D	D′
Umsatzformel:	$C_{12}H_{22}O_{11}\vert w$	+	$H_2O\vert l \rightarrow$	$4\ C_2H_6O\vert w$ +	$4\ CO_2\vert g$.
$\alpha/\text{G K}^{-1}$:	-435		-70	$4 \cdot (-148)$	$4 \cdot (-214)$

Temperaturkoeffizient α des Prozesses:

$$\alpha = \{[(-435) + (-70)] - [4 \cdot (-148) + 4 \cdot (-214)]\}\ \text{G K}^{-1} = \mathbf{943\ G\ K^{-1}}.$$

Antriebsänderung $\Delta\mathcal{A}$ bei Temperaturerhöhung:

$$\mathcal{A} = \mathcal{A}^{\ominus} + \alpha(T - T^{\ominus}) \quad \Rightarrow$$
$$\mathcal{A} - \mathcal{A}^{\ominus} = \Delta\mathcal{A} = \alpha(T - T^{\ominus}).$$

$\Delta\mathcal{A} \quad = 943\ \mathrm{G\,K^{-1}} \cdot (323\ \mathrm{K} - 298\ \mathrm{K}) = 943\ \mathrm{G\,K^{-1}} \cdot 25\ \mathrm{K} = 23600\ \mathrm{G} = \mathbf{23{,}6\ kG}$.

b) Eine gasbildende Umbildung wie der Vergärungsprozess wird wegen des stark negativen Temperaturkoeffizienten α von Gasen durch eine Temperatursteigerung begünstigt, der Antrieb nimmt mit wachsender Temperatur zu.

c*) Druckabhängigkeit des Vergärungsprozesses:

Die chemischen Potenziale der in der flüssigen Phase vorliegenden Stoffe (Rohrzucker, Wasser, Alkohol) ändern sich bei der Druckänderung so wenig, dass man deren Beiträge vernachlässigen kann, nicht aber die Potenzialzunahme $\Delta\mu_{\mathrm{D'}}$ des Gases Kohlendioxid.

Potenzialzunahme $\Delta\mu_{\mathrm{D'}}$ des Gases Kohlendioxid:

$$\Delta\mu_{\mathrm{D'}} = RT^{\ominus} \ln \frac{p}{p^{\ominus}}.$$

$$\Delta\mu_{\mathrm{D'}} = 8{,}314\ \mathrm{G\,K^{-1}} \cdot 298\ \mathrm{K} \cdot \ln \frac{1{,}00 \cdot 10^{6}\ \mathrm{Pa}}{100 \cdot 10^{3}\ \mathrm{Pa}} = 8{,}314\ \mathrm{G\,K^{-1}} \cdot 298\ \mathrm{K} \cdot \ln 10.$$

$$= 5700\ \mathrm{G} = \mathbf{5{,}7\ kG}.$$

Antriebsänderung $\Delta\mathcal{A}$ bei Druckerhöhung:

$$\Delta\mathcal{A} = -\nu_{\mathrm{D'}} \cdot \Delta\mu_{\mathrm{D'}} = -(+4) \cdot 5{,}7\ \mathrm{kG} = \mathbf{-22{,}8\ kG}.$$

d) Der Antrieb einer gasbildenden Umbildung wird durch Druckerhöhung geschwächt.

2.5.7 Umwandlungstemperatur und –druck

Betrachtet werden soll die Umwandlung von rhombischem Schwefel (rhom) in monoklinen Schwefel (mono):

	Stoffkürzel	α		β
Umsatzformel:		S|rhom	→	S|mono

Bei 298 K und 100 kPa beträgt der chemische Antrieb für diesen Prozess –75,3 G.

a) Da der Antrieb für die Umwandlung von rhombischem in monoklinen Schwefel negativ ist, ist die rhombische Phase unter Normbedingungen stabil.

b) Da der Temperaturkoeffizient des chemischen Potenzials von rhombischem Schwefel $-32{,}07\ \mathrm{G\,K^{-1}}$, der des chemischen Potenzials von monoklinem Schwefel hingegen $-33{,}03\ \mathrm{G\,K^{-1}}$ beträgt, sinkt das chemische Potenzial des monoklinen Schwefels beim Erwärmen schneller ab als das des unter Normbedingungen stabilen rhombischen Schwefels, d. h., die entsprechenden $\mu(T)$-Kurven, die in der benutzten Näherung mehr oder minder geradlinig verlaufen, müssen sich irgendwo schneiden. Oberhalb dieser Umwandlungstemperatur ist die monokline Phase stabil.

Normumwandlungstemperatur $T_{\alpha\beta}^{\ominus}$ des Schwefels:

$$T_{\alpha\beta}^{\ominus} = T^{\ominus} - \frac{\mathcal{A}^{\ominus}}{\alpha}. \qquad \text{vgl. Gl. (5.7)}$$

$$\alpha = [(-32,07)-(-33,03)]\,\mathrm{G\,K^{-1}} = 0,96\,\mathrm{G\,K^{-1}}.$$

$$T_{\alpha\beta}^{\ominus} = 298\,\mathrm{K} - \frac{(-75,3\,\mathrm{G})}{0,96\,\mathrm{G\,K^{-1}}} = 298\,\mathrm{K} + 78\,\mathrm{K} = \mathbf{376\,K}.$$

Literaturwert: 368,5 K [aus: Haynes W M et al (Hrsg) (2015) CRC Handbook of Chemistry and Physics, 96th edn. CRC Press, Boca Raton]

c) Der Druckkoeffizient des chemischen Potenzials von rhombischem Schwefel beträgt 15,49 $\mu\mathrm{G\,Pa^{-1}}$, der des chemischen Potenzials von monoklinem Schwefel 16,38 $\mu\mathrm{G\,Pa^{-1}}$. Bei Druckerhöhung steigt das chemische Potenzial des monoklinen Schwefels daher steiler an als das des unter Normbedingungen stabilen rhombischen Schwefels, d. h., die entsprechenden $\mu(p)$-Kurven können sich nicht schneiden.

2.5.8* Druckabhängigkeit des chemischen Potenzials und Gefrierpunktsverschiebung

a) Berechnung des Druckkoeffizienten β einer Substanz aus ihrer Dichte ρ:

Auf Grund der in Abschnitt 5.3 erwähnten Merkhilfe „$\beta = V_m = V/n$" kann ein Zusammenhang zwischen der Dichte eines Stoffes und seinem Druckkoeffizienten hergestellt werden:

$$\rho = \frac{m}{V} = \frac{n \cdot M}{V} \quad \Rightarrow \quad \frac{V}{n} = V_m = \beta = \frac{M}{\rho}.$$

Druckkoeffizient β_l des (flüssigen) Wassers:

$$\beta_l = \frac{M}{\rho_l} = \frac{18,0 \cdot 10^{-3}\,\mathrm{kg\,mol^{-1}}}{1000\,\mathrm{kg\,m^{-3}}} = 18,0 \cdot 10^{-6}\,\mathrm{m^3\,mol^{-1}}$$

$$= 18,0 \cdot 10^{-6}\,\mathrm{G\,Pa^{-1}} = 18,0\,\mu\mathrm{G\,Pa^{-1}}.$$

Da die Einheitenanalyse etwas komplexer ist, wollen wir sie uns genauer anschauen:

$$\mathrm{G\,Pa^{-1}} = \mathrm{J\,mol^{-1}\,Pa^{-1}} = \mathrm{N\,m\,mol^{-1}\,N^{-1}\,m^2} = \mathrm{m^3\,mol^{-1}}.$$

Druckkoeffizient β_s des Eises:

$$\beta_s = \frac{M}{\rho_s} = \frac{18,0 \cdot 10^{-3}\,\mathrm{kg\,mol^{-1}}}{917\,\mathrm{kg\,m^{-3}}} = 19,6 \cdot 10^{-6}\,\mathrm{m^3\,mol^{-1}} = 19,6\,\mu\mathrm{G\,Pa^{-1}}.$$

Berechnung der Änderung des chemischen Potenzials mit dem Druck:

$$\mu - \mu^\ominus = \Delta\mu = \beta(p - p^\ominus) \qquad \text{(siehe Lösung 2.5.3)}.$$

Potenzialänderung $\Delta\mu_l$ des (flüssigen) Wassers:

$$\Delta\mu_l = \beta_l(p - p^\ominus) = 18{,}0 \cdot 10^{-6}\ \text{G Pa}^{-1} \cdot [(5{,}0 \cdot 10^6\ \text{Pa}) - (0{,}1 \cdot 10^6\ \text{Pa})]$$

$$= (18{,}0 \cdot 10^{-6}\ \text{G Pa}^{-1}) \cdot (4{,}9 \cdot 10^6\ \text{Pa}) = \mathbf{88{,}2\ G}.$$

Potenzialänderung $\Delta\mu_s$ des Eises:

$$\Delta\mu_s = \beta_s(p - p^\ominus) = (19{,}6 \cdot 10^{-6}\ \text{G Pa}^{-1}) \cdot [(5{,}0 \cdot 10^6\ \text{Pa}) - (0{,}1 \cdot 10^6\ \text{Pa})]$$

$$= (19{,}6 \cdot 10^{-6}\ \text{G Pa}^{-1}) \cdot (4{,}9 \cdot 10^6\ \text{Pa}) = \mathbf{96{,}0\ G}.$$

b) Naturgemäß stimmt bei 273 K (0 °C) und Normdruck (0,1 MPa) das chemische Potenzial von Eis mit dem von Eiswasser überein [$\mu(H_2O|s) = \mu(H_2O|l)$]. Mit steigendem Druck nimmt das chemische Potenzial von Eis schneller zu [wegen $\beta(H_2O|s) > \beta(H_2O|l)$], d. h., Wasser wird zur stabilen Phase und das Eis schmilzt (siehe auch Versuch 5.5).

c) Verschiebung ΔT_{sl} des Gefrierpunktes von Wasser unter erhöhtem Druck:

Die Verschiebung des Gefrierpunktes unter erhöhtem Druck ergibt sich aus Gleichung (5.15):

$$\Delta T_{sl} = -\frac{\beta_s - \beta_l}{\alpha_s - \alpha_l}\Delta p = -\frac{\beta_s - \beta_l}{\alpha}\Delta p.$$

$$\Delta T_{sl} = -\frac{(19{,}6 \cdot 10^{-6}\ \text{G Pa}^{-1}) - (18{,}0 \cdot 10^{-6}\ \text{G Pa}^{-1})}{22{,}0\ \text{G K}^{-1}} \cdot (4{,}9 \cdot 10^6\ \text{Pa}) = \mathbf{-0{,}36\ K}.$$

2.5.9 Zersetzungsdruck bei erhöhter Temperatur

Stoffkürzel	B	D	D′
Umsatzformel:	$2\ Ag_2O|s$	$\rightarrow 4\ Ag|s$	$+\ O_2|g$
$\mu^\ominus/\text{kG}$:	$2 \cdot (-11{,}3)$	$4 \cdot 0$	0
$\alpha/\text{G K}^{-1}$:	$2 \cdot (-121{,}0)$	$4 \cdot (-42{,}6)$	$-205{,}2$

Die Vorgehensweise entspricht derjenigen, die wir bei der Berechnung des Zersetzungsdruckes von Calciumcarbonat bei unterschiedlichen Temperaturen angewandt haben (vgl. Ende von Abschnitt 5.5 im Lehrbuch „Physikalische Chemie"). Das bedeutet, dass die Druckabhängigkeit der chemischen Potenziale der Feststoffe vernachlässigt werden kann; lediglich die Druckabhängigkeit des chemischen Potenzials des Gases Sauerstoff muss berücksichtigt werden. Zur Umrechnung des Antriebs im Exponenten auf die neue Temperatur T genügt der lineare Ansatz.

$$p_{\mathrm{D'}} = p^{\ominus} \exp \frac{\mathcal{A}^{\ominus} + \alpha(T - T^{\ominus})}{RT} .$$

$$\mathcal{A}^{\ominus} = \{[2 \cdot (-11{,}3] - [4 \cdot 0 + 0]\} \text{ kG} = -22{,}6 \text{ kG} .$$

$$\alpha = \{[2 \cdot (-121{,}0] - [4 \cdot (-42{,}6) + (-205{,}2)]\} \text{ G K}^{-1} = 133{,}6 \text{ G K}^{-1} .$$

$$p_{\mathrm{D'}} = (100 \cdot 10^3 \text{ Pa}) \cdot \exp \frac{(-22{,}6 \cdot 10^3 \text{ G}) + 133{,}6 \text{ G K}^{-1} \cdot (400 \text{ K} - 298 \text{ K})}{8{,}314 \text{ G K}^{-1} \cdot 400 \text{ K}}$$

$$= (100 \cdot 10^3 \text{ Pa}) \cdot \exp(-2{,}70) = 6{,}7 \cdot 10^3 \text{ Pa} = \mathbf{6{,}7\ kPa}.$$

2.6 Massenwirkung und Konzentrationsabhängigkeit des chemischen Potenzials

2.6.1 Konzentrationsabhängigkeit des chemischen Potenzials

(Stoff-)Mengenkonzentration c_B der Glucoselösung:

$$c_\mathrm{B} = \frac{n_\mathrm{B}}{V_\mathrm{L}}.$$

Stoffmenge n_B:

$$n_\mathrm{B} = \frac{m_\mathrm{B}}{M_\mathrm{B}} = \frac{0{,}010\ \mathrm{kg}}{180{,}0 \cdot 10^{-3}\ \mathrm{kg\,mol^{-1}}} = 0{,}056\ \mathrm{mol}.$$

$$c_\mathrm{B} = \frac{0{,}056\ \mathrm{mol}}{500 \cdot 10^{-6}\ \mathrm{m^3}} = 112\ \mathrm{mol\,m^{-3}} = \mathbf{0{,}112\ kmol\,m^{-3}}.$$

Chemisches Potenzial μ_B der Glucose in der wässrigen Lösung:

Das chemische Potenzial der Glucose in der wässrigen Lösung ergibt sich aus der Massenwirkungsgleichung 1′ [Gl. (6.5)], wobei hier der Normwert $\mu^\ominus \equiv \mathring{\mu}(p^\ominus, T^\ominus)$ als spezieller Grundwert eingesetzt wird:

$$\mu_\mathrm{B} = \mu_\mathrm{B}^\ominus + RT^\ominus \ln\frac{c_\mathrm{B}}{c^\ominus}.$$

$$\mu_\mathrm{B} = (-917{,}0 \cdot 10^3\ \mathrm{G}) + 8{,}314\ \mathrm{G\,K^{-1}} \cdot 298\ \mathrm{K} \cdot \ln\frac{0{,}112\ \mathrm{kmol\,m^{-3}}}{1\ \mathrm{kmol\,m^{-3}}}$$

$$= (-917{,}0 \cdot 10^3\ \mathrm{G}) + 8{,}314\ \mathrm{G\,K^{-1}} \cdot 298\ \mathrm{K} \cdot \ln 0{,}112 = -922{,}4 \cdot 10^3\ \mathrm{G} = \mathbf{-922{,}4\ kG}.$$

2.6.2* Konzentrationsabhängigkeit eines Vergärungsprozesses

a) Antrieb $\mathcal{A}^\ominus$ für den Gärvorgang unter Normbedingungen:

Stoffkürzel	B	B′	D	D′
Umsatzformel:	$C_{12}H_{22}O_{11}\|w$ +	$H_2O\|l$ ⇄	$4\ C_2H_6O\|w$ +	$4\ CO_2\|g$.
$\mu^\ominus$/kG:	−1565	−237	4·(−181)	4·(−394)

$$\mathcal{A}^\ominus = \sum_{\mathrm{Ausg}} |\nu_i|\mu_i^\ominus - \sum_{\mathrm{End}} \nu_j \mu_j^\ominus. \qquad \text{vgl. Gl. (4.3)}$$

$$\mathcal{A}^\ominus = \{[(-1565) + (-237)] - [4 \cdot (-181) + 4 \cdot (-394)]\}\ \mathrm{kG} = \mathbf{498\ kG}.$$

b) Zuckerkonzentration $c_{B,1}$ in der Ausgangslösung:

Gemäß der Umsatzformel entstehen aus einem Zuckermolekül vier Alkoholmoleküle, d. h., die Ausgangskonzentration an Zucker beträgt nur ein Viertel der Endkonzentration an Alkohol:

$$c_{B,1} = \tfrac{1}{4} c_{D,1} = \tfrac{1}{4} \cdot 1\,\text{kmol}\,\text{m}^{-3} = \mathbf{0{,}25\ kmol\ m^{-3}}\,.$$

c) Konzentration $c_{B,2}$ an Zucker, wenn die Hälfte des anfänglichen Zuckers vergoren ist:

$$c_{B,2} = \tfrac{1}{2} c_{B,1} = \tfrac{1}{2} \cdot 0{,}25\,\text{kmol}\,\text{m}^{-3} = \mathbf{0{,}125\ kmol\ m^{-3}}\,.$$

Konzentration $c_{D,2}$ an Alkohol, wenn die Hälfte des anfänglichen Zuckers vergoren ist:

$$c_{D,2} = 4c_{B,2} = 4 \cdot 0{,}125\,\text{kmol}\,\text{m}^{-3} = \mathbf{0{,}5\ kmol\ m^{-3}}\,.$$

Antrieb $\mathcal{A}$ bei der Normtemperatur:

Bei der Berechnung des Antriebs auf der Grundlage von Gleichung (6.7) brauchen nur die in Wasser gelösten Stoffe berücksichtigt zu werden, so dass wir zu der folgenden Formel gelangen:

$$\mathcal{A} = \mathcal{A}^{\ominus} + RT^{\ominus} \ln \frac{(c_{B,2}/c^{\ominus})^{|\nu_B|}}{(c_{D,2}/c^{\ominus})^{\nu_D}}\,.$$

$$\mathcal{A} = (498 \cdot 10^3\ \text{G}) + 8{,}314\ \text{G}\,\text{K}^{-1} \cdot 298\ \text{K} \cdot \ln \frac{(0{,}125\ \text{kmol}\,\text{m}^{-3}/1\ \text{kmol}\,\text{m}^{-3})^{|-1|}}{(0{,}5\ \text{kmol}\,\text{m}^{-3}/1\ \text{kmol}\,\text{m}^{-3})^4}$$

$$= (498 \cdot 10^3\ \text{G}) + 8{,}314\ \text{G}\,\text{K}^{-1} \cdot 298\ \text{K} \cdot \ln \frac{(0{,}125)^1}{(0{,}5\ )^4}$$

$$= (498 \cdot 10^3\ \text{G}) + 8{,}314\ \text{G}\,\text{K}^{-1} \cdot 298\ \text{K} \cdot \ln 2 \approx 500 \cdot 10^3\ \text{G} \approx \mathbf{500\ kG}\,.$$

2.6.3 Abhängigkeit des Antriebs der Ammoniaksynthese von der Gaszusammensetzung

Wie im Fall der Massenwirkungsgleichungen (siehe Abschnitt 6.5) kann auch im Fall der Gleichung für die Konzentrationsabhängigkeit des Antriebs [Gl. (6.7)] das Konzentrationsverhältnis durch das (Partial-)Druckverhältnis ersetzt werden.

Antrieb $\mathcal{A}$ der Ammoniaksynthese:

$$\mathcal{A} = \mathcal{A}^{\ominus} + RT^{\ominus} \ln \frac{[p_B/p^{\ominus}]^{|\nu_B|} \cdot [p_{B'}/p^{\ominus}]^{|\nu_{B'}|}}{[p_D/p^{\ominus}]^{\nu_D}}\,.$$

$$\mathcal{A} = (32{,}9 \cdot 10^3\ \text{G}) + 8{,}314\ \text{G}\,\text{K}^{-1} \cdot 298\ \text{K} \cdot \ln \frac{[25\ \text{kPa}/100\ \text{kPa}]^{|-1|} \cdot [52\ \text{kPa}/100\ \text{kPa}]^{|-3|}}{[75\ \text{kPa}/100\ \text{kPa}]^2}$$

$$\mathcal{A} = (32{,}9 \cdot 10^3\ \text{G}) + 8{,}314\ \text{G}\,\text{K}^{-1} \cdot 298\ \text{K} \cdot \ln \frac{0{,}25 \cdot 0{,}52^3}{0{,}75^2}$$

$$= (32{,}9 \cdot 10^3\ \text{G}) + 8{,}314\ \text{G}\,\text{K}^{-1} \cdot 298\ \text{K} \cdot \ln 0{,}0625 = \mathbf{26{,}0\ kG}\,.$$

Der Antrieb hat sich zwar von 32,9 kG auf 26,0 kG verringert, ist aber weiterhin positiv, d. h., die Hinreaktion läuft prinzipiell freiwillig ab.

2.6.4 Massenwirkungsgesetz (I)

Umsatzformel:	$Sn^{2+}\|w$ +	$I_2\|w$	$\rightleftarrows$ $Sn^{4+}\|w$ +	$2\,I^-\|w$
$\mu^\ominus$/ kG:	−27,2	+16,4	+2,5	$2 \cdot (-51{,}6)$

Antrieb $\mathcal{A}^\ominus$ der Reaktion:

$$\mathcal{A}^\ominus = \{[(-27{,}2) + 16{,}4] - [2{,}5 + 2 \cdot (-51{,}6)]\}\ \text{kG} = \mathbf{+89{,}9\ kG}\,.$$

Gleichgewichtszahl $\mathcal{K}_c^\ominus$:

Die Gleichgewichtszahl $\mathcal{K}_c^\ominus$ kann mit Hilfe von Gleichung (6.18) aus dem Antrieb $\mathcal{A}^\ominus$ berechnet werden:

$$\mathcal{K}_c^\ominus = \exp \frac{\mathcal{A}^\ominus}{RT^\ominus}\,.$$

$$\mathcal{K}_c^\ominus = \exp \frac{89{,}9 \cdot 10^3\ \text{G}}{8{,}314\ \text{G}\,\text{K}^{-1} \cdot 298\ \text{K}} = \mathbf{5{,}74 \cdot 10^{15}}\,.$$

Herkömmliche Gleichgewichtskonstante $K_c^\ominus$:

Die herkömmliche Gleichgewichtskonstante $K_c^\ominus$ ergibt sich aus der Gleichgewichtszahl $\mathcal{K}_c^\ominus$ durch Multiplikation mit dem Dimensionsfaktor κ_c [Gl. (6.20)]:

$$K_c^\ominus = \mathcal{K}_c^\ominus \cdot \kappa_c\,.$$

Dimensionsfaktor κ_c:

$$\kappa_c = (c^\ominus)^{\nu_c} \quad \text{mit} \quad \nu_c = \sum \nu_i = (-1) + (-1) + 1 + 2 = 1\,.$$

$$\kappa_c = (1\ \text{kmol}\,\text{m}^{-3})^1 = 1\ \text{kmol}\,\text{m}^{-3}\,.$$

$$K_c^\ominus = (5{,}74 \cdot 10^{15}) \cdot 1\ \text{kmol}\,\text{m}^{-3} = \mathbf{5{,}74 \cdot 10^{15}\ kmol\ m^{-3}}\,.$$

Auf Grund des stark positiven Antriebs und des damit sehr hohen Wertes für die Gleichgewichtszahl (und die herkömmliche Gleichgewichtskonstante) liegen im Gleichgewicht (nahezu) ausschließlich die Endprodukte vor.

2.6.5 Massenwirkungsgesetz (II)

a) Antrieb $\overset{\circ}{\mathcal{A}}$ der Bildung von BrCl aus den Elementen:

Der Antrieb $\overset{\circ}{\mathcal{A}}$ der Reaktion bei 500 K ergibt sich gemäß Gleichung (6.22) zu

$$\overset{\circ}{\mathcal{A}} = RT \ln \overset{\circ}{\mathcal{K}}_c = 8{,}314\ \mathrm{G\,K^{-1}} \cdot 500\ \mathrm{K} \cdot \ln 0{,}2 = -6700\ \mathrm{G} = \mathbf{-6{,}7\ kG}\,.$$

b) Herkömmliche Gleichgewichtskonstante $\overset{\circ}{K}_c$:

$$\overset{\circ}{K}_c = \overset{\circ}{\mathcal{K}}_c \cdot \kappa_c\,, \quad \text{wobei} \quad \kappa_c = (c^{\ominus})^{\nu_c} = (c^{\ominus})^0 = 1 \quad \text{wegen} \quad \nu_c = (-1) + (-1) + 2 = 0\,.$$

$$\overset{\circ}{K}_c = 0{,}2 \cdot 1 = 0{,}2\,.$$

Gleichgewichtskonzentration c_D an BrCl:

Im vorliegenden Beispiel lautet das Massenwirkungsgesetz:

$$\overset{\circ}{K}_c = \frac{c_\mathrm{D}^{\nu_\mathrm{D}}}{c_\mathrm{B}^{|\nu_\mathrm{B}|} \cdot c_\mathrm{B'}^{|\nu_\mathrm{B'}|}} = \frac{c_\mathrm{D}^2}{c_\mathrm{B} \cdot c_\mathrm{B'}}\,.$$

Auflösen nach der gesuchten Konzentration c_D an BrCl im Gleichgewichtsgemisch ergibt:

$$c_\mathrm{D} = \sqrt{\overset{\circ}{K}_c \cdot c_\mathrm{B} \cdot c_\mathrm{B'}} = \sqrt{0{,}2 \cdot 1{,}45\ \mathrm{mol\,m^{-3}} \cdot 2{,}41\ \mathrm{mol\,m^{-3}}} = \mathbf{0{,}84\ mol\ m^{-3}}\,.$$

2.6.6 Zusammensetzung eines Gleichgewichtgemisches (I)

	Stoffkürzel			
		α		β
Umsatzformel:		α-D-Man|w	$\rightleftarrows$	β-D-Man|w.

Gleichgewichtszahl $\mathcal{K}_c^{\ominus}$:

$$\mathcal{K}_c^{\ominus} = \exp\frac{\mathcal{A}^{\ominus}}{RT^{\ominus}} = \exp\frac{(-1{,}7 \cdot 10^3\ \mathrm{G})}{8{,}314\ \mathrm{G\,K^{-1}} \cdot 298\ \mathrm{K}} = 0{,}50\,.$$

Herkömmliche Gleichgewichtskonstante $K_c^{\ominus}$:

$$K_c^{\ominus} = \mathcal{K}_c^{\ominus} \cdot \kappa_c\,, \quad \text{wobei} \quad \kappa = (c^{\ominus})^{\nu_c} = (c^{\ominus})^0 = 1 \quad \text{wegen} \quad \nu_c = (-1) + 1 = 0\,.$$

$$K_c^{\ominus} = 0{,}5 \cdot 1 = 0{,}5\,.$$

Umsatzdichte c_ξ im Gleichgewicht:

Die Gleichgewichtskonzentrationen von α-D-Mannose ($c_\alpha \equiv c_0 - c_\xi$) und β-D-Mannose ($c_\beta \equiv c_\xi$) werden analog zu den Gleichgewichtskonzentrationen von α-D-Glucose und β-D-Glucose berechnet (vgl. Abschnitt 6.4 im Lehrbuch „Physikalische Chemie"). Grundlage ist dabei das Massenwirkungsgesetz [Gl. (6.21)]:

$$K_c^{\ominus} = \frac{c_\beta^{\nu_\beta}}{c_\alpha^{|\nu_\alpha|}} = \frac{c_\beta}{c_\alpha} = \frac{c_\xi}{c_0 - c_\xi}\,.$$

Auflösen nach c_ξ ergibt:

$$c_\xi = \frac{K_c^{\ominus} \cdot c_0}{K_c^{\ominus} + 1} = \frac{0,5 \cdot 0,1\,\text{kmol}\,\text{m}^{-3}}{0,5+1} = \mathbf{0,033\ kmol\,m^{-3}}\,.$$

Die Konzentration c_β ($\equiv c_\xi$) der β-D-Mannose beträgt also 0,033 kmol m^{-3}, die Konzentration c_α der α-D-Mannose entsprechend $c_0 - c_\xi$ = **0,067 kmol m^{-3}**. Im Gleichgewichtszustand sind demnach 67 % aller gelösten Moleküle α-D-Mannose-Moleküle und nur 33 % sind β-D-Mannose-Moleküle.

2.6.7* Zusammensetzung eines Gleichgewichtgemisches (II)

Zuerst verschafft man sich am besten einen Überblick durch eine Tabelle, wie sie in Abschnitt 6.3 (Tab. 6.1) vorgestellt wird:

Stoffkürzel	B		D	D′
	$2\,HI\|g$	$\rightleftarrows$	$H_2\|g$ +	$I_2\|g$
$c_{i,0}/\text{mol}\,\text{m}^{-3}$	10		0	0
c_i	$c_0 - 2c_\xi$		c_ξ	c_ξ

Umsatzdichte c_ξ im Gleichgewicht:

Grundlage ist wieder das Massenwirkungsgesetz [Gl. (6.21)]:

$$\overset{\circ}{K}_c = \frac{c_D^{\nu_D} \cdot c_{D'}^{\nu_{D'}}}{c_B^{|\nu_B|}} = \frac{c_\xi \cdot c_\xi}{(c_0 - 2c_\xi)^2} = \left(\frac{c_\xi}{c_0 - 2c_\xi}\right)^2 .$$

Die Gleichung ist nach c_ξ aufzulösen:

$$\frac{c_\xi}{c_0 - 2c_\xi} = \sqrt{\overset{\circ}{K}_c}$$

$$c_\xi = \sqrt{\overset{\circ}{K}_c} \cdot (c_0 - 2c_\xi)$$

$$c_\xi = \sqrt{\overset{\circ}{K}_c} \cdot c_0 - 2\sqrt{\overset{\circ}{K}_c} \cdot c_\xi$$

$$c_\xi + 2\sqrt{\overset{\circ}{K}_c} \cdot c_\xi = \sqrt{\overset{\circ}{K}_c} \cdot c_0$$

$$c_\xi \cdot (1 + 2\sqrt{\overset{\circ}{K}_c}) = \sqrt{\overset{\circ}{K}_c} \cdot c_0$$

$$c_\xi = \frac{\sqrt{\overset{\circ}{\mathcal{K}}_c} \cdot c_0}{1+2\sqrt{\overset{\circ}{\mathcal{K}}_c}} = \frac{\sqrt{0,0185} \cdot 10\ \mathrm{mol\,m^{-3}}}{1+2\sqrt{0,0185}} = \mathbf{1{,}07\ mol\,m^{-3}}.$$

$$c_\mathrm{D}\ [= c(\mathrm{H_2})] = c_\xi = \mathbf{1{,}07\ mol\,m^{-3}}.$$

$$c_\mathrm{D'}\ [= c(\mathrm{I_2})] = c_\xi = \mathbf{1{,}07\ mol\,m^{-3}}.$$

$$c_\mathrm{B}\ [= c(\mathrm{HI})] = c_0 - 2c_\xi = 10\ \mathrm{mol\,m^{-3}} - (2 \cdot 1{,}07\ \mathrm{mol\,m^{-3}}) = \mathbf{7{,}86\ mol\,m^{-3}}.$$

2.6.8 Silberoxidzersetzung

	Stoffkürzel B		D	D'
Umsatzformel:	$2\ \mathrm{Ag_2O|s}$	$\rightleftarrows$	$4\ \mathrm{Ag|s}$ +	$\mathrm{O_2|g}$
$\mu^\ominus$/kG:	$2 \cdot (-11{,}3)$		$4 \cdot 0$	0

Im Gegensatz zu den bisher in den Aufgaben behandelten *homogenen* Gleichgewichten handelt es sich hier um ein *heterogenes* Gleichgewicht. In diesem Fall ist zu beachten, dass für reine Feststoffe das Massenwirkungsglied $RT \ln c_\mathrm{r}(\mathrm{B})$ entfällt, d. h., es gilt $\mu(\mathrm{B}) = \overset{\circ}{\mu}(\mathrm{B})$; der reine Feststoff erscheint also nicht im Massenwirkungsgesetz (und damit auch nicht in der Summe ν der Umsatzzahlen) (siehe auch Abschnitt 6.6 im Lehrbuch „Physikalische Chemie").

Antrieb $\mathcal{A}^\ominus$ der Reaktion:

$$\mathcal{A}^\ominus = \{[2 \cdot (-11{,}3)] - [4 \cdot 0 + 0)]\}\ \mathrm{kG} = -22{,}6\ \mathrm{kG}.$$

Gleichgewichtszahl $\mathcal{K}_p^\ominus$:

$$\mathcal{K}_p^\ominus = \exp\frac{\mathcal{A}^\ominus}{RT^\ominus} = \exp\frac{(-22{,}6 \cdot 10^3\ \mathrm{G})}{8{,}314\ \mathrm{G\,K^{-1}} \cdot 298\ \mathrm{K}} = \mathbf{1{,}1 \cdot 10^{-4}}.$$ vgl. Gl. (6.18)

Herkömmliche Gleichgewichtskonstante $K_p^\ominus$:

$$K_p^\ominus = \mathcal{K}_p^\ominus \cdot \kappa_p, \quad \text{wobei} \quad \kappa_p = (p^\ominus)^{\nu_p} = (100\ \mathrm{kPa})^1 \quad \text{wegen} \quad \nu_p = 1.$$

(da Feststoffe nicht berücksichtigt werden)

$$K_p^\ominus = (1{,}1 \cdot 10^{-4}) \cdot (100 \cdot 10^3\ \mathrm{Pa}) = \mathbf{11\ Pa}.$$

Zersetzungsdruck $p_\mathrm{D'}$ des Silberoxids:

Wie erwähnt, müssen wir bei der Aufstellung des Massenwirkungsgesetzes berücksichtigen, dass reine Feststoffe nicht in der Formel erscheinen. Wir erhalten also:

$$K_p^\ominus = p_\mathrm{D'}\ [= p(\mathrm{O_2})] = \mathbf{11\ Pa}.$$

Der Zersetzungsdruck ist identisch mit der Gleichgewichtskonstanten.

Diese Berechnung ist äquivalent zu der am Ende von Abschnitt 5.5 vorgestellten Beschreibung [Gl. (5.19)], denn es gilt:

$$p \quad = p^{\ominus} \cdot \exp\frac{\mathcal{A}^{\ominus}}{RT^{\ominus}} = p^{\ominus} \cdot \mathcal{K}_p^{\ominus} = K_p^{\ominus} \ .$$

2.6.9 Löslichkeit von Silberchlorid

Umsatzformel:	$AgCl|s$	$\rightleftarrows$	$Ag^+|w$ +	$Cl^-|w$
$\mu^{\ominus}/\text{kG}$:	−109,8		+77,1	−131,2

Auch hier handelt es sich um ein *heterogenes* Gleichgewicht, genauer gesagt, um ein *Lösungsgleichgewicht.*

Antrieb $\mathcal{A}^{\ominus}$ der Reaktion:

$$\mathcal{A}^{\ominus} \quad = \{[-109,8]-[77,1+(-131,2)]\}\ \text{kG} = -55,7\ \text{kG}\ .$$

Gleichgewichtszahl $\mathcal{K}_{\text{sd}}^{\ominus}$:

$$\mathcal{K}_{\text{sd}}^{\ominus} \quad = \exp\frac{\mathcal{A}^{\ominus}}{RT^{\ominus}} = \exp\frac{(-55,7\cdot 10^3\ \text{G})}{8,314\ \text{G}\,\text{K}^{-1}\cdot 298\ \text{K}} = \mathbf{1,7\cdot 10^{-10}}\,.$$

Herkömmliche Gleichgewichtskonstante $K_{\text{sd}}^{\ominus}$:

$$K_{\text{sd}}^{\ominus} \quad = \mathcal{K}_{\text{sd}}^{\ominus}\cdot \kappa_c\,, \qquad \text{wobei} \quad \kappa_c = (c^{\ominus})^{\nu_c} = (1\ \text{kmol}\,\text{m}^{-3})^2 \quad \text{wegen} \quad \nu_c = 1+1 = 2\,.$$

$$K_{\text{sd}}^{\ominus} \quad = (1,7\cdot 10^{-10})\cdot(1\cdot 10^3\ \text{mol}\,\text{m}^{-3})^2 = \mathbf{1,7\cdot 10^{-4}\ mol^2\ m^{-6}}\,.$$

Sättigungskonzentration c_{sd}:

$$K_{\text{sd}}^{\ominus} \quad = c(Ag^+)\cdot c(Cl^-)\,.$$

Diese spezielle Form des Massenwirkungsgesetzes wird auch oft als „Löslichkeitsprodukt" bezeichnet.

Aus der Umsatzformel ergibt sich, dass aus jedem AgCl ein Ag^+-Ion und ein Cl^--Ion entsteht. Demgemäß gilt:

$$c_{\text{sd}} \quad = c(Ag^+) = c(Cl^-)\,.$$

Einsetzen in das Massenwirkungsgesetz,

$$K_{\text{sd}}^{\ominus} \quad = {c_{\text{sd}}}^2\,,$$

und Auflösen nach c_{sd} ergibt mit

$$c_{\text{sd}} \quad = \sqrt{K_{\text{sd}}^{\ominus}} = \sqrt{1,7\cdot 10^{-4}\ \text{mol}^2\ \text{m}^{-6}} = \mathbf{0,013\ mol\ m^{-3}}$$

die Sättigungskonzentration von in Wasser gelöstem Silberchlorid bei 25 °C. Diese ist, wie erwartet, sehr gering.

2.6.10* Löslichkeitsprodukt (I)

Umsatzformel: $CaF_2|s \rightleftarrows Ca^{2+}|w + 2\ F^-|w$

a) Herkömmliche Gleichgewichtskonstante $K^\ominus_{sd}$:

$$K^\ominus_{sd} = \mathcal{K}^\ominus_{sd} \cdot \kappa_c\,, \quad \text{wobei} \quad \kappa_c = (c^\ominus)^{\nu_c} = (1\ \text{kmol}\,\text{m}^{-3})^3 \quad \text{wegen} \quad \nu_c = 1 + 2 = 3\,.$$

$$K^\ominus_{sd} = (3{,}45 \cdot 10^{-11}) \cdot (1 \cdot 10^3\ \text{mol}\,\text{m}^{-3})^3 = 0{,}0345\ \text{mol}^3\,\text{m}^{-9}\,.$$

Sättigungskonzentration c_{sd}:

Wir erhalten für die herkömmliche Gleichgewichtskonstante:

$$K^\ominus_{sd} = c(Ca^{2+}) \cdot c(F^-)^2\,.$$

Aus der Umsatzformel ergibt sich, dass aus jedem CaF_2 ein Ca^{2+}-Ion und zwei F^--Ionen entstehen. Demgemäß gilt:

$$c(Ca^{2+}) = c_{sd} \quad \text{und} \quad c(F^-) = 2c_{sd}\,.$$

Einsetzen in das Massenwirkungsgesetz ergibt:

$$K^\ominus_{sd} = c_{sd} \cdot (2c_{sd})^2 = c_{sd} \cdot 4c_{sd}{}^2 = 4c_{sd}{}^3\,.$$

Wir lösen nun nach c_{sd} auf und erhalten:

$$c_{sd} = \sqrt[3]{K^\ominus_{sd}/4} = \sqrt[3]{0{,}0345\ \text{mol}^3\,\text{m}^{-9}/4} = \mathbf{0{,}21\ mol\,m^{-3}}\,.$$

b) Konzentration an Ca^{2+}-Ionen:

Wir gehen vom Massenwirkungsgesetz aus und lösen nach $c(Ca^{2+})$ auf:

$$c(Ca^{2+}) = \frac{K^\ominus_{sd}}{c(F^-)^2} = \frac{0{,}0345\ \text{mol}^3\,\text{m}^{-9}}{(0{,}01 \cdot 10^3\ \text{mol}\,\text{m}^{-3})^2} = \mathbf{3{,}45 \cdot 10^{-4}\ mol\,m^{-3}}\,.$$

Der Calciumgehalt wurde also, wie erwartet, durch den F^--Zusatz drastisch abgesenkt.

2.6.11* Löslichkeitsprodukt (II)

a) Umsatzformel: $Ca_3(PO_4)_2|s \rightleftarrows 3\ Ca^{2+}|w + 2\ PO_4^{3-}|w$

Herkömmliche Gleichgewichtskonstante $K^\ominus_{sd}$:

$$K^\ominus_{sd} = \mathcal{K}^\ominus_{sd} \cdot \kappa_c\,, \quad \text{wobei} \quad \kappa_c = (c^\ominus)^{\nu_c} = (1\ \text{kmol}\,\text{m}^{-3})^5 \quad \text{wegen} \quad \nu_c = 3 + 2 = 5\,.$$

$$K^\ominus_{sd} = (2{,}07 \cdot 10^{-33}) \cdot (1 \cdot 10^3\ \text{mol}\,\text{m}^{-3})^5 = 2{,}07 \cdot 10^{-18}\ \text{mol}^5\,\text{m}^{-15}\,.$$

Sättigungskonzentration c_{sd}:

In diesem Fall erhalten wir für die herkömmliche Gleichgewichtskonstante:

$K_{sd}^{\ominus} \quad = c(Ca^{2+})^3 \cdot c(PO_4^{3-})^2 .$

Aus der Umsatzformel ergibt sich, dass aus jedem $Ca_3(PO_4)_2$ drei Ca^{2+}-Ionen und zwei PO_4^{3-}- Ionen entstehen. Demgemäß gilt:

$c(Ca^{2+}) = 3c_{sd}$ und $c(PO_4^{3-}) = 2c_{sd}$.

Wir setzen wieder in das Massenwirkungsgesetz ein,

$$K_{sd}^{\ominus} = (3c_{sd})^3 \cdot (2c_{sd})^2 = 27{c_{sd}}^3 \cdot 4{c_{sd}}^2 = 108{c_{sd}}^5 ,$$

und lösen nach c_{sd} auf:

$$c_{sd} = \sqrt[5]{K_{sd}^{\ominus}/108} = \sqrt[5]{(2{,}07 \cdot 10^{-18}\ \text{mol}^5\ \text{m}^{-15})/108}$$

$$= 1{,}14 \cdot 10^{-4}\ \text{mol}\,\text{m}^{-3} = 0{,}114\ \text{kmol}\,\text{m}^{-3} .$$

Masse m(TCP) an Tricalciumphosphat in der Lösung:

Gefragt ist aber nach der Masse an Tricalciumphosphat (TCP) in 500 mL Wasser. Die molare Masse des Phosphats beträgt $310{,}2 \cdot 10^{-3}$ kg mol^{-1}. (Aufgrund des sehr geringen Gehaltes an Tricalciumphospat in der Lösung kann das Volumen an Wasser gleich dem Lösungsvolumen gesetzt werden.)

$$c_{sd} = \frac{n(\text{TCP})}{V_L} = \frac{m(\text{TCP})}{M(\text{TCP}) \cdot V_L} .$$

Auflösen nach m(TCP) ergibt:

$$m(\text{TCP}) = c_{sd} \cdot M(\text{TCP}) \cdot V_L .$$

$$m(\text{TCP}) = (0{,}114 \cdot 10^{-3}\ \text{mol}\,\text{m}^{-3}) \cdot (310{,}2 \cdot 10^{-3}\ \text{kg}\,\text{mol}^{-1}) \cdot (500 \cdot 10^{-6}\ \text{m}^3)$$

$$= 18 \cdot 10^{-9}\ \text{kg} = \mathbf{18\ \mu g} .$$

Theoretisch löst sich in 500 mL Wasser nur die äußerst geringe Masse von 18 µg an Tricalciumphosphat.

b) Tatsächlich ist die Löslichkeit des Salzes infolge „Hydrolyse“, d. h. auf Grund der Reaktion der Anionen mit Wasser gemäß

$$PO_4^{3-}|w + H_2O|l \rightleftarrows HPO_4^{2-}|w + OH^-|w \quad \text{und}$$

$$HPO_4^{2-}|w + H_2O|l \rightleftarrows PO_4^{3-}|w + OH^-|w$$

erheblich höher. Durch diese sogenannte Säure-Base-Reaktion wird die Anionenkonzentration im Löslichkeitsprodukt reduziert, was zu einer Verschiebung des Gleichgewichtes auf die Seite der Endprodukte führt, d. h., es muss weiteres $Ca_3(PO_4)_2$ in Lösung gehen.

2.6.12 Sauerstoffgehalt im Wasser

Umsatzformel: $O_2|g \rightleftarrows O_2|w$

Stoffmengenkonzentration $c(B|w)$ an Sauerstoff im luftgesättigten Wasser:

Bei der Berechnung des Sauerstoffgehaltes im Gartenteich gehen wir vom HENRYschen Gesetz [Gl. (6.37)] aus:

$$\mathring{K}_{gd}^{\ominus} = \mathring{K}_{H}^{\ominus} = \frac{c(B|w)}{p(B|g)}.$$

Auflösen nach $c(B|w)$ ergibt:

$$c(B|w) = \mathring{K}_{gd}^{\ominus} \cdot p(B|g).$$

Der Sauerstoffpartialdruck in der Umgebungsluft beträgt etwa 21 kPa (da der Anteil an Sauerstoff in der Luft rund 21 % beträgt).

$$c(B|w) = (1{,}3 \cdot 10^{-5}\ \text{mol m}^{-3}\,\text{Pa}^{-1}) \cdot (21 \cdot 10^{3}\ \text{Pa}) = \mathbf{0{,}27\ mol\,m^{-3}}.$$

Massenkonzentration $\beta(B|w)$ an Sauerstoff im luftgesättigten Wassers:

Die molare Masse von Sauerstoff beträgt $32{,}0 \cdot 10^{-3}$ kg mol^{-1}.

$$c(B|w) = \frac{n(B)}{V_L} = \frac{m(B)}{M(B) \cdot V_L} = \frac{\beta(B|w)}{M(B)}.$$

Auflösen nach $\beta(B|w)$ ergibt:

$$\beta(B|w) = c(B|w) \cdot M(B) = 0{,}27\ \text{mol m}^{-3} \cdot (32{,}0 \cdot 10^{-3}\ \text{kg mol}^{-1})$$

$$= 8{,}6 \cdot 10^{-3}\ \text{kg m}^{-3} = \mathbf{8{,}6\ mg\,L^{-1}}.$$

2.6.13 CO_2-Löslichkeit

a) Umsatzformel: $CO_2|g \rightleftarrows CO_2|w$
$\mu^{\ominus}$/kG: –394,4 –386,0

Antrieb $\mathcal{A}^{\ominus}$ der Reaktion:

$$\mathcal{A}^{\ominus} = [(-394{,}4) - (-386{,}0)]\ \text{kG} = -8{,}4\ \text{kG}.$$

Gleichgewichtszahl $\mathcal{K}_{gd}^{\ominus}$:

$$\mathcal{K}_{gd}^{\ominus} = \exp\frac{\mathcal{A}^{\ominus}}{RT^{\ominus}} = \exp\frac{(-8{,}4 \cdot 10^{3}\ \text{G})}{8{,}314\ \text{G K}^{-1} \cdot 298\ \text{K}} = 0{,}034.$$

HENRY-Konstante $K_{\text{gd}}^{\ominus}$:

$$K_{\text{gd}}^{\ominus} = \mathcal{K}_{\text{gd}}^{\ominus} \frac{c^{\ominus}}{p^{\ominus}} = 0{,}034 \cdot \frac{1 \cdot 10^3\ \text{mol}\,\text{m}^{-3}}{100 \cdot 10^3\,\text{Pa}} = \mathbf{3{,}4 \cdot 10^{-4}\ mol\,m^{-3}\,Pa^{-1}}.$$

Konzentration $c_1(\text{B|w})$ an Kohlendioxid im Wasser:

$$K_{\text{gd}}^{\ominus} = \frac{c_1(\text{B|w})}{p_1(\text{B|g})}.$$

Auflösen nach $c_1(\text{B|w})$ ergibt:

$$c_1(\text{B|w}) = K_{\text{gd}}^{\ominus} \cdot p_1(\text{B|g}) = (3{,}4 \cdot 10^{-4}\ \text{mol}\,\text{m}^{-3}\,\text{Pa}^{-1}) \cdot (100 \cdot 10^3\ \text{Pa}) = \mathbf{34\ mol\,m^{-3}}.$$

b) Stoffmenge $n_1(\text{B})$ an Kohlendioxid im Wasser:

$$c_1(\text{B|w}) = \frac{n_1(\text{B})}{V_{\text{L}}} \quad \Rightarrow$$

$$n_1(\text{B}) = c_1(\text{B|w}) \cdot V_{\text{L}} = 34\ \text{mol}\,\text{m}^{-3} \cdot (1 \cdot 10^{-3}\ \text{m}^3) = 34 \cdot 10^{-3}\ \text{mol} = 34\ \text{mmol}.$$

Volumen $V_1(\text{B|g})$ des Gases:

Anhand des Hinweises aus Aufgabe 1.1.4 wissen wir, dass 1 mol eines beliebigen Gases, sei es rein oder gemischt, unter Normbedingungen rund 24,8 L einnimmt. Der Stoffmenge $n_1(\text{B})$ von $34 \cdot 10^{-3}$ mol an CO_2 entspricht daher ein Volumen $V_1(\text{B|g})$ des Gases von $(34 \cdot 10^{-3}\ \text{mol}) \cdot (24{,}8 \cdot 10^{-3}\ \text{m}^3\,\text{mol}^{-1}) = 0{,}84 \cdot 10^{-3}\ \text{m}^3 = \mathbf{0{,}84\ L}$.

c) Konzentraton $c_2(\text{B|w})$ an Kohlendioxid im Wasser:

$$c_2(\text{B|w}) = K_{\text{gd}}^{\ominus} \cdot p_2(\text{B|g}) = (3{,}4 \cdot 10^{-4}\ \text{mol}\,\text{m}^{-3}\,\text{Pa}^{-1}) \cdot (300 \cdot 10^3\ \text{Pa}) = 102\ \text{mol}\,\text{m}^{-3}.$$

Stoffmenge $n_2(\text{B})$ an Kohlendioxid im Wasser:

$$n_2(\text{B}) = c_2(\text{B|w}) \cdot V_{\text{L}} = 102\ \text{mol}\,\text{m}^{-3} \cdot (1 \cdot 10^{-3}\ \text{m}^3) = 102 \cdot 10^{-3}\ \text{mol} = 102\ \text{mmol}.$$

Volumen $V_2(\text{B|g})$ des Gases:

Der Stoffmenge $n_2(\text{B})$ von $102 \cdot 10^{-3}$ mol an CO_2 entspricht ein Volumen $V_2(\text{B|g})$ des Gases von $(102 \cdot 10^{-3}\ \text{mol}) \cdot (24{,}8 \cdot 10^{-3}\ \text{m}^3\,\text{mol}^{-1}) = 2{,}53 \cdot 10^{-3}\ \text{m}^3 = 2{,}53$ L.

Volumen $V_{\text{A}}(\text{B|g})$ an Gas, das in Form von Blasen aus der Flüssigkeit „ausperlt“:

Damit eine Gasblase entstehen kann, muss der Druck darin den Atmosphärendruck von ca. 100 kPa übersteigen. „Ausperlen“ kann also nur ein CO_2-Volumen, das der im Druckbereich oberhalb 100 kPa gelösten CO_2-Menge entspricht. Das sind hier

$$V_{\text{A}}(\text{B|g}) = V_2(\text{B|g}) - V_1(\text{B|g}) = 2{,}53 \cdot 10^{-3}\ \text{m}^3 - 0{,}84 \cdot 10^{-3}\ \text{m}^3$$

$V_A(B|g) \quad = 1{,}69 \cdot 10^{-3}\ m^3 = \mathbf{1{,}69\ L}$.

Das restliche CO_2 entweicht sehr viel langsamer durch Diffusion, ohne dass Blasen entstehen.

2.6.14* CO_2-Absorption in Kalkwasser

	Stoffkürzel B	B′	B″		D	D′
Umsatzformel:	$Ca^{2+}\|w$ +	$2\ OH^-\|w$	+ $CO_2\|g$	$\rightleftarrows$	$CaCO_3\|s$ +	$H_2O\|l$
$\mu^\ominus$/kG:	−553,6	2·(−157,2)	−394,4		−1128,8	−237,1

Antrieb $\mathcal{A}^\ominus$ der Reaktion:

$$\mathcal{A}^\ominus = \{[(-553{,}6) + 2\cdot(-157{,}2) + (-394{,}4)] - [(-1128{,}8) + (-237{,}1)]\}\ \text{kG} = \mathbf{+103{,}5\ kG}.$$

Gleichgewichtszahl $\mathcal{K}_{pc}^\ominus$:

$$\mathcal{K}_{pc}^\ominus = \exp\frac{\mathcal{A}^\ominus}{RT^\ominus} = \exp\frac{103{,}5\cdot 10^3\ \text{G}}{8{,}314\ \text{G}\,\text{K}^{-1}\cdot 298\ \text{K}} = \mathbf{1{,}39\cdot 10^{18}}.$$

Herkömmliche Gleichgewichtskonstante $K_{pc}^\ominus$:

Es handelt sich um eine „gemischte" Gleichgewichtskonstante, so dass sowohl ein Dimensionsfaktor κ_c als auch ein Dimensionsfaktor κ_p zu berücksichtigen ist:

$$K_{pc}^\ominus = \mathcal{K}_{pc}^\ominus \cdot \kappa_c \cdot \kappa_p, \quad \text{wobei } \kappa_c = (c^\ominus)^{\nu_c} = (1\ \text{kmol}\,\text{m}^{-3})^{-3} \text{ wegen } \nu_c = (-1) + (-2) = -3$$

$$\text{und} \quad \kappa_p = (p^\ominus)^{\nu_p} = (100\ \text{kPa})^{-1} \text{ wegen } \nu_p = -1.$$

In die Summe ν_c der Umsatzzahlen der gelösten Stoffe gehen die Umsatzzahlen der Ausgangsstoffe $Ca^{2+}|w$ und $OH^-|w$ ein, in die Summe ν_p der Umsatzzahlen der Gase nur das Kohlendioxid.

$$K_{pc}^\ominus = (1{,}39\cdot 10^{18})\cdot(1\cdot 10^3\ \text{mol}\,\text{m}^{-3})^{-3}\cdot(100\cdot 10^3\ \text{Pa})^{-1} = \mathbf{1{,}39\cdot 10^4\ mol^{-3}\,m^9\,Pa^{-1}}.$$

Partialdruck $p_{B''}$ des Kohlendioxids:

Für das Massenwirkungsgesetz erhalten wir

$$K_{pc}^\ominus = \frac{1}{c_B\cdot c_{B'}^2\cdot p_{B''}},$$

da sowohl der Niederschlag an $Ca(OH)_2$ als Feststoff als auch das Wasser als Lösemittel nicht im Massenwirkungsgesetz erscheinen.

Es ist nun zu beachten, dass in der Calciumhydroxid-Lösung mit der Konzentration c = 20 mol m^{-3} doppelt so viele OH^--Ionen wie Ca^{2+}-Ionen vorliegen, d. h., es gilt:

$$c_B = c, \quad c_{B'} = 2c \quad \text{und damit}$$

$$K_{pc}^{\ominus} = \frac{1}{c \cdot (2c)^2 \cdot p_{B''}} = \frac{1}{4c^3 \cdot p_{B''}}.$$

Auflösen nach $p_{B''}$ ergibt:

$$p_{B''} = \frac{1}{4c^3 \cdot K_{pc}^{\ominus}} = \frac{1}{4 \cdot (20\,\text{mol m}^{-3})^3 \cdot (1{,}39 \cdot 10^4\,\text{mol}^{-3}\,\text{m}^9\,\text{Pa}^{-1})} = \mathbf{2{,}25 \cdot 10^{-9}\,Pa}.$$

2.6.15 Iodverteilung

Umsatzformel: $I_2|w \rightleftarrows I_2|\text{Chl}$

$\mu^{\ominus}/\text{kG}$: 16,4 4,2

a) Antrieb $\mathcal{A}^{\ominus}$ der Reaktion:

$$\mathcal{A}^{\ominus} = (16{,}4 - 4{,}2)\,\text{kG} = 12{,}2\,\text{kG}.$$

Gleichgewichtszahl $\mathcal{K}_{\text{dd}}^{\ominus}$:

Die Gleichgewichtszahl für die Verteilung des Iods zwischen den beiden praktisch nicht mischbaren flüssigen Phasen Wasser und Chloroform ergibt sich gemäß Gleichung (6.38) zu:

$$\mathcal{K}_{\text{dd}}^{\ominus} = \exp\frac{\mathcal{A}^{\ominus}}{RT^{\ominus}} = \exp\frac{12{,}2 \cdot 10^3\,\text{G}}{8{,}314\,\text{G K}^{-1} \cdot 298\,\text{K}} = 138.$$

NERNSTscher Verteilungskoeffizient $K_{\text{dd}}^{\ominus}$:

$$K_{\text{dd}}^{\ominus} = \mathcal{K}_{\text{dd}}^{\ominus} \cdot \kappa_c \quad \text{wobei} \quad \kappa_c = (c^{\ominus})^{\nu_c} = (c^{\ominus})^0 = 1 \quad \text{wegen} \quad \nu_c = -1 + 1 = 0.$$

$$K_{\text{dd}}^{\ominus} = 138 \cdot 1 = 138.$$

Da der Dimensionsfaktor κ_c gleich 1 ist, sind die Gleichgewichtszahl $\mathcal{K}_{\text{dd}}^{\ominus}$ und der NERNSTsche Verteilungskoeffizient $K_{\text{N}}^{\ominus}$ (= $K_{\text{dd}}^{\ominus}$) identisch.

Iod-Anteil a_{W} im Wasser:

Wir gehen vom NERNSTschen Verteilungssatz aus [Gl. (6.39)]:

$$K_{\text{dd}}^{\ominus} = \frac{c(\text{B}|\text{Chl})}{c(\text{B}|\text{w})}.$$

Da die Volumina der wässrigen Phase ($V_{\text{L,w}}$) und der Chloroformphase ($V_{\text{L,Chl}}$) gleich groß sein sollen, kann das Konzentrationsverhältnis durch das Verhältnis der Stoffmengen ersetzt werden:

$$K_{\text{dd}}^{\ominus} = \frac{n(\text{B}|\text{Chl}) \cdot V_{\text{L,w}}}{V_{\text{L,Chl}} \cdot n(\text{B}|\text{w})} = \frac{n(\text{B}|\text{Chl})}{n(\text{B}|\text{w})}.$$

Auflösen nach $n(\mathrm{B}|\mathrm{Chl})$ ergibt:

$$n(\mathrm{B}|\mathrm{Chl}) = K_{\mathrm{dd}}^{\ominus} \cdot n(\mathrm{B}|\mathrm{w}) .$$

Gesucht ist nun der Iod-Anteil a_{W} im Wasser:

$$a_{\mathrm{W}} = \frac{n(\mathrm{B}|\mathrm{w})}{n_{\mathrm{ges}}} = \frac{n(\mathrm{B}|\mathrm{w})}{n(\mathrm{B}|\mathrm{w}) + n(\mathrm{B}|\mathrm{Chl})} = \frac{n(\mathrm{B}|\mathrm{w})}{n(\mathrm{B}|\mathrm{w}) + K_{\mathrm{dd}}^{\ominus} \cdot n(\mathrm{B}|\mathrm{w})} = \frac{1}{1+K_{\mathrm{dd}}^{\ominus}} .$$

$$a_{\mathrm{W}} = \frac{1}{1+138} = 0{,}0072 = \mathbf{0{,}72\ \%} .$$

Es bleiben also nur 0,72 % des Iods in der wässrigen Phase zurück.

b) Iod-Anteil $a_{\mathrm{W},1}$ im Wasser nach dem ersten Ausschütteln:

Wir gehen analog zur Teilaufgabe a) vor:

$$K_{\mathrm{dd}}^{\ominus} = \frac{n(\mathrm{B}|\mathrm{Chl})_1 \cdot V_{\mathrm{L,w}}}{V_{\mathrm{L,Chl}} \cdot n(\mathrm{B}|\mathrm{w})_1} = \frac{n(\mathrm{B}|\mathrm{Chl})_1 \cdot V_{\mathrm{L,w}}}{\frac{1}{2} V_{\mathrm{L,w}} \cdot n(\mathrm{B}|\mathrm{w})_1} = \frac{2 \cdot n(\mathrm{B}|\mathrm{Chl})_1}{n(\mathrm{B}|\mathrm{w})_1}$$

$$n(\mathrm{B}|\mathrm{Chl})_1 = \tfrac{1}{2} K_{\mathrm{dd}}^{\ominus} \cdot n(\mathrm{B}|\mathrm{w})_1$$

$$a_{\mathrm{W},1} = \frac{n(\mathrm{B}|\mathrm{w})_1}{n_{\mathrm{ges}}} = \frac{n(\mathrm{B}|\mathrm{w})_1}{n(\mathrm{B}|\mathrm{w})_1 + n(\mathrm{B}|\mathrm{Chl})_1} = \frac{n(\mathrm{B}|\mathrm{w})_1}{n(\mathrm{B}|\mathrm{w})_1 + \frac{1}{2} K_{\mathrm{dd}}^{\ominus} \cdot n(\mathrm{B}|\mathrm{w})_1} = \frac{1}{1+\frac{1}{2} K_{\mathrm{dd}}^{\ominus}} .$$

$$a_{\mathrm{W},1} = \frac{1}{1+\frac{1}{2} \cdot 138} = 0{,}0143 .$$

Iod-Anteil $a_{\mathrm{W},2}$ im Wasser nach dem zweiten Ausschütteln:

In der wässrigen Lösung, die nach dem ersten Ausschütteln im Scheidetrichter verbleibt, befindet sich nun nur noch eine Gesamtstoffmenge $n_{\mathrm{ges},1} = a_{\mathrm{W},1} \cdot n_{\mathrm{ges}}$ an Iod. Wir erhalten also nach nochmaligem Ausschütteln:

$$\frac{n(\mathrm{B}|\mathrm{w})_2}{n_{\mathrm{ges},1}} = \frac{n(\mathrm{B}|\mathrm{w})_2}{a_{\mathrm{W},1} \cdot n_{\mathrm{ges}}} .$$

Der gesuchte Iod-Anteil $a_{\mathrm{W},2}$ im Wasser nach dem zweiten Ausschütteln (bezogen auf die Stoffmenge n_{ges} an Iod in der Ausgangslösung) ergibt sich dann zu:

$$a_{\mathrm{W},2} = \frac{n(\mathrm{B}|\mathrm{w})_2}{n_{\mathrm{ges}}} = a_{\mathrm{W},1} \cdot \frac{n(\mathrm{B}|\mathrm{w})_2}{n_{\mathrm{ges},1}} .$$

Der zweite Faktor lässt sich nun analog zum ersten Teil der Teilaufgabe behandeln:

$$\frac{n(\mathrm{B}|\mathrm{w})_2}{n_{\mathrm{ges},1}} = \frac{n(\mathrm{B}|\mathrm{w})_2}{n(\mathrm{B}|\mathrm{w})_2 + \frac{1}{2} K_{\mathrm{dd}}^{\ominus} \cdot n(\mathrm{B}|\mathrm{w})_2} = \frac{1}{1+\frac{1}{2} K_{\mathrm{dd}}^{\ominus}} = a_{\mathrm{W},1}$$

Wir erhalten schließlich für $a_{W,2}$:

$$a_{W,2} = a_{W,1} \cdot a_{W,1} = 0,0143 \cdot 0,0143 = 0,00020 = \mathbf{0,02\ \%}.$$

Es ist also weitaus effektiver, bei Einsatz des gleichen Gesamtvolumens an Extraktionsmittel mehrfach auszuschütteln.

2.6.16* Iodverteilung für Fortgeschrittene

Umsatzformel: $I_2|w \rightleftarrows I_2|CS_2$

Masse m_x an Iod in der wässrigen Phase:

Gesucht ist die Masse an Iod, die nach dem Ausschütteln mit Schwefelkohlenstoff in der wässrigen Phase verbleibt:

$$\overset{\ominus}{K}_{dd} = \frac{c(B|CS_2)}{c(B|w)} = \frac{n(B|CS_2)}{V_{L,CS_2}} \cdot \frac{V_{L,w}}{n(B|w)}$$

$$= \frac{m(B|CS_2)}{M(B) \cdot V_{L,CS_2}} \cdot \frac{M(B) \cdot V_{L,w}}{m(B|w)} = \frac{m(B|CS_2)}{V_{L,CS_2}} \cdot \frac{V_{L,w}}{m(B|w)}.$$

Bezeichnen wir nun die gesuchte Masse an Iod in der wässrigen Phase mit m_x, dann verbleibt in der organischen Phase eine Masse von $(m_{ges} - m_x)$ an Iod. Damit gilt:

$$\overset{\ominus}{K}_{dd} = \frac{m_{ges} - m_x}{V_{L,CS_2}} \cdot \frac{V_{L,w}}{m_x}.$$

Auflösen nach m_x ergibt:

$$\overset{\ominus}{K}_{dd} \cdot V_{L,CS_2} \cdot m_x = V_{L,w} \cdot (m_{ges} - m_x) = V_{L,w} \cdot m_{ges} - V_{L,w} \cdot m_x$$

$$[\overset{\ominus}{K}_{dd} \cdot V_{L,CS_2} + V_{L,w}] \cdot m_x = V_{L,w} \cdot m_{ges}$$

$$m_x = \frac{V_{L,w} \cdot m_{ges}}{\overset{\ominus}{K}_{dd} \cdot V_{L,CS_2} + V_{L,w}}.$$

$$m_x = \frac{(500 \cdot 10^{-6}\ m^3) \cdot (500 \cdot 10^{-6}\ kg)}{588 \cdot (50 \cdot 10^{-6}\ m^3) + (500 \cdot 10^{-6}\ m^3)} = \frac{0,25 \cdot 10^{-6}\ m^3\ kg}{0,0299\ m^3} = 8,4 \cdot 10^{-6}\ kg = \mathbf{8,4\ mg}.$$

Es verbleiben lediglich 8,4 mg des Iods in der wässrigen Phase.

2.6.17 BOUDOUARD-Gleichgewicht

	Stoffkürzel	B	B′		D
Umsatzformel:		C|Graphit +	CO_2|g	$\rightleftarrows$	2 CO|g
$\mu^{\ominus}$/kG:		0	−394,4		2 · (−137,2)
α/G K^{-1}:		−5,7	−213,8		2 · (−197,7)

a) Antrieb $\mathcal{A}^{\ominus}$ der Reaktion:

$$\mathcal{A}^{\ominus} = \{[0+(-394,4)]-[2\cdot(-137,2)]\}\ \mathrm{kG} = -120,0\ \mathrm{kG}\,.$$

Gleichgewichtszahl $\mathcal{K}_p^{\ominus}$:

$$\mathcal{K}_p^{\ominus} = \exp\frac{\mathcal{A}^{\ominus}}{RT^{\ominus}} = \exp\frac{(-120,0\cdot 10^3\ \mathrm{G})}{8,314\ \mathrm{G\,K^{-1}}\cdot 298\ \mathrm{K}} = 9,2\cdot 10^{-22}\,.$$

Herkömmliche Gleichgewichtskonstante $K_p^{\ominus}$:

$$K_p^{\ominus} = \mathcal{K}_p^{\ominus}\cdot\kappa_p \quad \text{wobei} \quad \kappa_p = (p^{\ominus})^{\nu_c} = (100\ \mathrm{kPa})^1 \quad \text{wegen} \quad \nu_p = -1+2 = 1\,.$$

$$K_p^{\ominus} = (9,2\cdot 10^{-22})\cdot(100\cdot 10^3\ \mathrm{Pa}) = \mathbf{9{,}2\cdot 10^{-17}\ Pa}\,.$$

Auf Grund des stark negativen Antriebs und des damit sehr kleinen Wertes für die Gleichgewichtszahl (und die herkömmliche Gleichgewichtskonstante) liegt das Gleichgewicht ganz auf der Seite der Ausgangsstoffe. Im Gleichgewichtsgemisch liegen (nahezu) ausschließlich die Ausgangsstoffe vor.

b) Temperaturkoeffizient α der Reaktion:

$$\alpha = \{[-5,7+(-213,8)]-[2\cdot(-197,7]\}\ \mathrm{G\,K^{-1}} = 175,9\ \mathrm{G\,K^{-1}}\,.$$

Gleichgewichtszahl $\overset{\circ}{\mathcal{K}}_p$ bei 1073 K:

Die Gleichgewichtszahl $\overset{\circ}{\mathcal{K}}_p$ bei einer Temperatur von 1073 K berechnet sich gemäß Gleichung (6.40) zu:

$$\overset{\circ}{\mathcal{K}}_p = \exp\frac{\mathcal{A}^{\ominus}+\alpha(T-T^{\ominus})}{RT}\,.$$

$$\overset{\circ}{\mathcal{K}}_p = \exp\frac{(-120,0\cdot 10^3\ \mathrm{G})+175,9\ \mathrm{G\,K^{-1}}(1073\ \mathrm{K}-298\ \mathrm{K})}{8,314\ \mathrm{G\,K^{-1}}\cdot 1073\ \mathrm{K}} = 6,2\,.$$

Herkömmliche Gleichgewichtskonstante $\overset{\circ}{K}_p$ bei 1073 K:

$$\overset{\circ}{K}_p = 6,2\cdot(100\cdot 10^3\ \mathrm{Pa}) = \mathbf{620\ kPa}\,.$$

Die Gleichgewichtskonstante ist deutlich größer als 1, d. h., im Gleichgewicht dominiert nun das Endprodukt Kohlenmonoxid.

c) Partialdruck p_D des Kohlenmonoxids im Gleichgewichtsgemisch:

Wir gehen vom Massenwirkungsgesetz aus:

$$\overset{\circ}{K}_p = \frac{p_\mathrm{D}^2}{p_\mathrm{B}}\,.$$

Auflösen nach p_D ergibt für den Partialdruck des Kohlenmonoxids im Gleichgewicht:

$$p_{\mathrm{D}} = \sqrt{\overset{\circ}{K}_p(1073\ \mathrm{K})\cdot p_{\mathrm{B}}} = \sqrt{620\ \mathrm{kPa}\cdot 30\ \mathrm{kPa}} = \mathbf{136\ kPa}\,.$$

Wie erwartet, dominiert das Kohlenmonoxid im Gleichgewichtsgasgemisch.

d) Wird das entstehende Kohlenmonoxid kontinuierlich aus dem System entfernt, so setzt sich der Kohlenstoff mit dem Kohlendioxid vollständig zu Kohlenmonoxid um.

2.6.18* BOUDOUARD-Gleichgewicht für Fortgeschrittene

Stoffkürzel	B	B′		D
	C|Graphit +	CO_2|g	⇄	2 CO|g
$p_{i,0}$/kPa:		100		0
p_i:		$p_0 - p_\xi$		$2p_\xi$

Wenn ein Anteil x des Kohlendioxidgases zerfällt, so verringert sich sein Ausgangsdruck p_0 um p_x. Für jedes CO_2-Molekül, das verschwindet, entstehen jedoch zwei CO-Moleküle; entsprechend beträgt der Partialdruck des Kohlenmonoxids $2p_x$.

Berechnung von p_x im Gleichgewicht:

$$\overset{\circ}{K}_p = \frac{p_{\mathrm{D}}^{\nu_{\mathrm{D}}}}{p_{\mathrm{B'}}^{|\nu_{\mathrm{B'}}|}} = \frac{(2p_x)^2}{p_0 - p_x} = \frac{4p_x^2}{p_0 - p_x}\,.$$

Durch Umformen gelangen wir zur sogenannten Normalform der quadratischen Gleichung, $x^2 + a\cdot x + b = 0$.

$$4p_x^2 = \overset{\circ}{K}_p(p_0 - p_x) = \overset{\circ}{K}_p\cdot p_0 - \overset{\circ}{K}_p\cdot p_x$$

$$4p_x^2 + \overset{\circ}{K}_p\cdot p_x - \overset{\circ}{K}_p\cdot p_0 = 0$$

$$p_x^2 + \tfrac{1}{4}\overset{\circ}{K}_p\cdot p_x - \tfrac{1}{4}\overset{\circ}{K}_p\cdot p_0 = 0\,.$$

Die Lösungen für die Normalform der quadratischen Gleichung lauten:

$$x_{1,2} = -\frac{a}{2} \pm \sqrt{\left(\frac{a}{2}\right)^2 - b}\,.$$

Da es keine negativen Drücke gibt, brauchen wir bei der folgenden Rechnung nur das Pluszeichen vor der Wurzel zu berücksichtigen:

$$p_x = -\frac{\overset{\circ}{K}_p}{8} + \sqrt{\left(\frac{\overset{\circ}{K}_p}{8}\right)^2 + \frac{\overset{\circ}{K}_p\cdot p_0}{4}}\,.$$

Einsetzen der Werte ergibt:

$$p_x = -\frac{81 \cdot 10^3\ \text{Pa}}{8} + \sqrt{\left(\frac{81 \cdot 10^3\ \text{Pa}}{8}\right)^2 + \frac{(81 \cdot 10^3\ \text{Pa}) \cdot (100 \cdot 10^3\ \text{Pa})}{4}}$$

$$= -10{,}125 \cdot 10^3\ \text{Pa} + \sqrt{2{,}128 \cdot 10^9\ \text{Pa}^2} = 36 \cdot 10^3\ \text{Pa} = \mathbf{36\ kPa}\,.$$

$$p_{B'} = p_0 - p_x = 100\ \text{kPa} - 36\ \text{kPa} = \mathbf{64\ kPa}\,.$$

$$p_D = 2p_x = 2 \cdot 36\ \text{kPa} = \mathbf{72\ kPa}\,.$$

$$p_{ges} = p_{B'} + p_D = 64\ \text{kPa} + 72\ \text{kPa} = \mathbf{136\ kPa}\,.$$

2.7 Konsequenzen der Massenwirkung: Säure-Base-Reaktionen

2.7.1 Protonenpotenzial starker Säure-Base-Paare (I)

a) Protonenpotenzial $\mu_{p,1}$ in der Salzsäure:

Eine Säure eines stark sauren Paares wie Salzsäure verliert in wässriger Lösung ihre Protonen praktisch vollkommen an das Wasser. Will man das Protonenpotenzial eines solchen stark sauren Paares bei beliebiger Verdünnung ermitteln, so genügt es daher das Säure-Base-Paar H_3O^+/H_2O zu berücksichtigen [vgl. Gl. (7.3)] (Die H_3O^+-Konzentration entspricht aufgrund der vollständigen Dissoziation der angegebenen HCl-Konzentration.):

$$\mu_{p,1} = \mu_p^\ominus(H_3O^+/H_2O) + RT^\ominus \ln(c_{H_3O^+,1}/c^\ominus)\,.$$

$$\mu_{p,1} = 0\,G + 8{,}314\,G\,K^{-1} \cdot 298\,K \cdot \ln(0{,}50\,kmol\,m^{-3}/1\,kmol\,m^{-3}) = \mathbf{-1{,}72\,kG}\,.$$

Das Protonenpotenzial ist also gegenüber dem Normwert von 0 G, der ja für eine Konzentration von 1 kmol m^{-3} in wässriger Lösung gilt, deutlich verringert.

b) Stoffmenge an Oxoniumionen $n_{H_3O^+,2}$ in der abpipettierten Salzsäure:

$$c_{H_3O^+,1} = \frac{n_{H_3O^+,2}}{V_2} \quad \Rightarrow \quad n_{H_3O^+,2} = c_{H_3O^+,1} \cdot V_2\,.$$

$$n_{H_3O^+,2} = 500\,mol\,m^{-3} \cdot (50 \cdot 10^{-6}\,m^3) = 0{,}025\,mol\,.$$

Stoffmenge an Hydroxidionen $n_{OH^-,3}$ in der vorgelegten Natronlauge:

$$c_{OH^-,3} = \frac{n_{OH^-,3}}{V_3} \quad \Rightarrow \quad n_{OH^-,3} = c_{OH^-,3} \cdot V_3\,.$$

$$n_{OH^-,3} = 200\,mol\,m^{-3} \cdot (50 \cdot 10^{-6}\,m^3) = 0{,}010\,mol\,.$$

Stoffmenge an Oxoniumionen $n_{H_3O^+,3}$ im Gemisch:

Durch die Zugabe der Salzsäure zu der Natronlauge wird ein Teil des Oxoniumionenüberschusses abgebaut:

$$n_{H_3O^+,3} = n_{H_3O^+,2} - n_{OH^-,3}\,.$$

$$n_{H_3O^+,3} = 0{,}025\,mol - 0{,}010\,mol = 0{,}015\,mol\,.$$

Volumen V_G des Gemisches:

$$V_G = V_2 + V_3\,.$$

$$V_G = (50 \cdot 10^{-6}\,m^3) + (50 \cdot 10^{-6}\,m^3) = 100 \cdot 10^{-6}\,m^3\,.$$

Oxoniumionenkonzentration $c_{\mathrm{H_3O^+},3}$ im Gemisch:

$$c_{\mathrm{H_3O^+},3} = \frac{n_{\mathrm{H_3O^+},3}}{V_\mathrm{G}} .$$

$$c_{\mathrm{H_3O^+},3} = \frac{0,015\ \mathrm{mol}}{100 \cdot 10^{-6}\ \mathrm{m^3}} = 150\ \mathrm{mol\,m^{-3}} = \mathbf{0{,}150\ kmol\,m^{-3}} .$$

Abkürzend kann der Rechenweg auch folgendermaßen zusammengefasst werden:

$$c_{\mathrm{H_3O^+},3} = \frac{c_{\mathrm{H_3O^+},1} \cdot V_2 - c_{\mathrm{OH^-},3} \cdot V_3}{V_2 + V_3} .$$

$$= \frac{500\ \mathrm{mol\,m^{-3}} \cdot (50 \cdot 10^{-6}\ \mathrm{m^3}) - 200\ \mathrm{mol\,m^{-3}} \cdot (50 \cdot 10^{-6}\ \mathrm{m^3})}{(50+50) \cdot 10^{-6}\ \mathrm{m^3}} = 150\ \mathrm{mol\,m^{-3}} .$$

Protonenpotenzial $\mu_{\mathrm{p},3}$ im Gemisch:

$$\mu_{\mathrm{p},3} = \mu_\mathrm{p}^\ominus(\mathrm{H_3O^+/H_2O}) + RT^\ominus \ln(c_{\mathrm{H_3O^+},3}/c^\ominus) .$$

$$\mu_{\mathrm{p},3} = 0\ \mathrm{G} + 8{,}314\ \mathrm{G\,K^{-1}} \cdot 298\ \mathrm{K} \cdot \ln(0{,}150\ \mathrm{kmol\,m^{-3}}/1\ \mathrm{kmol\,m^{-3}}) = \mathbf{-4{,}70\ kG} .$$

Da die Oxoniumionenkonzentration im Gemisch deutlich geringer als in der Salzsäure-Ausgangslösung ist, weist auch das Protonenpotenzial einen deutlich verringerten Wert auf verglichen mit demjenigen in der Teilaufgabe a).

2.7.2 Protonenpotenzial starker Säure-Base-Paare (II)

a) Hydroxidionenkonzentration $c_{\mathrm{OH^-},1}$ in der Natronlauge:

$$c_{\mathrm{OH^-},1} = \frac{n_{\mathrm{OH^-},1}}{V_1} .$$

Stoffmenge $n_{\mathrm{OH^-},1}$:

Natriumhydroxid dissoziiert in wässriger Lösung vollständig in Na^+- und OH^--Ionen. Daher entspricht die Stoffmenge n_NaOH an Natriumhydroxid der Stoffmenge $n_{\mathrm{OH^-}}$ an Hydroxidionen.

$$n_{\mathrm{OH^-},1} = n_\mathrm{NaOH} = \frac{m_\mathrm{NaOH}}{M_\mathrm{NaOH}} = \frac{12{,}0 \cdot 10^{-3}\ \mathrm{kg}}{40{,}0 \cdot 10^{-3}\ \mathrm{kg\,mol^{-1}}} = 0{,}30\ \mathrm{mol} .$$

$$c_{\mathrm{OH^-},1} = \frac{0{,}30\ \mathrm{mol}}{500 \cdot 10^{-6}\ \mathrm{m^3}} = 600\ \mathrm{mol\,m^{-3}} = \mathbf{0{,}60\ kmol\,m^{-3}} .$$

Protonenpotenzial $\mu_{p,1}$ in der Natronlauge:

Die Bestimmung des Protonenpotenzials eines stark basischen Paares bei beliebiger Verdünnung folgt dem gleichen Muster wie im Fall eines verdünnten stark sauren Paares, nur dass jetzt das Paar H_2O/OH^- anstelle des Paares H_3O^+/H_2O berücksichtigt werden muss [Gl. (7.4)]:

$$\mu_{p,1} = \mu_p^\ominus(H_2O/OH^-) - RT^\ominus \ln(c_{OH^-}/c^\ominus)\,.$$

$$\mu_{p,1} = (-80 \cdot 10^3\ \text{G}) - 8{,}314\ \text{G}\,\text{K}^{-1} \cdot 298\ \text{K} \cdot \ln(0{,}60\ \text{kmol}\,\text{m}^{-3}/1\ \text{kmol}\,\text{m}^{-3})$$

$$= \mathbf{-78{,}7\ kG}\,.$$

Das Protonenpotenzial ist, verglichen mit dem Normwert von –80 kG, deutlich erhöht.

b) Hydroxidionenkonzentration $c_{OH^-,3}$ im Gemisch:

Man geht ganz analog zur vorherigen Aufgabe vor.

$$c_{OH^-,3} = \frac{c_{OH^-,1} \cdot V_2 - c_{H_3O^+,3} \cdot V_3}{V_2 + V_3}\,.$$

$$c_{OH^-,3} = \frac{600\ \text{mol}\,\text{m}^{-3} \cdot (50 \cdot 10^{-6}\ \text{m}^3) - 100\ \text{mol}\,\text{m}^{-3} \cdot (150 \cdot 10^{-6}\ \text{m}^3)}{(50 + 150) \cdot 10^{-6}\ \text{m}^3}$$

$$= 75\ \text{mol}\,\text{m}^{-3} = \mathbf{0{,}075\ kmol\,m^{-3}}\,.$$

Protonenpotenzial $\mu_{p,3}$ im Gemisch:

$$\mu_{p,3} = \mu_p^\ominus(H_2O/OH^-) - RT^\ominus \ln(c_{OH^-,3}/c^\ominus)\,.$$

$$\mu_{p,3} = (-80 \cdot 10^3\ \text{G}) - 8{,}314\ \text{G}\,\text{K}^{-1} \cdot 298\ \text{K} \cdot \ln(0{,}075\ \text{kmol}\,\text{m}^{-3}/1\ \text{kmol}\,\text{m}^{-3})$$

$$= \mathbf{-73{,}6\ kG}\,.$$

Das Protonenpotenzial ist, verglichen mit der alkalischen Ausgangslösung, deutlich höher geworden.

2.7.3 Protonenpotenzial schwacher Säure-Base-Paare (I)

a) Protonenpotenzial μ_p in der Milchsäure-Lösung:

Will man das Protonenpotenzial bestimmen, das sich bei Vorliegen der Säure eines schwach sauren Säure-Base-Paares wie des Milchsäure/Lactat-Paares (HLac/Lac$^-$) in wässriger Lösung einstellt, müssen wegen der unvollständigen Protonenübertragung auf das Paar H_3O^+/H_2O beide Paare berücksichtigt werden. Unter der Annahme, dass Säuren schwach saurer Säure-Base-Paare, gelöst in reinem Wasser, nur zu einem sehr geringen Teil dissoziiert vorliegen, gelangt man schließlich zu der folgenden Beziehung für das Protonenpotenzial [vgl. Gl. (7.6)]:

$$\mu_\mathrm{p} = \tfrac{1}{2}\cdot\left[\mu_\mathrm{p}^{\ominus}(\mathrm{HLac/Lac^-}) + \mu_\mathrm{p}^{\ominus}(\mathrm{H_3O^+/H_2O}) + RT^{\ominus}\ln(c_\mathrm{HLac}/c^{\ominus})\right].$$

$$\mu_\mathrm{p} = \tfrac{1}{2}\cdot\left[(-22\cdot10^3\ \mathrm{G}) + 0\ \mathrm{G} + 8{,}314\ \mathrm{G\,K^{-1}}\cdot 298\ \mathrm{K}\cdot\ln(0{,}30\ \mathrm{kmol\,m^{-3}}/1\ \mathrm{kmol\,m^{-3}})\right]$$

$$= \mathbf{-12{,}5\ kG}\,.$$

Das Protonenpotenzial liegt deutlich höher als der Normwert von –22 kG, was darauf zurückzuführen ist, dass die Lactationen-Konzentration gegenüber der Konzentration an undissoziierten Milchsäuremolekülen nahezu vernachlässigbar gering ist (der Normwert hingegen gilt für ein Konzentrationsverhältnis $c(\mathrm{HLac}) : c(\mathrm{Lac^-}) = 1:1$).

b) Protonierungsgrad Θ:

Der Protonierungsgrad Θ ergibt sich gemäß der „Protonierungsgleichung" [Gl. (7.14)] zu:

$$\Theta = \frac{1}{1+\exp\dfrac{\mu_\mathrm{p}^{\ominus}(\mathrm{HLac/Lac^-}) - \mu_\mathrm{p}}{RT^{\ominus}}}\,.$$

$$\Theta = \frac{1}{1+\exp\dfrac{(-22\cdot10^3\ \mathrm{G}) - (-12{,}5\cdot10^3\ \mathrm{G})}{8{,}314\ \mathrm{G\,K^{-1}}\cdot 298\ \mathrm{K}}} = \frac{1}{1+0{,}0216} = \mathbf{0{,}979}\,.$$

Es liegen 97,9 % der eingesetzten Säuremenge protoniert, d. h. in Form von Milchsäuremolekülen, vor und nur 2,1 % deprotoniert als Lactat-Ionen. Die ursprüngliche Annahme, dass die Säure nur zu einem sehr geringen Teil dissoziiert vorliegt, war also gerechtfertigt.

2.7.4 Protonenpotenzial schwacher Säure-Base-Paare (II)

Konzentration an Cyanidionen $c_\mathrm{CN^-}$ in der Lösung:

Da das Salz vollständig in Wasser dissoziiert, entspricht die Stoffmenge an Cyanidionen der Stoffmenge an Natriumcyanid.

$$c_\mathrm{CN^-} = \frac{n_\mathrm{NaCN}}{V_\mathrm{L}} = \frac{m_\mathrm{NaCN}/M_\mathrm{NaCN}}{V_\mathrm{L}}\,.$$

$$c_\mathrm{CN^-} = \frac{(245\cdot10^{-6}\ \mathrm{kg})\,/\,(49{,}0\cdot10^{-3}\ \mathrm{kg\,mol^{-1}})}{100\cdot10^{-6}\ \mathrm{m^{-3}}} = 50\ \mathrm{mol\,m^{-3}} = 0{,}050\ \mathrm{kmol\,m^{-3}}\,.$$

Normwert $\mu_\mathrm{p}^{\ominus}(\mathrm{HCN/CN^-})$ des Protonenpotenzials des schwach basischen Säure-Base-Paares:

Bei $\mathrm{CN^-}$ handelt es sich um die Base des schwach basischen Säure-Base-Paares $\mathrm{HCN/CN^-}$. Zur Berechnung des Protonenpotenzials in der Lösung muss daher Gleichung (7.7) herangezogen werden:

$$\mu_\mathrm{p} = \tfrac{1}{2}\cdot\left[\mu_\mathrm{p}^{\ominus}(\mathrm{HCN/CN^-}) + \mu_\mathrm{p}^{\ominus}(\mathrm{H_2O/OH^-}) - RT^{\ominus}\ln(c_\mathrm{CN^-}/c^{\ominus})\right].$$

Auflösen nach dem Normwert des Protonenpotenzials ergibt:

$$\mu_p^\ominus(\text{HCN/CN}^-) = 2\mu_p - \mu_p^\ominus(\text{H}_2\text{O/OH}^-) + RT^\ominus \ln(c_{\text{CN}^-}/c^\ominus) .$$

$$\mu_p^\ominus(\text{HCN/CN}^-) = 2\cdot(-62{,}6\cdot 10^3\ \text{G}) - (-80\cdot 10^3\ \text{G})$$
$$+ 8{,}314\ \text{G K}^{-1}\cdot 298\ \text{K}\cdot \ln(0{,}050\ \text{kmol m}^{-3}/1\ \text{kmol m}^{-3}) = \mathbf{-52{,}6\ kG} .$$

2.7.5 Titration einer schwachen Säure

a) Protonenpotenzial $\mu_{p,0}$ in der Benzoesäure-Lösung:

Zur Bestimmung des Protonenpotenzials, das durch die Säure des schwach sauren Paares Benzoesäure/Benzoat (HBenz/Benz⁻) in der Ausgangslösung hervorgerufen wird, zieht man wieder Gleichung (7.6) heran:

$$\mu_{p,0} = \tfrac{1}{2}\cdot\left[\mu_p^\ominus(\text{HBenz/Benz}^-) + \mu_p^\ominus(\text{H}_3\text{O}^+/\text{H}_2\text{O}) + RT^\ominus \ln(c_{\text{HBenz}}/c^\ominus)\right].$$

$$\mu_{p,0} = \tfrac{1}{2}\cdot\left[(-23{,}9\cdot 10^3\ \text{G}) + 0\ \text{G}\right.$$
$$\left.+ 8{,}314\ \text{G K}^{-1}\cdot 298\ \text{K}\cdot \ln(0{,}100\ \text{kmol m}^{-3}/1\ \text{kmol m}^{-3})\right] = \mathbf{-14{,}8\ kG} .$$

b) Stoffmenge an Benzoesäure n_{HBenz} in der Ausgangslösung:

Man geht davon aus, dass die Säure nur zu einem sehr geringen Teil dissoziiert vorliegt, so dass der undissoziierte Anteil c_{HBenz} in erster Näherung gleich der Anfangskonzentration $c_{\text{HBenz},0}$ gesetzt werden kann.

$$n_{\text{HBenz},0} = c_{\text{HBenz},0}\cdot V_0 = 100\ \text{mol m}^{-3}\cdot(100\cdot 10^{-6}\ \text{m}^{-3}) = 0{,}0100\ \text{mol} .$$

Stoffmenge an Hydroxidionen $n_{\text{OH}^-,1}$ in der zugesetzten Natronlauge:

$$n_{\text{OH}^-,1} = c_{\text{OH}^-}\cdot V_{\text{T},1} = 2000\ \text{mol m}^{-3}\cdot(2{,}00\cdot 10^{-6}\ \text{m}^3) = 0{,}0040\ \text{mol} .$$

Protonenpotenzial $\mu_{p,1}$ in der Titrationslösung:

Die Stoffmenge $n_{\text{OH}^-,1}$ an OH^--Ionen setzt die entsprechende Stoffmenge von 0,0040 mol $\text{C}_6\text{H}_5\text{COOH}$ zu $\text{C}_6\text{H}_5\text{COO}^-$ um, d. h., es liegt eine Stoffmenge $n_{\text{Benz}^-,1}$ = 0,0040 mol an Benzoationen vor. Von der ursprünglich in der Ausgangslösung vorhandenen Stoffmenge an Benzoesäure verbleiben $n_{\text{HBenz},1}$ = 0,0100 mol – 0,0040 mol = 0,0060 mol.

Zur Berechnung des Protonenpotenzials $\mu_{p,1}$ in der Lösung wird die „Pegelgleichung" [Gl. (7.12)] herangezogen:

$$\mu_{p,1} = \mu_p^\ominus(\text{HBenz/Benz}^-) + RT^\ominus \ln\frac{c_{\text{HBenz},1}}{c_{\text{Benz}^-,1}}$$

$$\mu_{p,1} = \mu_p^\ominus(\text{HBenz/Benz}^-) + RT^\ominus \ln\left[\frac{n_{\text{HBenz},1}}{V_\text{L}}\cdot\frac{V_\text{L}}{n_{\text{Benz}^-,1}}\right].$$

Das Volumen V_L der Lösung (hier $V_0 + V_{T,1}$) kürzt sich heraus, so dass gilt:

$$\mu_{p,1} = \mu_p^{\ominus}(\text{HBenz/Benz}^-) + RT^{\ominus} \ln \frac{n_{\text{HBenz},1}}{n_{\text{Benz}^-,1}}.$$

$$\mu_{p,1} = (-23{,}9 \cdot 10^3\ \text{G}) + 8{,}314\ \text{G K}^{-1} \cdot 298\ \text{K} \cdot \ln \frac{0{,}0060\ \text{mol}}{0{,}0040\ \text{mol}} = \mathbf{-22{,}9\ kG}.$$

Wie erwartet, wurde das Protonenpotenzial durch die Zugabe der Base abgesenkt.

c) Die Berechnung erfolgt ganz analog zu derjenigen in der vorherigen Teilaufgabe.

Stoffmenge an Hydroxidionen $n_{\text{OH}^-,2}$ in der zugesetzten Natronlauge:

Insgesamt wurde ein Volumen $V_{T,2}$ = (2,00 + 1,00) mL = 3,00 mL an Natronlauge zugesetzt.

$$n_{\text{OH}^-,2} = c_{\text{OH}^-} \cdot V_{T,2} = 2000\ \text{mol m}^{-3} \cdot (3{,}00 \cdot 10^{-6}\ \text{m}^3) = 0{,}0060\ \text{mol}.$$

Protonenpotenzial $\mu_{p,2}$ in der Titrationslösung:

$n_{\text{Benz}^-,2} = 0{,}0060$ mol, $\quad n_{\text{HBenz},2} = 0{,}0040$ mol.

$$\mu_{p,2} = \mu_p^{\ominus}(\text{HBenz/Benz}^-) + RT^{\ominus} \ln \frac{n_{\text{HBenz},2}}{n_{\text{Benz}^-,2}}.$$

$$\mu_{p,2} = (-23{,}9 \cdot 10^3\ \text{G}) + 8{,}314\ \text{G K}^{-1} \cdot 298\ \text{K} \cdot \ln \frac{0{,}0040\ \text{mol}}{0{,}0060\ \text{mol}} = \mathbf{-24{,}9\ kG}.$$

Das Protonenpotenzial ist weiter gesunken, allerdings nur um ca. 2 kG. Dieser nur geringe Abfall des Protonenpotenzials ist auf die Pufferwirkung des schwach sauren Säure-Base-Paares zurückzuführen.

d) Die Berechnung erfolgt ganz analog zu derjenigen in Aufgabe 1.1.7.

Umsatzformel und stöchiometrische Grundgleichung:

Umsatzformel: $C_6H_5COOH + NaOH \rightarrow C_6H_5COONa + H_2O$

$$\text{Grundgleichung: } \Delta\xi = \frac{\Delta n_{\text{HBenz}}}{v_{\text{HBenz}}} = \frac{\Delta n_{\text{NaOH}}}{v_{\text{NaOH}}} \qquad \text{Gl. (1.15)}$$

Volumen $V_{T,3}$ an Natronlauge, das bis zum Äquivalenzpunkt verbraucht wird:

Bis zum Äquivalenzpunkt wurde die gesamte ursprünglich vorliegende Stoffmenge $n_{\text{HBenz},0}$ an Benzoesäure verbraucht. Für die Stoffmengenänderung der Säure erhält man dementsprechend $\Delta n_{\text{HBenz}} = 0 - n_{\text{HBenz},0} = -0{,}0100$ mol.

Die zugehörige Stoffmengenänderung Δn_{NaOH} der Natronlauge ergibt sich dann aus der stöchiometrischen Grundgleichung zu

$$\Delta n_{NaOH} = \frac{v_{NaOH} \cdot \Delta n_{HBenz}}{v_{HBenz}} = \frac{(-1)\cdot(-0{,}0100\ \text{mol})}{(-1)} = -0{,}0100\ \text{mol}\,,$$

d. h., es wurde wegen $\Delta n_{NaOH} = 0 - n_{NaOH}$ eine Stoffmenge $n_{NaOH} = -\Delta n_{NaOH} =$ 0,0100 mol an NaOH zur Neutralisation der Benzoesäure verbraucht. Diese Menge entspricht einem Laugenvolumen von

$$V_{T,3} = \frac{n_{NaOH}}{c_{NaOH}} = \frac{0{,}0100\ \text{mol}}{2000\ \text{mol}\,\text{m}^{-3}} = 5{,}00\cdot 10^{-6}\ \text{m}^3 = \mathbf{5{,}00\ mL}\,.$$

e) Protonenpotenzial $\mu_{p,3}$ in der Titrationslösung am Äquivalenzpunkt:

Am Äquivalenzpunkt liegt statt der protonierten Form HBenz die gleiche Menge der deprotonierten Form $Benz^-$ vor. Näherungsweise kann man annehmen, dass die Lösung der „schwachen Base" $Benz^-$ die gleiche Konzentration wie die ursprüngliche Säure aufweist ($c_{Benz^-,3} = c_{HBenz,0} = 0{,}100\ \text{kmol}\,\text{m}^{-3}$). Zur Berechnung des Protonenpotenzials in der Lösung wird dann Gleichung (7.7) herangezogen:

$$\mu_{p,3} = \tfrac{1}{2}\cdot\left[\mu_p^\ominus(\text{HBenz/Benz}^-) + \mu_p^\ominus(\text{H}_2\text{O/OH}^-) - RT^\ominus \ln(c_{Benz^-,3}/c^\ominus)\right].$$

$$\mu_{p,3} = \tfrac{1}{2}\cdot\left[(-23{,}9\cdot 10^3\ \text{G}) + (-80\cdot 10^3\ \text{G}) - 8{,}314\ \text{G}\,\text{K}^{-1}\cdot 298\ \text{K}\cdot \ln(0{,}100\ \text{kmol}\,\text{m}^{-3}/1\ \text{kmol}\,\text{m}^{-3})\right] = \mathbf{-49{,}1\ kG}\,.$$

Wie erwartet, zeigt das Protonenpotenzial einen Wert deutlich unter dem Neutralwert.

Für eine genauere Berechnung muss berücksichtigt werden, dass das Lösungsvolumen im Titrierkolben bis zum Äquivalenzpunkt um das Volumen $V_{T,3}$ zugenommen hat. Somit gilt für die Konzentration $c_{Benz^-,3}$:

$$c_{Benz^-,3} = \frac{n_{Benz^-,3}}{V_0 + V_{T,3}} = \frac{0{,}0100\ \text{mol}}{(100{,}00 + 5{,}00)\cdot 10^{-6}\ \text{m}^3} = 95\ \text{mol}\,\text{m}^{-3} = 0{,}095\ \text{kmol}\,\text{m}^{-3}\,.$$

Einsetzen in obige Gleichung ergibt dann einen $\mu_{p,3}$-Wert von –49,0 kG. Bei einem Konzentrationsunterschied von Titrand zu Titrator von 1: 20 kann die Wasserzunahme im Verlauf der Titration in guter Näherung noch vernachlässigt werden.

2.7.6 Pufferwirkung

a) Protonenpotenzial μ_p in der Pufferlösung:

Das Protonenpotenzial μ_p in der Pufferlösung kann mit Hilfe der „Pegelgleichung" [Gl. (7.12)] berechnet werden:

$$\mu_{\mathrm{p}} = \mu_{\mathrm{p}}^{\ominus}(\mathrm{HAc/Ac^-}) + RT^{\ominus}\ln\frac{c_{\mathrm{HAc}}}{c_{\mathrm{Ac^-}}}\,.$$

Da die Pufferlösung aus gleichen Volumina an Essigsäure- und Natriumacetat-Lösung hergestellt wurde, sinkt sowohl die Konzentration der Essigsäure als auch die Konzentration des Natriumacetats auf die Hälfte.

$$\mu_{\mathrm{p}} = (-27\cdot 10^3\ \mathrm{G}) + 8{,}314\ \mathrm{G\,K^{-1}}\cdot 298\ \mathrm{K}\cdot\ln\frac{0{,}10\ \mathrm{kmol\,m^{-3}}}{0{,}10\ \mathrm{kmol\,m^{-3}}}$$

$$= -27\cdot 10^{-3}\ \mathrm{G} = \mathbf{-27\ kG}\,.$$

Da Essigsäure und Acetat im Konzentrationsverhältnis 1:1 vorliegen, entspricht das Protonenpotenzial der Pufferlösung dem Normwert $\mu_{\mathrm{p}}^{\ominus}(\mathrm{HAc/Ac^-})$.

b) Stoffmenge an Acetat $n_{\mathrm{Ac^-}}$ in der Pufferlösung:

$$n_{\mathrm{Ac^-}} = c_{\mathrm{Ac^-}}\cdot V_{\mathrm{L,NaAc}}\,.$$

Da gleiche Volumina an Essigsäure-Lösung und Natriumacetat-Lösung miteinander vermischt wurden und das Gesamtvolumen der Pufferlösung 500 mL beträgt, mussten 250 mL an Natriumacetat-Lösung eingesetzt werden.

$$n_{\mathrm{Ac^-}} = 200\ \mathrm{mol\,m^{-3}}\cdot(250\cdot 10^{-6}\ \mathrm{m^3}) = 0{,}050\ \mathrm{mol}\,.$$

Stoffmenge an Essigsäure n_{HAc} in der Pufferlösung:

Die Stoffmenge an Essigsäure n_{HAc} in der Pufferlösung entspricht der Stoffmenge an Acetat $n_{\mathrm{Ac^-}}$.

Stoffmenge an Oxoniumionen $n_{\mathrm{H_3O^+}}$ in der Salzsäure:

$$n_{\mathrm{H_3O^+}} = c_{\mathrm{H_3O^+}}\cdot V_{\mathrm{L,HCl}}\,.$$

$$n_{\mathrm{H_3O^+}} = (2{,}00\cdot 10^3\ \mathrm{mol\,m^{-3}})\cdot(500\cdot 10^{-9}\ \mathrm{m^3}) = 1{,}00\cdot 10^{-3}\ \mathrm{mol}\,.$$

Stoffmenge an Acetat $n_{\mathrm{Ac^-,1}}$ bzw. Essigsäure $n_{\mathrm{HAc,1}}$ nach Salzsäurezugabe:

Die ursprünglich vorhandene Stoffmenge von 0,050 mol Acetat wird durch die Zugabe von 0,001 mol HCl gemäß $\mathrm{Ac^-} + \mathrm{H_3O^+} \rightarrow \mathrm{HAc} + \mathrm{H_2O}$ in etwa um diesen Betrag auf $n_{\mathrm{Ac^-,1}} = 0{,}049$ mol vermindert, während die Menge an Essigsäure um den gleichen Betrag auf $n_{\mathrm{HAc,1}} = 0{,}051$ mol angestiegen ist.

Protonenpotenzial $\mu_{\mathrm{p,1}}$ der Pufferlösung nach Salzsäurezugabe:

Das neue Protonenpotenzial $\mu_{\mathrm{p,1}}$ der Pufferlösung wird wieder mit Hilfe der „Pegelgleichung“ berechnet. Wie in der Lösung zu Teilaufgabe 1.7.5 b) gezeigt wurde, kann dabei das Konzentrationsverhältnis durch das Stoffmengenverhältnis ersetzt werden:

$$\mu_{p,1} = \mu_p^\ominus(\mathrm{HAc/Ac^-}) + RT^\ominus \ln\frac{n_{\mathrm{HAc},1}}{n_{\mathrm{Ac^-},1}}.$$

$$\mu_{p,1} = (-27\cdot 10^3\ \mathrm{G}) + 8{,}314\ \mathrm{G\,K^{-1}}\cdot 298\ \mathrm{K}\cdot\ln\frac{0{,}051\ \mathrm{mol}}{0{,}049\ \mathrm{mol}} = \mathbf{-26{,}9\ kG}.$$

Das Protonenpotenzial der Pufferlösung hat sich durch den Säurezusatz nur um 0,1 kG geändert.

c) Oxoniumionenkonzentration $c_{\mathrm{H_3O^+},2}$ nach Zugabe der Salzsäure zum reinen Wasser:

$$c_{\mathrm{H_3O^+},2} = \frac{n_{\mathrm{H_3O^+}}}{V_{\mathrm{H_2O}}}.$$

$$c_{\mathrm{H_3O^+},2} = \frac{1{,}00\cdot 10^{-3}\ \mathrm{mol}}{500\cdot 10^{-6}\ \mathrm{m^3}} = 2{,}00\ \mathrm{mol\,m^{-3}} = 2{,}00\cdot 10^{-3}\ \mathrm{kmol\,m^{-3}}.$$

Das sehr geringe Volumen der zugegebenen Salzsäure kann vernachlässigt werden.

Protonenpotenzial $\mu_{p,2}$ des Gemisches:

Gemäß Gleichung (7.3) stellt sich ein Protonenpotenzial $\mu_{p,2}$ ein von

$$\mu_{p,2} = \mu_p^\ominus(\mathrm{H_3O^+/H_2O}) + RT^\ominus \ln(c_{\mathrm{H_3O^+},2}/c^\ominus).$$

$$\mu_{p,2} = 0\ \mathrm{G} + 8{,}314\ \mathrm{G\,K^{-1}}\cdot 298\ \mathrm{K}\cdot\ln(2{,}00\cdot 10^{-3}\ \mathrm{kmol\,m^{-3}}/1\ \mathrm{kmol\,m^{-3}}) = \mathbf{-15{,}4\ kG}.$$

Durch die Säurezugabe hat sich also das Protonenpotenzial gegenüber dem von reinem Wasser mit –40 kG um 24,6 kG verschoben (verglichen mit einer Änderung von nur 0,1 kG ! im Fall der Pufferlösung).

2.7.7 Pufferkapazität

a) Protonenpotenzial μ_p in der Pufferlösung:

Zur Berechnung des Protonenpotenzials μ_p in der Pufferlösung kann wieder die „Pegelgleichung" [Gl. (7.12)] herangezogen werden:

$$\mu_p = \mu_p^\ominus(\mathrm{NH_4^+/NH_3}) + RT^\ominus \ln\frac{c_{\mathrm{NH_4^+}}}{c_{\mathrm{NH_3}}}.$$

$$\mu_p = (-53\cdot 10^3\ \mathrm{G}) + 8{,}314\ \mathrm{G\,K^{-1}}\cdot 298\ \mathrm{K}\cdot\ln\frac{0{,}060\ \mathrm{kmol\,m^{-3}}}{0{,}040\ \mathrm{kmol\,m^{-3}}} = \mathbf{-52{,}0\ kG}.$$

b) Stoffmenge an Ammoniumionen $n_{\mathrm{NH_4^+}}$ in der Pufferlösung (P):

$$n_{\mathrm{NH_4^+}} = c_{\mathrm{NH_4^+}}\cdot V_{\mathrm{L,P}} = 60\ \mathrm{mol\,m^{-3}}\cdot(50\cdot 10^{-6}\ \mathrm{m^3}) = 3{,}0\cdot 10^{-3}\ \mathrm{mol} = 3{,}0\ \mathrm{mmol}.$$

Stoffmenge an Ammoniak n_{NH_3} in der Pufferlösung:

$$n_{NH_3} = c_{NH_3} \cdot V_{L,P} = 40\,\text{mol}\,\text{m}^{-3} \cdot (50 \cdot 10^{-3}\,\text{m}^3) = 2{,}0 \cdot 10^{-3}\,\text{mol} = 2{,}0\,\text{mmol}\,.$$

Stoffmenge an Hydroxidionen n_{OH^-}, die maximal zum Puffer hinzugegeben werden kann:

Die Pufferlösung enthält 3,0 mmol NH_4^+ und 2,0 mmol NH_3. Gibt man nun n_{OH^-} mmol Natriumhydroxid hinzu, so sinkt die Stoffmenge an NH_4^+ auf (3,0 mmol $- n_{OH^-}$), während die Stoffmenge an NH_3 auf (2,0 mmol $+ n_{OH^-}$) ansteigt. Das Verhältnis von Säure zu korrespondierender Base erreicht den Wert 1:10, wenn gilt:

$$\frac{3{,}0\,\text{mmol} - n_{OH^-}}{2{,}0\,\text{mmol} + n_{OH^-}} = 0.1\,.$$

Auflösen nach n_{OH^-} ergibt:

$$n_{OH^-} = 2{,}5\,\text{mmol}\,.$$

Man kann also 2,5 mmol an Natriumhydroxid hinzugeben, bevor der Puffer erschöpft ist.

Volumen an Natronlauge $V_{L,NaOH}$, das maximal zum Puffer hinzugegeben werden kann:

$$n_{OH^-} = c_{OH^-} \cdot V_{L,NaOH} \quad \Rightarrow \quad V_{L,NaOH} = \frac{n_{OH^-}}{c_{OH^-}}\,.$$

$$V_{L,NaOH} = \frac{2{,}5 \cdot 10^{-3}\,\text{mol}}{100\,\text{mol}\,\text{m}^{-3}} = 25 \cdot 10^{-6}\,\text{m}^{-3} = \mathbf{25\,mL}\,.$$

2.7.8 Indikator

Auch ein Indikatorsystem gehorcht der Pegelgleichung [Gl. (7.21)]:

$$\mu_p = \mu_p^{\ominus}(\text{HInd}/\text{Ind}^-) + RT^{\ominus} \ln \frac{c_{HInd}}{c_{Ind^-}}\,.$$

Protonenpotenzial $\mu_{p,1}$ (Farbumschlag rot → gelb):

$$\mu_{p,1} = (-45{,}1 \cdot 10^3\,\text{G}) + 8{,}314\,\text{G}\,\text{K}^{-1} \cdot 298\,\text{K} \cdot \ln \frac{30}{1} = -36670\,\text{G} = -36{,}7\,\text{kG}\,.$$

Protonenpotenzial $\mu_{p,2}$ (Farbumschlag gelb → rot):

$$\mu_{p,2} = (-45{,}1 \cdot 10^3\,\text{G}) + 8{,}314\,\text{G}\,\text{K}^{-1} \cdot 298\,\text{K} \cdot \ln \frac{1}{2} = -46820\,\text{G} = -46{,}8\,\text{kG}\,.$$

Der Umschlagsbereich des Indikators Phenolrot liegt demgemäß zwischen einem Protonenpotenzial von **–36,7 kG** und **–46,8 kG**.

2.8 Begleiterscheinungen stofflicher Vorgänge

2.8.1 Anwendung partieller molarer Volumina

Da in dem zur Verfügung stehenden Diagramm das molare Volumen von Wasser (W) und Ethanol (E) in Wasser-Ethanol-Gemischen in Abhängigkeit vom Stoffmengenanteil x_E an Ethanol aufgetragen ist, muss zunächst dieser Stoffmengenanteil in dem zu betrachtenden Gemisch aus 50,0 mL Wasser und 50,0 mL Ethanol berechnet werden.

Massen m_W und m_E an Wasser und Ethanol:

$$m_W = \rho_W \cdot V_W = 997\,\text{kg}\,\text{m}^{-3} \cdot (50,0 \cdot 10^{-6}\,\text{m}^3) = 49,9 \cdot 10^{-3}\,\text{kg}\,.$$

$$m_E = \rho_E \cdot V_E = 789\,\text{kg}\,\text{m}^{-3} \cdot (50,0 \cdot 10^{-6}\,\text{m}^3) = 39,5 \cdot 10^{-3}\,\text{kg}\,.$$

Stoffmengen n_W und n_E an Wasser und Ethanol:

$$n_W = \frac{m_W}{M_W} = \frac{49,9 \cdot 10^{-3}\,\text{kg}}{18,0 \cdot 10^{-3}\,\text{kg}\,\text{mol}^{-1}} = \mathbf{2,77\,mol}\,.$$

$$n_E = \frac{m_E}{M_E} = \frac{39,5 \cdot 10^{-3}\,\text{kg}}{46,0 \cdot 10^{-3}\,\text{kg}\,\text{mol}^{-1}} = \mathbf{0,86\,mol}\,.$$

Stoffmengenanteil x_E an Ethanol:

$$x_E = \frac{n_E}{n_{ges}} = \frac{n_E}{n_E + n_W} = \frac{0,86\,\text{mol}}{0,86\,\text{mol} + 2,77\,\text{mol}} = \mathbf{0,24}\,.$$

Gesamtvolumen V des Wasser-Ethanol-Gemisches:

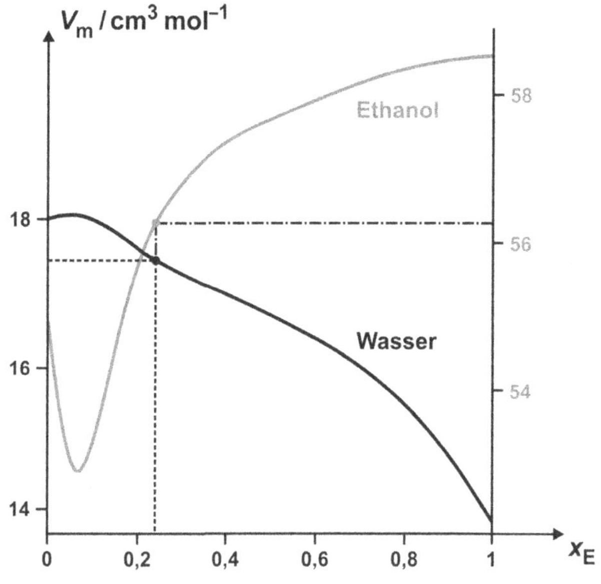

Die partiellen molaren Volumina von Wasser und Ethanol können aus dem Diagramm abgelesen werden. Man beachte jedoch die unterschiedlichen Skaleneinteilungen für Wasser (links) und Ethanol (rechts):

$$V_{m,W} \approx 17,45\,\text{cm}^3\,\text{mol}^{-1}\,,$$

$$V_{m,E} \approx 56,25\,\text{cm}^3\,\text{mol}^{-1}\,.$$

Der Rauminhalt des Gemisches ergibt sich aus den Mengen und Raumansprüchen der Bestandteile gemäß Gleichung (8.3) zu

$$V \approx n_W \cdot V_{m,W} + n_E \cdot V_{m,E}\,.$$

$$V \approx 2{,}77\ \text{mol} \cdot 17{,}45\ \text{cm}^3\,\text{mol}^{-1} + 0{,}86\ \text{mol} \cdot 56{,}25\ \text{cm}^3\,\text{mol}^{-1} = 97\ \text{cm}^3 = \mathbf{97 \cdot 10^{-6}\ m^3}\,.$$

Nach dem Vermischen der Flüssigkeiten tritt also ein "Volumenschwund" von ca. 3 mL auf.

2.8.2 Raumanspruch gelöster Ionen

	Stoffkürzel	B	D	D'
a)	Umsatzformel:	$Ca(OH)_2\vert s \rightarrow$	$Ca^{2+}\vert w + 2$	$OH^-\vert w$
	$V_m^\ominus$ / $cm^3\,mol^{-1}$:	33,3	−17,7	2 · (−5,2)

Molares Reaktionsvolumen $\Delta_R V^\ominus$:

Zunächst müssen die molaren Volumina der an der Reaktion beteiligten Stoffe bekannt sein. Das molare Volumen des Stoffes B (festes Calciumhydroxid) lässt sich aus den Angaben zu Volumen und Stoffmenge in der Aufgabenstellung berechnen:

$$V_{m,B}^\ominus = \frac{V_B}{n_B} = \frac{1{,}00 \cdot 10^{-6}\ \text{m}^3}{0{,}030\ \text{mol}} = 33{,}3 \cdot 10^{-6}\ \text{m}^3\,\text{mol}^{-1}\,.$$

Die beiden noch fehlenden molaren Volumina für die Stoffe D ($Ca^{2+}|w$) und D' ($OH^-|w$) können aus der in der Aufgabe zur Verfügung gestellten Tabelle entnommen werden.

Das molare Reaktionsvolumen $\Delta_R V^\ominus$ entspricht der Summe der mit den jeweiligen Umsatzzahlen gewichteten molaren Volumina der an der Reaktion beteiligten Substanzen [siehe Gl. (8.6)]:

$$\Delta_R V^\ominus = \sum_i \nu_i V_{m,i}^\ominus = \nu_B V_{m,B}^\ominus + \nu_D V_{m,D}^\ominus + \nu_{D'} V_{m,D'}^\ominus\,.$$

$$\Delta_R V^\ominus = [(-1) \cdot 33{,}3 + 1 \cdot (-17{,}7) + 2 \cdot (-5{,}2)] \cdot 10^{-6}\ \text{m}^3\,\text{mol}^{-1} = \mathbf{-61{,}4 \cdot 10^{-6}\ m^3\,mol^{-1}}\,.$$

Man beachte, dass die Umsatzzahlen für die Ausgangsstoffe negativ, für die Endstoffe jedoch positiv sind.

Umsatz $\Delta\xi$:

Es werden 0,030 mol $Ca(OH)_2$ (Stoff B) in Wasser eingebracht ($n_{B,0} = 0{,}030$ mol), die sich vollständig auflösen ($n_B = 0$).

$$\Delta\xi = \frac{\Delta n_B}{\nu_B} = \frac{n_B - n_{B,0}}{\nu_B}\,. \qquad \text{vgl. Gl. (1.17)}$$

$$\Delta\xi = \frac{0 - 0{,}030\ \text{mol}}{-1} = 0{,}030\ \text{mol}\,.$$

Für den Ausgangsstoff $Ca(OH)_2$ ist sowohl die Stoffmengenänderung Δn als auch die Umsatzzahl ν negativ.

Endvolumen V_{End} (unter Normbedingungen):

Zur Berechnung des Endvolumens unter Normbedingungen wird wie folgt vorgegangen:

$$\Delta V \quad = V_{End} - V_{Ausg} .$$

Auflösen nach V_{End} ergibt:

$$V_{End} \quad = V_{Ausg} + \Delta V .$$

Ausgangsvolumen V_{Ausg}:

$$V_{Ausg} = V_W + V_B = (10 \cdot 10^{-3}\ m^3) + (1.00 \cdot 10^{-6}\ m^3) = 10{,}001 \cdot 10^{-3}\ m^3 .$$

Volumenänderung ΔV:

Die Volumenänderung ΔV ergibt sich gemäß Gleichung (8.6) aus dem molaren Reaktionsvolumen durch Multiplikation mit dem Umsatz:

$$\Delta V \quad = \Delta_R V^\ominus \cdot \Delta\xi = (-61{,}4 \cdot 10^{-6}\ m^3\,mol^{-1}) \cdot 0{,}030\ mol = -1{,}84 \cdot 10^{-6}\ m^3 .$$

$$V_{End} \quad = (10{,}001 \cdot 10^{-3}\ m^3) + (-1{,}84 \cdot 10^{-6}\ m^3) = \mathbf{9{,}99916 \cdot 10^{-3}\ m^3} .$$

Das Volumen schrumpft also beim Auflösen des Calciumhydroxids! Verursacht wird diese Kontraktion dadurch, dass die H_2O-Moleküle beim Einbau in die Hydrathüllen der OH^-- und insbesondere der zweiwertigen Ca^{2+}-Ionen dichter zusammengedrängt werden.

	Stoffkürzel	B	D	D'
b) Umsatzformel:		$H_2O\|l \rightarrow$	$H^+\|w +$	$OH^-\|w$
$V_m^\ominus / cm^3\,mol^{-1}$:		18,1	0,2	−5,2

Molares Reaktionsvolumen $\Delta_R V^\ominus$:

$$\Delta_R V^\ominus = [(-1) \cdot 18{,}1 + 1 \cdot 0{,}2 + 1 \cdot (-5{,}2)] \cdot 10^{-6}\ m^3\,mol^{-1} = \mathbf{-23{,}1 \cdot 10^{-6}\ m^3} .$$

Umsatz $\Delta\xi$:

$$\Delta\xi \quad = \frac{\Delta n_D}{\nu_D} .$$

Stoffmengenänderung Δn_D:

Es ist die Säure-Base-Disproportionierung des Wassers zu berücksichtigen (vgl. Abschnitt 7.3 im Lehrbuch „Physikalische Chemie“). Im Gleichgewicht gilt demgemäß für die Konzentration an H^+-Ionen (Stoff D):

$$c_D \quad = 1{,}00 \cdot 10^{-7}\ kmol\,m^{-3} = 1{,}00 \cdot 10^{-4}\ mol\,m^{-3} .$$

Die Konzentrationsänderung Δc_D beträgt daher $1{,}00 \cdot 10^{-4}$ mol m^{-3}, da das Wasser [$V_B = (V_W =)$ 10 L = $10 \cdot 10^{-3}$ m^{-3}] zu Beginn im ionenfreien Zustand vorgelegen haben soll.

$$\Delta c_D = \frac{\Delta n_D}{V_B} \quad \Rightarrow \quad \Delta n_D = \Delta c_D \cdot V_B .$$

$$\Delta n_D = (1{,}00 \cdot 10^{-4}\,\mathrm{mol\,m^{-3}}) \cdot (10 \cdot 10^{-3}\,\mathrm{m^{-3}}) = 1{,}00 \cdot 10^{-6}\,\mathrm{mol} .$$

$$\Delta\xi = \frac{1{,}00 \cdot 10^{-6}\,\mathrm{mol}}{1} = 1{,}00 \cdot 10^{-6}\,\mathrm{mol} .$$

Volumenänderung ΔV (unter Normbedingungen):

$$\Delta V = \Delta_R V^{\ominus} \cdot \Delta\xi .$$

$$\Delta V = (-23{,}1 \cdot 10^{-6}\,\mathrm{m^3\,mol^{-1}}) \cdot (1{,}00 \cdot 10^{-6}\,\mathrm{mol}) = -23{,}1 \cdot 10^{-12}\,\mathrm{m^3} = \mathbf{-0{,}023\,mm^3} .$$

2.8.3 Reaktionsentropie

a) Molare Reaktionsentropie $\Delta_R S^{\ominus}$:

In der Tabelle A2.1 im Anhang des Lehrbuchs „Physikalische Chemie“ sind die Temperaturkoeffizienten α des chemischen Potenzials verschiedenster Substanzen in der Einheit $\mathrm{G\,K^{-1}}$ angeführt. Die molaren Entropien $S_m^{\ominus}$ können dann folgendermaßen ermittelt werden (am Beispiel des Calciumcarbids):

$$S_m^{\ominus} = -\alpha = -(-70{,}3\,\mathrm{G\,K^{-1}}) = 70{,}3\,\mathrm{G\,K^{-1}} = 70{,}3\,\mathrm{J\,mol^{-1}\,K^{-1}} = 70{,}3\,\mathrm{Ct\,mol^{-1}} .$$

Die Einheit G (Gibbs) entspricht $\mathrm{J\,mol^{-1}}$. Umgekehrt entspricht $\mathrm{J\,K^{-1}}$ der Einheit Ct (Carnot).

	Stoffkürzel	B	B′	D	D′
Umsatzformel:		$CaC_2\|s$ +	2 $H_2O\|l$ →	$Ca(OH)_2\|s$ +	$C_2H_2\|g$
$S_m^{\ominus}$ / Ct mol^{-1}:		70,3	2 · 70,0	83,4	200,9

Die molare Reaktionsentropie $\Delta_R S^{\ominus}$ entspricht der Summe der mit den jeweiligen Umsatzzahlen gewichteten molaren Entropien der an der Reaktion beteiligten Substanzen [siehe Gl. (8.13)]:

$$\Delta_R S^{\ominus} = \sum_i \nu_i S_{m,i}^{\ominus} = \nu_B S_{m,B}^{\ominus} + \nu_{B'} S_{m,B'}^{\ominus} + \nu_D S_{m,D}^{\ominus} + \nu_{D'} S_{m,D'}^{\ominus} .$$

$$\Delta_R S^{\ominus} = [(-1) \cdot 70{,}3 + (-2) \cdot 70{,}0 + 1 \cdot 83{,}4 + 1 \cdot 200{,}9]\,\mathrm{Ct\,mol^{-1}} = \mathbf{+74{,}0\,Ct\,mol^{-1}} .$$

Die molare Reaktionsentropie ist positiv, da bei der Reaktion ein stark ungeordnetes Gas entsteht.

b) Umsatz $\Delta\xi$:

$$\Delta\xi = \frac{\Delta n_B}{\nu_B} .$$

Stoffmengenänderung Δn_B:

Die Stoffmengenänderung Δn_B des Calciumcarbids (Stoff B) kann aus seiner Massenänderung $\Delta m_B = -8{,}0 \cdot 10^{-3}$ kg mit Hilfe seiner molaren Masse $M_B = 64{,}1 \cdot 10^{-3}$ kg mol^{-1} berechnet werden:

$$\Delta n_B = \frac{\Delta m_B}{M_B} = \frac{(-8{,}0 \cdot 10^{-3}\ \text{kg})}{64{,}1 \cdot 10^{-3}\ \text{kg mol}^{-1}} = -0{,}125\ \text{mol}.$$

$$\Delta\xi = \frac{-0{,}125\ \text{mol}}{-1} = 0{,}125\ \text{mol}.$$

Entropieänderung ΔS (unter Normbedingungen):

Die Entropieänderung ΔS ergibt sich aus der molaren Reaktionsentropie durch Multiplikation mit dem Umsatz (siehe Abschnitt 8.5 im Lehrbuch „Physikalische Chemie"):

$$\Delta S = \Delta_R S^\ominus \cdot \Delta\xi .$$

$$\Delta S = 74{,}0\ \text{Ct mol}^{-1} \cdot 0{,}125\ \text{mol} = \mathbf{9{,}3\ Ct}.$$

2.8.4 Erdgasverbrennung zur Energiegewinnung (mit Dr. Job besprechen)

	Stoffkürzel	B		B′	→	D		D′
a)	Umsatzformel:	$CH_4\|g$	+2	$O_2\|g$	→	$CO_2\|g$	+ 2	$H_2O\|l$
	$\mu^\ominus$/kG:	−50,5		2 · 0,0		−394,4		2 · (−237,1)

Nutzbare Energie W_n^*:

Zur Umrechnung der Maßeinheit Kilowattstunde in die SI-Einheit Joule kann die folgende Formel herangezogen werden:

$$W = P \cdot \Delta t = 1\ \text{kW} \cdot 1\ \text{h} = 1000\ \text{J s}^{-1} \cdot 3600\ \text{s} = 3{,}6 \cdot 10^6\ \text{J}.$$

Bei der Verbrennung des Erdgases (Methans) soll also eine nutzbare Energie W_n^* von 3,6 MJ gewonnen werden.

Antrieb $\mathcal{A}^\ominus$ der Erdgasverbrennung:

$$\mathcal{A}^\ominus = \sum_{\text{Ausg}} |\nu_i| \mu_i^\ominus - \sum_{\text{End}} \nu_j \mu_j^\ominus . \qquad \text{vgl. Gl. (4.3)}$$

$$\mathcal{A}^\ominus = \{[1 \cdot (-50{,}5) + 2 \cdot 0{,}0] - [1 \cdot (-394{,}4) + 2 \cdot (-237{,}1)]\}\ \text{kG}$$

$$= 818{,}1\ \text{kG} = 818{,}1 \cdot 10^3\ \text{J mol}^{-1}.$$

Umsatz $\Delta\xi$:

Der erforderliche Umsatz kann mit Hilfe der Gleichung

$$W_n^* = -W_{\to\xi} = \mathcal{A}^\ominus \cdot \Delta\xi \qquad \text{vgl. Gl. (8.18)}$$

berechnet werden. Auflösen nach $\Delta\xi$ ergibt:

$$\Delta\xi = \frac{W_n^*}{\mathcal{A}^\ominus} = \frac{3{,}6\cdot 10^6\ \text{J}}{818{,}1\cdot 10^3\ \text{J}\,\text{mol}^{-1}} = 4{,}40\ \text{mol}\,.$$

Änderung Δn_B der Stoffmenge an Erdgas:

$$\Delta\xi = \frac{\Delta n_B}{\nu_B} \quad\Rightarrow\quad \Delta n_B = \nu_B\cdot\Delta\xi\,.$$

$$\Delta n_B = \frac{4{,}40\ \text{mol}}{-1} = -4{,}40\ \text{mol}\,.$$

Benötigte Ausgangsstoffmenge $n_{B,0}$ an Erdgas:

$$\Delta n_B = n_B - n_{B,0} \quad\Rightarrow\quad n_{B,0} = n_B - \Delta n_B\,.$$

$$n_{B,0} = 0-(-4{,}40\ \text{mol}) = \mathbf{4{,}40\ mol}\,.$$

b) Ausgangsvolumen $V_{B,0}$ an Erdgas:

Das molare Volumen $V_m^\ominus$ von Gasen unter Normbedingungen beträgt 24,8 L mol^{-1}. Das Ausgangsvolumen $V_{B,0}$ an Erdgas ergibt sich dann gemäß

$$V_{m,B}^\ominus = \frac{V_{B,0}}{n_{B,0}} \quad\Rightarrow\quad V_{B,0} = n_{B,0}\cdot V_{m,B}^\ominus \quad \text{zu}$$

$$V_{B,0} = 4{,}40\ \text{mol}\cdot(24{,}8\cdot 10^{-3}\ \text{m}^3\,\text{mol}^{-1}) = 109\cdot 10^{-3}\ \text{m}^3\,.$$

Da das Erdgas vollständig verbrannt werden soll, entspricht die Volumenänderung $\mathbf{109\cdot 10^{-3}\ m^3}$ = 109 L.

2.8.5 Entropiebilanz einer Umsetzung

Zusammenstellung der benötigten Daten:

	Stoffkürzel B		B′	D
Umsatzformel:	$2\ H_2\|g$	+	$O_2\|g$	$\rightarrow 2\ H_2O\|l$,
$\mu^\ominus$/kG:	$2\cdot 0{,}0$		0,0	$2\cdot(-237{,}1)$
$S_m^\ominus$ / Ct mol^{-1}:	$2\cdot 130{,}7$		205,2	$2\cdot 70{,}0$

a) Molare Reaktionsentropie $\Delta_R S^\ominus$:

$$\Delta_R S^\ominus = [(-2)\cdot 130{,}7+(-1)\cdot 205{,}2+2\cdot 70{,}0]\ \text{Ct}\,\text{mol}^{-1} = \mathbf{-326{,}6\ Ct\,mol^{-1}}\,.$$

Die molare Reaktionsentropie ist ausgeprägt negativ, da aus zwei (ungeordneten) Gasen eine relativ geordnete Flüssigkeit entsteht.

Umsatz $\Delta\xi$:

$$\Delta\xi = \frac{\Delta n_D}{\nu_D}.$$

Stoffmengenänderung Δn_D des Wassers:

$$\Delta m_D = +1{,}0\ \text{kg};\ M_D = 18{,}0 \cdot 10^{-3}\ \text{kg mol}^{-1} \Rightarrow$$

$$\Delta n_D = \frac{\Delta m_D}{M_D} = \frac{1{,}0\ \text{kg}}{18{,}0 \cdot 10^{-3}\ \text{kg mol}^{-1}} = 55{,}6\ \text{mol}.$$

$$\Delta\xi = \frac{55{,}6\ \text{mol}}{2} = 27{,}8\ \text{mol}.$$

Entropieänderung ΔS (unter Normbedingungen):

$$\Delta S = \Delta_R S^\ominus \cdot \Delta\xi.$$

$$\Delta S = -326{,}6\ \text{Ct mol}^{-1} \cdot 27{,}8\ \text{mol} = -9080\ \text{Ct} = \mathbf{-9{,}08\ kCt}.$$

b) Antrieb $\mathcal{A}^\ominus$:

$$\mathcal{A}^\ominus = \{[2 \cdot 0{,}0 + 1 \cdot 0{,}0] - [2 \cdot (-237{,}1)]\}\ \text{kG}$$

$$= 474{,}2\ \text{kG} = 474{,}2 \cdot 10^3\ \text{G} = \mathbf{474{,}2 \cdot 10^3\ J\ mol^{-1}}.$$

Maximalwert der Nutzenergie $W^*_{n,max}$:

Im Idealfall einer vollständigen Nutzung der Energie $W^*_n = \eta \cdot \mathcal{A} \cdot \Delta\xi$, die die Umgebung (Index *) aus einer freiwillig ablaufenden Reaktion empfängt (siehe Abschnitt 8.7 im Lehrbuch „Physikalische Chemie“), d. h. bei Vorliegen eines Wirkungsgrades von $\eta = 1$, erhalten wir

$$W^*_{n,max} = \mathcal{A}^\ominus \cdot \Delta\xi.$$

$$W^*_{n,max} = 474{,}2 \cdot 10^3\ \text{J mol}^{-1} \cdot 27{,}8\ \text{mol} = 13{,}18 \cdot 10^6\ \text{J} = \mathbf{13{,}18\ MJ}.$$

c) Erzeugte Entropie S_e:

In der Regel lässt sich die aus einer freiwillig ablaufenden Reaktion stammende Energie nicht vollständig nutzen, sondern nur mit einem Wirkungsgrad $\eta < 1$. Der Rest der Energie wird unter Erzeugung der Entropie S_e „verheizt“ [vgl. Gl. (8.23)]:

$$S_e = \frac{(1-\eta) \cdot W^*_{n,max}}{T^\ominus}.$$

Mit der Umgebung ausgetauschte Entropie S_a:

Der Entropieinhalt S eines Systems kann sich auf zweierlei Weise ändern, durch Erzeugung (S_e) oder durch Austausch (S_a) von Entropie [vgl. Gl. (8.20)],

$$\Delta S = S_e + S_a \,,$$

oder umgestellt,

$$S_a = \Delta S - S_e \,.$$

Alle drei Fälle können anhand obiger Gleichungen behandelt werden. Es soll daher nur Fall 2 ($\eta = 70\ \% = 0{,}7$) ausführlicher vorgestellt werden:

$$S_e = \frac{(1-0{,}7)\cdot(13{,}18\cdot10^6\ \text{J})}{298\ \text{K}} = 13{,}3\cdot10^3\ \text{J}\,\text{K}^{-1} = 13{,}3\cdot10^3\ \text{Ct} = \mathbf{13{,}3\ kCt}\,.$$

$$S_a = (-9{,}1\cdot10^3\ \text{Ct}) - (13{,}3\cdot10^3\ \text{Ct}) = -22{,}4\cdot10^3\ \text{Ct} = \mathbf{-22{,}4\ kCt}\,.$$

$$T^{\ominus}\cdot S_a = 298\ \text{K}\cdot(-22{,}4\cdot10^3\ \text{J}\,\text{K}^{-1}) = -6{,}7\cdot10^6\ \text{J} = \mathbf{-6{,}7\ MJ}\ \text{(„Reaktionswärme“)}\,.$$

Zusammenfassung:

	Fall 1	Fall 2	Fall 3
S_e/kCt:	44,2 ,	13,3 ,	0 ,
S_a/kCt:	−53,3 ,	−22,4 ,	−9,1 ,
$T^{\ominus}\cdot S_a$/MJ:	−15,9 ,	−6,7 ,	−2,7 .

2.8.6 Energie und Entropiebilanz der Wasserverdunstung

	Stoffkürzel	B	D
a) Umsatzformel:		$H_2O\|l$ →	$H_2O\|g$,Luft.
μ/kG:		−237,1	−238,0

Antrieb $\mathcal{A}$ für die Wasserverdunstung:

$$\mathcal{A} = \{[1\cdot(-237{,}1)] - [1\cdot(-238{,}0)]\}\ \text{kG} = 0{,}9\ \text{kG} = 0{,}9\cdot10^3\ \text{G} = \mathbf{900\ J\,mol^{-1}}\,.$$

Umsatz $\Delta\xi$:

$$\Delta\xi = \frac{\Delta n_B}{\nu_B}\,.$$

Stoffmengenänderung Δn_B des (flüssigen) Wassers:

Die Stoffmengenänderung Δn_B des (flüssigen) Wassers (Stoff B) kann aus seiner Volumenänderung $\Delta V_B = -1{,}0\cdot10^{-6}\ \text{m}^3$ mit Hilfe seines molaren Volumens $V^{\ominus}_{m,B} = 18{,}1\cdot10^{-6}\ \text{m}^3\,\text{mol}^{-1}$ (aus Tabelle 8.1 im Lehrbuch „Physikalische Chemie“) berechnet werden:

$$\Delta n_B = \frac{\Delta V_B}{V^{\ominus}_{m,B}} = \frac{-1{,}0 \cdot 10^{-6}\ m^3}{18{,}1 \cdot 10^{-6}\ m^3\ mol^{-1}} = -0{,}055\ mol\,.$$

$$\Delta\xi = \frac{-0{,}055\ mol}{-1} = \mathbf{0{,}055\ mol}\,.$$

Maximal nutzbare Energie $W^*_{n,max}$:

Ganz analog zu den Überlegungen in Lösung 2.8.5 b) erhalten wir

$$W^*_{n,max} = \mathcal{A} \cdot \Delta\xi = 900\ J\,mol^{-1} \cdot 0{,}055\ mol = \mathbf{49{,}5\ J}\,.$$

b) Höhenänderung Δh des Gewichtes:

Wenn die nutzbare Energie $W^*_{n,max}$ zum Heben des Gewichtes verwendet wird, dann wird sie als potenzielle Energie W_{pot} gespeichert:

$$W_{pot} = W^*_{n,max}\,.$$

Aus der Gleichung für die potenzielle Energie,

$$W_{pot} = m \cdot g \cdot \Delta h\,,$$

ergibt sich dann durch Auflösen nach Δh:

$$\Delta h = \frac{W_{pot}}{m \cdot g} = \frac{49{,}5\ J}{1\ kg \cdot 9{,}81\ m\,s^{-2}} = \frac{49{,}5\ kg\,m^2\,s^{-2}}{1\ kg \cdot 9{,}81\ m\,s^{-2}} = \mathbf{5{,}0\ m}\,.$$

c) Erzeugte Entropie S_e:

Bleibt die gesamte freigesetzte Energie ungenutzt, liegt also ein Wirkungsrad von $\eta = 0$ vor, so ergibt sich aus Gleichung (8.23) für die erzeugte Entropie

$$S_e = \frac{\mathcal{A} \cdot \Delta\xi}{T} = \frac{900\ J\,mol^{-1} \cdot 0{,}055\ mol}{298\ K} = 0{,}17\ J\,K^{-1} = \mathbf{0{,}17\ Ct}\,.$$

d) Chemisches Potenzial μ_D des Wasserdampfes in der Luft:

Ausgangspunkt ist die Massenwirkungsgleichung 1 [Gl. (6.4)]:

$$\mu_D = \mu_{D,0} + RT \ln \frac{c_D}{c_{D,0}}\,.$$

μ_D ist dabei das chemische Potenzial des Wasserdampfes in der Luft. Wählt man als Ausgangszustand (Index 0) Luft mit einer relativen Feuchte von 100 %, dann gilt im Verdunstungsgleichgewicht [$\mu_D = \mu_B$ (chemisches Potenzial des flüssigen Wassers)] mit $c_D = c_{D,0}$ und damit $RT\ln(c_{D,0}/c_{D,0}) = RT\ln 1 = 0$ schließlich $\mu_{D,0} = \mu_B$. Bei einer relativen Feuchte von 70 % erhält man entsprechend $c_D = 0{,}70 \cdot c_{D,0}$ und folglich:

$$\mu_{\mathrm{D}} = \mu_{\mathrm{B}} + RT\ln\frac{0{,}70\cdot c_{\mathrm{D},0}}{c_{\mathrm{D},0}}\,.$$

Bei Zimmertemperatur (25 °C) ergibt sich μ_{D} dann zu:

$$\mu_{\mathrm{D}} = (-237{,}1\cdot 10^{3}\ \mathrm{G}) + 8{,}314\ \mathrm{G\,K^{-1}}\cdot 298\,\mathrm{K}\cdot\ln 0{,}70 = \mathbf{-238{,}0\ kG}\,.$$

2.8.7* Arbeitende Ente

a) Chemisches Potenzial μ_{D} des Wasserdampfes in der Luft:

Die Berechnung erfolgt analog zu der in Lösung 2.8.6, nur das anstelle einer relativen Luftfeuchte von 70 % eine Feuchte von 50 % vorliegen soll:

$$\mu_{\mathrm{D}} = \mu_{\mathrm{B}} + RT\ln\frac{c_{\mathrm{D}}}{c_{\mathrm{D},0}} = \mu_{\mathrm{B}} + RT\ln\frac{0{,}50\cdot c_{\mathrm{D},0}}{c_{\mathrm{D},0}}\,.$$

Bei 298 K erhält man entsprechend:

$$\mu_{\mathrm{D}} = (-237{,}1\cdot 10^{3}\ \mathrm{G}) + 8{,}314\ \mathrm{G\,K^{-1}}\cdot 298\,\mathrm{K}\cdot\ln 0{,}50 = \mathbf{-238{,}8\ kG}\,.$$

b) Antrieb $\mathcal{A}$ für die Wasserverdunstung:

$$\mathcal{A} = \{[1\cdot(-237{,}1)] - [1\cdot(-238{,}8)]\}\ \mathrm{kG} = 1{,}7\ \mathrm{kG} = 1{,}7\cdot 10^{3}\ \mathrm{G} = 1{,}7\cdot 10^{3}\ \mathrm{J\,mol^{-1}}\,.$$

Umsatz $\Delta\xi$:

$$\Delta\xi = \frac{\Delta n_{\mathrm{B}}}{\nu_{\mathrm{B}}} = \frac{-1\cdot 10^{-3}\ \mathrm{mol}}{-1} = 1\cdot 10^{-3}\ \mathrm{mol}\,.$$

Maximal nutzbare Energie $W^{*}_{\mathrm{n,max}}$:

$$W^{*}_{\mathrm{n,max}} = \mathcal{A}\cdot\Delta\xi = (1{,}7\cdot 10^{3}\ \mathrm{J\,mol^{-1}})\cdot(1\cdot 10^{-3}\ \mathrm{mol}) = \mathbf{1{,}7\ J}\,.$$

c) Tatsächlich genutzte Energie W_{pot}:

$$W_{\mathrm{pot}} = m\cdot g\cdot\Delta h = 0{,}01\ \mathrm{kg}\cdot 9{,}81\ \mathrm{m\,s^{-2}}\cdot 0{,}1\ \mathrm{m} = 1\cdot 10^{-2}\ \mathrm{J}\,.$$

Wirkungsgrad η:

Der Wirkungsgrad η ist hier der Quotient aus (tatsächlich) genutzter Energie und (theoretisch) nutzbarer Energie:

$$\eta = \frac{W_{\mathrm{pot}}}{W^{*}_{\mathrm{n,max}}}\,.$$ (Dr. Job wegen * fragen)

$$\eta = \frac{1\cdot 10^{-2}\ \mathrm{J}}{1{,}7\ \mathrm{J}} = 0{,}006 = \mathbf{0{,}6\ \%}\,.$$

Der Wirkungsgrad ist folglich sehr schlecht.

2.8.8 „Muskelenergie" durch Glucose-Oxidation

	Stoffkürzel	B		B′		D		D′
a) Umsatzformel:		$C_6H_{12}O_6\|w$	+	$6\ O_2\|w$	$\rightarrow$	$6\ CO_2\|w$	+	$6\ H_2O\|l$
$\mu^{\ominus}/\mathrm{kG}$:		–917,0		$6 \cdot 16{,}4$		$6 \cdot (-386{,}0)$		$6 \cdot (-237{,}1)$

Antrieb $\mathcal{A}^{\ominus}$ für den Oxidationsprozess:

$$\mathcal{A}^{\ominus} = \{[1 \cdot (-917{,}0) + 6 \cdot 16{,}4] - [6 \cdot (-386{,}0) + 6 \cdot (-237{,}1)]\}\ \mathrm{kG}$$

$$\mathcal{A}^{\ominus} = 2920\ \mathrm{kG} = \mathbf{2920\ kJ\ mol^{-1}}\,.$$

b) Energie $W_{\min}$ für den Aufstieg:

$$W_{\min} = m \cdot g \cdot \Delta h\,.$$

$$W_{\min} = 70\ \mathrm{kg} \cdot 9{,}81\ \mathrm{m\,s^{-2}} \cdot 24\ \mathrm{m} = 16480\ \mathrm{kg\,m^2\,s^{-2}} = 16480\ \mathrm{N\,m} = 16480\ \mathrm{J} = \mathbf{16{,}5\ kJ}\,.$$

c) Umsatz $\Delta\xi$:

$$\Delta\xi = \frac{\Delta n_B}{\nu_B}\,.$$

Stoffmengenänderung Δn_B:

$$\Delta m_B = -6 \cdot 10^{-3}\ \mathrm{kg};\ M_B = 180{,}0 \cdot 10^{-3}\ \mathrm{kg\,mol^{-1}} \Rightarrow$$

$$\Delta n_B = \frac{\Delta m_B}{M_B} = \frac{-6 \cdot 10^{-3}\ \mathrm{kg}}{180{,}0 \cdot 10^{-3}\ \mathrm{kg\,mol^{-1}}} = -0{,}033\ \mathrm{mol}\,.$$

$$\Delta\xi = \frac{-0{,}033\ \mathrm{mol}}{-1} = 0{,}033\ \mathrm{mol}\,.$$

Energie W_n^*, die für den Aufstieg nutzbar ist:

Die nutzbare Energie W_n^* berechnet sich zu:

$$W_n^* = \eta \cdot \mathcal{A}^{\ominus} \cdot \Delta\xi = 0{,}2 \cdot 2920\ \mathrm{kJ\,mol^{-1}} \cdot 0{,}033\ \mathrm{mol} = \mathbf{19{,}3\ kJ}\,.$$

d) Massenänderung Δm_B^* des Glucose-Vorrates des Schornsteinfegers:

$$\frac{\Delta m_B^*}{\Delta m_B} = \frac{W_{\min}}{W_n^*}\,. \quad \Delta m_B^*\,?$$

Auflösen nach Δm_B^* ergibt:

$$\Delta m_B^* = \Delta m_B \cdot \frac{W_{\min}}{W_n^*} = -6\ \mathrm{g} \cdot \frac{16{,}5\ \mathrm{kJ}}{19{,}3\ \mathrm{kJ}} = \mathbf{-5{,}1\ g}\,.$$

Der Schornsteinfeger muss mindestens ein Traubenzucker-Täfelchen zu sich nehmen, wenn er zu seinem Arbeitsplatz auf dem Hausdach gelangen will.

2.8.9 Brennstoffzelle

Zusammenstellung der benötigten Daten:

	Stoffkürzel	B	B′	D	D′
Umsatzformel:		$C_3H_8\|g$ +	$5\ O_2\|g$	$\rightarrow 3\ CO_2\|g$	$+\ 4\ H_2O\|g$
$\mu^\ominus$/ kG:		–23,4	5 · 0,0	3 · (–394,4)	4 · (–228,6)
$S_m^\ominus$ / Ct mol^{-1} :		270,0	5 · 205,2	3 · 213,8	4 · 188,8

a) Antrieb $\mathcal{A}^\ominus$ für den Oxidationsprozess:

$$\mathcal{A}^\ominus = \{[1\cdot(-23,4)+5\cdot 0,0]-[3\cdot(-394,4)+4\cdot(-228,6)]\}\ \text{kG}$$

$$= 2074,2\ \text{kG} = \mathbf{2074,2\ kJ\ mol^{-1}}\,.$$

b) Molare Reaktionsentropie $\Delta_R S^\ominus$:

$$\Delta_R S^\ominus = [(-1)\cdot 270,0+(-5)\cdot 205,2+3\cdot 213,8+4\cdot 188,8]\ \text{Ct mol}^{-1} = \mathbf{100,6\ Ct\ mol^{-1}}\,.$$

c) Nutzbare Energie W_n^*:

$$W_n^* = \eta\cdot\mathcal{A}^\ominus\cdot\Delta\xi = 0,8\cdot(2074,2\cdot 10^3\ \text{J mol}^{-1})\cdot 2\ \text{mol} = \mathbf{3,32\cdot 10^6\ J}\,.$$

Betriebsdauer Δt:

$$P = \frac{W_n^*}{\Delta t}\,.$$

Auflösen nach der gesuchten Betriebsdauer Δt ergibt:

$$\Delta t = \frac{W_n^*}{P} = \frac{3,32\cdot 10^6\ \text{J}}{250\ \text{J s}^{-1}} = 13,3\cdot 10^3\ \text{s} = \mathbf{3,7\ h}\,.$$

d) Erzeugte Entropie S_e:

$$S_e = \frac{(1-\eta)\cdot\mathcal{A}^\ominus\cdot\Delta\xi}{T^\ominus}\,.$$

$$S_e = \frac{(1-0,8)\cdot(2074,2\cdot 10^3\ \text{J mol}^{-1})\cdot 2\ \text{mol}}{298\ \text{K}} = 2780\ \text{J K}^{-1} = \mathbf{2,78\ kCt}\,.$$

Ausgetauschte Entropie S_a:

$$S_a = \Delta S - S_e = \Delta_R S^\ominus\cdot\Delta\xi - S_e\,.$$

$$S_a \quad = 100{,}6\ \text{Ct mol}^{-1} \cdot 2\ \text{mol} - (2{,}78 \cdot 10^3\ \text{Ct}) = -2580\ \text{Ct} = \mathbf{-2{,}58\ kCt}.$$

e) Wenn man die Brennstoffzelle kurzschließt, ist der Wirkungsgrad $\eta = 0$, d. h., es wird keine nutzbare Energie mehr gewonnen.

Erzeugte Entropie S'_e

$$S'_e \quad = \frac{(1-0)\cdot(2074{,}2\cdot 10^3\ \text{J mol}^{-1})\cdot 2\ \text{mol}}{298\ \text{K}} = 13{,}92\cdot 10^3\ \text{J K}^{-1} = \mathbf{13{,}92\ kCt}.$$

Ausgetauschte Entropie S'_a

$$S'_a \quad = 100{,}6\ \text{Ct mol}^{-1} \cdot 2\ \text{mol} - (13{,}92 \cdot 10^3\ \text{Ct}) = -13{,}72 \cdot 10^3\ \text{Ct} = \mathbf{-13{,}72\ kCt}.$$

Die Brennstoffzelle gibt sehr viel Entropie ab, würde also sehr heiß werden, wenn man die Entropie nicht entweichen ließe.

2.8.10 Kalorimetrische Antriebsbestimmung

	Stoffkürzel	B		B′		D		D′
Umsatzformel:		$C_2H_5OH\|l$	+ 3	$O_2\|g$	→ 2	$CO_2\|g$	+ 3	$H_2O\|g$

a) Aufgewandte elektrische Energie W':

Die zur elektrischen Aufheizung des Kalorimeters (einschließlich der darin enthaltenen Probe) aufgewandte Energie kann aus der Spannung U, der Stromstärke I und der Einschaltdauer Δt leicht mit Hilfe von Gleichung (8.28) berechnet werden:

$$W' \quad = U \cdot I \cdot \Delta t = 12\ \text{V} \cdot 1{,}5\ \text{A} \cdot 150\ \text{s} = 2700\ \text{J}.$$

Zur Kalibrierung des Kalorimeters durch elektrische Aufheizung erzeugte Entropie S'_e

Die verheizte Energie, geteilt durch die gemessene Temperatur, hier ungefähr die Normtemperatur $T^\ominus$, ergibt die erzeugte Entropie S'_e [vgl. Gl. (3.3)]:

$$S'_e \quad = \frac{W'}{T^\ominus} = \frac{2700\ \text{J}}{298\ \text{K}} = 9{,}06\ \text{J K}^{-1} = 9{,}06\ \text{Ct}.$$

Entropie $-S_a$, die während der Verbrennungsreaktion von den reagierenden Stoffen abgegeben wurde:

Aus der auf Grund der Reaktion beobachteten Temperaturänderung ΔT kann auf die von der Probe abgegebene Entropie $-S_a$ geschlossen werden (siehe Abschnitt 8.8 im Lehrbuch „Physikalische Chemie“):

$$S_a \quad = -\frac{\Delta T}{\Delta T'} S'_e = -\frac{2{,}49\ \text{K}}{4{,}92\ \text{K}} \cdot 9{,}06\ \text{Ct} = \mathbf{-4{,}59\ Ct}.$$

b) Umsatz $\Delta\xi$:

$$\Delta\xi = \frac{\Delta n_B}{v_B} = \frac{-0{,}001\ \text{mol}}{-1} = 0{,}001\ \text{mol}.$$

Entropieänderung ΔS ($\equiv \Delta S_\ell$):

$$\Delta S = \Delta_R S^\ominus \cdot \Delta\xi = -138{,}8\ \text{Ct mol}^{-1} \cdot 0{,}001\ \text{mol} = -0{,}139\ \text{Ct}.$$

Erzeugte Entropie S_e:

Die während der Reaktion erzeugte Entropie S_e kann aus der folgenden Entropiebilanz berechnet werden:

$$S_e = \Delta S - S_a = -0{,}139\ \text{Ct} - (-4{,}59\ \text{Ct}) = 4{,}45\ \text{Ct}.$$

Antrieb $\mathcal{A}^\ominus$:

Die erzeugte Entropie hängt mit dem Antrieb $\mathcal{A}^\ominus$ des Vorgangs über die folgende Beziehung zusammen:

$$S_e = \frac{\mathcal{A}^\ominus \cdot \Delta\xi}{T^\ominus}.$$

Auflösen nach $\mathcal{A}^\ominus$ ergibt:

$$\mathcal{A}^\ominus = \frac{T^\ominus \cdot S_e}{\Delta\xi} = \frac{298\ \text{K} \cdot 4{,}45\ \text{Ct}}{0{,}001\ \text{mol}} = 1326 \cdot 10^3\ \text{J mol}^{-1} = \mathbf{1326\ kG}.$$

Würde man die auftretende latente Entropie nicht berücksichtigen, so erhielte man für den Antrieb $\mathcal{A}^{\ominus\prime}$:

$$\mathcal{A}^{\ominus\prime} = \frac{T^\ominus \cdot (-S_a)}{\Delta\xi} = \frac{298\ \text{K} \cdot 4{,}59\ \text{Ct}}{0{,}001\ \text{mol}} = 1368 \cdot 10^3\ \text{J mol}^{-1} = \mathbf{1368\ kG}.$$

Es ergäbe sich also ein um 42 kG und damit 3,2 % zu hoher Wert.

2.9 Querbeziehungen

2.9.1 Stürzregel

Ausgangspunkt soll der Druckkoeffizient β des chemischen Potenzials sein, der folgendermaßen als Differenzialquotient formuliert werden kann: $(\partial\mu/\partial p)_{T,n}$.

1) Dem μ ist n und dem p ist $-V$ zugeordnet, d. h., im gestürzten Differenzialquotienten steht n im Nenner und $-V$ im Zähler.
2) Das Vorzeichen ist zu ändern, da sowohl n als auch $-V$ eine „lageartige" Größe ist.
3) p und T sind im ursprünglichen Ausdruck ungepaart und daher in den neuen Index einzusetzen:

$$\left(\frac{\partial\mu}{\partial p}\right)_{T,n} \overset{1)}{\times} \left(\frac{\partial(-V)}{\partial n}\right) \xrightarrow{2)} \left(\frac{\partial V}{\partial n}\right) \xrightarrow{3)} \left(\frac{\partial V}{\partial n}\right)_{p,T}.$$

Wir erhalten also letztendlich

$$\beta = \left(\frac{\partial\mu}{\partial p}\right)_{T,n} = \left(\frac{\partial V}{\partial n}\right)_{p,T} = V_{\mathrm{m}},$$

was zu zeigen war.

2.9.2 Temperaturerhöhung bei Verdichtung

a) Ausgangspunkt ist der Differenzialquotient $(\partial V/\partial S)_p$.

   1) Dem V ist $-p$ und dem S ist T zugeordnet, d. h., im gestürzten Differenzialquotienten steht $-p$ im Nenner und T im Zähler.
   2) Das Vorzeichen ist zu ändern, da sowohl $-p$ als auch T eine „kraftartige" Größe ist.
   3) S ist im ursprünglichen Ausdruck ungepaart und daher in den neuen Index einzusetzen:

   $$\left(\frac{\partial V}{\partial S}\right)_{p} \overset{1)}{\times} \left(\frac{\partial T}{\partial(-p)}\right) \xrightarrow{2)} \left(\frac{\partial T}{\partial p}\right) \xrightarrow{3)} \left(\frac{\partial T}{\partial p}\right)_{S}.$$

   Wir erhalten also letztendlich

   $$\left(\frac{\partial V}{\partial S}\right)_{p} = \left(\frac{\partial T}{\partial p}\right)_{S}.$$

   Der Koeffizient rechts besagt ja gerade, dass die Temperatur zunimmt, d. h., der Körper sich erwärmt, wenn der Druck auf den Körper wächst. Stillschweigende Nebenbedingung dabei ist, dass keine Entropie in die Umgebung abfließt, was den Effekt kompensieren könnte.

b) Eiswasser gehört zu den wenigen Ausnahmen, bei denen das Volumen mit wachsender Entropie abnimmt. Es wird daher beim Zusammenpressen kälter.

2.9.3 Volumenänderung einer Betonwand

Volumen V der Betonwand:

$$V = l \cdot h \cdot b = 10\ \text{m} \cdot 3\ \text{m} \cdot 0{,}2\ \text{m} = 6\ \text{m}^3 .$$

Volumenänderung ΔV:

Man geht von Gleichung (9.21) für den thermischen Volumenausdehnungskoeffizient γ aus:

$$\gamma = \frac{1}{V}\left(\frac{\partial V}{\partial T}\right)_p .$$

Der Differenzialquotient kann näherungsweise durch den Differenzenquotienten ersetzt werden:

$$\gamma = \frac{1}{V}\frac{\Delta V}{\Delta T} \quad \Rightarrow \quad \Delta V = \gamma \cdot V \cdot \Delta T = \gamma \cdot V \cdot (T_2 - T_1) .$$

$$\Delta V = (36 \cdot 10^{-6}\ \text{K}^{-1}) \cdot 6\ \text{m}^3 \cdot (308\ \text{K} - 258\ \text{K}) = 0{,}011\ \text{m}^3 = \mathbf{11000\ cm^3} .$$

2.9.4* Benzinfass

Volumen V_B an Benzin, das höchstens in das Fass gefüllt werden darf:

Erwärmen sich Benzin und Stahlfass, so wird sowohl das Volumen des Benzins als auch das Volumen des Fasses größer. Das Volumen des Benzins bei erhöhter Temperatur ergibt sich aus dem eingefüllten Volumen V_B an Benzin zuzüglich der Volumenvergrößerung ΔV_B des Benzins durch die Erwärmung. Zum Rauminhalt V_S des Stahlfasses muss die Volumenvergrößerung ΔV_S des Fasses mit steigender Temperatur hinzugerechnet werden. Die Volumenvergrößerung des hohlen Fasses ist dabei genau so groß wie die Volumenänderung eines massiven Stahlkörpers des gleichen Volumens. Bei 50 °C soll das Fass gerade vollständig mit Benzin gefüllt sein, d. h., es gilt:

$$V_\text{B} + \Delta V_\text{B} = V_\text{S} + \Delta V_\text{S} .$$

Die Volumenänderungen lassen sich wieder mit Hilfe von Gleichung (9.21) berechnen:

$$V_\text{B} + \gamma_\text{B} \cdot V_\text{B} \cdot \Delta T = V_\text{S} + \gamma_\text{S} \cdot V_\text{S} \cdot \Delta T .$$

$$V_\text{B}(1 + \gamma_\text{B} \cdot \Delta T) = V_\text{S}(1 + \gamma_\text{S} \cdot \Delta T) .$$

$$V_\text{B} = V_\text{S} \cdot \frac{1 + \gamma_\text{S} \cdot \Delta T}{1 + \gamma_\text{B} \cdot \Delta T} = V_\text{S} \cdot \frac{1 + \gamma_\text{S} \cdot (T_2 - T_1)}{1 + \gamma_\text{B} \cdot (T_2 - T_1)} .$$

$$V_\text{B} = (216 \cdot 10^{-3}\ \text{m}^3) \cdot \frac{1 + (35 \cdot 10^{-6}\ \text{K}^{-1}) \cdot (323\ \text{K} - 293\ \text{K})}{1 + (950 \cdot 10^{-6}\ \text{K}^{-1}) \cdot (323\ \text{K} - 293\ \text{K})} = \mathbf{210 \cdot 10^{-3}\ m^{-3}} .$$

Es dürfen nicht mehr als 210 L Benzin in das Stahlfass eingefüllt werden.

2.9.5 Kompressibilität von Hydrauliköl

Kompressibilität χ des Hydrauliköls:

Die Kompressibilität χ eines Stoffes ergibt sich gemäß Gleichung (9.22) (bei konstanter Temperatur) zu:

$$\chi = -\frac{1}{V}\left(\frac{\partial V}{\partial p}\right)_T .$$

Der Differenzialquotient kann näherungsweise durch den Differenzenquotienten ersetzt werden:

$$\chi = -\frac{1}{V}\cdot\frac{\Delta V}{\Delta p} = -\frac{1}{V}\cdot\frac{(V_2 - V_1)}{(p_2 - p_1)} .$$

$$\chi = -\frac{1}{1{,}0000\cdot 10^{-3}\ \text{m}^3}\cdot\frac{(0{,}9997 - 1{,}0000)\cdot 10^{-3}\ \text{m}^3}{(20-10)\cdot 10^5\ \text{Pa}} = \mathbf{3\cdot 10^{-10}\ Pa^{-1}} .$$

2.9.6* Dichte des Wassers in der Meerestiefe

Relative Änderung $\Delta\rho/\rho$ der Dichte des Wassers mit der Meerestiefe:

Gesucht ist die relative Änderung $\Delta\rho/\rho$ der Dichte des Wassers in Abhängigkeit von einer Erhöhung des Druckes um den Zusatzdruck Δp in der Tiefe infolge des Schweredrucks des Wassers.

Für die Dichte ρ des Wassers an der Oberfläche gilt $\rho = m/V$, für die Dichte ρ_T in einer Tiefe von 200 m $\rho_\text{T} = m/V_\text{T}$, wenn V bzw. V_T das Volumen einer (kleinen)Wasserportion der Masse m bezeichnet.

Die relative Änderung der Dichte ergibt sich dann zu (V und V_T können annähernd gleich gesetzt werden, da die Volumenänderung nur sehr gering ist):

$$\frac{\Delta\rho}{\rho} = \left(\frac{m}{V_\text{T}} - \frac{m}{V}\right)\cdot\frac{V}{m} = \frac{V - V_\text{T}}{V_\text{T}\cdot V}\cdot V = -\frac{\Delta V}{V_\text{T}} \approx -\frac{\Delta V}{V} .$$

Änderung ΔV des Volumens des Wassers:

Die Änderung ΔV des Volumens kann aus der Gleichung (9.22) für die Kompressibilität eines Stoffes (bei konstanter Temperatur) errechnet werden:

$$\chi = -\frac{1}{V}\cdot\frac{\Delta V}{\Delta p} \quad\Rightarrow\quad \Delta V = -V\cdot\chi\cdot\Delta p .$$

Durch Einsetzen in die obige Gleichung für die relative Dichteänderung erhält man:

$$\frac{\Delta\rho}{\rho} = -\frac{(-V\cdot\chi\cdot\Delta p)}{V} = \chi\cdot\Delta p = (4{,}6\cdot 10^{-10}\ \text{Pa}^{-1})\cdot(2\cdot 10^6\ \text{Pa}) = 0{,}00092 = \mathbf{0{,}092\ \%} .$$

Die Dichte des Wassers hat in 200 m Tiefe lediglich um 0,092 % zugenommen.

2.9.7* Druckanstieg im Flüssigkeitsthermometer

Druckerhöhung Δp in der Kapillare:

Uns interessiert die Änderung Δp des Druckes, die auftritt, wenn man eine Substanz bei konstantem Volumen erwärmt, also der Quotient $(\partial p/\partial T)_V$. Dieser kann mit Hilfe der Rechenregeln für Differenzialquotienten, die im Abschnitt 9.4 des Lehrbuchs „Physikalische Chemie" vorgestellt werden, umgeformt werden:

$$\left(\frac{\partial p}{\partial T}\right)_V = -\left(\frac{\partial p}{\partial V}\right)_T\left(\frac{\partial V}{\partial T}\right)_p = -\left(\frac{\partial V}{\partial T}\right)_p\left(\frac{\partial V}{\partial p}\right)_T^{-1} = -\frac{V\gamma}{-V\chi} = \frac{\gamma}{\chi}.$$

Ein paar Worte zur Erläuterung: Die im Index unerwünschte Größe V ist in den Quotienten einzuschieben, was zu dem negativen Vorzeichen führt (Regel c). Der erste der beiden neuen Quotienten wird umgekehrt (Regel a). Dann haben alle Differenzialquotienten bereits die geforderte Gestalt. Was bleibt, ist, die Ausdrücke noch durch die üblichen Koeffizienten zu ersetzen [Gl. (9.21) und Gl. (9.22)].

Der Differenzialquotient kann wieder näherungsweise durch den Differenzenquotienten ersetzt werden:

$$\frac{\Delta p}{\Delta T} = \frac{\gamma}{\chi}.$$

Auflösen nach Δp ergibt:

$$\Delta p = \frac{\gamma}{\chi}\cdot\Delta T = \frac{1{,}1\cdot 10^{-3}\ \mathrm{K}^{-1}}{1{,}5\cdot 10^{-9}\ \mathrm{Pa}^{-1}}\cdot 5\ \mathrm{K} = \mathbf{37\cdot 10^5\ Pa}\ (= 37\ \mathrm{bar}).$$

2.9.8 Isochore molare Entropiekapazität

Isochore molare Entropiekapazität $\mathcal{C}_{\mathrm{m},V}$ des Ethanols:

Die Differenz aus molarer isobarer Entropiekapazität $\mathcal{C}_{\mathrm{m},p}$ und molarer isochorer Entropiekapazität $\mathcal{C}_{\mathrm{m},V}$ eines Stoffes ergibt sich gemäß Gleichung (9.25) zu:

$$\mathcal{C}_{\mathrm{m},p} - \mathcal{C}_{\mathrm{m},V} = V_\mathrm{m}\frac{\gamma^2}{\chi}.$$

Das molare Volumen einer Substanz lässt sich aus deren Dichte berechnen:

$$\rho = \frac{m}{V} = \frac{M\cdot n}{V} = \frac{M}{V_\mathrm{m}} \quad\Rightarrow\quad V_\mathrm{m} = \frac{M}{\rho}.$$

Einsetzen in obige Gleichung ergibt:

$$\mathcal{C}_{\mathrm{m},p} - \mathcal{C}_{\mathrm{m},V} = \frac{M}{\rho}\cdot\frac{\gamma^2}{\chi} \quad\Rightarrow\quad \mathcal{C}_{\mathrm{m},V} = \mathcal{C}_{\mathrm{m},p} - \frac{M}{\rho}\cdot\frac{\gamma^2}{\chi}.$$

Die molare Masse von Ethanol beträgt $46{,}0\cdot 10^{-3}\ \mathrm{kg\,mol^{-1}}$.

$$\mathcal{C}_{m,V} = 0{,}370\ \mathrm{Ct\,mol^{-1}\,K^{-1}} - \frac{46{,}0\cdot 10^{-3}\ \mathrm{kg\,mol^{-1}}}{789\ \mathrm{kg\,m^{-3}}}\cdot\frac{(1{,}4\cdot 10^{-3}\ \mathrm{K^{-1}})^2}{11{,}2\cdot 10^{-10}\ \mathrm{Pa^{-1}}}$$

$$= 0{,}370\ \mathrm{Ct\,mol^{-1}\,K^{-1}} - 0{,}102\ \mathrm{Ct\,mol^{-1}\,K^{-1}} = \mathbf{0{,}268\ Ct\,mol^{-1}\,K^{-1}}\,.$$

Die Umrechnung der Einheiten im zweiten Summanden erfolgt dabei folgendermaßen:

$$\mathrm{mol^{-1}\,m^3\,K^{-2}\,Pa = mol^{-1}\,m^3\,K^{-2}\,N\,m^{-2} = N\,m\,K^{-2}\,mol^{-1} = J\,K^{-1}\,mol^{-1}\,K^{-1} = Ct\,mol^{-1}\,K^{-1}}\,.$$

2.9.9* Isentrope Kompressibilität

a) Beziehung zwischen isothermer Kompressibilität χ_T und isentroper Kompressibilität χ_S:

Als Startpunkt wird die folgende Beziehung gewählt:

$$\chi_S = -\frac{1}{V}\left(\frac{\partial V}{\partial p}\right)_S .$$

Durch Umformung gemäß der Rechenregeln für Differenzialquotienten erhalten wir den folgenden Zusammenhang:

$$\chi_S = -\frac{1}{V}\left(\frac{\partial V}{\partial p}\right)_S = -\frac{1}{V}\left[\left(\frac{\partial V}{\partial p}\right)_T + \left(\frac{\partial V}{\partial T}\right)_p \cdot \left(\frac{\partial T}{\partial p}\right)_S\right] = -\frac{1}{V}\left(\frac{\partial V}{\partial p}\right)_T - \frac{1}{V}\left(\frac{\partial V}{\partial T}\right)_p \cdot \left(\frac{\partial T}{\partial p}\right)_S$$

$$= \chi_T - \gamma\cdot\left(\frac{\partial T}{\partial p}\right)_S = \chi_T - \gamma\cdot\left[-\left(\frac{\partial T}{\partial S}\right)_p \cdot \left(\frac{\partial S}{\partial p}\right)_T\right] = \chi_T - \gamma\cdot\left[-\left(\frac{\partial S}{\partial T}\right)_p^{-1} \cdot \left(\frac{\partial(-V)}{\partial T}\right)_p\right]$$

$$= \chi_T - \gamma\cdot\left[-\frac{1}{n\mathcal{C}_m}\cdot -V\gamma\right] = \chi_T - \gamma\cdot\left[\frac{M}{V\rho\mathcal{C}_m}\cdot V\gamma\right] = \chi_T - \frac{M\gamma^2}{\rho\mathcal{C}_m}\,.$$

Zur Erläuterung der Vorgehensweise: Zunächst wird die Größe S aus dem Index des Differenzialquotienten gegen T ausgewechselt (Regel d). Ein Teil der Differenzialquotienten kann dann bereits durch die gewünschten Koeffizienten χ_T und γ ersetzt werden [Gl. (9.22) und Gl. (9.21)]. Anschließend wird die im Index des verbliebenen Differenzialquotienten unerwünschte Größe S in diesen eingeschoben (Regel c). Danach wird der erste der neuen Differenzialquotienten umgekehrt (Regel a) und der zweite gestürzt (siehe das Beispiel zur Stürzregel im Abschnitt 9.2 des Lehrbuchs „Physikalische Chemie"). Der umgekehrte Differenzialquotient wird gemäß Gleichung (3.14) durch $n\mathcal{C}_m$ ersetzt, der gestürzte durch $-V\gamma$. Abschließend wird noch n gemäß Gleichung (1.6) durch m/M bzw. $\rho V/M$ ersetzt (da $m = \rho V$).

b) Isentrope Kompressibilität χ_S des Ethanols:

$$\chi_S = \chi_T - \frac{M\gamma^2}{\rho\mathcal{C}_m}\,.$$

$$\chi_S = (11{,}2\cdot 10^{-10}\ \mathrm{Pa}^{-1}) - \frac{(46{,}0\cdot 10^{-3}\ \mathrm{kg\,mol}^{-1})\cdot(1{,}40\cdot 10^{-3}\ \mathrm{K}^{-1})^2}{789\ \mathrm{kg\,m}^{-3}\cdot 0{,}370\ \mathrm{Ct\,mol}^{-1}\,\mathrm{K}^{-1}}$$

$$= (11{,}2\cdot 10^{-10}\ \mathrm{Pa}^{-1}) - (3{,}1\cdot 10^{-10}\ \mathrm{Pa}^{-1}) = \mathbf{8{,}1\cdot 10^{-10}\ Pa^{-1}}\,.$$

Die Umrechnung der Einheiten im zweiten Summanden erfolgt dabei folgendermaßen:

$\mathrm{m}^3\,\mathrm{K}^{-1}\,\mathrm{Ct}^{-1} = \mathrm{m}^3\,\mathrm{K}^{-1}\,\mathrm{J}^{-1}\,\mathrm{K} = \mathrm{m}^3\,\mathrm{N}^{-1}\,\mathrm{m}^{-1} = \mathrm{N}^{-1}\,\mathrm{m}^2 = \mathrm{Pa}^{-1}$.

c) Schallgeschwindigkeit c in Ethanol:

$$c = \sqrt{\frac{1}{\chi_S\cdot\rho}}\,.$$

$$c = \sqrt{\frac{1}{(8{,}1\cdot 10^{-10}\ \mathrm{Pa}^{-1})\cdot 789\ \mathrm{kg\,m}^{-3}}} = \mathbf{1250\ m\,s^{-1}}\,.$$

Die Umrechnung der Einheiten im Term unter der Wurzel erfolgt dabei folgendermaßen:

$\mathrm{Pa\,kg}^{-1}\,\mathrm{m}^3 = \mathrm{N\,m}^{-2}\,\mathrm{kg}^{-1}\,\mathrm{m}^3 = \mathrm{kg\,m\,s}^{-2}\ \mathrm{kg}^{-1}\,\mathrm{m} = \mathrm{m}^2\,\mathrm{s}^{-2}$.

2.9.10* Verdichten von Eiswasser

Temperaturänderung ΔT beim Komprimieren von Eiswasser:

Ausgangspunkt ist die Beziehung

$$\Delta T = \left(\frac{\partial T}{\partial p}\right)_S \cdot \Delta p\,.$$

Zunächst wird die Größe S aus dem Index eingeschoben (Regel c):

$$\Delta T = -\left(\frac{\partial T}{\partial S}\right)_p \cdot \left(\frac{\partial S}{\partial p}\right)_T \cdot \Delta p\,.$$

Anschließend wird der erste Differenzialquotient umgekehrt (Regel a) und der zweite Differenzialquotient gestürzt (siehe Abschnitt 9.2 Stürzregel):

$$\Delta T = \frac{1}{\left(\frac{\partial S}{\partial T}\right)_p} \cdot \left(\frac{\partial V}{\partial T}\right)_p \cdot \Delta p\,.$$

Betrachtet man nun 1 mol Wasser, so können die entsprechenden molaren Größen verwendet werden:

$$\Delta T = \frac{\left(\frac{\partial V_\mathrm{m}}{\partial T}\right)_p}{\left(\frac{\partial S_\mathrm{m}}{\partial T}\right)_p} \cdot \Delta p = \frac{V_\mathrm{m} \cdot \gamma}{\mathcal{C}_\mathrm{m}} \cdot \Delta p \, .$$

Setzt man nun die angegebenen Werte ein, so erhält man:

$$\Delta T = \frac{(18{,}1 \cdot 10^{-6}\ \mathrm{m^3\,mol^{-1}}) \cdot (-70 \cdot 10^{-6}\ \mathrm{K^{-1}})}{0{,}28\ \mathrm{Ct\,K^{-1}\,mol^{-1}}} \cdot (1000 \cdot 10^5\ \mathrm{Pa}) = \mathbf{-0{,}45\ K} \, .$$

2.10 Dünne Gase aus molekularkinetischer Sicht

2.10.1 Stahlgasflasche

a) Stoffmenge n des Stickstoffs in der Stahlgasflasche:

Da der Stickstoff hier als ideales Gas aufgefasst werden kann, gilt das allgemeine Gasgesetz [Gl. (10.7)]:

$$p_0 \cdot V_0 = n \cdot R \cdot T_0 .$$

Durch Auflösen nach n erhalten wir

$$n = \frac{p_0 \cdot V_0}{R \cdot T_0} = \frac{(5 \cdot 10^6 \text{ Pa}) \cdot (50 \cdot 10^{-3} \text{ m}^3)}{8{,}314 \text{ G K}^{-1} \cdot 293 \text{ K}} = \mathbf{102{,}6\ mol} .$$

Einheitenanalyse:

$$\frac{\text{Pa m}^3}{\text{G K}^{-1} \text{K}} = \frac{\text{N m}^{-2} \text{m}^3}{\text{J mol}^{-1}} = \frac{\text{N m m}^3}{\text{N m mol}^{-1}} = \text{mol} .$$

Masse m des Stickstoffs:

$$m = n \cdot M = 102{,}6 \text{ mol} \cdot (28{,}0 \cdot 10^{-3} \text{ kg mol}^{-1}) = \mathbf{2{,}87\ kg} .$$

b) Druck p_1 des Stickstoffs bei einer Temperatur von $\vartheta_1 = 45$ °C:

Wir gehen wieder von dem allgemeinen Gasgesetz aus und erhalten, da die Stoffmenge des Gases und das Volumen gleich bleiben:

$$p_1 \cdot V_0 = n \cdot R \cdot T_1 .$$

Auflösen nach p_1 ergibt:

$$p_1 = \frac{n \cdot R \cdot T_1}{V_0} = \frac{102{,}6 \text{ mol} \cdot 8{,}314 \text{ G K}^{-1} \cdot 318 \text{ K}}{50 \cdot 10^{-3} \text{ m}^3} = 5{,}43 \cdot 10^6 \text{ Pa} = \mathbf{5{,}43\ MPa} .$$

Der Druck im Innern der Stahlflasche steigt auf 5,43 MPa an.

2.10.2* Wetterballon

Volumen V_0 des Wetterballons auf Meereshöhe:

$$V_0 = \frac{4}{3}\pi r_0^3 = \frac{4}{3} \cdot 3{,}142 \cdot (1{,}5 \text{ m})^3 = 14{,}1 \text{ m}^3 .$$

Volumen V_1 des Wetterballons in 10 km Höhe:

Auf Meereshöhe gilt nach dem allgemeinen Gasgesetz $p_0 V_0 = nRT_0$ und in 10 km Höhe entsprechend $p_1 V_1 = nRT_1$. Da die Gasmenge n im Ballon gleich bleibt, erhalten wir:

$$\frac{p_0 \cdot V_0}{T_0} = \frac{p_1 \cdot V_1}{T_1}.$$

Auflösen nach V_1 ergibt:

$$V_1 = \frac{p_0 \cdot V_0 \cdot T_1}{T_0 \cdot p_1} = \frac{(100 \cdot 10^3 \text{ Pa}) \cdot 14{,}1 \text{ m}^3 \cdot 223 \text{ K}}{298 \text{ K} \cdot (30 \cdot 10^3 \text{ Pa})} = \mathbf{35{,}2\ m^3}.$$

Radius r_1 des Wetterballons in 10 km Höhe:

$$V_1 = \frac{4}{3}\pi r_1^3.$$

Durch Auflösen nach r_1 erhalten wir:

$$r_1 = \sqrt[3]{\frac{3V_1}{4\pi}} = \sqrt[3]{\frac{3 \cdot 35{,}2 \text{ m}^3}{4 \cdot 3{,}142}} = \mathbf{2{,}03\ m}.$$

Das Volumen und der Radius des Wetterballons haben deutlich zugenommen.

2.10.3 Kaliumhyperoxid als Lebensretter

	Stoffkürzel	B		B′		D		D′	
Umsatzformel:		$4\ KO_2\|s$	+	$2\ CO_2\|g$	→	$2\ K_2CO_3\|s$	+	$3\ O_2\|g$	.

Stoffmenge $n_{B',0}$ an Kohlendioxid, die zu Beginn vorliegt:

$$p \cdot V_{B'} = n_{B',0} \cdot R \cdot T.$$

Auflösen nach $n_{B',0}$ ergibt:

$$n_{B',0} = \frac{p \cdot V_{B',0}}{R \cdot T} = \frac{(100 \cdot 10^3 \text{ Pa}) \cdot (40 \cdot 10^{-3} \text{ m}^3)}{8{,}314 \text{ G K}^{-1} \cdot 283 \text{ K}} = 1{,}7 \text{ mol}.$$

Stoffmengenänderung $\Delta n_{B'}$, die durch Bindung des Kohlendioxids erzielt werden soll:

$$\Delta n_{B'} = n_{B'} - n_{B',0} = 0 - (1{,}7 \text{ mol}) = -1{,}7 \text{ mol}.$$

Da das Kohlendioxid am Ende der Reaktion vollständig gebunden sein soll, gilt $n_{B'} = 0$.

Erforderliche Stoffmengenänderung Δn_B an Kaliumhyperoxid:

Auf Grund der stöchiometrischen Grundgleichung [Gl. (1.15)] gilt:

$$\frac{\Delta n_B}{\nu_B} = \frac{\Delta n_{B'}}{\nu_{B'}} \quad \Rightarrow \quad \Delta n_B = \frac{\Delta n_{B'} \cdot \nu_B}{\nu_{B'}}.$$

$$\Delta n_B = \frac{(-1{,}7 \text{ mol}) \cdot (-4)}{(-2)} = -3{,}4 \text{ mol}.$$

Stoffmenge $n_{B,0}$ an Kaliumhyperoxid, die eingesetzt werden muss:

$$\Delta n_B = n_B - n_{B,0} \quad \Rightarrow \quad n_{B,0} = n_B - \Delta n_B .$$

$$n_{B,0} = 0 - (-3{,}4\ \text{mol}) = 3{,}4\ \text{mol} .$$

Da das Kaliumhyperoxid ebenfalls zum Schluss vollständig aufgebraucht sein soll, gilt auch $n_B = 0$.

Masse $m_{B,0}$ an Kaliumhyperoxid, die eingesetzt werden muss:

$$m_{B,0} = n_{B,0} \cdot M_B = 3{,}4\ \text{mol} \cdot (71{,}1 \cdot 10^{-3}\ \text{kg mol}^{-1}) = 0{,}242\ \text{kg} = \mathbf{242\ g} .$$

2.10.4* Taucherkrankheit

a) Blutvolumen V_{Bl} des Tauchers:

$$V_{Bl} = 80\ \text{kg} \cdot (70 \cdot 10^{-6}\ \text{m}^3\ \text{kg}^{-1}) = 5{,}6 \cdot 10^{-3}\ \text{m}^3 .$$

Stickstoffpartialdruck $p(\text{B}|\text{g})_0$ auf Meereshöhe:

$$p(\text{B}|\text{g})_0 = 0{,}78 \cdot p_{ges,0} = 0{,}78 \cdot 100\ \text{kPa} = 78\ \text{kPa} .$$

Stoffmenge $n(\text{B}|\text{Bl})_0$ an Stickstoff, die auf Meereshöhe im Blut des Tauchers gelöst ist:

Zur Berechnung der Menge an Stickstoff, die im Blut des Tauchers gelöst ist, wird das HENRYsche Gesetz [Gl. (6.37)] herangezogen:

$$\overset{\circ}{K}_{gd} = \frac{c(\text{B}|\text{Bl})_0}{p(\text{B}|\text{g})_0} = \frac{n(\text{B}|\text{Bl})_0}{V_{Bl} \cdot p(\text{B}|\text{g})_0} .$$

Auflösen nach $n(\text{B}|\text{Bl})_0$ ergibt:

$$n(\text{B}|\text{Bl})_0 = \overset{\circ}{K}_{gd} \cdot V_{Bl} \cdot p(\text{B}|\text{g})_0 .$$

$$n(\text{B}|\text{Bl})_0 = (5{,}45 \cdot 10^{-6}\ \text{mol m}^{-3}\ \text{Pa}^{-1}) \cdot (5{,}6 \cdot 10^{-3}\ \text{m}^3) \cdot (78 \cdot 10^3\ \text{Pa}) = \mathbf{2{,}38 \cdot 10^{-3}\ mol} .$$

b) Stickstoffpartialdruck $p(\text{B}|\text{g})_1$ in 20 m Tiefe:

$$p(\text{B}|\text{g})_1 = 0{,}78 \cdot p_{ges,1} = 0{,}78 \cdot 300\ \text{kPa} = 234\ \text{kPa} .$$

Stoffmenge $n(\text{B}|\text{Bl})_1$ an Stickstoff, die in 20 m Tiefe im Blut des Tauchers gelöst ist:

$$n(\text{B}|\text{Bl})_1 = \overset{\circ}{K}_{gd} \cdot V_{Bl} \cdot p(\text{B}|\text{g})_1 .$$

$$n(\text{B}|\text{Bl})_1 = (5{,}45 \cdot 10^{-6}\ \text{mol m}^{-3}\ \text{Pa}^{-1}) \cdot (5{,}6 \cdot 10^{-3}\ \text{m}^3) \cdot (234 \cdot 10^3\ \text{Pa}) = \mathbf{7{,}14 \cdot 10^{-3}\ mol} .$$

c) Stoffmenge $\Delta n(\text{B}|\text{g})_2$ an Stickstoff, die in der Blutbahn des Tauchers freigesetzt wird:

$$\Delta n(\text{B}|\text{g})_2 = n(\text{B}|\text{Bl})_1 - n(\text{B}|\text{Bl})_0 = (7{,}14 \cdot 10^{-3}\ \text{mol}) - (2{,}38 \cdot 10^{-3}\ \text{mol}) = 4{,}76 \cdot 10^{-3}\ \text{mol} .$$

Volumen $\Delta V(\mathrm{B|g})_2$ an N_2-Gas:

$$p_{\mathrm{ges,0}} \cdot \Delta V(\mathrm{B|g})_2 = \Delta n(\mathrm{B|g})_2 \cdot R \cdot T_{\mathrm{Bl}} .$$

Umformen nach $\Delta V(\mathrm{B|g})_2$ ergibt:

$$\Delta V(\mathrm{B|g})_2 = \frac{\Delta n(\mathrm{B|g})_2 \cdot R \cdot T_{\mathrm{Bl}}}{p_{\mathrm{ges,0}}} .$$

$$\Delta V(\mathrm{B|g})_2 = \frac{(4,76 \cdot 10^{-3}\ \mathrm{mol}) \cdot 8,314\ \mathrm{G\,K^{-1}} \cdot 310\ \mathrm{K}}{100 \cdot 10^3\ \mathrm{Pa}}$$

$$= 0,123 \cdot 10^{-3}\ \mathrm{m^3} = 0,123\ \mathrm{L} = \mathbf{123\ mL} .$$

Einheitenanalyse:

$$\frac{\mathrm{mol\,G\,K^{-1}\,K}}{\mathrm{Pa}} = \frac{\mathrm{mol\,J\,mol^{-1}}}{\mathrm{Pa}} = \frac{\mathrm{N\,m}}{\mathrm{N\,m^{-2}}} = \mathrm{m^3} .$$

2.10.5* Volumetrische Erfassung von Gasen

a) Sättigungskonzentration $c(\mathrm{B|w})$ des Sauerstoffs im Wasser:

Die Sättigungskonzentration des Sauerstoffs im Wasser wird mit Hilfe des HENRYschen Gesetzes berechnet:

$$K_{\mathrm{gd}}^{\ominus} = \frac{c(\mathrm{B|w})}{p(\mathrm{B|g})} .$$

Auflösen nach $c(\mathrm{B|w})$ ergibt:

$$c(\mathrm{B|w}) = K_{\mathrm{gd}}^{\ominus} \cdot p(\mathrm{B|g}) = (1,3 \cdot 10^{-5}\ \mathrm{mol\,m^{-3}\,Pa^{-1}}) \cdot (100 \cdot 10^3\ \mathrm{Pa}) = \mathbf{1,3\ mol\ m^{-3}} .$$

b) Umsatzformel: $H_2O|l \rightleftarrows H_2O|g$.

$\mu^{\ominus}/\mathrm{kG}$ −237,14 −228,58

Sättigungsdampfdruck $p_{\mathrm{lg,D}}$ des Wassers:

Den Sättigungsdampfdruck des Wassers, d. h. den Dampfdruck des Wasserdampfes im Gleichgewicht mit der Flüssigkeit unter den gewählten Bedingungen, erhalten wir, wenn wir wie bei der Herleitung der Gleichung (5.19) vorgehen:

$$\mu^{\ominus}(\mathrm{D|l}) = \mu^{\ominus}(\mathrm{D|g}) + RT^{\ominus} \ln \frac{p_{\mathrm{lg,D}}}{p^{\ominus}} .$$

Die Druckabhängigkeit des chemischen Potenzials der Flüssigkeit können wir vernachlässigen, weil sie im Vergleich zu derjenigen eines Gases um drei Zehnerpotenzen geringer ist. Auflösen nach $p_{\mathrm{lg,D}}$ ergibt:

$$p_{\mathrm{lg,D}} = p^{\ominus} \exp\frac{\mu^{\ominus}(\mathrm{D|l}) - \mu^{\ominus}(\mathrm{D|g})}{RT^{\ominus}}\,.$$

$$p_{\mathrm{lg,D}} = (100 \cdot 10^3\ \mathrm{Pa}) \cdot \exp\frac{(-237{,}14 \cdot 10^3\ \mathrm{G}) - (-228{,}58 \cdot 10^3\ \mathrm{G})}{8{,}314\ \mathrm{G\,K^{-1}} \cdot 298\ \mathrm{K}} = \mathbf{3{,}16 \cdot 10^3\ Pa}\,.$$

c) Stoffmenge $n(\mathrm{B|w})$ an Sauerstoff, die sich in 50 $\mathrm{cm^3}$ Wasser gelöst hat:

$$c(\mathrm{B|w}) = \frac{n(\mathrm{B|w})}{V_{\mathrm{D}}} \quad\Rightarrow\quad n(\mathrm{B|w}) = c(\mathrm{B|w}) \cdot V_{\mathrm{D}}\,.$$

$$n(\mathrm{B|w}) = 1{,}3\ \mathrm{mol\,m^{-3}} \cdot (50 \cdot 10^{-6}\ \mathrm{m^3}) = \mathbf{65 \cdot 10^{-6}\ mol}\,.$$

Gasvolumen $V(\mathrm{B|g})$ an Sauerstoff, das der gelösten Menge entspricht:

Das Gasvolumen $V(\mathrm{B|g})$ kann mit Hilfe des allgemeinen Gasgesetzes [Gl. (10.7)] berechnet werden:

$$p^{\ominus} \cdot V(\mathrm{B|g}) = n(\mathrm{B|w}) \cdot R \cdot T^{\ominus} \quad\Rightarrow\quad V(\mathrm{B|g}) = \frac{n(\mathrm{B|w}) \cdot R \cdot T^{\ominus}}{p^{\ominus}}\,.$$

$$V(\mathrm{B|g}) = \frac{(65 \cdot 10^{-6}\ \mathrm{mol}) \cdot 8{,}314\ \mathrm{G\,K^{-1}} \cdot 298\ \mathrm{K}}{100 \cdot 10^3\ \mathrm{Pa}} = 1{,}61 \cdot 10^{-6}\ \mathrm{m^3} = \mathbf{1{,}61\ cm^3}\,.$$

Das aufgefangene Gasvolumen wird durch die Löslichkeit des Sauerstoffs in Wasser um 1,61 $\mathrm{cm^3}$ verringert.

d) Gesamtdruck $p_{\mathrm{ges,Eu}}$ im Gasraum des Eudiometers bei einem Stand von 50 $\mathrm{cm^3}$:

Bei einem Stand von 50 $\mathrm{cm^3}$ sind die Wasserstände gemäß der Abbildung innen und außen nahezu gleich, so dass auch die Drücke innen und außen gleich werden:

$$p_{\mathrm{ges,Eu}} = \mathbf{100\ kPa}\,.$$

Teildruck $p(\mathrm{B|g})_{\mathrm{Eu}}$ des Sauerstoffgases:

Nach dem Gesetz von DALTON ist der Gesamtdruck p_{ges} eines Gasgemisches gleich der Summe der Teildrücke $p_1, p_2, \ldots$ aller vorhandenen Komponenten [Gl. (6.25)]:

$$p_{\mathrm{ges}} = p_1 + p_2 + \ldots\,.$$

In dem vorliegenden Sauerstoff-Wasserdampf-Gemisch übt der Wasserdampf den (Sättigungs-)Teildruck $p_{\mathrm{lg,D}}$ aus.

$$p_{\mathrm{ges,Eu}} = p(\mathrm{B|g})_{\mathrm{Eu}} + p_{\mathrm{lg,D}} \quad\Rightarrow\quad p(\mathrm{B|g})_{\mathrm{Eu}} = p_{\mathrm{ges,Eu}} - p_{\mathrm{lg,D}}\,.$$

$$p(\mathrm{B|g})_{\mathrm{Eu}} = (100 \cdot 10^3\ \mathrm{Pa}) - (3{,}16 \cdot 10^3\ \mathrm{Pa}) \approx \mathbf{96{,}8\ kPa}\,.$$

e) Beitrag $V(\mathrm{D|g})$ des Wasserdampfes zu dem Gesamtvolumen an Gas von 50 cm^3:

Der Teildruck einer Komponente entspricht dem Druck, den die Komponente hätte, wenn sie das verfügbare Volumen V_{ges} allein ausfüllen würde. Entsprechend gilt $p_1 V_{ges} = n_1 RT$, $p_2 V_{ges} = n_2 RT$, … und schließlich $p_{ges} V_{ges} = n_{ges} RT$, d. h., man erhält:

$$\frac{p_1}{n_1} = \frac{p_2}{n_2} = \ldots = \frac{p_{ges}}{n_{ges}} .$$

Es ist auch $V_{ges} = V_1 + V_2 + \ldots$ und damit

$$\frac{V_1}{n_1} = \frac{V_2}{n_2} = \ldots = \frac{V_{ges}}{n_{ges}} .$$

Somit wird

$$\frac{p_1}{p_{ges}} = \frac{n_1}{n_{ges}} = \frac{V_1}{V_{ges}} \quad \text{usw.}$$

Das Volumen $V(\mathrm{D|g}$ an Wasserdampf kann also folgendermaßen berechnet werden:

$$\frac{p_{\mathrm{lg,D}}}{V(\mathrm{D|g})} = \frac{p_{\mathrm{ges,Eu}}}{V_{\mathrm{ges,Eu}}} \quad \Rightarrow \quad V(\mathrm{D|g}) = \frac{p_{\mathrm{lg,D}} \cdot V_{\mathrm{ges,Eu}}}{p_{\mathrm{ges,Eu}}} .$$

$$V(\mathrm{D|g}) = \frac{(3{,}16 \cdot 10^3\ \mathrm{Pa}) \cdot (50 \cdot 10^{-6}\ \mathrm{m^3})}{(100 \cdot 10^3\ \mathrm{Pa})} = 1{,}58 \cdot 10^{-6}\ \mathrm{m^3} = \mathbf{1{,}58\ cm^3} .$$

Durch den Wasserdampf wird das aufgefangene Gasvolumen im Eudiometer um 1,58 cm^3 vergrößert.

1.10.6* Aufpumpen von Fahrradreifen

Energieaufwand W zum Aufpumpen des Reifens:

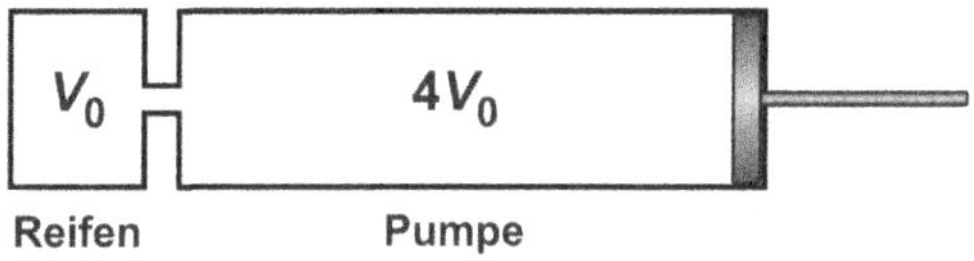

Es ist der Energieaufwand W zu berechnen, um ein Luftvolumen von V_1 = 10 L [Volumen V_0 des Reifens von 2 L und Hubraum $4V_0$ = 8 L der Pumpe (siehe nebenstehende Abbildung), gefüllt mit Luft mit einem Druck von p_1 = 1 bar] auf ein Volumen von V_2 = 2 L (Reifen gefüllt mit Luft mit einem Druck von p_2 = 5 bar; Pumpe luftleer, da der Kolben ganz eingedrückt ist) zu verdichten.

Wäre der Außendruck $p_1 = 0$, dann wäre gemäß Gleichung (2.6)

$$\mathrm{d}W = -p\mathrm{d}V .$$

Da aber der Außendruck p_1 das Einschieben des Kolbens erleichtert, gilt:

$$\mathrm{d}W = -(p - p_1)\mathrm{d}V .$$

Da bei fester Luftmenge und konstanter Temperatur der Druck p umgekehrt proportional zum Volumen V zunimmt [siehe Gl. (10.1)], gilt

$$p \cdot V = p_1 \cdot V_1 \;(= \text{const.}). \qquad \text{und damit}$$

$$p = \frac{p_1 \cdot V_1}{V}.$$

Einsetzen in obige Gleichung ergibt:

$$W = -\int_{V_1}^{V_2=V_0} (p - p_1)\mathrm{d}V = \int_{V_0}^{V_1} \left(\frac{p_1 \cdot V_1}{V} - p_1 \right) \mathrm{d}V = p_1 \cdot V_1 \int_{V_0}^{V_1} \frac{1}{V} \mathrm{d}V - p_1 \int_{V_0}^{V_1} \mathrm{d}V .$$

Hierbei findet die Regel aus der Integralrechnung Anwendung, dass sich durch Vertauschen der Integrationsgrenzen das Vorzeichen des bestimmten Integrals ändert.

$$W = p_1 \cdot V_1 \cdot \ln V \Big|_{V_0}^{V_1} - p_1 \cdot V \Big|_{V_0}^{V_1} = p_1 \cdot V_1 \cdot \ln \frac{V_1}{V_0} - p_1 \cdot (V_1 - V_0) = p_1 \cdot V_1 \left(\ln \frac{V_1}{V_0} - 1 + \frac{V_0}{V_1} \right).$$

$$W = (100 \cdot 10^3 \text{ Pa}) \cdot (10 \cdot 10^{-3} \text{ m}^3) \cdot \left(\ln \frac{10 \cdot 10^{-3} \text{ m}^3}{2 \cdot 10^{-3} \text{ m}^3} - 1 + \frac{2 \cdot 10^{-3} \text{ m}^3}{10 \cdot 10^{-3} \text{ m}^3} \right) = \mathbf{809\ J}.$$

2.10.7 Kathodenstrahlröhre

Anzahl N der Gasmolekeln in jedem cm^3 einer Kathodenstrahlröhre:

Das allgemeine Gasgesetz können wir mittels der Beziehungen $n = N \cdot \tau$ [Gl. (1.2)] und $k_B = R \cdot \tau$ in eine etwas andere Form überführen:

$$p \cdot V = N\tau \cdot \frac{k_B}{\tau} \cdot T = N \cdot k_B \cdot T .$$

Dabei ist N die Teilchenzahl, τ die Elementar(stoff)menge und k_B die BOLTZMANN-Konstante (mit $k_B = 1{,}381 \cdot 10^{-23}$ J K^{-1}). Für die Teilchenzahl N erhalten wir demnach:

$$N = \frac{p \cdot V}{k_B \cdot T} = \frac{(0{,}1 \cdot 10^{-3} \text{ Pa}) \cdot (1 \cdot 10^{-6} \text{ m}^3)}{(1{,}381 \cdot 10^{-23} \text{ J K}^{-1}) \cdot 293 \text{ K}} = \mathbf{2{,}5 \cdot 10^{10}}.$$

In jedem cm^3 der Kathodenstrahlröhre befinden sich noch ca. $2{,}5 \cdot 10^{10}$ Gasmolekeln.

2.10.8 Geschwindigkeit und Translationsenergie von Gasmolekeln

Wir benötigen die beiden folgenden Beziehungen, die Gleichung für die mittlere quadratische Geschwindigkeit von Gasmolekeln [Gl. (10.32)],

$$\sqrt{\overline{v^2}} = \sqrt{3 \frac{R \cdot T}{M}},$$

und die Gleichung für die mittlere molare kinetische Energie [Gl. (10.30)],

$$\overline{W}_{\text{kin,m}} = \tfrac{1}{2} M \cdot \overline{v^2} \,.$$

a) Mittlere quadratische Geschwindigkeit von Wasserstoffmolekülen bei $T_1 = 298$ K und $T_2 = 800$ K:

$$\sqrt{\overline{v_1^2}} = \sqrt{3\frac{R \cdot T_1}{M(\mathrm{H_2})}} = \sqrt{3\frac{8{,}314\ \mathrm{G\,K^{-1}} \cdot 298\ \mathrm{K}}{2{,}0 \cdot 10^{-3}\ \mathrm{kg\,mol^{-1}}}} = \mathbf{1{,}93 \cdot 10^3\ m\,s^{-1}} \,.$$

Einheitenanalyse:

$$\frac{\mathrm{G\,K^{-1}\,K}}{\mathrm{kg\,mol^{-1}}} = \frac{\mathrm{J\,mol^{-1}}}{\mathrm{kg\,mol^{-1}}} = \frac{\mathrm{kg\,m^2\,s^{-2}}}{\mathrm{kg}} = \mathrm{m^2\,s^{-2}} \,.$$

$$\sqrt{\overline{v_2^2}} = \sqrt{3\frac{R \cdot T_2}{M(\mathrm{H_2})}} = \sqrt{3\frac{8{,}314\ \mathrm{G\,K^{-1}} \cdot 800\ \mathrm{K}}{2{,}0 \cdot 10^{-3}\ \mathrm{kg\,mol^{-1}}}} = \mathbf{3{,}16 \cdot 10^3\ m\,s^{-1}} \,.$$

Mittlere molare kinetische Energie von Wasserstoffmolekülen bei $T_1 = 298$ K und $T_2 =$ 800 K:

$$\overline{W}_{\text{kin,m,1}} = \tfrac{1}{2} M(\mathrm{H_2}) \cdot \overline{v_1^2} = \tfrac{1}{2}(2{,}0 \cdot 10^{-3}\ \mathrm{kg\,mol^{-1}}) \cdot (1{,}93 \cdot 10^3\ \mathrm{m\,s^{-1}})^2$$

$$= 3{,}72 \cdot 10^3\ \mathrm{kg\,m^2\,s^{-2}\,mol^{-1}} = 3{,}72 \cdot 10^3\ \mathrm{J\,mol^{-1}} = \mathbf{3{,}72\ kJ\ mol^{-1}} \,.$$

$$\overline{W}_{\text{kin,m,2}} = \tfrac{1}{2} M(\mathrm{H_2}) \cdot \overline{v_2^2} = \tfrac{1}{2}(2{,}0 \cdot 10^{-3}\ \mathrm{kg\,mol^{-1}}) \cdot (3{,}16 \cdot 10^3\ \mathrm{m\,s^{-1}})^2 = \mathbf{9{,}98\ kJ\ mol^{-1}} \,.$$

b) Mittlere quadratische Geschwindigkeit von Sauerstoffmolekülen bei $T_1 = 298$ K und $T_2 =$ 800 K:

$$\sqrt{\overline{v_1^2}} = \sqrt{3\frac{R \cdot T_1}{M(\mathrm{O_2})}} = \sqrt{3\frac{8{,}314\ \mathrm{G\,K^{-1}} \cdot 298\ \mathrm{K}}{32{,}0 \cdot 10^{-3}\ \mathrm{kg\,mol^{-1}}}} = \mathbf{482\ m\,s^{-1}} \,.$$

$$\sqrt{\overline{v_2^2}} = \sqrt{3\frac{R \cdot T_2}{M(\mathrm{O_2})}} = \sqrt{3\frac{8{,}314\ \mathrm{G\,K^{-1}} \cdot 800\ \mathrm{K}}{32{,}0 \cdot 10^{-3}\ \mathrm{kg\,mol^{-1}}}} = \mathbf{790\ m\,s^{-1}} \,.$$

Mittlere molare kinetische Energie von Sauerstoffmolekülen bei $T_1 = 298$ K und $T_2 =$ 800 K:

$$\overline{W}_{\text{kin,m,1}} = \tfrac{1}{2} M(\mathrm{O_2}) \cdot \overline{v_1^2} = \tfrac{1}{2}(32{,}0 \cdot 10^{-3}\ \mathrm{kg\,mol^{-1}}) \cdot (482\ \mathrm{m\,s^{-1}})^2 = \mathbf{3{,}72\ kJ\ mol^{-1}} \,.$$

$$\overline{W}_{\text{kin,m,2}} = \tfrac{1}{2} M(\mathrm{O_2}) \cdot \overline{v_2^2} = \tfrac{1}{2}(32{,}0 \cdot 10^{-3}\ \mathrm{kg\,mol^{-1}}) \cdot (790\ \mathrm{m\,s^{-1}})^2 = \mathbf{9{,}98\ kJ\ mol^{-1}} \,.$$

Fazit: Die mittlere molare kinetische Energie von Wasserstoff- und Sauerstoffmolekülen ist bei einer bestimmten Temperatur gleich groß. Die Wasserstoffmoleküle sind zwar bedeutend schneller als Sauerstoffmoleküle, aber auch bedeutend leichter. Die fehlende Abhängigkeit der Translationsenergie von der molaren Masse ist aus Gleichung (10.27) direkt ersichtlich:

$$\overline{W}_{\mathrm{kin,m}} = \tfrac{3}{2} R \cdot T\,.$$

2.10.9 Geschwindigkeit von Luftmolekülen

Verhältnis der mittleren quadratischen Geschwindigkeiten der Luftmoleküle bei unterschiedlichen Lufttemperaturen:

$$\frac{\sqrt{\overline{v_2^2}}}{\sqrt{\overline{v_1^2}}} = \sqrt{\frac{3R\cdot T_2}{M}\cdot\frac{M}{3R\cdot T_1}} = \sqrt{\frac{T_2}{T_1}} = \sqrt{\frac{263\ \mathrm{K}}{308\ \mathrm{K}}} = \mathbf{0{,}924}\,.$$

An dem Wintertag ist die mittlere quadratische Geschwindigkeit der Luftmoleküle um 7,6 % geringer als an dem Sommertag.

2.10.10* MAXWELLsche Geschwindigkeitsverteilung

Anteil der N_2-Moleküle mit einer Geschwindigkeit zwischen 299,5 m s^{-1} und 300,5 m s^{-1} bei 25 °C:

Ausgangspunkt ist der (korrigierte) Ausdruck

$$\frac{\mathrm{d}N(v)}{N} = 4\pi\left(\sqrt{\frac{m}{2\pi k_\mathrm{B}T}}\right)^3 \exp\left(-\frac{mv^2}{2k_\mathrm{B}T}\right)v^2\mathrm{d}v \qquad \text{Gl. (10.54)}$$

für die MAXWELLsche Geschwindigkeitsverteilung. Da das betrachtete Geschwindigkeitsintervall sehr klein ist, kann man näherungsweise

$$\frac{\Delta N(v)}{N} = 4\pi\left(\sqrt{\frac{m}{2\pi k_\mathrm{B}T}}\right)^3 \exp\left(-\frac{mv^2}{2k_\mathrm{B}T}\right)v^2\Delta v = 4\pi\left(\sqrt{\frac{M}{2\pi RT}}\right)^3 \exp\left(-\frac{Mv^2}{2RT}\right)v^2\Delta v$$

schreiben (dabei wurde m/k_B durch M/R ersetzt) und für v den Wert in der Mitte des Intervalls, d. h. 300 m s^{-1}, einsetzen:

$$\frac{\Delta N(v)}{N} = 4\cdot 3{,}142\left(\sqrt{\frac{28{,}0\cdot 10^{-3}\ \mathrm{kg\,mol^{-1}}}{2\cdot 3{,}142\cdot 8{,}314\ \mathrm{G\,K^{-1}}\cdot 298\ \mathrm{K}}}\right)^3 \cdot$$

$$\exp\left(-\frac{28{,}0\cdot 10^{-3}\ \mathrm{kg\,mol^{-1}}\cdot(300\ \mathrm{m\,s^{-1}})^2}{2\cdot 8{,}314\ \mathrm{G\,K^{-1}}\cdot 298\ \mathrm{K}}\right)\cdot(300\ \mathrm{m\,s^{-1}})^2\cdot 1\ \mathrm{m\,s^{-1}}$$

$$= \mathbf{1{,}64\cdot 10^{-3}}\,.$$

2.11 Übergang zu dichteren Stoffen

2.11.1 VAN DER WAALS-Gleichung

a) Druck p des Kohlendioxids (VAN DER WAALS-Gleichung):

Zur Berechnung des Kohlendioxiddrucks soll die VAN DER WAALS-Gleichung [Gl. (11.5)] herangezogen werden:

$$p = \frac{nRT}{V - bn} - \frac{an^2}{V^2}.$$

Die VAN DER WAALS-Konstanten von Kohlendioxid ergeben sich aus Tabelle 11.1 im Lehrbuch „Physikalische Chemie" zu $a = 0{,}366\ \text{Pa}\,\text{m}^6\,\text{mol}^{-2}$ und $b = 4{,}3 \cdot 10^{-5}\ \text{m}^3\,\text{mol}^{-1}$.

Stoffmenge n des Kohlendioxids:

Die Stoffmenge an Kohlendioxid kann aus der Masse m mit Hilfe der molaren Masse $M = 44{,}0 \cdot 10^{-3}\ \text{kg}\,\text{mol}^{-1}$ berechnet werden:

$$n = \frac{m}{M} = \frac{0{,}352\ \text{kg}}{44{,}0 \cdot 10^{-3}\ \text{kg}\,\text{mol}^{-1}} = 8{,}00\ \text{mol}.$$

$$p = \frac{8{,}00\ \text{mol} \cdot 8{,}314\ \text{G}\,\text{K}^{-1} \cdot 300\ \text{K}}{(5{,}00 \cdot 10^{-3}\ \text{m}^3) - (4{,}3 \cdot 10^{-5}\ \text{m}^3\,\text{mol}^{-1}) \cdot 8{,}00\ \text{mol}} - \frac{0{,}366\ \text{Pa}\,\text{m}^6\,\text{mol}^{-2} \cdot (8{,}00\ \text{mol})^2}{(5{,}00 \cdot 10^{-3}\ \text{m}^3)^2}$$

$$= (4{,}29 \cdot 10^6\ \text{Pa}) - (0{,}94 \cdot 10^6\ \text{Pa}) = 3{,}35 \cdot 10^6\ \text{Pa} = \mathbf{3{,}35\ MPa}.$$

b) Druck p des Kohlendioxids (ideales Gasgesetz):

Zum Vergleich soll das Kohlendioxid als ideales Gas behandelt werden:

$$p = \frac{nRT}{V}. \qquad \text{vgl. Gl. (10.7)}$$

$$p = \frac{8{,}00\ \text{mol} \cdot 8{,}314\ \text{G}\,\text{K}^{-1} \cdot 300\ \text{K}}{5{,}00 \cdot 10^{-3}\ \text{m}^3} = 3{,}99 \cdot 10^6\ \text{Pa} = \mathbf{3{,}99\ MPa}.$$

2.11.2 Zustandsdiagramm von Wasser

a) Benötigte Daten (aus den Tabellen A2.1 und 5.2 im Lehrbuch „Physikalische Chemie" entnommen):

	$H_2O\|s$	$H_2O\|l$	$H_2O\|g$
$\mu^\ominus/\text{kG}$	–236,55	–237,14	–228,58
$\alpha/\text{G K}^{-1}$	–44,81	–69,95	–188,83
$\beta/\mu\text{G Pa}^{-1}$	19,8	18,1	$24{,}8 \cdot 10^3$

Benötigte Gleichungen:

Schmelzen:

Umsatzformel: $H_2O|s \rightleftarrows H_2O|l$

$$\mathcal{A}_{sl}^\ominus = \mu_s^\ominus - \mu_l^\ominus . \qquad \text{vgl. Gl. (4.3)}$$

$$\mathcal{A}_{sl}^\ominus = [(-236{,}55)-(-237{,}14)]\,\text{kG} = 0{,}59\,\text{kG} .$$

$$\alpha_{sl} = \alpha_s - \alpha_l . \qquad \text{vgl. Gl. (5.4)}$$

$$\alpha_{sl} = [(-44{,}81)-(-69{,}95)]\,\text{G K}^{-1} = 25{,}14\,\text{G K}^{-1} .$$

$$\beta_{sl} = \beta_s - \beta_l . \qquad \text{vgl. Gl. (5.10)}$$

$$\beta_{sl} = (19{,}8-18{,}1)\,\mu\text{G Pa}^{-1} = 1{,}7\,\mu\text{G Pa}^{-1} .$$

Allgemeine Gleichung zur Berechnung einer Schmelzdruckkurve:

$$p_{sl} = p^\ominus - \frac{\mathcal{A}_{sl}^\ominus + \alpha_{sl}(T - T^\ominus)}{\beta_{sl}} , \qquad \text{vgl. Gl. (11.13)}$$

wobei die Normbedingungen als Anfangszustand gewählt wurden.

Auflösen der Gleichung nach T (in diesem Fall ist p die unabhängige Variable, die vorgegeben wird, und die zugehörige Schmelztemperatur T_{sl} die abhängige Variable):

$$T_{sl} = T^\ominus - \frac{\mathcal{A}_{sl}^\ominus + \beta_{sl}(p - p^\ominus)}{\alpha_{sl}} .$$

Konkrete Gleichung für den Schmelzvorgang von Eis:

$$T_{sl} = 298{,}15\,\text{K} - \frac{590\,\text{G} + (1{,}7\cdot 10^{-6}\,\text{G Pa}^{-1})\cdot(p - 100\cdot 10^3\,\text{Pa})}{25{,}14\,\text{G K}^{-1}} .$$

Zugehörige Wertetabelle:

p/kPa	0	50
T/K	274,688	274,685

Der lineare Anstieg der Schmelzdruckkurve verläuft nahezu senkrecht mit einer äußerst geringen Neigung zu kleineren T-Werten hin. Diese negative Steigung ist darauf zurückzuführen, dass sich Wasser beim Schmelzen zusammenzieht. Dadurch wird $\beta_{sl} = \beta_s - \beta_l = V_{m,s} - V_{m,l} > 0$, während β_{sl} sonst fast immer negativ ist.

Sieden:

Umsatzformel: $H_2O|l \rightleftarrows H_2O|g$

$$\mathcal{A}_{lg}^{\ominus} = [(-237{,}14) - (-228{,}58)]\,\text{kG} = -8{,}56\,\text{kG}\,.$$

$$\alpha_{lg} = [(-69{,}95) - (-188{,}83)]\,\text{G}\,\text{K}^{-1} = 118{,}88\,\text{G}\,\text{K}^{-1}\,.$$

Allgemeine Gleichung zur Berechnung einer Siededruckkurve (Dampfdruckkurve):

$$p_{lg} = p^{\ominus} \exp\frac{\mathcal{A}_{lg}^{\ominus} + \alpha_{lg}(T - T^{\ominus})}{RT} \qquad \text{vgl. Gl. (11.7)}$$

wobei wieder die Normbedingungen als Anfangszustand gewählt wurden.

Konkrete Gleichung für den Siedevorgang von Wasser:

$$p_{lg} = (100 \cdot 10^3\,\text{Pa}) \cdot \exp\frac{-8560\,\text{G} + 118{,}88\,\text{G}\,\text{K}^{-1}(T - 298{,}15\,\text{K})}{8{,}314\,\text{G}\,\text{K}^{-1} \cdot T}\,.$$

Zugehörige Wertetabelle:

T/K	240	260	280	300	320	340	360
p/kPa	0,04	0,23	1,00	3,53	10,63	28,13	66,81

Sublimieren:

Umsatzformel: $H_2O|s \rightleftarrows H_2O|g$

$$\mathcal{A}_{sg}^{\ominus} = [(-236{,}55) - (-228{,}58)]\,\text{kG} = -7{,}97\,\text{kG}\,.$$

$$\alpha_{sg} = [(-44{,}81) - (-188{,}83)]\,\text{G}\,\text{K}^{-1} = 144{,}02\,\text{G}\,\text{K}^{-1}\,.$$

Allgemeine Gleichung zur Berechnung einer Sublimationsdruckkurve (mit $\Delta_{sg}S = \alpha_{sg}$):

$$p_{sg} = p^{\ominus} \exp\frac{\mathcal{A}_{sg}^{\ominus} + \alpha_{sg}(T - T^{\ominus})}{RT}\,. \qquad \text{vgl. Gl. (11.12)}$$

Auch hier wurden wieder die Normbedingungen als Anfangszustand gewählt.

Konkrete Gleichung für die Sublimation von Eis:

$$p_{sg} = (100 \cdot 10^3\,\text{Pa}) \cdot \exp\frac{-7970\,\text{G} + 144{,}02\,\text{G}\,\text{K}^{-1}(T - 298{,}15\,\text{K})}{8{,}314\,\text{G}\,\text{K}^{-1} \cdot T}\,.$$

Zugehörige Wertetabelle:

T/K	240	260	280	300	320	340
p/kPa	0,03	0,20	1,06	4,56	16,32	50,29

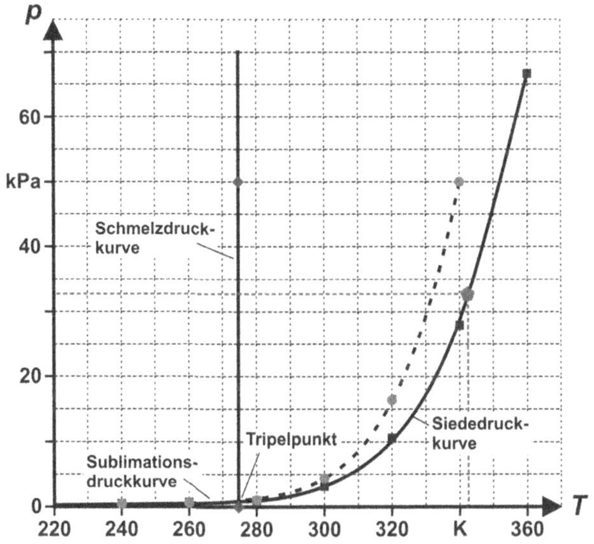

Die gestrichelte schwarze Kurve stellt die Fortsetzung der Sublimationsdruckkurve dar.

b) Siedetemperatur T_{lg} des Wassers auf dem Mount Everest:

Aus der obigen Siededruckkurve kann ein Wert von ca. 342 K, d. h. 69 °C, für die Siedetemperatur des Wassers auf dem Mount Everest abgelesen werden (dunkelgraues Fünfeck auf der Siededruckkurve).

2.11.3 Verdunstungsgeschwindigkeit

Dampfdruck p_{lg} des Wassers bei unterschiedlichen Temperaturen:

Wir setzen die entsprechenden Temperaturwerte in die oben vorgestellte konkrete Dampfdruckgleichung für Wasser ein:

$$p_{\text{lg}} = (100 \cdot 10^3\ \text{Pa}) \cdot \exp \frac{-8560\ \text{G} + 118{,}88\ \text{G}\,\text{K}^{-1}(T - 298\ \text{K})}{8{,}314\ \text{G}\,\text{K}^{-1} \cdot T} .$$

Für $\vartheta_1 = 34$ °C (und damit $T_1 = 307$ K) bzw. $\vartheta_2 = 10$ °C (und damit $T_2 = 283$ K) erhalten wir somit:

$$p_{\text{lg},1} = 5{,}32\ \text{kPa} \quad \text{und} \quad p_{\text{lg},2} = 1{,}23\ \text{kPa} .$$

Verhältnis ω_1/ω_2 der Verdunstungsgeschwindigkeiten:

Je höher die Temperatur ist, desto höher ist der Dampfdruck und desto schneller verdunstet auch die Flüssigkeit.

$$\frac{\omega_1}{\omega_1} \approx \frac{p_{\text{lg},1}}{p_{\text{lg},2}} = \frac{5,32\ \text{kPa}}{1,23\ \text{kPa}} = \mathbf{4{,}3}\,.$$

Grob geschätzt verdunstet also das Wasser im Sommer mehr als viermal schneller als im Herbst.

2.11.4 Badezimmeratmosphäre

Dampfdruck p_{lg} des Wassers bei 38 °C:

Auch in diesem Fall wird wieder die bereits in den Lösungen 2.11.1 a) und 2.11.2 eingesetzte konkrete Dampfdruckgleichung für Wasser benutzt:

$$p_{\text{lg}} = (100\cdot 10^3\ \text{Pa})\cdot \exp\frac{-8560\ \text{G} + 118,88\ \text{G}\,\text{K}^{-1}(311\ \text{K} - 298\ \text{K})}{8,314\ \text{G}\,\text{K}^{-1}\cdot 311\ \text{K}} = 6,63\ \text{kPa}\,.$$

Stoffmenge n an Wasser in der Badezimmerluft:

Das allgemeine Gasgesetz gilt, wie bereits erwähnt, nicht nur für reine Gase, sondern auch für Gasgemische. Daher können wir schreiben:

$$p_{\text{lg}}\cdot V = n\cdot R\cdot T\,.$$

$$n = \frac{p_{\text{lg}}\cdot V}{R\cdot T}\,.$$

Volumen V des Badezimmers:

Das Volumen des Badezimmers ergibt sich zu

$$V = A\cdot h = 4\ \text{m}^2\cdot 2,5\ \text{m} = 10\ \text{m}^3\,.$$

$$n = \frac{(6,63\cdot 10^3\ \text{Pa})\cdot 10\ \text{m}^3}{8,314\ \text{G}\,\text{K}^{-1}\cdot 311\ \text{K}} = \mathbf{25{,}6\ mol}\,.$$

Masse m an Wasser in der Badezimmerluft:

$$m = n\cdot M = 25,6\ \text{mol}\cdot(18,0\cdot 10^{-3}\ \text{kg}\,\text{mol}^{-1}) = \mathbf{0{,}46\ kg}\,.$$

2.11.5 Arbeitsplatzgrenzwert

Dampfdruck p_{lg} von Aceton bei 20 °C:

In diesem Fall wählen wir als Ausgangspunkt unserer Berechnung Gleichung (11.10), bei der statt auf einen beliebigen Anfangszustand auf den Sonderfall eines Gleichgewichtszustandes, d. h. einen bekannten Siedepunkt wie den Normsiedepunkt $T_{\mathrm{lg}}^{\ominus}$, Bezug genommen wird:

$$p_{\mathrm{lg}} = p^{\ominus} \exp \frac{\Delta_{\mathrm{lg}} S_{\mathrm{Gl}}^{\ominus} \cdot (T - T_{\mathrm{lg}}^{\ominus})}{RT} .$$

$\Delta_{\mathrm{lg}} S_{\mathrm{Gl}}^{\ominus}$ [$\equiv \Delta_{\mathrm{lg}} S(T_{\mathrm{lg}}^{\ominus})$] ist dabei die molare Verdampfungsentropie am Normsiedepunkt.

$$p_{\mathrm{lg}} = (100 \cdot 10^3 \text{ Pa}) \cdot \exp \frac{88{,}5 \text{ Ct mol}^{-1} \cdot (293 \text{ K} - 329 \text{ K})}{8{,}314 \text{ G K}^{-1} \cdot 293 \text{ K}} = 27{,}0 \cdot 10^3 \text{ Pa} = 27{,}0 \text{ kPa} .$$

Stoffmenge n an Aceton in 1 m³ der Laborluft:

$$n = \frac{p_{\mathrm{lg}} \cdot V}{R \cdot T} = \frac{(27{,}0 \cdot 10^3 \text{ Pa}) \cdot 1 \text{ m}^3}{8{,}314 \text{ G K}^{-1} \cdot 293 \text{ K}} = 11{,}1 \text{ mol} .$$

Masse m an Aceton in 1 m³ der Laborluft:

$$m = n \cdot M = 11{,}1 \text{ mol} \cdot (58{,}0 \cdot 10^{-3} \text{ kg mol}^{-1}) = 0{,}644 \text{ kg} = \mathbf{644 \text{ g}} .$$

Der Arbeitsplatzgrenzwert würde um das 644 g m^{-3}/1,2 g m^{-3} = 536fache, also mehr als das 500fache überschritten.

2.11.6 Siededruck von Benzol

Molare Verdampfungsentropie $\Delta_{\mathrm{lg}} S_{\mathrm{Gl}}^{\ominus}$ des Benzols:

Da es sich bei Benzol um eine unpolare Verbindung handelt, kann näherungsweise eine molare Verdampfungsentropie am Normsiedepunkt von 88 Ct mol^{-1} angenommen werden (PICTET-TROUTONsche Regel).

Siededruck (Dampfdruck) p_{lg} des Benzols bei 60 °C:

Wir gehen wieder von Gleichung (11.10) aus:

$$p_{\mathrm{lg}} = p^{\ominus} \exp \frac{\Delta_{\mathrm{lg}} S_{\mathrm{Gl}}^{\ominus} \cdot (T - T_{\mathrm{lg}}^{\ominus})}{RT} .$$

$$p_{\mathrm{lg}} \approx (100 \cdot 10^3 \text{ Pa}) \cdot \exp \frac{88 \text{ Ct mol}^{-1} \cdot (333 \text{ K} - 353 \text{ K})}{8{,}314 \text{ G K}^{-1} \cdot 333 \text{ K}} = 53 \cdot 10^3 \text{ Pa} = \mathbf{53 \text{ kPa}} .$$

2.11.7 Verdampfung von Methanol

a) Molare Verdampfungsentropie $\Delta_{\text{lg}}S^{\ominus}_{\text{Gl}}$ von Methanol:

Zur Berechnung der molaren Verdampfungsentropie wird Gleichung (11.10) nach $\Delta_{\text{lg}}S^{\ominus}_{\text{Gl}}$ aufgelöst:

$$p_{\text{lg}} = p^{\ominus}\exp\frac{\Delta_{\text{lg}}S^{\ominus}_{\text{Gl}}\cdot(T-T^{\ominus}_{\text{lg}})}{RT}.$$

$$\ln\frac{p_{\text{lg}}}{p^{\ominus}} = \frac{\Delta_{\text{lg}}S^{\ominus}_{\text{Gl}}\cdot(T-T^{\ominus}_{\text{lg}})}{RT}.$$

$$\Delta_{\text{lg}}S^{\ominus}_{\text{Gl}} = \frac{RT\cdot\ln(p_{\text{lg}}/p^{\ominus})}{T-T^{\ominus}_{\text{lg}}} = \frac{8{,}314\ \text{G}\,\text{K}^{-1}\cdot 298\ \text{K}\cdot\ln(16{,}8\ \text{kPa}/100\ \text{kPa})}{298\ \text{K}-337\ \text{K}} \approx \mathbf{113\ Ct\,mol^{-1}}.$$

Der Literaturwert liegt bei 104,4 Ct mol^{-1} [aus: Haynes W M (ed) (2015) CRC Handbook of Chemistry and Physics, 96th edn. CRC Press, Boca Raton].

b) Der für die molare Verdampfungsentropie von Methanol ermittelte Wert liegt deutlich höher als der Wert von ungefähr 88 Ct mol^{-1} gemäß der PICTET-TROUTONSCHEN Regel. Dies ist darauf zurückzuführen, dass im Methanol (ähnlich wie im Wasser) starke Wasserstoffbrückenbindungen vorliegen, so dass seine flüssige Phase eine höhere Ordnung als eine unpolare Flüssigkeit aufweist. Entsprechend ist bei der Verdampfung die Zunahme der „Unordnung" und damit auch die Verdampfungsentropie größer.

2.11.8* Tripelpunkt von 2,2-Dimethylpropan

a) Molare Verdampfungsentropie $\Delta_{\text{lg}}S^{\ominus}_{\text{Gl}}$ (am Normsiedepunkt) des 2,2-Dimethylpropans:

Aus Gleichung (11.11) ersehen wir, dass für den Ordinatenabschnitt b gilt:

$$b = \frac{\Delta_{\text{lg}}S^{\ominus}_{\text{Gl}}}{R}.$$

Durch Vergleich mit der empirischen Formel ergibt sich

$$\frac{\Delta_{\text{lg}}S^{\ominus}_{\text{Gl}}}{R} = 10{,}1945 \quad \text{und damit}$$

$$\Delta_{\text{lg}}S^{\ominus}_{\text{Gl}} = 10{,}1945\cdot R = 10{,}1945\cdot 8{,}314\ \text{J}\,\text{mol}^{-1}\,\text{K}^{-1} = \mathbf{84{,}76\ Ct\,mol^{-1}}.$$

Normsiedepunkt $T^{\ominus}_{\text{lg}}$ des 2,2-Dimethylpropans:

Für die Steigung m gilt gemäß Gleichung (11.11):

$$m = -\frac{\Delta_{\text{lg}}S^{\ominus}_{\text{Gl}}\cdot T^{\ominus}_{\text{lg}}}{R}.$$

Der Vergleich mit der empirischen Gleichung ergibt:

$$-\frac{\Delta_{\text{lg}}S_{\text{Gl}}^{\ominus}\cdot T_{\text{lg}}^{\ominus}}{R} = -2877{,}56\ \text{K} \quad \text{und damit}$$

$$T_{\text{lg}}^{\ominus} = \frac{2877{,}56\ \text{K}\cdot R}{\Delta_{\text{lg}}S_{\text{Gl}}^{\ominus}} = \frac{2877{,}56\ \text{K}\cdot 8{,}314\ \text{J}\,\text{mol}^{-1}\,\text{K}^{-1}}{84{,}76\ \text{J}\,\text{K}^{-1}\,\text{mol}^{-1}} = \mathbf{282{,}26\ K}.$$

Molare Sublimationsentropie $\Delta_{\text{sg}}S_{\text{Gl}}^{\ominus}$ (am Normsublimationspunkt) und Normsublimationspunkt $T_{\text{sg}}^{\ominus}$ des 2,2-Dimethylpropans:

Wir erhalten ganz entsprechend:

$$\Delta_{\text{sg}}S_{\text{Gl}}^{\ominus} = 12{,}9086\cdot R = 12{,}9086\cdot 8{,}314\ \text{J}\,\text{mol}^{-1}\,\text{K}^{-1} = \mathbf{107{,}32\ Ct\,mol^{-1}}.$$

$$T_{\text{sg}}^{\ominus} = \frac{3574{,}36\ \text{K}\cdot R}{\Delta_{\text{sg}}S_{\text{Gl}}^{\ominus}} = \frac{3574{,}36\ \text{K}\cdot 8{,}314\ \text{J}\,\text{mol}^{-1}\,\text{K}^{-1}}{107{,}32\ \text{J}\,\text{K}^{-1}\,\text{mol}^{-1}} = \mathbf{276{,}90\ K}.$$

b) Temperatur T_{slg} am Tripelpunkt des 2,2-Dimethylpropans:

Am Tripelpunkt sind die Dampfdrücke der Flüssigkeit und des Festkörpers gleich, d. h., es gilt:

$$-\frac{2877{,}56\ \text{K}}{T_{\text{slg}}} + 10{,}1945 = -\frac{3574{,}36\ \text{K}}{T_{\text{slg}}} + 12{,}9086\,.$$

Wir multiplizieren die Gleichung mit T_{slg}, formen um,

$$T_{\text{slg}}\cdot(10{,}1945 - 12{,}9086) = -3574{,}36\ \text{K} + 2877{,}56\ \text{K}\,,$$

und erhalten schließlich

$$T_{\text{slg}} = \frac{-696{,}80\ \text{K}}{-2{,}7141} = \mathbf{256{,}73\ K}.$$

Dampfdruck p_{slg} am Tripelpunkt des 2,2-Dimethylpropans:

Der Dampfdruck am Tripelpunkt ergibt sich durch Einsetzen der Tripelpunktstemperatur T_{slg} in eine der beiden empirischen Gleichungen:

$$\ln(p_{\text{slg}}/p^{\ominus}) = -\frac{2877{,}56\ \text{K}}{T_{\text{slg}}} + 10{,}1945\,.$$

Daraus folgt:

$$p_{\text{slg}} = p^{\ominus}\cdot\exp\left(-\frac{2877{,}56\ \text{K}}{T_{\text{slg}}} + 10{,}1945\right).$$

$$p_{\text{slg}} = (100\cdot 10^{3}\ \text{Pa})\cdot\exp\left(-\frac{2877{,}56\ \text{K}}{256{,}73\ \text{K}} + 10{,}1945\right) = \mathbf{36{,}3\ kPa}.$$

Der Literaturwert für den Tripelpunkt des 2,2-Dimethylpropan liegt bei 256,58 K und 35,8 kPa [aus: Haynes W M (ed) (2015) CRC Handbook of Chemistry and Physics, 96th edn. CRC Press, Boca Raton].

1.11.9* Druckabhängigkeit der Umwandlungstemperatur

a) Ausgangspunkt ist der Differenzialquotient $(\partial T/\partial p)_{\mathcal{A},\xi}$. Dieser wird mit Hilfe der Rechenregeln für Differenzialquotienten, die im Abschnitt 9.4 des Lehrbuchs „Physikalische Chemie" vorgestellt werden, umgeformt:

$$\left(\frac{\partial T}{\partial p}\right)_{\mathcal{A},\xi} = -\left(\frac{\partial T}{\partial \mathcal{A}}\right)_{p,\xi}\left(\frac{\partial \mathcal{A}}{\partial p}\right)_{T,\xi} = -\left(\frac{\partial \mathcal{A}}{\partial T}\right)_{p,\xi}^{-1}\left(\frac{\partial \mathcal{A}}{\partial p}\right)_{T,\xi} = \left(\frac{\partial V}{\partial \xi}\right)_{T,p}\left(\frac{\partial S}{\partial \xi}\right)_{T,p}^{-1}.$$

Ein paar Worte zur Erläuterung: Die im Index unerwünschte Größe $\mathcal{A}$ ist in den Quotienten einzuschieben, was zu dem negativen Vorzeichen führt (Regel c). Der erste der beiden neuen Quotienten wird umgekehrt (Regel a). Anschließend werden die Quotienten gestürzt [siehe Gl. (9.17) und Gl. (9.12)].

Im Falle des Siedevorgangs kann der erste Ausdruck durch $\Delta_{\mathrm{lg}}V_{\mathrm{Gl}}$, der zweite hingegen durch $\Delta_{\mathrm{lg}}S_{\mathrm{Gl}}$ ersetzt werden (dies gilt analog auch für die anderen Phasenumwandlungen wie z. B. s → l). Für kleine Druckänderungen kann der ursprüngliche Differenzialquotient näherungsweise durch den Differenzenquotienten ersetzt werden und wir erhalten:

$$\frac{\Delta T}{\Delta p} = \frac{\Delta_{\mathrm{lg}}V_{\mathrm{Gl}}}{\Delta_{\mathrm{lg}}S_{\mathrm{Gl}}}.$$

Dieser Beziehung ist äquivalent mit Gleichung (5.15), da ja der Temperaturkoeffizient α des Antriebs ganz allgemein der molaren Umbildungsentropie $\Delta_{\rightarrow}S$ und sein Druckkoeffizient β dem negativen molaren Umbildungsvolumen $\Delta_{\rightarrow}V$ entspricht.

b) Molares Verdampfungsvolumen $\Delta_{\mathrm{lg}}V_{\mathrm{Gl}}$ des Wassers (am Siedepunkt):

Verglichen mit dem molaren Volumen des Gases kann das molare Volumen der Flüssigkeit vernachlässigt werden:

$$\Delta_{\mathrm{lg}}V_{\mathrm{Gl}} \approx V_{\mathrm{m,g}} \quad \text{mit} \quad V_{\mathrm{m,g}} = \frac{R \cdot T}{p}$$

gemäß dem allgemeinen Gasgesetz. Im Falle des Wassers ($T = 373$ K, $p = 101325$ Pa) erhält man also:

$$\Delta_{\mathrm{lg}}V_{\mathrm{Gl}} = \frac{8{,}314\,\mathrm{G\,K^{-1}} \cdot 373\,\mathrm{K}}{101325\,\mathrm{Pa}} = 0{,}0306\,\mathrm{m^3\,mol^{-1}}.$$

Einheitenanalyse:

$$\frac{\text{G}\,\text{K}^{-1}\,\text{K}}{\text{Pa}} = \frac{\text{J}\,\text{mol}^{-1}}{\text{N}\,\text{m}^{-2}} = \frac{\text{N}\,\text{m}\,\text{mol}^{-1}}{\text{N}\,\text{m}^{-2}} = \text{m}^3\,\text{mol}^{-1}\,.$$

Verschiebung ΔT des Siedepunktes von Wasser bei Druckänderung:

Ändert man den Druck von 101325 Pa (= 1 atm) auf 100000 Pa (= 1 bar), so ergibt sich die zugehörige Verschiebung des Siedepunktes von Wasser zu

$$\Delta T \quad = \frac{\Delta_{\text{lg}} V_{\text{Gl}}}{\Delta_{\text{lg}} S_{\text{Gl}}} \cdot \Delta p\,.$$

$$\Delta T \quad = \frac{0{,}0306\,\text{m}^3\,\text{mol}^{-1}}{109{,}0\,\text{Ct}\,\text{mol}^{-1}} \cdot (10000\,\text{Pa} - 101325\,\text{Pa}) = \mathbf{-0{,}37\,K}\,.$$

Einheitenanalyse:

$$\frac{\text{m}^3\,\text{mol}^{-1}\,\text{Pa}}{\text{Ct}\,\text{mol}^{-1}} = \frac{\text{m}^3\,\text{N}\,\text{m}^{-2}}{\text{J}\,\text{K}^{-1}} = \frac{\text{N}\,\text{m}}{\text{N}\,\text{m}\,\text{K}^{-1}} = \text{K}\,.$$

In der Celsius-Skale entspräche dies einer Siedetemperatur des Wassers bei einem Druck von 1 bar von 96,63 °C.

2.12 Stoffausbreitung

2.12.1 Dampfdruckerniedrigung

a) Stoffmenge n_B an Ölsäure:

Mit der molaren Masse M_B [= $M(C_{18}H_{34}O_2)$] der Ölsäure von $282{,}0 \cdot 10^{-3}$ kg mol^{-1} erhalten wir:

$$n_B = \frac{m_B}{M_B} = \frac{11{,}3 \cdot 10^{-3}\ \text{kg}}{282{,}0 \cdot 10^{-3}\ \text{kg mol}^{-1}} = 0{,}040\ \text{mol}\ .$$

Stoffmenge n_A an Diethylether:

Mit der molaren Masse M_A [= $M(C_4H_{10}O)$] des Diethylethers von $74{,}0 \cdot 10^{-3}$ kg mol^{-1} ergibt sich:

$$n_A = \frac{m_A}{M_A} = \frac{0{,}100\ \text{kg}}{74{,}0 \cdot 10^{-3}\ \text{kg mol}^{-1}} = 1{,}35\ \text{mol}\ .$$

Stoffmengenanteil x_B an Ölsäure:

$$x_B = \frac{n_B}{n_B + n_A} = \frac{0{,}040\ \text{mol}}{0{,}040\ \text{mol} + 1{,}35\ \text{mol}} = 0{,}029\ .$$

Änderung Δp_{lg} des Dampfdrucks des Diethylethers auf Grund der Zugabe der Ölsäure:

Zur Berechnung der Dampfdruckänderung wird das RAOULTsche Gesetz herangezogen [Gl. (12.11)]:

$$\Delta p_{lg} = -x_B \cdot p^{\bullet}_{lg} = -0{,}029 \cdot (586 \cdot 10^2\ \text{Pa}) = -1700\ \text{Pa} = \mathbf{-1{,}7\ kPa}\ .$$

b) Dampfdruck p_{lg} der Lösung:

Der Dampfdruck der Lösung ergibt sich aus dem Dampfdruck des reinen Ethers unter Berücksichtigung der Dampfdruckerniedrigung zu

$$p_{lg} = p^{\bullet}_{lg} + \Delta p_{lg} = 58{,}6\ \text{kPa} - 1{,}7\ \text{kPa} = \mathbf{56{,}9\ kPa}\ .$$

c) Höhenunterschied Δh zwischen den Flüssigkeitsspiegeln in den beiden Schenkeln des Manometers:

Der Schweredruck des Wassers im U-Rohr beträgt $\rho \cdot g \cdot \Delta h$. Dieser entspricht der Dampfdruckdifferenz Δp_{lg} in den beiden Waschflaschen, d. h., wir erhalten:

$$\Delta p_{lg} = \rho \cdot g \cdot \Delta h \quad \Rightarrow \quad \Delta h = \frac{\Delta p_{lg}}{\rho \cdot g}\ .$$

$$\Delta h = \frac{-1700\ \text{Pa}}{998\ \text{kg}\,\text{m}^{-3} \cdot 9{,}81\ \text{m}\,\text{s}^{-2}} = -0{,}17\ \text{m} = \mathbf{-17\ cm}\,.$$

Einheitenanalyse:

$$\frac{\text{Pa}}{\text{kg}\,\text{m}^{-3}\,\text{m}\,\text{s}^{-2}} = \frac{\text{N}\,\text{m}^{-2}}{\text{kg}\,\text{m}^{-2}\,\text{s}^{-2}} = \frac{\text{kg}\,\text{m}\,\text{s}^{-2}}{\text{kg}\,\text{s}^{-2}} = \text{m}\,.$$

2.12.2 „Chemie im Haushalt"

a) Gefrierpunktsänderung ΔT_{sl} des Wassers auf Grund der Zuckerzugabe:

Die Gefrierpunktsänderung wird mit Hilfe von Gleichung (12.16) berechnet:

$$\Delta T_{\text{sl}} = -k_{\text{k}} \cdot b_{\text{B}} = -k_{\text{k}} \cdot \frac{n_{\text{B}}}{m_{\text{A}}}\,.$$

In Tabelle 12.1 im Lehrbuch „Physikalische Chemie" findet man für die „kryoskopische Konstante" k_{k} von Wasser einen Wert von 1,86 K kg mol^{-1}.

Stoffmenge n_{B} des Rohrzuckers:

Die Stoffmenge n_{B} an Saccharose kann aus der Masse m_{B} von $3 \cdot 3\ \text{g} = 9\ \text{g}$ der drei Zuckerwürfel mit Hilfe der molaren Masse $M_{\text{B}} = [M(C_{12}H_{22}O_{11}) =]$ $342{,}0 \cdot 10^{-3}\ \text{kg}\,\text{mol}^{-1}$ berechnet werden:

$$n_{\text{B}} = \frac{m_{\text{B}}}{M_{\text{B}}} = \frac{9 \cdot 10^{-3}\ \text{kg}}{342{,}0 \cdot 10^{-3}\ \text{kg}\,\text{mol}^{-1}} = 0{,}026\ \text{mol} = 26\ \text{mmol}\,.$$

Masse m_{A} des Lösemittels Wasser:

Die Masse m_{A} an Wasser ergibt sich aus dem Volumen und der Dichte gemäß

$$m_{\text{A}} = \rho_{\text{A}} \cdot V_{\text{A}} = 1000\ \text{kg}\,\text{m}^{-3} \cdot (250 \cdot 10^{-6}\ \text{m}^3) = 0{,}25\ \text{kg}\,.$$

$$\Delta T_{\text{sl}} = -1{,}86\ \text{K}\,\text{kg}\,\text{mol}^{-1} \cdot \frac{26 \cdot 10^{-3}\ \text{mol}}{0{,}25\ \text{kg}} \approx -0{,}19\ \text{K}\,.$$

Gefrierpunkt der Zuckerlösung:

Der Gefrierpunkt des Lösemittels Wasser nimmt durch die Zugabe des Zuckers um ca. 0,2 K ab. Da der Normgefrierpunkt des Wassers bei 0 °C liegt, erhält man für den Gefrierpunkt der Lösung **–0,2 °C**.

b) Siedepunktsänderung ΔT_{lg} des Wassers auf Grund der Kochsalzzugabe:

Die Zugabe des Salzes bewirkt gemäß Gleichung (12.17) eine Änderung des Siedepunktes des Wassers um

$$\Delta T_{lg} = +2k_e \cdot b_B = +2k_e \cdot \frac{n_B}{m_A}.$$

Der Faktor 2 rührt daher, dass das Natriumchlorid in wässriger Lösung vollständig in Na^+- und Cl^--Ionen dissoziiert, also die doppelte Anzahl an Teilchen vorliegt. Die kolligativen Eigenschaften wiederum werden nur von der Anzahl an Teilchen bestimmt und nicht von deren chemischer Natur.

Die „ebullioskopische Konstante“ k_e des Wassers beträgt laut Tabelle 12.1 +0,51 K kg mol^{-1}.

Stoffmenge n_B des Kochsalzes:

Die Stoffmenge n_B an Kochsalz kann aus der Masse m_B von 10 g mit Hilfe der molaren Masse $M_B = 58{,}5 \cdot 10^{-3}$ kg mol^{-1} berechnet werden:

$$n_B = \frac{m_B}{M_B} = \frac{10 \cdot 10^{-3}\ \text{kg}}{58{,}5 \cdot 10^{-3}\ \text{kg mol}^{-1}} = 0{,}17\ \text{mol}.$$

$$\Delta T_{lg} = +2 \cdot 0{,}51\ \text{K kg mol}^{-1} \cdot \frac{0{,}17\ \text{mol}}{1\ \text{kg}} \approx +0{,}17\ \text{K}.$$

Siedepunkt des „Nudelwassers“:

Liegt der Siedepunkt des Wassers bei 100 °C, so kocht das „Nudelwasser“ dementsprechend erst bei ca. **100,2 °C**.

2.12.3 Osmotischer Druck

a) Stoffmenge n_B an Harnstoff in 1 L Lösung:

Die Stoffmenge n_B an Harnstoff in der Lösung kann anhand der VAN'T HOFFschen Gleichung [Gl. (12.7)] ermittelt werden:

$$p_{osm} = n_B \cdot \frac{RT}{V}.$$

Auflösen nach n_H ergibt:

$$n_B = \frac{p_{osm} \cdot V}{RT} = \frac{(99 \cdot 10^3\ \text{Pa}) \cdot (1{,}00 \cdot 10^{-3}\ \text{m}^3)}{8{,}314\ \text{G K}^{-1} \cdot 298\ \text{K}} = \mathbf{0{,}040\ mol}.$$

b) Masse m_A des Lösemittels Wasser in der Lösung:

$$m_A = \rho_A \cdot V_A = 1000\ \text{kg m}^{-3} \cdot (1{,}00 \cdot 10^{-3}\ \text{m}^3) = \mathbf{1{,}00\ kg}.$$

Stoffmenge n_A an Wasser:

$$n_A = \frac{m_A}{M_A} = \frac{1,00\ \text{kg}}{18,0 \cdot 10^{-3}\ \text{kg mol}^{-1}} = \mathbf{55,6\ mol}.$$

c) Mengenanteil x_B des Harnstoffs in der Lösung:

$$x_B = \frac{n_B}{n_B + n_A} = \frac{0,040\ \text{mol}}{0,040\ \text{mol} + 55,6\ \text{mol}} = 7,2 \cdot 10^{-4} = \mathbf{0,72\ ‰}.$$

d) Änderung $\Delta\mu_A$ des chemischen Potenzials des Lösemittels Wasser durch Zugabe des Fremdstoffs Harnstoff:

Die sog. „kolligative Potenzialsenkung“ wird durch Gleichung (12.2) beschrieben:

$$\mu_A = \mathring{\mu}_A - RT \cdot x_B.$$

Die Potenzialänderung $\Delta\mu_A$ beträgt demnach:

$$\Delta\mu_A = \mu_A - \mathring{\mu}_A = -RT \cdot x_B = -8,314\ \text{G K}^{-1} \cdot 298\ \text{K} \cdot (7,2 \cdot 10^{-4}) = \mathbf{-1,78\ G}.$$

Durch die Zugabe des Fremdstoffs wurde das chemische Potenzial des Wassers um 1,78 G abgesenkt.

e) Gefrierpunktsänderung ΔT_{sl} des Wassers durch Zugabe des Fremdstoffs Harnstoff:

Zur Berechnung der Gefrierpunktsänderung wird in diesem Fall Gleichung (12.14) herangezogen:

$$\Delta T_{sl} = -\frac{RT^{\bullet}_{sl,A} \cdot x_B}{\Delta_{sl}S^{\bullet}_{Gl,A}}.$$

$\Delta_{sl}S^{\bullet}_{Gl,A}$ ist die molare Schmelzentropie des reinen Lösemittels Wasser (am Gefrierpunkt); sein Gefrierpunkt $T^{\bullet}_{sl,A}$ liegt bei 273 K. Damit erhalten wir für ΔT_{sl}:

$$\Delta T_{sl} = -\frac{8,314\ \text{G K}^{-1} \cdot 273\ \text{K} \cdot (7,2 \cdot 10^{-4})}{22,0\ \text{Ct mol}^{-1}} = \mathbf{-0,074\ K}.$$

Einheitenanalyse:

$$\frac{\text{G K}^{-1}\ \text{K}}{\text{Ct mol}^{-1}} = \frac{\text{J mol}^{-1}}{\text{J K}^{-1}\ \text{mol}^{-1}} = \text{K}$$

Der Gefrierpunkt der Lösung liegt um 0,074 K niedriger als der Gefrierpunkt des reinen Wassers.

f) Stoffmenge $n_{B'}$ an Magnesiumchlorid:

Da Magnesiumchlorid in wässriger Lösung vollständig in drei Teilchen dissoziiert, ein Mg^{2+}-Ion und zwei Cl^--Ionen, und die kolligativen Eigenschaften von der Anzahl der Teilchen bestimmt werden unabhängig von deren Natur, genügt theoretisch [bei Vernachlässigung der Wechselwirkungen; siehe Lösung 2.12.4 f)] ein Drittel der Menge an Magnesiumchlorid in der Salzlösung (verglichen mit der Menge an Harnstoff), um den gleichen osmotischen Druck wie die Harnstofflösung zu erzeugen:

$$n_{B'} = \tfrac{1}{3} n_B = \tfrac{1}{3} \cdot 0{,}040 \text{ mol} = \mathbf{0{,}013\ mol}.$$

2.12.4 Meerwasser

a) Stoffmenge n_B des Natriumchlorids:

$$n_B = \frac{m_B}{M_B}.$$

Masse m_B und molare Masse M_B:

Man geht von 1,000 kg Meerwasser aus. Ein Massenanteil von 3,5 % der wässrigen Lösung soll aus Kochsalz bestehen; dies entspricht 0,035 kg. Die molare Masse M_B des Natriumchlorids beträgt $58{,}5 \cdot 10^{-3}$ kg mol^{-1}.

$$n_B = \frac{0{,}035 \text{ kg}}{58{,}5 \cdot 10^{-3} \text{ kg mol}^{-1}} = \mathbf{0{,}60\ mol}.$$

Stoffmenge n_A des Lösemittels Wasser:

$$n_A = \frac{m_A}{M_A}.$$

Masse m_A und molare Masse M_A:

Als Anteil des Wassers verbleiben 0,965 kg. Seine molare Masse M_A beträgt $18{,}0 \cdot 10^{-3}$ kg mol^{-1}.

$$n_A = \frac{0{,}965 \text{ kg}}{18{,}0 \cdot 10^{-3} \text{ kg mol}^{-1}} = \mathbf{53{,}6\ mol}.$$

Stoffmengenanteil x_B des Natriumchlorids:

$$x_B = \frac{n_B}{n_A + n_B} = \frac{0{,}60 \text{ mol}}{53{,}6 \text{ mol} + 0{,}60 \text{ mol}} = 0{,}011.$$

Fremdstoffmengenanteil x_F:

Da NaCl vollständig in Na^+-und Cl^--Ionen dissoziiert, gilt:

$$x_F = [x_{Na^+} + x_{Cl^-} =]\ 2 \cdot x_B = 2 \cdot 0{,}011 = \mathbf{0{,}022}.$$

b) Potenzialänderung $\Delta\mu_A$ des Wassers:

Löst man in einer Flüssigkeit A, hier Wasser, eine geringe Menge eines Fremdstoffs, dann sinkt deren chemisches Potenzial $\overset{\bullet}{\mu}_A$ auf den neuen Wert μ_A [siehe auch Aufgabe 1.12.3 d)]:

$$\mu_A = \overset{\bullet}{\mu}_A - RT \cdot x_F \qquad \text{Gl. (12.2)}$$

Umformen ergibt:

$$\Delta\mu_A = \mu_A - \overset{\bullet}{\mu}_A = -RT \cdot x_F = -8{,}314\ \text{G K}^{-1} \cdot 298\ \text{K} \cdot 0{,}022 \approx \mathbf{-55\ G}\,.$$

c) Dampfdruckerniedrigung Δp_{lg} beim Auflösen eines Fremdstoffes, hier Kochsalz, in einer reinen Flüssigkeit, hier Süßwasser:

$$\Delta p_{lg} = -x_F \cdot \overset{\bullet}{p}_{lg,A} \qquad \text{RAOULTsches Gesetz.} \qquad \text{Gl. (12.11)}$$

$p_{lg,S}$ $(= \overset{\bullet}{p}_{lg,A})$ ist der Dampfdruck von Süßwasser, d. h. von reinem Wasser.

Dampfdruck $p_{lg,M}$ des Meerwassers:

$$p_{lg,M} = \overset{\bullet}{p}_{lg,A} + \Delta p_{lg} = \overset{\bullet}{p}_{lg,A} - x_F \cdot \overset{\bullet}{p}_{lg,A} = \overset{\bullet}{p}_{lg,A}(1 - x_F)\,.$$

Verhältnis der Verdunstungsgeschwindigkeiten von Meerwasser, ω_M, und Süßwasser, ω_S:

Wie wir in Aufgabe 1.11.3 gesehen haben, ist die Verdunstungsgeschwindigkeit annähernd proportional zum Dampfdruck, d. h. es gilt:

$$\frac{\omega_M}{\omega_S} \approx \frac{p_{lg,M}}{p_{lg,S}} = \frac{\overset{\bullet}{p}_{lg,A}(1 - x_F)}{\overset{\bullet}{p}_{lg,A}} = 1 - x_F\,.$$

$$\frac{\omega_M}{\omega_S} \approx 1 - 0{,}02 = \mathbf{0{,}98}\,.$$

Die Verdunstungsgeschwindigkeit von Meerwasser ist etwa 2 % geringer als diejenige von Süßwasser.

d) Gefrierpunktsänderung ΔT_{sl}:

$$\Delta T_{sl} = -\frac{R\overset{\bullet}{T}_{sl,A} \cdot x_F}{\Delta_{sl}\overset{\bullet}{S}_{Gl,A}}\,. \qquad \text{Gl. (12.14)}$$

Benötigte Daten:
Gefrierpunkt des (reinen) Wassers: $\overset{\bullet}{T}_{sl,A} = 273\ \text{K}$,
Molare Schmelzentropie des Wassers (am Gefrierpunkt): $\Delta_{sl}\overset{\bullet}{S}_{Gl,A} = 22{,}0\ \text{Ct mol}^{-1}$.

$$\Delta T_{\mathrm{sl}} = -\frac{8{,}314\ \mathrm{G\,K^{-1}} \cdot 273\ \mathrm{K} \cdot 0{,}022}{22{,}0\ \mathrm{Ct\,mol^{-1}}} \approx \mathbf{-2{,}3\ K}.$$

Aus experimentellen Daten wurde die Gefrierpunktserniedrigung von Meerwasser mit einer Salinität von 35 g Salz pro kg Meerwasser zu −1,922 °C bestimmt [Millero FJ, Leung WH (1976) The Thermodynamics of Seawater at one Atmosphere. Am J Sci 276:1035-1077].

e) Siedepunktsänderung ΔT_{lg}:

$$\Delta T_{\mathrm{lg}} = \frac{RT^{\bullet}_{\mathrm{lg,A}} \cdot x_{\mathrm{F}}}{\Delta_{\mathrm{lg}} S^{\bullet}_{\mathrm{Gl,A}}}. \qquad \text{Gl. (12.15)}$$

Benötigte Daten:
Siedepunkt des (reinen) Wassers: $T^{\bullet}_{\mathrm{lg,A}} = 373\ \mathrm{K}$,
Molare Verdampfungsentropie des Wassers (am Siedepunkt): $\Delta_{\mathrm{lg}} S^{\bullet}_{\mathrm{Gl,A}} = 109{,}0\ \mathrm{Ct\,mol^{-1}}$.

$$\Delta T_{\mathrm{lg}} = +\frac{8{,}314\ \mathrm{G\,K^{-1}} \cdot 373\ \mathrm{K} \cdot 0{,}022}{109{,}0\ \mathrm{Ct\,mol^{-1}}} \approx \mathbf{+0.63\ K}.$$

f) Osmotischer Druck p_{osm}:

Der Überdruck Δp, der mindestens erforderlich ist, um Meerwasser zur Entsalzung durch ein nur für H_2O durchlässiges Filter zu pressen, entspricht dem osmotischen Druck p_{osm}:

$$\Delta p = p_{\mathrm{osm}} = n_{\mathrm{F}} \frac{RT}{V_{\mathrm{L}}}. \qquad \text{Gl. (12.8)}$$

Fremdstoffmenge n_{F}:

$$n_{\mathrm{F}} = 2 \cdot n_{\mathrm{B}} = 2 \cdot 0{,}6\ \mathrm{mol} = 1{,}2\ \mathrm{mol}.$$

Volumen V_{L} der Lösung:

$$V_{\mathrm{L}} = \frac{m_{\mathrm{L}}}{\rho_{\mathrm{L}}} = \frac{1{,}000\ \mathrm{kg}}{1022\ \mathrm{kg\,m^{-3}}} = 978 \cdot 10^{-6}\ \mathrm{m^3}.$$

$$p_{\mathrm{osm}} = 1{,}2\ \mathrm{mol} \cdot \frac{8{,}314\ \mathrm{G\,K^{-1}} \cdot 298\ \mathrm{K}}{978 \cdot 10^{-6}\ \mathrm{m^3}} = 1{,}2\ \mathrm{mol} \cdot \frac{8{,}314\ \mathrm{N\,m\,mol^{-1}\,K^{-1}} \cdot 298\ \mathrm{K}}{978 \cdot 10^{-6}\ \mathrm{m^3}}$$

$$\approx 3{,}0 \cdot 10^{6}\ \mathrm{N\,m^{-2}} = 3{,}0 \cdot 10^{6}\ \mathrm{Pa} = 3{,}0\ \mathrm{MPa} = \mathbf{30\ bar}.$$

Der osmotische Druck von Meerwasser mit einer Salinität von 35 g/kg wurde anhand von experimentellen Daten zu 25,896 bar (bei 25 °C) bestimmt [Millero FJ, Leung WH (1976) The Thermodynamics of Seawater at one Atmosphere. Am J Sci 276:1035-1077]. Die recht große Abweichung zu dem abgeschätzten Wert von ca. 30 bar ist darauf zurückzuführen, dass bei unserer Abschätzung die Wechselwirkungen der Teilchen untereinander keine Berücksichtigung finden. Diese Wechselwirkungen sind besonders stark zwischen geladenen Teilchen (sog. interionische Wechselwirkungen). Um nun die Abweichungen auf Grund der Wechselwirkungen der Teilchen einzubeziehen, kann zum Beispiel ein Korrekturfaktor f eingeführt werden, so dass Gleichung (12.8) die folgende Form annimmt:

$$p_{osm} = fc_F RT \,.$$

Der Korrekturfaktor ist von der Konzentration abhängig; für den Grenzfall $c \to 0$, d. h. eine sehr dünne Lösung, hat er einen Wert von 1. Im vorliegenden Fall des Meerwassers beträgt er ca. 0,86. (Analoge Korrekturfaktoren müssen auch bei den übrigen kolligativen Phänomenen wie Gefrierpunktserniedrigung etc. benutzt werden.)

2.12.5 „Frostschutz" im Tierreich

a) Stoffmenge n_B an Glycerin:

$$n_B = \frac{m_B}{M_B} \,.$$

Masse m_B und molare Masse M_B:

Man geht von 0,100 kg Lösung aus. Der Massenanteil an Glycerin soll 0,3 betragen; dies entspricht 0,030 kg. Die molare Masse M_B des Glycerins beträgt $92{,}0 \cdot 10^{-3}\ \text{kg mol}^{-1}$.

$$n_B = \frac{0{,}030\,\text{kg}}{92{,}0 \cdot 10^{-3}\ \text{kg mol}^{-1}} = \mathbf{0{,}326\ mol} \,.$$

Stoffmenge n_A an Wasser:

$$n_A = \frac{m_A}{M_A} \,.$$

Masse m_A und molare Masse M_A:

Als Anteil des Wassers verbleiben 0,070 kg. Die molare Masse M_A des Wassers beträgt, wie erwähnt, $18{,}0 \cdot 10^{-3}\ \text{kg mol}^{-1}$.

$$n_A = \frac{0{,}070\ \text{kg}}{18{,}0 \cdot 10^{-3}\ \text{kg mol}^{-1}} = \mathbf{3{,}89\ mol} \,.$$

Fremdstoffanteil x_F:

$$x_F = \frac{n_B}{n_B + n_A} = \frac{0{,}326\ \text{mol}}{0{,}326\ \text{mol} + 3{,}89\ \text{mol}} = \mathbf{0{,}0773} \,.$$

b) Gefrierpunktsänderung ΔT_{sl} durch den Anteil an Glycerin:

Auf Grund des hohen Gehaltes an Glycerin sind alle Gleichungen, die auf der Massenwirkung beruhen, nur mit Vorbehalt anzuwenden, also auch Gleichung (12.14). Doch lässt sich die Gefrierpunktsänderung ΔT_{sl} mit ihrer Hilfe zumindest abschätzen:

$$\Delta T_{\text{sl}} = -\frac{RT^{\bullet}_{\text{sl,A}} \cdot x_{\text{F}}}{\Delta_{\text{lg}} S^{\bullet}_{\text{Gl,A}}} = -\frac{8{,}314\ \text{G K}^{-1} \cdot 273\ \text{K} \cdot 0{,}0773}{22{,}0\ \text{Ct mol}^{-1}} \approx -8\ \text{K}\,.$$

Gefrierpunkt T_{sl} der Wespenhämolymphe:

Der geschätzte Gefrierpunkt der Wespenhämolymphe liegt bei **–8 °C**. Tatsächlich kann das Insekt noch deutlich niedrigere Temperaturen überleben, da die Hämolymphe unterkühlt, d. h. ihre Temperatur unter den Gefrierpunkt abgesenkt werden kann, ohne dass es zur Bildung von Eiskristallen kommt.

c) Osmotische Konzentration c_{F} der Hämolymphe bei 20 °C:

Die osmotische Konzentration (früher auch Osmolarität genannt) gibt die Stoffmenge aller osmotisch wirksamen Teilchen (hier nur die Glycerinmoleküle) an, bezogen auf das Lösungsvolumen:

$$c_{\text{F}} = \frac{n_{\text{F}}}{V_{\text{L}}}\,.$$

Volumen V_{L} der Lösung:

$$V_{\text{L}} = \frac{m_{\text{L}}}{\rho_{\text{L}}} = \frac{0{,}100\ \text{kg}}{1065\ \text{kg m}^{-3}} = 93{,}9 \cdot 10^{-6}\ \text{m}^3\,.$$

$$c_{\text{F}} = \frac{0{,}326\ \text{mol}}{93{,}9 \cdot 10^{-6}\ \text{m}^{-3}} = \mathbf{3{,}47 \cdot 10^3\ mol\ m^{-3}}\,.$$

d) Osmotischer Druck der Hämolymphe bei 20 °C:

Auch die VAN'T HOFFsche Gleichung ist aufgrund des hohen Gehaltes an Glycerin nur unter Vorbehalt anzuwenden:

$$p_{\text{osm}} = c_{\text{F}} RT\,. \qquad \text{Gl. (12.8)}$$

$$p_{\text{osm}} = 3{,}47 \cdot 10^3\ \text{mol m}^{-3} \cdot 8{,}314\ \text{G K}^{-1} \cdot 293\ \text{K} \approx 8{,}5 \cdot 10^6\ \text{Pa} = 8{,}5\ \text{MPa} = \mathbf{85\ bar}\,.$$

2.12.6 „Osmosekraftwerk"

a) Chemisches Potenzial $\mu_{\text{A,S}}$ des Wassers im Süßwasser bei 10 °C (und 100 kPa):

Wegen des sehr geringen Salzgehaltes von Süßwasser (mit einem Massenanteil an Salz von unter 0,1 %) kann das chemische Potenzial des Wassers im Süßwasser (annähernd) gleich dem chemischen Potenzial von reinem Wasser gesetzt werden. Aufgrund der Temperaturabhängigkeit des chemischen Potenzials [siehe Gl. (5.2)] erhalten wir dann für $\mu_{A,S}$:

$$\mu_{A,S} = \mu_A = \mu_A^{\ominus} + \alpha(T - T^{\ominus}) = -237140\ \text{G} - 70\ \text{G K}^{-1} \cdot (283\ \text{K} - 298\ \text{K}) = \mathbf{-236090\ G}.$$

Chemisches Potenzial $\mu_{A,M}$ des Wassers im Meerwasser bei 10 °C (und 100 kPa):

Unter Berücksichtigung der „kolligativen Potenzialsenkung“ [Gl. (12.2)] ergibt sich das chemisches Potenzial $\mu_{A,M}$ zu:

$$\mu_{A,M} = \mu_{A,S} - RT \cdot x_F .$$

Fremdstoffmengenanteil x_F:

$$x_F = 2 \cdot x_B = 2 \cdot 0{,}011 = 0{,}022 .$$

$$\mu_{A,M} = -236090\ \text{G} - 8{,}314\ \text{G K}^{-1} \cdot 283\ \text{K} \cdot 0{,}022 = \mathbf{-236142\ G}.$$

b) Druckänderung Δp:

Die Druckänderung Δp kann z. B. mit Hilfe von Gleichung (12.4),

$$\mu_{A,M} + \beta \cdot \Delta p = \mu_{A,S},$$

abgeschätzt werden. Auflösen nach Δp ergibt:

$$\Delta p = \frac{\mu_{A,S} - \mu_{A,M}}{\beta} = \frac{-236090\ \text{G} - (-236142\ \text{G})}{18 \cdot 10^{-6}\ \text{G Pa}^{-1}} \approx 2{,}9 \cdot 10^6\ \text{Pa} = 2{,}9\ \text{MPa} = \mathbf{29\ bar}.$$

Diese Druckänderung ist ein Maß für den osmotischen Druck p_{osm} der Lösung, hier des Meerwassers. Der anhand von experimentellen Daten ermittelte osmotische Druck beträgt 24,544 bar [siehe auch Lösung zu Aufgabe 1.12.4.f)].

c) Antrieb $\mathcal{A}$ für den H_2O-Übertritt vom Fluss- ins Meerwasser:

$$\mathcal{A} = \mu_{A,S} - \mu_{A,M} = -236090\ \text{G} - (-236142\ \text{G}) = \mathbf{52\ G}.$$

Nutzbare Energie W_n^* bei einem Wirkungsgrad unter Volllast von $\eta \approx 60\ \%$:

Zur Berechnung der nutzbaren Energie W_n^* wird die folgende Gleichung herangezogen (siehe Abb. 8.7 im Lehrbuch „Physikalische Chemie“):

$$W_n^* = \eta \cdot \mathcal{A} \cdot \Delta\xi = 0{,}6 \cdot 52\ \text{J mol}^{-1} \cdot 55500\ \text{mol} = 1{,}73 \cdot 10^6\ \text{J} = \mathbf{1{,}73\ MJ}.$$

2.12.7 Isotonische Salzlösung

a) Stoffmenge n_F an Fremdstoff in der Kochsalzlösung:

Wir gehen von der VAN'T HOFFschen Gleichung [Gl. (12.8)] aus,

$$p_{\text{osm}} = n_{\text{F}}\frac{RT}{V_{\text{L}}},$$

und lösen nach n_{F} auf,

$$n_{\text{F}} = \frac{p_{\text{osm}}\cdot V_{\text{L}}}{RT} = \frac{(738\cdot 10^3\ \text{Pa})\cdot(500\cdot 10^{-6}\ \text{m}^3)}{8{,}314\ \text{G}\,\text{K}^{-1}\cdot 310\ \text{K}} = 0{,}143\ \text{mol}\,.$$

Stoffmenge n_{B} an Kochsalz in der Lösung:

Da Natriumchlorid in wässriger Lösung vollständig in Na^+- und Cl^--Ionen dissoziiert, genügt die Hälfte der Menge n_{F} an Natriumchlorid in der Salzlösung:

$$n_{\text{B}} = \tfrac{1}{2}n_{\text{F}} = \tfrac{1}{2}\cdot 0{,}143\ \text{mol} = 0{,}072\ \text{mol}\,.$$

Masse m_{B} an Kochsalz in der Lösung:

Mit Hilfe der molaren Masse M_{B} des Natriumchlorids von $58{,}5\cdot 10^{-3}\ \text{kg}\,\text{mol}^{-1}$ ergibt sich die einzuwiegende Masse m_{B} an Natriumchlorid zu:

$$m_{\text{B}} = n_{\text{B}}\cdot M_{\text{B}} = 0{,}072\ \text{mol}\cdot(58{,}5\cdot 10^{-3}\ \text{kg}\,\text{mol}^{-1}) \approx 4{,}2\cdot 10^{-3}\ \text{kg} = \mathbf{4{,}2\ g}\,.$$

b) Molare Konzentration c_{B} der kommerziellen isotonischen Kochsalzlösung:

$$c_{\text{B}} = \frac{n_{\text{B}}}{V_{\text{L}}} = \frac{m_{\text{B}}}{M_{\text{B}}\cdot V_{\text{L}}} = \frac{9{,}0\cdot 10^{-3}\ \text{kg}}{(58{,}5\cdot 10^{-3}\ \text{kg}\,\text{mol}^{-1})\cdot(1000\cdot 10^{-6}\ \text{m}^3)} = 154\ \text{mol}\,\text{m}^{-3}.$$

Osmotische Konzentration c_{F} der isotonischen Kochsalzlösung:

Da Natriumchlorid in wässriger Lösung, wie erwähnt, in Na^+- und Cl^--Ionen dissoziiert, beträgt die osmotische Konzentration

$$c_{\text{F}} = 2\cdot c_{\text{B}} = 2\cdot 154\ \text{mol}\,\text{m}^{-3} = 308\ \text{mol}\,\text{m}^{-3}\,.$$

Korrekturfactor f in der VAN'T HOFFschen Gleichung:

$$p_{\text{osm}} = f c_{\text{F}} RT \quad \Rightarrow$$

$$f = \frac{p_{\text{osm}}}{c_{\text{F}}RT} = \frac{738\cdot 10^3\ \text{Pa}}{308\ \text{mol}\,\text{m}^{-3}\cdot 8{,}314\ \text{G}\,\text{K}^{-1}\cdot 310\ \text{K}} = \mathbf{0{,}93}\,.$$

Einheitenanalyse:

$$\frac{\text{Pa}}{\text{mol}\,\text{m}^{-3}\ \text{G}\,\text{K}^{-1}\ \text{K}} = \frac{\text{N}\,\text{m}^{-2}}{\text{mol}\,\text{m}^{-3}\ \text{J}\,\text{mol}^{-1}} = \frac{\text{N}}{\text{m}^{-1}\ \text{N}\,\text{m}} = 1\,.$$

1.12.8 Bestimmung molarer Massen mittels Kryoskopie

a) Molare Masse M_B der unbekannten Substanz:

Wir gehen von Gleichung (12.16) für die Gefrierpunktserniedrigung aus:

$$\Delta T_{sl} = -k_k \cdot \frac{n_B}{m_A} = -k_k \cdot \frac{m_B}{m_A \cdot M_B}.$$

Auflösen nach der gesuchten molaren Masse M_B ergibt [die kryoskopische Konstante k_k von Campher hat einen Wert von 37,8 K kg mol^{-1} (Tabelle 12.1 im Lehrbuch „Physikalische Chemie")]:

$$M_B = -\frac{k_k \cdot m_B}{m_A \cdot \Delta T_{sl}} = -\frac{37{,}8\ \text{K kg mol}^{-1} \cdot (40 \cdot 10^{-6}\ \text{kg})}{(10{,}0 \cdot 10^{-3}\ \text{kg}) \cdot (-0{,}92\ \text{K})} = \mathbf{164 \cdot 10^{-3}\ kg\ mol^{-1}}.$$

b) Summenformel der unbekannten Substanz:

Die molare Masse der Formeleinheit C_5H_6O ist $82 \cdot 10^{-3}$ kg mol^{-1}. Die Anzahl N der Formeleinheiten in der Summenformel ergibt sich aus:

$$N = \frac{\text{molare Masse der unbekannten Substanz}}{\text{molare Masse der Formeleinheit}} = \frac{164 \cdot 10^{-3}\ \text{kg mol}^{-1}}{82 \cdot 10^{-3}\ \text{kg mol}^{-1}} = 2.$$

Die Summenformel der unbekannten Substanz lautet also $C_{10}H_{12}O_2$. Es könnte sich um Eugenol, den Hauptbestandteil im ätherischen Öl von Gewürznelken, handeln. In der Zahnmedizin dient Eugenol als schmerzlinderndes und antiseptisches Mittel.

1.12.9 Bestimmung molarer Massen durch Osmometrie

Molare Masse M_B des Enzyms Katalase:

Ausgangspunkt ist die VAN'T HOFFschen Gleichung [Gl. (12.7)]:

$$p_{osm} = n_B \cdot \frac{RT}{V_L} = \frac{m_B}{M_B} \cdot \frac{RT}{V_L}.$$

Durch Auflösen nach M_B erhält man:

$$M_B = \frac{m_B \cdot RT}{p_{osm} \cdot V_L}.$$

$$M_B = \frac{(10{,}0 \cdot 10^{-3}\ \text{kg}) \cdot 8{,}314\ \text{G K}^{-1} \cdot 300\ \text{K}}{104\ \text{Pa} \cdot (1{,}00 \cdot 10^{-3}\ \text{m}^3)} \approx \mathbf{240\ kg\ mol^{-1}}.$$

Als makromolekulare Substanz zeigt das Enzym Katalase eine hohe molare Masse von ca. 240 kg mol^{-1}.

2.13 Gemische und Gemenge

2.13.1 Ideale flüssige Mischung

a) Stoffmengenanteile x_A und x_B an Benzol (Komponente A) und Toluol (Komponente B):

$$x_A = \frac{n_A}{n_A + n_B} = \frac{0{,}8\ \text{mol}}{0{,}8\ \text{mol} + 1{,}2\ \text{mol}} = 0{,}4.$$

Da es sich um ein binäres Gemisch handelt, ergibt sich der Stoffmengenanteil an Toluol zu

$$x_B = 1 - x_A = 0{,}6\,.$$

Antrieb $\mathcal{A}_M$ des Mischungsvorganges:

Der Antrieb $\mathcal{A}_M$ für die Mischung zweier indifferenter Komponenten A und B wie sie Benzol und Toluol darstellen, ergibt sich gemäß Gleichung (13.15) zu:

$$\mathcal{A}_M = -RT(x_A \cdot \ln x_A + x_B \cdot \ln x_B)\,.$$

$$\mathcal{A}_M = -8{,}314\ \text{G K}^{-1} \cdot 298\ \text{K} \cdot (0{,}4 \cdot \ln 0{,}4 + 0{,}6 \cdot \ln 0{,}6) = 1670\ \text{G} = \mathbf{1{,}67\ kG}\,.$$

Molare Mischungsentropie $\Delta_M S$:

Die molare Mischungsentropie $\Delta_M S$ kann folgendermaßen berechnet werden [vgl. Gl. (13.17)]:

$$\Delta_M S = -R(x_A \cdot \ln x_A + x_B \cdot \ln x_B) = \frac{\mathcal{A}_M}{T}\,.$$

$$\Delta_M S = \frac{1670\ \text{J mol}^{-1}}{298\ \text{K}} = 5{,}60\ \text{J K}^{-1}\ \text{mol}^{-1} = \mathbf{5{,}60\ Ct\ mol^{-1}}.$$

Molares Mischungsvolumen $\Delta_M V$:

Bei einer idealen Mischung, wie sie hier vorliegt, gilt [vgl. Gl. (13.16)]:

$$\Delta_M V = \mathbf{0}.$$

b*) Stoffmengenanteil x_A, bei dem die maximal mögliche Mischungsentropie auftritt:

Um das gesuchte Stoffmengenverhältnis zu ermitteln, muss für den durch Gleichung (13.17) gegebenen funktionalen Zusammenhang der Extremwert bestimmt werden. Dazu ist es erforderlich, die Funktion nach x_A abzuleiten und zu bestimmen, für welchen x_A-Wert die Ableitung Null wird. Da für eine binäre Mischung $x_B = 1 - x_A$ gilt, können wir schreiben:

$$\Delta_M S = -R(x_A \cdot \ln x_A + x_B \cdot \ln x_B) = -R[x_A \cdot \ln x_A + (1 - x_A) \cdot \ln(1 - x_A)]\,.$$

Bei der Ableitung müssen wir berücksichtigen, dass im Falle der natürlichen Logarithmusfunktion gilt:

$$y' = \frac{1}{x} \quad \text{für } x > 0 . \qquad \text{Gl. (A1.8)}$$

Darüber hinaus wird die Produktregel [Gl. (A1.11)] sowie die Kettenregel [Gl. (A1.13)] angewandt:

$$\frac{d\Delta_M S}{dx_A} = -R\left[1 \cdot \ln x_A + x_A \cdot \frac{1}{x_A} + (-1) \cdot \ln(1-x_A) + (1-x_A) \cdot \frac{1}{1-x_A} \cdot (-1)\right]$$

$$= -R\left[\ln x_A + 1 - \ln(1-x_A) - 1\right] = -R\left[\ln x_A - \ln(1-x_A)\right] = -R \ln \frac{x_A}{1-x_A} .$$

Wir setzen nun, wie erwähnt, die Ableitung gleich 0 und erhalten

$$0 = -R \ln \frac{x_A}{1-x_A} \quad \text{und damit} \quad e^0 = 1 = \frac{x_A}{1-x_A} \quad \text{sowie schließlich} \quad x_A = \tfrac{1}{2} .$$

Die maximal mögliche Mischungsentropie tritt also auf, wenn die Stoffmengenanteile beider Komponenten gleich groß sind.

Veranschaulicht wird das Ergebnis durch Abbildung 13.7 im Lehrbuch „Physikalische Chemie". Da $\Delta_M S = \mathcal{A}_M/T$ ist, wird die molare Mischungsentropie $\Delta_M S$ bei konstanter Temperatur bei der Zusammensetzung maximal, bei der es auch $\mathcal{A}_M$ ist, d. h. bei $x_A = x_B = \tfrac{1}{2}$, wie der Abbildung zu entnehmen ist.

2.13.2 Chemisches Potenzial eines Gemisches

a) Chemisches Potenzial μ_G eines Gemisches:

Relevante Gleichung:

$$\mu_G = x_A \cdot (\mathring{\mu}_A + RT \ln x_A) + x_B \cdot (\mathring{\mu}_B + RT \ln x_B) .$$

Da es sich sowohl bei Sauerstoff (O_2, Komponente A) als auch bei Stickstoff (N_2, Komponente B) um ein Element handelt, hat der Grundwert des chemischen Potentials unter Normbedingungen (298 K, 100 kPa) in beiden Fällen den Wert null, d. h., es gilt: $\mathring{\mu}_A = \mathring{\mu}_B = 0$.

$$\mu_G = x_A \cdot RT \ln x_A + x_B \cdot RT \ln x_B = RT[x_A \cdot \ln x_A + x_B \cdot \ln x_B]$$

$$= RT[(1-x_B) \cdot \ln(1-x_B) + x_B \cdot \ln x_B] .$$

Wertetabelle:

x_B	0	0,01	0,02	0,05	0,10	0,20	0,30	0,40	0,50
μ_G / kG	0	−0,14	−0,24	−0,49	−0,81	−1,24	−1,51	−1,67	−1,72

Der zweite Kurvenast ist symmetrisch zum ersten. Bei sehr kleinen x_B-Werten (sowie bei x_B-Werten nahe 1) verlaufen die Tangenten an die Kurve sehr steil; bei $x_B = 0$ sowie $x_B = 1$

beträgt die Steigung schließlich $\pm\infty$, d.h., die Kurve hat senkrechte Tangenten, was im Bild jedoch nicht leicht erkennbar ist.

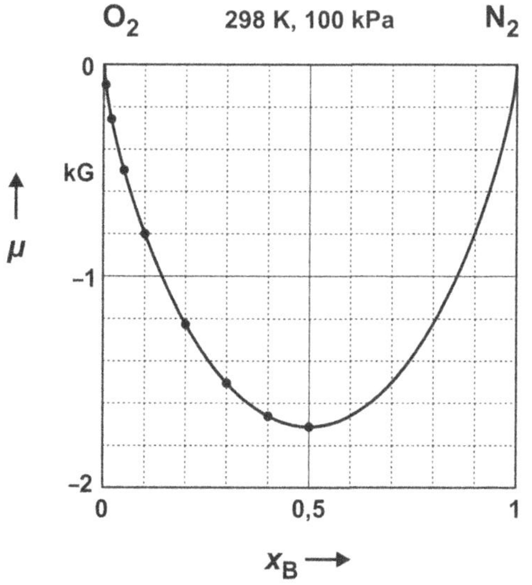

b) μ_G-Wert für Luft:

Luft kann vereinfachend als ein Gasgemisch mit einem Volumenanteil von 79 % an Stickstoff und von 21 % an Sauerstoff aufgefasst werden. Ideales Gasverhalten vorausgesetzt, entspricht der Volumenanteil dem Stoffmengenanteil [$V \sim n$ bei konstantem T (hier 298 K) und p (hier 100 kPa)] [vgl. Gl. (10.5)]. Der Stoffmengenanteil x_B an Stickstoff beträgt also 0,79.

$$\mu_G = RT^{\ominus}[(1-x_B)\cdot\ln(1-x_B)+x_B\cdot\ln x_B],$$

$$\mu_G = 8{,}314\,\mathrm{G\,K^{-1}}\cdot 298\,\mathrm{K}\cdot[(1-0{,}79)\cdot\ln(1-0{,}79)+0{,}79\cdot\ln 0{,}79]$$

$$= -1270\,\mathrm{G} = \mathbf{-1{,}27\,kG}\,.$$

2.13.3 Mischen von idealen Gasen

a) Wir können die allgemeine Umsatzformel für den Mischungsvorgang wie folgt formulieren,

$$x_A A + x_B B \rightarrow A_{x_A} B_{x_B}\,,$$

wobei im vorliegenden Fall A für Wasserstoff und B für Stickstoff steht.

Da beide Gase unter dem gleichen Druck stehen und im Mengenverhältnis 1:1 miteinander gemischt werden, beträgt der Stoffmengenanteil an Wasserstoff $x_A = 0{,}5$ und der an Stickstoff $x_B = 0{,}5$. Die Umsatzformel für den konkreten Mischungsvorgang lautet daher:

$$\tfrac{1}{2}A + \tfrac{1}{2}B \rightarrow A_{0{,}5}B_{0{,}5}\,.$$

Antrieb $\mathcal{A}_M$ des Mischungsvorganges:

Für den Antrieb $\mathcal{A}_M$ des Mischungsprozesses erhalten wir in diesem Fall (Druck und Temperatur aller Stoffe sind gleich):

$$\mathcal{A}_M = -RT(x_A \cdot \ln x_A + x_B \cdot \ln x_B)\,. \qquad \text{Gl. (13.15)}$$

$$\mathcal{A}_M = -8{,}314\,\text{G}\,\text{K}^{-1} \cdot 288\,\text{K} \cdot (0{,}5 \cdot \ln 0{,}5 + 0{,}5 \cdot \ln 0{,}5) = +1660\,\text{G} = \mathbf{+1{,}66\,kG}\,.$$

Stoffmenge $n_{A,Ausg}$ an Wasserstoff:

Die Stoffmenge $n_{A,Ausg}$ an Wasserstoff, die zu Beginn vorliegt, ergibt sich aus dem allgemeinen Gasgesetz zu:

$$n_{A,Ausg} = \frac{p_A V_{Ausg}}{RT}\,. \qquad \text{vgl. Gl. (10.7)}$$

$$n_{A,Ausg} = \frac{(100 \cdot 10^3\,\text{Pa}) \cdot (5 \cdot 10^{-3}\,\text{m}^3)}{8{,}314\,\text{G}\,\text{K}^{-1} \cdot 288\,\text{K}} = 0{,}209\,\text{mol}\,.$$

Umsatz $\Delta\xi$:

Den Umsatz $\Delta\xi$ erhalten wir aus

$$\Delta\xi = \frac{\Delta n_A}{\nu_A} = \frac{n_{A,End} - n_{A,Ausg}}{\nu_A}\,. \qquad \text{vgl. Gl. (1.14)}$$

$$\Delta\xi = \frac{0 - 0{,}209\,\text{mol}}{-0{,}5} = 0{,}418\,\text{mol}\,.$$

Freigesetzte Energie W_f:

Die beim Mischungsvorgang freigesetzte Energie ergibt sich zu

$$W_f = -W_{\rightarrow\xi} = \mathcal{A}_M \cdot \Delta\xi \qquad \text{vgl. Gl. (8.18)}$$

$$W_f = 1660\,\text{J}\,\text{mol}^{-1} \cdot 0{,}418\,\text{mol} = \mathbf{694\,J}\,.$$

b*) Stoffmenge $n_{A,Ausg}$ an Wasserstoff und Stoffmenge $n_{B,Ausg}$ an Stickstoff:

Im vorliegenden Fall ist der Druck der beiden Komponenten unterschiedlich: p_A = 100 kPa [wie im Aufgabenteil a)] und p_B = 300 kPa. Die Stoffmenge $n_{A,Ausg}$ an Wasserstoff ist gleich geblieben, die Stoffmenge $n_{B,Ausg}$ an Stickstoff errechnet sich zu:

$$n_{B,Ausg} = \frac{p_B V_{Ausg}}{RT} = \frac{(300 \cdot 10^3\,\text{Pa}) \cdot (5 \cdot 10^{-3}\,\text{m}^3)}{8{,}314\,\text{G}\,\text{K}^{-1} \cdot 288\,\text{K}} = 0{,}627\,\text{mol}\,.$$

Stoffmengenanteil x_A des Wasserstoffs und Stoffmengenanteil x_B des Stickstoffs:

$$x_A = \frac{n_{A,Ausg}}{n_{A,Ausg} + n_{B,Ausg}} = \frac{0{,}209\,\text{mol}}{0{,}209\,\text{mol} + 0{,}627\,\text{mol}} = 0{,}25\,.$$

$x_B \quad = 1 - x_A = 1 - 0{,}25 = 0{,}75\,.$

Die Umsatzformel für den Mischungsvorgang lautet daher:

$$\tfrac{1}{4}\mathrm{A} + \tfrac{3}{4}\mathrm{B} \rightarrow \mathrm{A}_{0,25}\mathrm{B}_{0,75}\,.$$

Druck p_G des Gasgemisches:

$$p_G = \frac{n_{ges}RT}{V_{End}} = \frac{(0{,}209\ \mathrm{mol} + 0{,}627\ \mathrm{mol})\cdot 8{,}314\ \mathrm{G\,K^{-1}}\cdot 288\ \mathrm{K}}{10\cdot 10^{-3}\ \mathrm{m^3}} = 200\ \mathrm{kPa}\,.$$

Antrieb $\mathcal{A}_M$ des Mischungsvorganges:

Da der Druck p für alle beteiligten Stoffe (reines A, reines B, Gemisch G) unterschiedlich ist, müssen wir die folgende Gleichung einsetzen:

$$\mathcal{A}_M = x_A\mathring{\mu}_A(p_A) + x_B\mathring{\mu}_B(p_B) - \mu_G(p_G)\,.$$

Für das „Gemischpotenzial" $\mu_G(p_G)$ können wir schreiben:

$$\mu_G(p_G) = x_A\mathring{\mu}_A(p_G) + x_B\mathring{\mu}_B(p_G) + RT(x_A\cdot\ln x_A + x_B\cdot\ln x_B)\,.$$

Auf Grund der Massenwirkungsgleichung 2 [Gl. (6.24)] erhält man für $\mathring{\mu}_A(p_G)$:

$$\mathring{\mu}_A(p_G) = \mathring{\mu}_A(p_A) + RT\ln\frac{p_G}{p_A}\,.$$

Gleiches gilt für $\mathring{\mu}_B(p_G)$.

Einsetzen in obige Gleichung für das „Gemischpotenzial" ergibt:

$$\mu_G(p_G) = x_A\mathring{\mu}_A(p_A) + RTx_A\cdot\ln\frac{p_G}{p_A} + x_B\mathring{\mu}_B(p_B) + RTx_B\cdot\ln\frac{p_G}{p_B}$$
$$+RT(x_A\cdot\ln x_A + x_B\cdot\ln x_B)$$
$$= x_A\mathring{\mu}_A(p_A) + x_B\mathring{\mu}_B(p_B) + RT\left[x_A\cdot\ln\left(x_A\cdot\frac{p_G}{p_A}\right) + x_B\cdot\ln\left(x_B\cdot\frac{p_G}{p_B}\right)\right].$$

Setzt man diesen Ausdruck für $\mu_G(p_G)$ nun in die Gleichung für den Antrieb $\mathcal{A}_M$ des Mischungsvorganges ein, so verbleibt nur noch der folgende Ausdruck:

$$\mathcal{A}_M = -RT\left[x_A\cdot\ln\left(x_A\cdot\frac{p_G}{p_A}\right) + x_B\cdot\ln\left(x_B\cdot\frac{p_G}{p_B}\right)\right].$$

$$\mathcal{A}_M = -8{,}314\ \mathrm{G\,K^{-1}}\cdot 288\ \mathrm{K}\cdot$$
$$\left[0{,}25\cdot\ln\left(0{,}25\cdot\frac{200\cdot 10^3\ \mathrm{Pa}}{100\cdot 10^3\ \mathrm{Pa}}\right) + 0{,}75\cdot\ln\left(0{,}75\cdot\frac{200\cdot 10^3\ \mathrm{Pa}}{300\cdot 10^3\ \mathrm{Pa}}\right)\right]$$

$$= -8{,}314\ \mathrm{G\,K^{-1}}\cdot 288\ \mathrm{K}\cdot(0{,}25\cdot\ln 0{,}5 + 0{,}75\cdot\ln 0{,}5) = +1660\ \mathrm{G} = \mathbf{+1{,}66\ kG}\,.$$

Der Wert des Antriebs für den Mischungsvorgang entspricht demjenigen aus Teilaufgabe a).

Umsatz $\Delta\xi$:

$$\Delta\xi = \frac{n_{A,End} - n_{A,Ausg}}{\nu_A} = \frac{0 - 0{,}209\ \text{mol}}{-0{,}25} = 0{,}836\ \text{mol}\,.$$

Freigesetzte Energie W_f:

$$W_f = \mathcal{A}_M \cdot \Delta\xi = 1660\ \text{J}\,\text{mol}^{-1} \cdot 0{,}836\ \text{mol} = \mathbf{1388\ J}\,.$$

2.13.4 Reale Mischung

a) Das Zusatzglied $\overset{+}{\mu}_G(x_B)$ ist positiv. Durch die Addition des Zusatzgliedes wird die nach unten „durchhängende" Kurve für die Abhängigkeit des chemischen Potenzials μ_G eines idealen Gemisches von der Zusammensetzung also nach oben gedrückt. Das Zusatzglied ist jedoch kleiner als $2RT$, d. h., die beiden Komponenten A und B sind missverträglich [siehe Abschnitt 13.5 (Reale Mischungen) im Lehrbuch „Physikalische Chemie"].

b) Stoffmengenanteil x_A der Komponente A und Stoffmengenanteil x_B der Komponente B:

Da die beiden Komponenten A und B im Stoffmengenverhältnis $n_A : n_B = 1{:}4$ miteinander gemischt werden sollen, beträgt der Stoffmengenanteil der Komponente A

$$x_A = \frac{n_A}{n_A + n_B} = \frac{1}{1+4} = \frac{1}{5} = 0{,}2\,,$$

der der Komponente B entsprechend $x_B = 4/5 = 0{,}8$. Demgemäß lautet die Umsatzformel:

$$\tfrac{1}{5}\,\text{A} + \tfrac{4}{5}\,\text{B} \rightarrow \text{A}_{0,2}\text{B}_{0,8}\,.$$

Antrieb $\mathcal{A}_M$ des Mischungsvorganges:

Der Antrieb $\mathcal{A}_M$ des Mischungsvorganges ergibt sich wieder zu:

$$\mathcal{A}_M = x_A\overset{\bullet}{\mu}_A + x_B\overset{\bullet}{\mu}_B - \mu_G\,.$$

Durch Einsetzen der Formel für das chemische Potenzial des realen Gemisches erhält man in Anlehnung an die Beschreibung realer Mischungen gemäß Abschnitt 13.5:

$$\mathcal{A}_M = x_A\overset{\bullet}{\mu}_A + x_B\overset{\bullet}{\mu}_B - \left[x_A\overset{\bullet}{\mu}_A + x_B\overset{\bullet}{\mu}_B + RT(x_A \cdot \ln x_A + x_B \cdot \ln x_B) + \underbrace{0{,}49RT \cdot x_B \cdot (1 - x_B)}_{\overset{+}{\mu}_G}\right]$$

$$= -RT\left[x_A \cdot \ln x_A + x_B \cdot \ln x_B + 0{,}49 \cdot x_B \cdot (1 - x_B)\right].$$

$$\mathcal{A}_M = -8{,}314\,\mathrm{G\,K^{-1}} \cdot 303\,\mathrm{K} \cdot \left[0{,}2 \cdot \ln 0{,}2 + 0{,}8 \cdot \ln 0{,}8 + 0{,}49 \cdot 0{,}8 \cdot (1-0{,}8)\right]$$

$$= 1063\,\mathrm{G} = \mathbf{1{,}063\ kG}\,.$$

Molare Mischungsentropie $\Delta_M S$:

$$\Delta_M S = \frac{\mathcal{A}_M}{T} = \frac{1063\,\mathrm{J\,mol^{-1}}}{303\,\mathrm{K}} = 3{,}51\,\mathrm{J\,K^{-1}\,mol^{-1}} = \mathbf{3{,}51\ Ct\,mol^{-1}}\,.$$

c) Umsatz $\Delta\xi$:

$$\Delta\xi = \frac{n_{A,\mathrm{End}} - n_{A,\mathrm{Ausg}}}{\nu_A} = \frac{0 - 1\,\mathrm{mol}}{-0{,}2} = 5\,\mathrm{mol}\,.$$

Freigesetzte Energie W_f:

$$W_f = \mathcal{A}_M \cdot \Delta\xi = 1063\,\mathrm{J\,mol^{-1}} \cdot 5\,\mathrm{mol} = 5320\,\mathrm{J} = \mathbf{5{,}32\ kJ}\,.$$

2.13.5 Siedegleichgewicht im System Butan-Pentan

Zur besseren Orientierung zeichnen wir zunächst die Doppeltangente ein (siehe untenstehende Abbildung). Hierdurch wird die „Mischungslücke" festgelegt, d. h. ein Zweiphasengebiet, in dem ein Dampf g der Zusammensetzung $x_B^g = 0{,}5$ und eine Flüssigkeit l der Zusammensetzung $x_B^l = 0{,}8$ koexistieren.

	Flüssigkeit: x^l,	x_B^l	Dampf: x^g,	x_B^g
a)	0 %,	– %	100 %,	0 %
b)	0 %,	– %	100 %,	20 %
c)	0 %,	80 %	100 %,	50 %
d)	33 %,	80 %	67 %,	50 %
e)	57 %	80 %	43 %,	50 %
f)	100 %,	90 %	0 %,	– %

Erläuterungen:

a) Es liegt lediglich die reine Phase A (Butan) als Dampf vor.

b) Es tritt nur eine Dampfphase der vorgegebenen Zusammensetzung $x_B = 0{,}2$ auf.

c) Die Zusammensetzung $x_B = 0{,}5$ stellt eine der Grenzen der „Mischungslücke" dar. An dieser Stelle liegt gerade noch nur eine Dampfphase vor.

d) Die Zusammensetzung $x_B = 0{,}6$ liegt innerhalb der „Mischungslücke", d. h. ein Dampf der Zusammensetzung $x_B^g = 0{,}5$ koexistiert mit einer Flüssigkeit der Zusammensetzung $x_B^l =$ 0,8. Das Mengenverhältnis ergibt sich aus dem Hebelgesetz [Gl. (13.14)]:

$$\frac{n^g}{n^l} = \frac{x_B^l - x_B^\blacktriangle}{x_B^\blacktriangle - x_B^g} = \frac{0{,}8 - 0{,}6}{0{,}6 - 0{,}5} = \frac{2}{1}.$$

Im Gleichgewicht liegt also ein Anteil von $x^g = n^g/(n^g + n^l) = 2/(2+1) = 067$ und damit 67 % als Dampf der Zusammensetzung $x_B^g = 0{,}5$ und ein Anteil von $x^l = 33$ % als Flüssigkeit der Zusammensetzung $x_B^l = 0{,}8$ vor.

e) Auch die Zusammensetzung $x_B = 0{,}67$ liegt innerhalb der „Mischungslücke". In diesem Bereich bleibt die Zusammensetzung der Phasen konstant, nur ihr Mengenverhältnis verschiebt sich (im vorliegenden Fall zugunsten der Flüssigkeit [analog wie in Teilaufgabe d) berechnet].

f) An dieser Stelle außerhalb der „Mischungslücke" tritt nur eine Flüssigkeit mit dem vorgegebenen Stoffmengenanteil $x_B = 0{,}9$ auf.

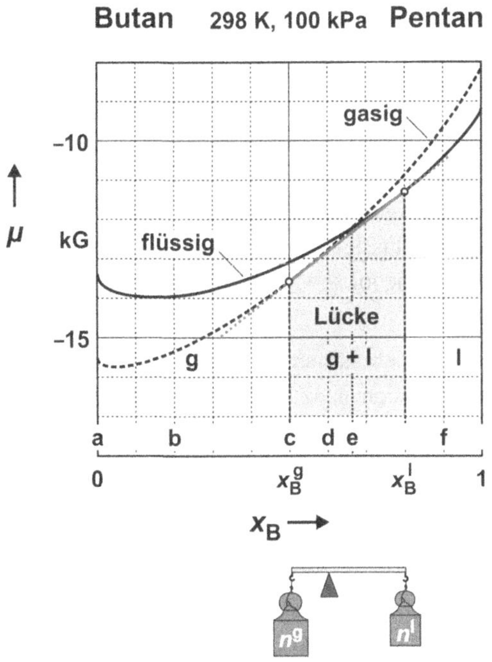

2.14 Zweistoffsysteme

2.14.1 Mischungsdiagramm

a) Im folgenden Mischungsdiagramm wurde die Phasengrenzlinie für die phenolärmere Phase in dunkelgrau und diejenige für die phenolreichere Phase in mittelgrau eingezeichnet. Das Zweiphasengebiet wurde hellgrau getönt.

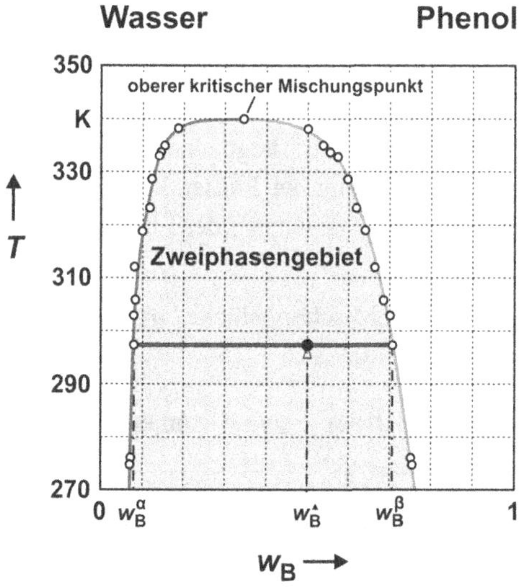

b) Gibt man bei 298 K 5 g Wasser und 5 g Phenol (Massenanteil $w_B = 0{,}5$) zusammen, so bilden sich zwei getrennte flüssige Mischphasen aus, eine phenolarme Phase mit einem Massenanteil von **0,08** an Phenol sowie eine phenolreiche Phase mit einem Massenanteil von **0,71** an Phenol.

Das Massenverhältnis von phenolarmer Phase (α) zu phenolreicher Phase (β) bei der vorliegenden Temperatur lässt sich ganz analog zum Stoffmengenverhältnis mit Hilfe des Hebelgesetzes [vgl. Gl. (13.14)] bestimmen (siehe den angedeuteten Hebel in der Abbildung):

$$\frac{m^\alpha}{m^\beta} = \frac{w_B^\beta - w_B^\blacktriangle}{w_B^\blacktriangle - w_B^\alpha} = \frac{0{,}71 - 0{,}5}{0{,}5 - 0{,}08} = 0{,}5\left(= \frac{0{,}5}{1}\right).$$

Der Anteil der phenolarmen Phase an der Mischung ergibt sich zu $m^\alpha/(m^\alpha + m^\beta) = 0{,}5/(0{,}5+1) = 0{,}33$ und damit **33 %**, der der phenolreichen Phase entsprechend zu **67 %**.

c) Oberhalb von ca. **338 K** liegt nur noch eine einzige Phase vor.

2.14.2 Schmelzdiagramm von Kupfer und Nickel

a) siehe Graphik unter c). Die Schmelzkurve (Soliduskurve) wurde dunkelgrau und die Erstarrungskurve (Liquiduskurve) mittelgrau eingezeichnet; das Zweiphasengebiet wurde hellgrau getönt.

b) Die beiden Metalle Kupfer und Nickel sind indifferent zueinander, d. h., sie sind im flüssigen wie im festen Zustand in jedem Verhältnis ineinander löslich.

c)

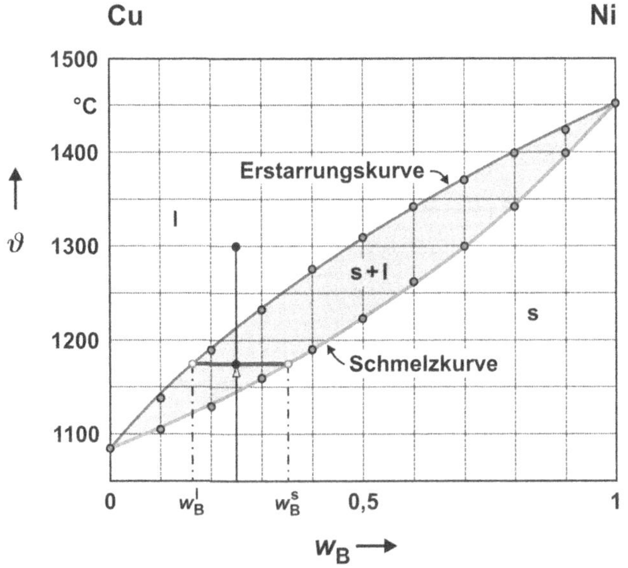

Bei 1175 °C liegen eine nickelarme Schmelze mit einem Massenanteil w_B^l an Nickel von 0,17 und nickelreichere Mischkristalle mit einem Massenteil w_B^s an Nickel von 0,35 vor.

d) Das Massenverhältnis ergibt sich wieder aus dem Hebelgesetz:

$$\frac{m^l}{m^s} = \frac{w_B^s - w_B^\blacktriangle}{w_B^\blacktriangle - w_B^l} = \frac{0,35-0,25}{0,25-0,17} = 1,25\,.$$

Der Anteil an Schmelze ergibt sich dann zu 1,25/(1,25 + 1) = **56 %**, der an Mischkristallen entsprechend zu **44 %**.

e) Da wir von 10 kg Schmelze ausgingen und der Anteil an Mischkristallen bei 1175 °C 44 % beträgt, liegen bei dieser Temperatur **4,4 kg** an Kristallen vor.

2.14.3 Schmelzdiagramm von Wismut und Cadmium

a) siehe Graphik unter c). Die Schmelzkurve wurde wieder dunkelgrau und die Erstarrungskurve mittelgrau eingezeichnet; die Zweiphasengebiete wurden hellgrau getönt.

b) Die beiden Metalle Wismut und Cadmium sind völlig unverträglich, d. h., sie sind im festen Zustand (nahezu) nicht ineinander löslich.

c) Die Schmelze der teilweise schmelzflüssigen Wismut-Cadmium-Legierung soll einen Stoffmengenanteil von 0,3 an Wismut und damit einen Stoffmengenanteil x_{B} von $1 - 0{,}3 = 0{,}7$ an Cadmium aufweisen. Aus dem Schmelzdiagramm können wir entnehmen, dass eine Temperatur von ca. 210 °C (Anfangspunkt der Konode) herrscht. Es haben sich (nahezu) reine Cadmiumkristalle (Phase β; $x_{\mathrm{B}}^{\beta} = 1$) ausgeschieden (Endpunkt der Konode).

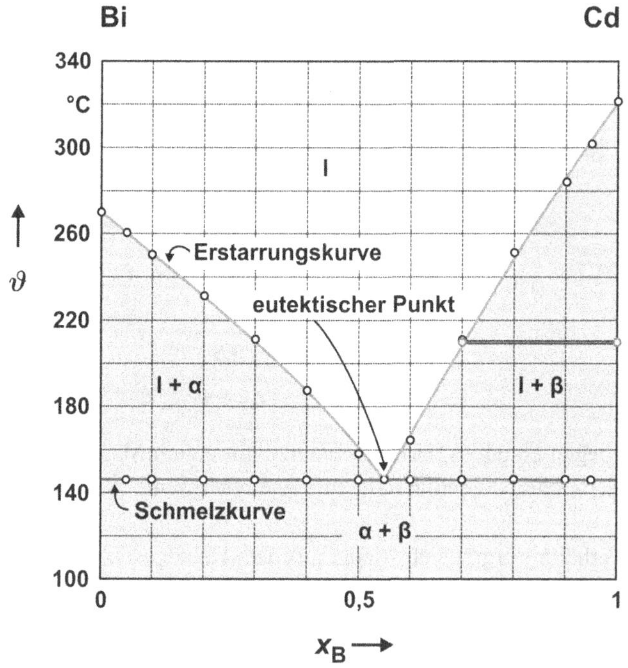

d) Da wir von einer Gesamtmenge aus flüssiger und kristalliner Phase von 20 mol ausgingen und sich bei ca. 210 °C 10 mol an reinen Cadmiumkristallen (Phase β) ausgeschieden haben sollen, liegen noch 10 mol Schmelze vor. Um nun die Zusammensetzung $x_{\mathrm{B}}^{\blacktriangle}$ der Ausgangsmischung zu bestimmen, wird das Hebelgesetz angewandt:

$$\frac{n^{\mathrm{l}}}{n^{\beta}} = \frac{x_{\mathrm{B}}^{\beta} - x_{\mathrm{B}}^{\blacktriangle}}{x_{\mathrm{B}}^{\blacktriangle} - x_{\mathrm{B}}^{\mathrm{l}}} \, .$$

Einsetzen und Auflösen nach $x_{\mathrm{B}}^{\blacktriangle}$ ergibt:

$$\frac{10\,\text{mol}}{10\,\text{mol}} = \frac{1-x_B^{\blacktriangle}}{x_B^{\blacktriangle}-0,7}$$

$$x_B^{\blacktriangle}-0,7 = 1-x_B^{\blacktriangle}$$

$$x_B^{\blacktriangle} = \frac{1,7}{2} = 0,85\,.$$

Die Ausgangsmischung hat einen Stoffmengenanteil an Cadmium von **0,85**.

e) Da eine Gesamtmenge von 20 mol eingesetzt wurde und die Ausgangsmischung einen Stoffmengenanteil an Wismut von $1-0{,}85 = 0{,}15$ aufwies, beträgt die Stoffmenge an Wismutkristallen nach vollständiger Verfestigung der Legierung 3 mol.

2.14.4* Schmelzdiagramm von Wismut und Blei

a) b) Im Schmelzdiagramm von Wismut und Blei wurde die Schmelzkurve dunkelgrau und die Erstarrungskurve mittelgrau gekennzeichnet (Man beachte, dass Schmelz- und Erstarrungskurve einen geschlossenen Kurvenzug ergeben müssen.); die Zweiphasengebiete wurden hellgrau getönt (siehe Abbildung links).

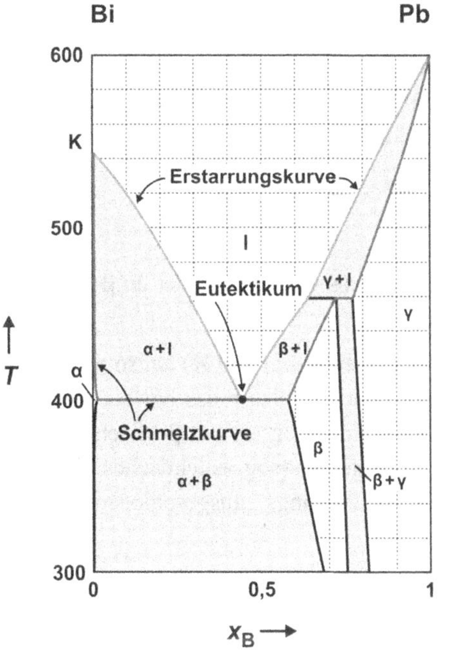

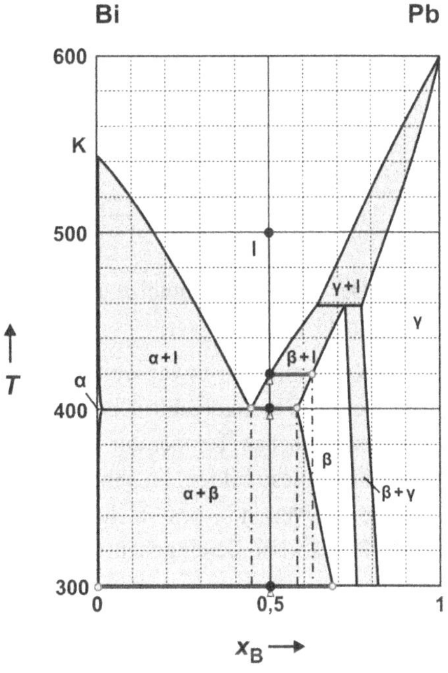

c) Tabelle der Mengenanteile x der betreffenden Phasen (jeweils erste Zahl) und des zugehörigen Bleigehalts x_B (jeweils zweite Zahl):

T/K	Phase „l“	Phase „α“	Phase „β“	Phase „γ“
500	100 %, 50 %	– %, – %	– %, – %	– %, – %
420	100 %, 50 %	– %, – %	0 %, 63 %	– %, – %
401	57 %, 44 %	– %, – %	43 %, 58 %	– %, – %
300	– %, – %	26 %, 0 %	74 %, 68 %	– %, – %

Erläuterungen:

- Bei einer Temperatur von 500 K liegt nur eine Schmelze mit einem Bleigehalt von 50 % vor.
- Sinkt die Temperatur auf 420 K, so wird gerade die Grenzlinie des Zweiphasengebietes (β+l) erreicht. Die Schmelze l mit einem Bleianteil von 50 % steht mit β-Mischkristallen mit einem Bleianteil von 63 % im Gleichgewicht.
- Bei weiterer Abkühlung kristallisiert immer mehr Feststoff aus. Dabei verschiebt sich die Konzentration der Schmelze entlang der Schmelzkurve und die Konzentration der ausgeschiedenen β-Mischkristalle entlang der Erstarrungskurve. Bei 401 K ist schließlich fast die waagerechte Linie erreicht. Das Mengenverhältnis von Schmelze zu β-Mischkristallen bei dieser Temperatur lässt sich mit Hilfe des Hebelgesetzes berechnen (siehe angedeuteten Hebel in obiger Abbildung rechts):

$$\frac{n^{l}}{n^{\beta}} = \frac{x_B^{\beta} - x_B^{\blacktriangle}}{x_B^{\blacktriangle} - x_B^{l}} = \frac{58-50}{50-44} = \frac{8}{6}.$$

Der Anteil an Schmelze ergibt sich dann zu $8/(8+6) = 57$ %, der an β-Mischkristallen zu 43 %.

Kühlt man nur etwas weiter auf 400 K (genauer gesagt 399 K) ab, so erreicht das System die waagerechte Linie. Die gesamte Restschmelze muss bei dieser sogenannten eutektischen Temperatur erstarren, wobei gleichzeitig α- und β-Mischkristalle entstehen. Diese bilden ein sehr feinkörniges Gefüge aus (sog. eutektisches Gefüge), in das die während des bisherigen Abkühlungsvorgangs ausgeschiedenen großen β-Primärkristalle eingebettet sind.

- Während der weiteren Abkühlung ändern sich die Mischkristallzusammensetzungen. Die α-Mischkristalle werden Bi-reicher, die β-Mischkristalle Pb-reicher. Bei 300 K steht schließlich (nahezu) reines Wismut mit β-Mischkristallen mit einem Bleianteil von 68 % im Gleichgewicht. Das zugehörige Mengenverhältnis ergibt sich wieder aus dem Hebelgesetz:

$$\frac{n^{\alpha}}{n^{\beta}} = \frac{x_B^{\beta} - x_B^{\blacktriangle}}{x_B^{\blacktriangle} - x_B^{\alpha}} = \frac{68-50}{50-0} = \frac{18}{50}.$$

Der Anteil an α-Mischkristallen (reines Wismut) ergibt sich zu 18/(18 + 50) = 26 %, der an β-Mischkristallen zu 74 %.

Die Gehaltsänderungen im festen Zustand erfordern allerdings eine überaus lange Zeit, da die Diffusion von Atomen in Festkörpern nur äußerst langsam verläuft.

1.14.5 Flüssige Mischphase mit zugehörigem Mischdampf

a) Stoffmenge n_A an Ethanol in der flüssigen Mischphase:

$$n_A = \frac{m_A}{M_A} = \frac{0{,}050\ \text{kg}}{46{,}0 \cdot 10^{-3}\ \text{kg}\,\text{mol}^{-1}} = 1{,}09\ \text{mol}.$$

Stoffmenge n_B an Methanol in der flüssigen Mischphase:

$$n_B = \frac{m_B}{M_B} = \frac{0{,}050\ \text{kg}}{32{,}0 \cdot 10^{-3}\ \text{kg}\,\text{mol}^{-1}} = 1{,}56\ \text{mol}.$$

Stoffmengenanteil x_A^l an Ethanol in der flüssigen Mischphase:

$$x_A^l = \frac{n_A}{n_A + n_B} = \frac{1{,}09\ \text{mol}}{1{,}09\ \text{mol} + 1{,}56\ \text{mol}} = \mathbf{0{,}41}.$$

Stoffmengenanteil x_B^l an Methanol in der flüssigen Mischphase:

$$x_B^l = 1 - x_A^l = 1 - 0{,}41 = \mathbf{0{,}59}.$$

b) Teildruck p_A des Ethanols im Mischdampf:

Der Teildruck einer Komponente im Mischdampf ist gleich dem Produkt aus ihrem Mengenanteil in der flüssigen Mischphase und dem Dampfdruck der reinen Komponente [RAOULTsches Gesetz; Gl. (14.1)]:

$$p_A = x_A^l \cdot p_A^{\bullet} = 0{,}41 \cdot (5{,}8 \cdot 10^3\ \text{Pa}) = 2{,}38 \cdot 10^3\ \text{Pa} = \mathbf{2{,}38\ kPa}.$$

Teildruck p_B des Methanols im Mischdampf:

$$p_B = x_B^l \cdot p_B^{\bullet} = 0{,}59 \cdot (12{,}9 \cdot 10^3\ \text{Pa}) = 7{,}61 \cdot 10^3\ \text{Pa} = \mathbf{7{,}61\ kPa}.$$

Gesamter Dampfdruck p_{ges} über der flüssigen Mischphase:

$$p_{ges} = p_A + p_B = (2{,}38 + 7{,}61) \cdot 10^3\ \text{Pa} = 9{,}99 \cdot 10^3\ \text{Pa} = \mathbf{9{,}99\ kPa}.$$

c) Stoffmengenanteil x_A^g an Ethanol im Mischdampf:

Der Stoffmengenanteil x_A^g an Ethanol im Mischdampf ergibt sich gemäß Gleichung (14.7) zu:

$$x_A^g = \frac{p_A}{p_{ges}} = \frac{2{,}38 \cdot 10^3 \text{ Pa}}{9{,}99 \cdot 10^3 \text{ Pa}} = \mathbf{0{,}24}.$$

Stoffmengenanteil x_B^g an Methanol im Mischdampf:

$$x_B^g = \frac{p_B}{p_{ges}} = \frac{7{,}61 \cdot 10^3 \text{ Pa}}{9{,}99 \cdot 10^3 \text{ Pa}} = \mathbf{0{,}76}.$$

Im Dampf ist, wie erwartet, die flüchtigere Komponente, hier das Methanol, angereichert.

2.14.6 Dampfdruckdiagramm von m-Xylol und Benzol

a) Stoffmengenanteil x_B^g an Benzol im Mischdampf und gesamter Dampfdruck über der flüssigen Mischphase:

$$x_B^g = \frac{p_B}{p_{ges}} = \frac{x_B^l \cdot p_B^\bullet}{x_A^l \cdot p_A^\bullet + x_B^l \cdot p_B^\bullet} = \frac{x_B^l \cdot p_B^\bullet}{(1 - x_B^l) \cdot p_A^\bullet + x_B^l \cdot p_B^\bullet}.$$

Für eine flüssige Mischphase mit einem Stoffmengenanteil x_B^l an Benzol von 0,05 ergibt sich der Stoffmengenanteil x_B^g an Benzol im Mischdampf zu:

$$x_B^g = \frac{0{,}05 \cdot (10 \cdot 10^3 \text{ Pa})}{(1 - 0{,}05) \cdot (0{,}83 \cdot 10^3 \text{ Pa}) + 0{,}05 \cdot (10 \cdot 10^3 \text{ Pa})} = \mathbf{0{,}39}.$$

Für den gesamten Dampfdruck über der flüssigen Mischphase erhält man:

$$p_{ges} = (1 - x_B^l) \cdot p_A^\bullet + x_B^l \cdot p_B^\bullet.$$

$$p_{ges} = (1 - 0{,}05) \cdot (0{,}83 \cdot 10^3 \text{ Pa}) + 0{,}05 \cdot (10 \cdot 10^3 \text{ Pa}) = 1{,}29 \cdot 10^3 \text{ Pa} = \mathbf{1{,}29\ kPa}.$$

Die übrigen Werte werden in analoger Weise berechnet.

x_B^l	x_B^g	p_{ges} / kPa
0,05	0,39	1,29
0,10	0,57	1,75
0,25	0,80	3,12
0,50	0,92	5,42
0,75	0,97	7,71

b) siehe Graphik unter d). Die Siedekurve ist dunkelgrau und die Taukurve mittelgrau eingezeichnet; das Zweiphasengebiet wurde hellgrau getönt.

c) Stoffmengenanteil x_B^l an Benzol in der flüssigen Mischphase:

$$x_B^l = \frac{n_B}{n_A + n_B} = \frac{2\,\text{mol}}{1\,\text{mol} + 2\,\text{mol}} = 0{,}67\,.$$

Die flüssige Mischphase beginnt bei ca. **7,0 kPa** zu sieden (Anfangspunkt von Konode 1 im Diagramm).

d) Wie aus dem Diagramm zu entnehmen ist (Endpunkt von Konode 1), besteht der Mischdampf aus einem Stoffmengenanteil von **0,96** an Benzol und damit von **0,04** an m-Xylol.

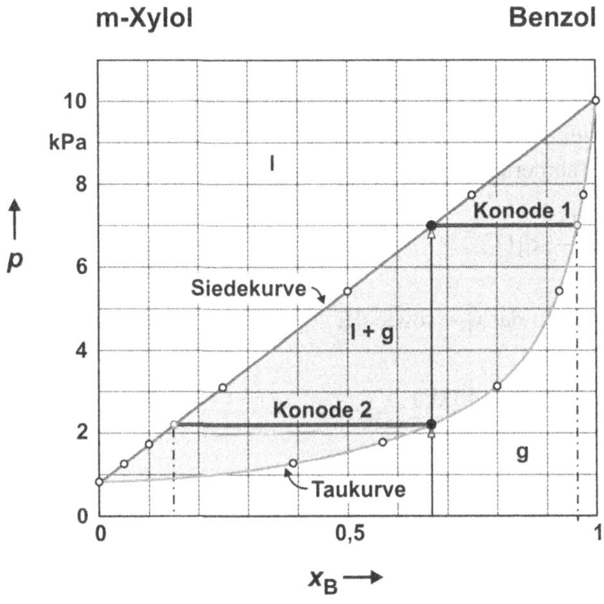

e) Die letzten verbleibenden Tropfen der Flüssigkeit enthalten einen Stoffmengenanteil von **0,14** an Benzol und damit von **0,86** an m-Xylol (Anfangspunkt von Konode 2). Der zugehörige Dampfdruck beträgt **2,1 kPa**.

1.14.7 Siedediagramm von von Toluol und Benzol sowie Destillation

a) Um die Siedekurve zu erstellen, muss berechnet werden, welche Zusammensetzung die flüssige Phase bei den vorgegebenen Temperaturen haben muss, damit die Summe der Teildrücke der Komponenten Toluol $p_A(T)$ und Benzol $p_B(T)$ den Gesamtdruck p_{ges} = 100 kPa ergibt:

$$p_{ges} = p_A(T) + p_B(T)\,.$$

Da die Komponenten des Gemisches indifferent zueinander sind, gilt das RAOULTsche Gesetz [Gl. (14.3)] über den ganzen Mischungsbereich und wir erhalten

$$p_{\mathrm{A}}(T) = x_{\mathrm{A}}^{\mathrm{l}}(T) \cdot p_{\mathrm{A}}^{\bullet}(T) \qquad \text{bzw.} \qquad p_{\mathrm{B}}(T) = x_{\mathrm{B}}^{\mathrm{l}}(T) \cdot p_{\mathrm{B}}^{\bullet}(T).$$

Einsetzen dieser beiden Gleichungen in die Gleichung für den Gesamtdruck unter Berücksichtigung des Zusammenhanges

$$x_{\mathrm{A}}^{\mathrm{l}}(T) = 1 - x_{\mathrm{B}}^{\mathrm{l}}(T)$$

ergibt schließlich

$$p_{\mathrm{ges}} = [1 - x_{\mathrm{B}}^{\mathrm{l}}(T)] \cdot p_{\mathrm{A}}^{\bullet}(T) + x_{\mathrm{B}}^{\mathrm{l}}(T) \cdot p_{\mathrm{B}}^{\bullet}(T) = p_{\mathrm{A}}^{\bullet}(T) + x_{\mathrm{B}}^{\mathrm{l}}(T) \cdot [p_{\mathrm{B}}^{\bullet}(T) - p_{\mathrm{A}}^{\bullet}(T)].$$

Durch Auflösen nach $x_{\mathrm{B}}^{\mathrm{l}}(T)$ erhält man:

$$x_{\mathrm{B}}^{\mathrm{l}}(T) = \frac{p_{\mathrm{ges}} - p_{\mathrm{A}}^{\bullet}(T)}{p_{\mathrm{B}}^{\bullet}(T) - p_{\mathrm{A}}^{\bullet}(T)}.$$

Die Taukurve gibt die Zusammensetzung des Dampfes über der flüssigen Phase bei der vorgegebenen Temperatur an [Gl. (14.8)]:

$$x_{\mathrm{B}}^{\mathrm{g}}(T) = \frac{p_{\mathrm{B}}^{\bullet}(T)}{p_{\mathrm{ges}}} \cdot x_{\mathrm{B}}^{\mathrm{l}}(T).$$

Exemplarisch sollen der $x_{\mathrm{B}}^{\mathrm{l}}$- sowie der $x_{\mathrm{B}}^{\mathrm{g}}$-Wert bei einer Temperatur von 358 K berechnet werden:

$$x_{\mathrm{B}}^{\mathrm{l}}(358\ \mathrm{K}) = \frac{100\ \mathrm{kPa} - 46\ \mathrm{kPa}}{116\ \mathrm{kPa} - 46\ \mathrm{kPa}} = \mathbf{0{,}77}.$$

$$x_{\mathrm{B}}^{\mathrm{g}}(358\ \mathrm{K}) = \frac{116\ \mathrm{kPa}}{100\ \mathrm{kPa}} \cdot 0{,}77 = \mathbf{0{,}89}.$$

Die restlichen Daten sind in der folgenden Tabelle zusammengestellt.

T/K	$x_{\mathrm{B}}^{\mathrm{l}}$	$x_{\mathrm{B}}^{\mathrm{g}}$
353	1,00	1,00
358	0,77	0,89
363	0,58	0,77
368	0,40	0,62
373	0,25	0,45
378	0,12	0,25
384	0,00	0,00

b) siehe Graphik unter d). Auch hier wurde die Siedekurve wieder dunkelgrau, die Taukurve hingegen mittelgrau eingezeichnet; das Zweiphasengebiet wurde hellgrau getönt.

c) Stoffmengenanteil $x_B^\blacktriangle$ an Benzol im Gemisch:

Toluol und Benzol sollen im Massenverhältnis 1:1 vorliegen. Gehen wir z. B. von 1,0 kg Gemisch aus, so liegen 0,5 kg Toluol und 0,5 kg Benzol vor. Für den Mengenanteil $x_B^\blacktriangle$ des Benzols gilt dann:

$$x_B^\blacktriangle = \frac{n_B}{n_A + n_B} .$$

Da die Stoffmenge n durch $n = m/M$ ausgedrückt werden kann, erhalten wir:

$$x_B^\blacktriangle = \frac{m_B/M_B}{m_A/M_A + m_B/M_B} .$$

Einsetzen ergibt mit den Werten von $92{,}0 \cdot 10^{-3}\ \text{kg mol}^{-1}$ für die molare Masse des Toluols und $78{,}0 \cdot 10^{-3}\ \text{kg mol}^{-1}$ für die molare Masse des Benzols:

$$x_B^\blacktriangle = \frac{0{,}5\ \text{kg} / 78{,}0 \cdot 10^{-3}\ \text{kg mol}^{-1}}{0{,}5\ \text{kg} / 92{,}0 \cdot 10^{-3}\ \text{kg mol}^{-1} + 0{,}5\ \text{kg} / 78{,}0 \cdot 10^{-3}\ \text{kg mol}^{-1}}$$

$$= \frac{6{,}41\ \text{mol}}{5{,}43\ \text{mol} + 6{,}41\ \text{mol}} = \mathbf{0{,}54} .$$

Wird das Gemisch bei konstantem Druck auf 365 K erhitzt, so erreicht man das Zweiphasengebiet und es liegen tatsächlich, wie im Aufgabentext bereits angedeutet, eine flüssige Phase und eine Gasphase unterschiedlicher Zusammensetzung im Gleichgewicht miteinander vor. Die Stoffmengenanteile an Benzol in beiden Phasen können aus dem Siedediagramm abgelesen werden:

$$x_B^l \approx \mathbf{0{,}50}, \quad x_B^g \approx \mathbf{0{,}72} .$$

d) Zeichnet man die fünf theoretischen Kolonnenböden als „Stufen", bestehend jeweils aus einem waagerechten Stück (für den Siedevorgang) und einem senkrechten Stück (für den Kondensationsvorgang) in das Siedediagramm ein, so lässt sich die Zusammensetzung des Destillats ablesen:

$$x_B^l \approx \mathbf{0{,}96} .$$

Das entspricht einer Reinheit von 96 % bezogen auf die Stoffmenge.

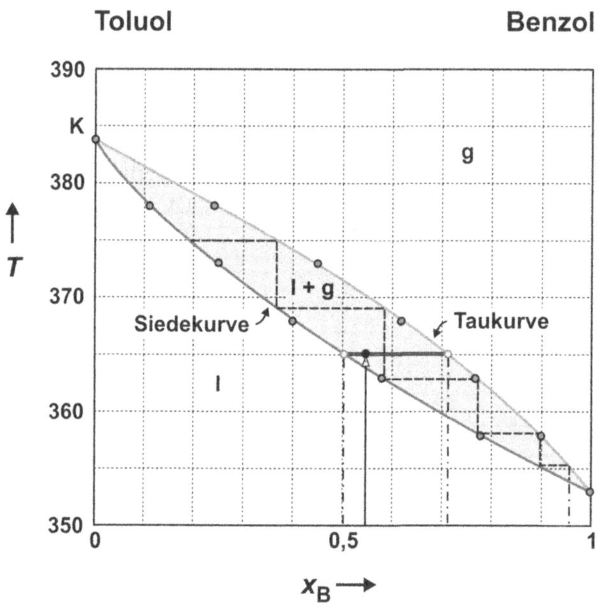

2.14.8 Siedediagramm mit azeotropem Maximum

a) Im folgenden Siedediagramm ist die Siedekurve dunkelgrau und die Taukurve mittelgrau gekennzeichnet; die Zweiphasengebiete wurden hellgrau getönt.

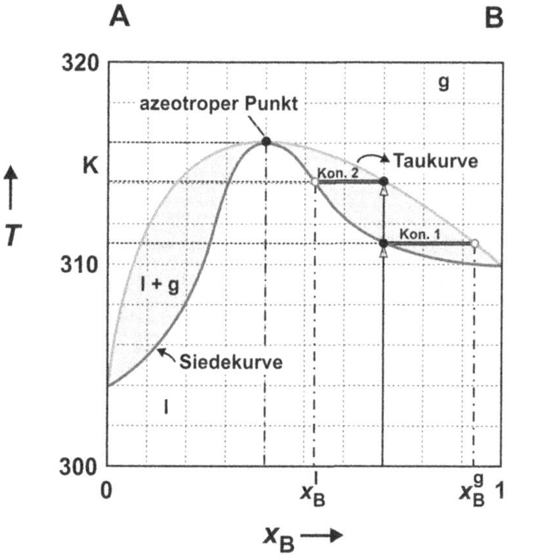

b) Ein flüssiges Gemisch mit einem Stoffmengenanteil x_B^l an B von 0,7 siedet bei einer Temperatur von **311 K**, abzulesen aus dem Diagramm. Der Anteil an B im entstehenden Dampf beträgt x_B^g = **0,93** [Endpunkt von Konode (Kon.) 1)].

c) Ein Dampf mit einem B-Anteil x_B^g von 0,7 „taut" (kondensiert) bei einer Temperatur von **314 K**. Der Anteil an B im entstehenden Tau (Kondensat) beträgt x_B^l = **0,52** [Anfangspunkt von Konode (Kon.) 2)].

d) Das azeotrope Gemisch siedet bei **316 K**. Am azeotropen Punkt haben flüssiges Gemisch und Dampf die gleiche Zusammensetzung. Es gilt: $x_B^l = x_B^g$ = **0,40**.

e) Die beiden Flüssigkeiten weisen ein Siedepunktsmaximum und damit ein Dampfdruckminimum auf. Eine negative Abweichung der Dampfdruckkurven vom RAOULTschen Gesetz ist jedoch charakteristisch für ein „wohlverträgliches" Verhalten der Komponenten im Gemisch.

2.14.9 Destillation von Wasser-Ethanol-Gemischen

a) siehe unten stehendes Siedediagramm

b) Massenanteil w_B^l an Ethanol im Ausgangsgemisch:

Das Wasser-Ethanol-Gemisch soll eine Volumenkonzentration σ_B von 10 % an Ethanol enthalten. Gehen wir z. B. von 100 cm³ Gemisch aus, so liegen näherungsweise (siehe Anmerkung im Aufgabentext) 10 cm³ Ethanol und 90 cm³ Wasser vor. Für den Massenanteil w_B^l des Ethanols gilt:

$$w_B^l = \frac{m_B}{m_A + m_B}.$$

Da die Masse m durch $m = \rho \cdot V$ ausgedrückt werden kann, erhalten wir:

$$w_B^l = \frac{\rho_B \cdot V_B}{\rho_A \cdot V_A + \rho_B \cdot V_B}.$$

$$w_B^l = \frac{791\,\text{kg}\,\text{m}^{-3} \cdot (10 \cdot 10^{-6}\ \text{m}^3)}{998\,\text{kg}\,\text{m}^{-3} \cdot (90 \cdot 10^{-6}\ \text{m}^3) + 791\,\text{kg}\,\text{m}^{-3} \cdot (10 \cdot 10^{-6}\ \text{m}^3)} \approx 0{,}08\,.$$

Volumenkonzentration σ_B^l an Ethanol im Destillat:

Aus dem Siedediagramm können wir zeichnerisch ermitteln, dass der Massenanteil an Ethanol im Destillat $w_B^l \approx 0{,}49$ entspricht.

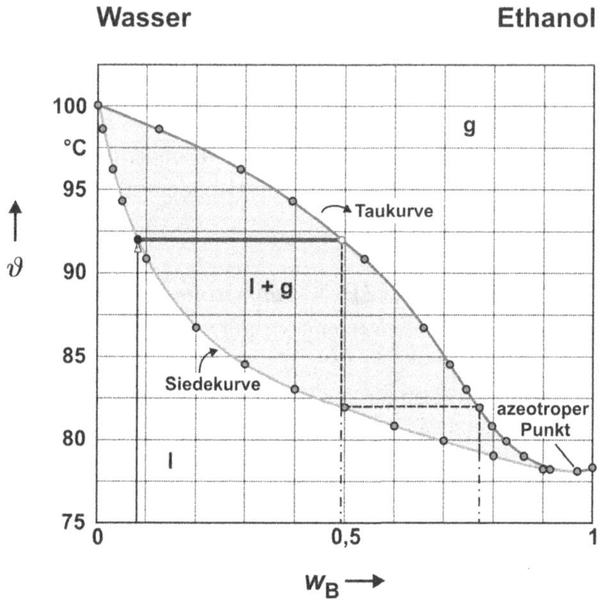

Die Umrechnung in die Volumenkonzentration erfolgt analog zu obiger Kalkulation (nur, dass man jetzt z. B. von 100 g des Gemisches ausgeht):

$$\sigma_B^1 = \frac{V_B}{V_A + V_B} = \frac{m_B/\rho_B}{m_A/\rho_A + m_B/\rho_B} .$$

$$\sigma_B^1 = \frac{0{,}049\ \text{kg}/791\ \text{kg}\,\text{m}^{-3}}{0{,}051\ \text{kg}/998\ \text{kg}\,\text{m}^{-3} + 0{,}049\ \text{kg}/791\ \text{kg}\,\text{m}^{-3}} = \mathbf{0{,}55} .$$

Das Destillat weist also einen „Alkohol"gehalt von ca. 55 „% vol." auf. Das entspricht in etwa dem „Alkohol"gehalt von einigen Rumsorten (z. B. Pott). Dieser reicht bereits aus, um eine Feuerzangenbowle anzusetzen (Rumsorten mit deutlich geringerem „Alkohol"gehalt brennen nicht). Aber auch der Likör Chartreuse grün enthält 55 „% vol." an „Alkohol".

c) Massenanteil w_B^1 an Ethanol im Destillat:

Das Destillat soll eine Volumenkonzentration σ_B von 80 % an Ethanol aufweisen. Bei der Berechnung gehen wir genau wie im Aufgabenteil b) vor:

$$w_B^1 = \frac{\rho_B \cdot V_B}{\rho_A \cdot V_A + \rho_B \cdot V_B} .$$

$$w_B^1 = \frac{791\ \text{kg}\,\text{m}^{-3} \cdot (80 \cdot 10^{-6}\ \text{m}^3)}{998\ \text{kg}\,\text{m}^{-3} \cdot (20 \cdot 10^{-6}\ \text{m}^3) + 791\ \text{kg}\,\text{m}^{-3} \cdot (80 \cdot 10^{-6}\ \text{m}^3)} = 0{,}76 .$$

Wie aus dem Diagramm ersichtlich, reichen **zwei** Kolonnenböden aus, um ein Destillat mit einer Volumenkonzentration von mindestens 80 % an „Alkohol" zu erhalten.

2.15 Grenzflächenerscheinungen

2.15.1 Oberflächenenergie

Energie $W_{\to A}$, die zur Bildung der neuen Oberfläche aufgewandt werden muss:

Um die Energie $W_{\to A}$ zu berechnen, die zur Bildung der Oberfläche A erforderlich ist, wird Gleichung (15.2) herangezogen:

$$W_{\to A} = \sigma \cdot A = \sigma \cdot l \cdot s\,.$$

l ist die Gesamtbreite der Oberfläche auf der Vorder- und Rückseite der Flüssigkeitslamelle, d. h., l beträgt 6 cm.

$$W_{\to A} = (30 \cdot 10^{-3}\ \mathrm{N\,m^{-1}}) \cdot (6 \cdot 10^{-2}\ \mathrm{m}) \cdot (4 \cdot 10^{-2}\ \mathrm{m}) = 72 \cdot 10^{-6}\ \mathrm{N\,m} = \mathbf{72\ \mu J}\,.$$

2.15.2* Zerstäubung

Volumen V_{Tr} eines kugelförmigen Wassertröpfchens:

$$V_{\mathrm{Tr}} = \frac{4}{3}\pi r_{\mathrm{Tr}}^3 = \frac{4}{3} \cdot 3{,}142 \cdot (0{,}5 \cdot 10^{-6}\ \mathrm{m})^3 = 5{,}24 \cdot 10^{-19}\ \mathrm{m}^3\,.$$

Anzahl N_{Tr} der aus dem gegebenen Wasservolumen erzeugten Tröpfchen:

Die Anzahl N_{Tr} der Wassertröpfchen ergibt sich durch Division des Gesamtvolumens V durch das Tröpfchenvolumen V_{Tr}:

$$N_{\mathrm{Tr}} = \frac{V}{V_{\mathrm{Tr}}} = \frac{1{,}00 \cdot 10^{-3}\ \mathrm{m}^3}{5{,}24 \cdot 10^{-19}\ \mathrm{m}^3} = 1{,}91 \cdot 10^{15}\,.$$

Oberfläche A_{Tr} eines Tröpfchens:

$$A_{\mathrm{Tr}} = 4\pi r_{\mathrm{Tr}}^2 = 4 \cdot 3{,}142 \cdot (0{,}5 \cdot 10^{-6}\ \mathrm{m})^2 = 3{,}14 \cdot 10^{-12}\ \mathrm{m}^2\,.$$

Oberfläche A aller neu gebildeten Tröpfchen zusammen:

$$A = N_{\mathrm{Tr}} \cdot A_{\mathrm{Tr}} = (1{,}91 \cdot 10^{15}) \cdot (3{,}14 \cdot 10^{-12}\ \mathrm{m}^2) = 6000\ \mathrm{m}^2\,.$$

Energie $W_{\to A}$, die zur Bildung der neuen Oberfläche aufgewandt werden muss:

Der Wert für die Oberflächenspannung von Wasser bei 25 °C kann Tabelle 15.1 im Lehrbuch "Physikalische Chemie" entnommen werden: $\sigma(H_2O) = 72{,}0\ \mathrm{mN\,m^{-1}}$.

$$W_{\to A} = \sigma \cdot A = (72{,}0 \cdot 10^{-3}\ \mathrm{N\,m^{-1}}) \cdot 6000\ \mathrm{m}^2 = 432\ \mathrm{N\,m} = \mathbf{0{,}43\ kJ}\,.$$

2.15.3 Kapillardruck

Überdruck p_σ in einem kugelförmigen Wassertröpfchen:

Der Überdruck in einem kugelförmigen Wassertröpfchen kann mit Hilfe von Gleichung (15.6) berechnet werden:

$$p_\sigma = \frac{2\sigma}{r}.$$

Die Oberflächenspannung σ von Wasser beträgt bei 283 K 74,2 mN m^{-1} (siehe Tab. 15.2):

$$p_\sigma = \frac{2\cdot(74{,}2\cdot10^{-3}\ \text{N m}^{-1})}{250\cdot10^{-9}\ \text{m}} = 594\cdot10^3\ \text{N m}^{-2} = \mathbf{594\ kPa}.$$

2.15.4* Schwimmende Tropfen und Blasen

a) a$_1$) $\sigma_1 = \sigma_2 = \sigma_3$, a$_2$) $\sigma_1 > \sigma_2 + \sigma_3$, a$_3$) $\sigma_2 > \sigma_1 + \sigma_3$, a$_4$) $\sigma_3 > \sigma_1 + \sigma_3$

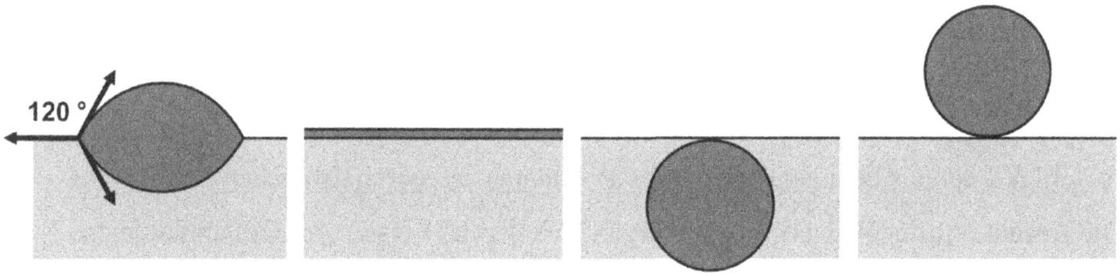

b) b$_1$) Zur Berechnung des Überdruckes in der kleinen Luftblase (siehe Skizze links) wird wieder Gleichung (15.6) herangezogen:

$$p_\sigma = \frac{2\sigma}{r} = \frac{2\cdot(73{,}0\cdot10^{-3}\ \text{N m}^{-1})}{0{,}1\cdot10^{-3}\ \text{m}} = 1460\ \text{N m}^{-2} = \mathbf{1460\ Pa}.$$

b$_2$) Im Falle der großen Luftblase (annähernd eine Halbkugel) treten zwei Grenzflächen auf (siehe Skizze rechts). Hier wird daher auf Gleichung (15.5) zurückgegriffen:

$$p_\sigma = \frac{4\sigma}{r} = \frac{4\cdot(73{,}0\cdot10^{-3}\ \text{N m}^{-1})}{10\cdot10^{-3}\ \text{m}} = 29\ \text{N m}^{-2} = \mathbf{29\ Pa}.$$

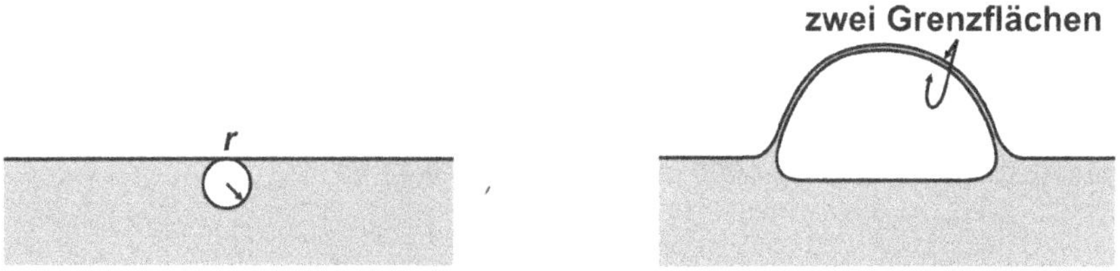

2.15.5 Dampfdruck kleiner Tropfen (I)

Dampfdruck $p_{\mathrm{lg,r}}$ eines kugelförmigen Wassertröpfchens:

Der Dampfdruck des Wassertröpfchens kann mittels der KELVIN-Gleichung [Gl. (15.7)] ermittelt werden,

$$p_{\mathrm{lg},r} = p_{\mathrm{lg},r=\infty} \exp\frac{2\sigma V_\mathrm{m}}{rRT} = p_{\mathrm{lg},r=\infty} \exp\frac{2\sigma M}{\rho rRT},$$

wobei das das molare Volumen V_m des betreffenden Stoffes mit Hilfe seiner Dichte ρ ausgedrückt werden kann: $V_\mathrm{m} = M/\rho$. Einsetzen ergibt unter Berücksichtigung der molaren Masse M von Wasser mit einem Wert von $18{,}0 \cdot 10^{-3}\ \mathrm{kg\,mol^{-1}}$:

$$p_{\mathrm{lg},r} = 3167\ \mathrm{Pa} \cdot \exp\frac{2 \cdot (72{,}0 \cdot 10^{-3}\ \mathrm{N\,m^{-1}}) \cdot (18{,}0 \cdot 10^{-3}\ \mathrm{kg\,mol^{-1}})}{997\ \mathrm{kg\,m^{-3}} \cdot (5 \cdot 10^{-9}\ \mathrm{m}) \cdot 8{,}314\ \mathrm{G\,K^{-1}} \cdot 298\ \mathrm{K}} = \mathbf{3907\ Pa}.$$

Einheitenanalyse für den Exponentialausdruck:

$$\frac{\mathrm{N\,m^{-1}\,kg\,mol^{-1}}}{\mathrm{kg\,m^{-3}\,m\,G\,K^{-1}\,K}} = \frac{\mathrm{N\,m\,mol^{-1}}}{\mathrm{J\,mol^{-1}}} = 1.$$

2.15.6* Dampfdruck kleiner Tropfen (II)

Volumen V_Tr eines Benzoltröpfchens:

Das molare Volumen V_m des Benzols ergibt sich aus molarer Masse M und Dichte ρ zu

$$V_\mathrm{m} = \frac{M}{\rho}.$$

Teilt man das molare Volumen durch die AVAGADROsche Konstante N_A, die die Anzahl der Teilchen in 1 mol einer Stoffportion angibt, und multipliziert mit der Anzahl der Moleküle N_Tr in einem Tröpfchen, so erhält man dessen Volumen V_Tr:

$$V_\mathrm{Tr} = \frac{V_\mathrm{m} \cdot N_\mathrm{Tr}}{N_\mathrm{A}} = \frac{M \cdot N_\mathrm{Tr}}{\rho \cdot N_\mathrm{A}}.$$

$$V_\mathrm{Tr} = \frac{(78{,}0 \cdot 10^{-3}\ \mathrm{kg\,mol^{-1}}) \cdot 200}{(876\ \mathrm{kg\,m^{-3}}) \cdot (6{,}022 \cdot 10^{23}\ \mathrm{mol^{-1}})} = \mathbf{2{,}96 \cdot 10^{-26}\ m^3}.$$

Radius r_Tr eines Benzoltröpfchens:

$$V_\mathrm{Tr} = \frac{4}{3}\pi r_\mathrm{Tr}^3 \quad \Rightarrow$$

$$r_\mathrm{Tr} = \sqrt[3]{\frac{3V_\mathrm{Tr}}{4\pi}} = \sqrt[3]{\frac{3 \cdot (3{,}0 \cdot 10^{-26}\ \mathrm{m^3})}{4 \cdot 3{,}142}} = 1{,}92 \cdot 10^{-9}\ \mathrm{m} = \mathbf{1{,}92\ nm}.$$

Verhältnis $p_{lg,r}/p_{lg,r=\infty}$:

Das Verhältnis $p_{lg,r}/p_{lg,r=\infty}$ ergibt sich gemäß der KELVIN-Gleichung [Gl. (15.7)] zu:

$$\frac{p_{lg,r}}{p_{lg,r=\infty}} = \exp\frac{2\sigma V_m}{r_{Tr}RT} = \exp\frac{2\sigma M}{\rho r_{Tr}RT}.$$

$$\frac{p_{lg,r}}{p_{lg,r=\infty}} = \exp\frac{2\cdot(28{,}2\cdot10^{-3}\ \mathrm{N\,m^{-1}})\cdot(78{,}0\cdot10^{-3}\ \mathrm{kg\,mol^{-1}})}{876\ \mathrm{kg\,m^{-3}}\cdot(1{,}92\cdot10^{-9}\ \mathrm{m})\cdot8{,}314\ \mathrm{G\,K^{-1}}\cdot298\ \mathrm{K}} = \mathbf{2{,}9}.$$

Der Dampfdruck der kleinen Benzoltröpfchen ist also fast dreimal so hoch wie der der kompakten Flüssigkeit.

2.15.7 Bestimmung der Oberflächenspannung

Oberflächenspannung σ eines Ethanol-Wasser-Gemisches:

Die Oberflächenspannung des Ethanol-Wasser-Gemisches kann mit Hilfe von Gleichung (15.8) ermittelt werden:

$$h = \frac{2\sigma}{\rho r_K g} \Rightarrow$$

$$\sigma = \frac{\rho r_K g h}{2} = \frac{955\ \mathrm{kg\,m^{-3}}\cdot(0{,}200\cdot10^{-3}\ \mathrm{m})\cdot9{,}81\ \mathrm{m\,s^{-2}}\cdot(3{,}58\cdot10^{-2}\ \mathrm{m})}{2}$$

$$= 0{,}0335\ \mathrm{N\,m^{-1}} = \mathbf{33{,}5\ mN\,m^{-1}}.$$

2.15.8* Kapillarwirkung

a) Steighöhe h_1 bei 0 °C in einer Kapillare mit einem Radius $r_{K,1}$ von 0,01 mm:

Die Steighöhe h_1 des Wassers bei 0 °C ergibt sich gemäß Gleichung (15.8) zu

$$h_1(0\ °\mathrm{C}) = \frac{2\sigma(0\ °\mathrm{C})}{\rho(0\ °\mathrm{C})r_{K,1}g}.$$

$$h_1(0\ °\mathrm{C}) = \frac{2\cdot(76\cdot10^{-3}\ \mathrm{N\,m^{-1}})}{1000\ \mathrm{kg\,m^{-3}}\cdot(0{,}1\cdot10^{-3}\ \mathrm{m})\cdot9{,}81\ \mathrm{m\,s^{-2}}} = 0{,}155\ \mathrm{m} = 155\ \mathrm{mm}.$$

Steighöhe h_1 bei 100 °C in einer Kapillare mit einem Radius $r_{K,1}$ von 0,01 mm:

$$h_1(100\ °\mathrm{C}) = \frac{2\sigma(100\ °\mathrm{C})}{\rho(100\ °\mathrm{C})r_{K,1}g}.$$

$$h_1(100\ °\mathrm{C}) = \frac{2\cdot(59\cdot10^{-3}\ \mathrm{N\,m^{-1}})}{958\ \mathrm{kg\,m^{-3}}\cdot(0{,}1\cdot10^{-3}\ \mathrm{m})\cdot9{,}81\ \mathrm{m\,s^{-2}}} = 0{,}126\ \mathrm{m} = 126\ \mathrm{mm}.$$

Steighöhe h_2 bei 0 °C in einer Kapillare mit einem Radius $r_{K,2}$ von 0,02 mm:

$$h_2(0\ ^\circ\text{C}) = \frac{2\sigma(0\ ^\circ\text{C})}{\rho(0\ ^\circ\text{C}) r_{K,2} g}.$$

$$h_2(0\ ^\circ\text{C}) = \frac{2 \cdot (76 \cdot 10^{-3}\ \text{N m}^{-1})}{1000\ \text{kg m}^{-3} \cdot (0{,}2 \cdot 10^{-3}\ \text{m}) \cdot 9{,}81\ \text{m s}^{-2}} = 0{,}077\ \text{m} = 77\ \text{mm}.$$

Steighöhe h_2 bei 100 °C in einer Kapillare mit einem Radius $r_{K,2}$ von 0,02 mm:

$$h_2(100\ ^\circ\text{C}) = \frac{2\sigma(100\ ^\circ\text{C})}{\rho(100\ ^\circ\text{C}) r_{K,2} g}.$$

$$h_2(100\ ^\circ\text{C}) = \frac{2 \cdot (59 \cdot 10^{-3}\ \text{N m}^{-1})}{958\ \text{kg m}^{-3} \cdot (0{,}2 \cdot 10^{-3}\ \text{m}) \cdot 9{,}81\ \text{m s}^{-2}} = 0{,}063\ \text{m} = 63\ \text{mm}.$$

Steighöhen h bei 0 °C und 100 °C in der abgebildeten Kapillare:

Der dünne bis zu einer Höhe h_0 von 70 mm aufragende Teil der Kapillare wird sowohl bei 0 °C als auch bei 100 °C ganz gefüllt.

Im Rohrstück darüber kann das Wasser bei 0 °C bis zu **77 mm** aufsteigen, bei 100 °C jedoch nicht über **70 mm** hinaus [da $h_1(100\ ^\circ\text{C}) = 126\ \text{mm} > h_0$, aber $h_2(100\ ^\circ\text{C}) = 63\ \text{mm} < h_0$].

b) Krümmungsradius r des Wasserspiegels bei 0 °C und 100 °C:

Im Falle eines Randwinkels θ von $\approx 0\ ^\circ$ ist der Krümmungsradius gerade gleich dem Kapillarenradius. Durch Auflösen von Gleichung (15.8) nach r erhält man

$$r = \frac{2\sigma}{\rho h g}$$

und damit bei 0 °C

$$r(0\ ^\circ\text{C}) = \frac{2\sigma(0\ ^\circ\text{C})}{\rho(0\ ^\circ\text{C}) h(0\ ^\circ\text{C}) g}.$$

$$r(0\ ^\circ\text{C}) = \frac{2 \cdot (76 \cdot 10^{-3}\ \text{N m}^{-1})}{1000\ \text{kg m}^{-3} \cdot (77 \cdot 10^{-3}\ \text{m}) \cdot 9{,}81\ \text{m s}^{-2}} = 0{,}20 \cdot 10^{-3}\ \text{m} = \mathbf{0{,}20\ mm},$$

was, wie erwartet, dem Rohrradius im oberen Bereich entspricht. Bei 100 °C ergibt sich hingegen

$$r(100\ ^\circ\text{C}) = \frac{2\sigma(100\ ^\circ\text{C})}{\rho(100\ ^\circ\text{C}) h(100\ ^\circ\text{C}) g}.$$

$$r(100\ ^\circ\text{C}) = \frac{2 \cdot (59 \cdot 10^{-3}\ \text{N m}^{-1})}{958\ \text{kg m}^{-3} \cdot (70 \cdot 10^{-3}\ \text{m}) \cdot 9{,}81\ \text{m s}^{-2}} = 0{,}18 \cdot 10^{-3}\ \text{m} = \mathbf{0{,}18\ mm}.$$

c) Der Druck hängt nur von der Höhe h, nicht aber vom Rohrdurchmesser d ab. Im Vergleich zum Luftdruck außen herrscht in der Kapillare bei $h > 0$ Unterdruck.

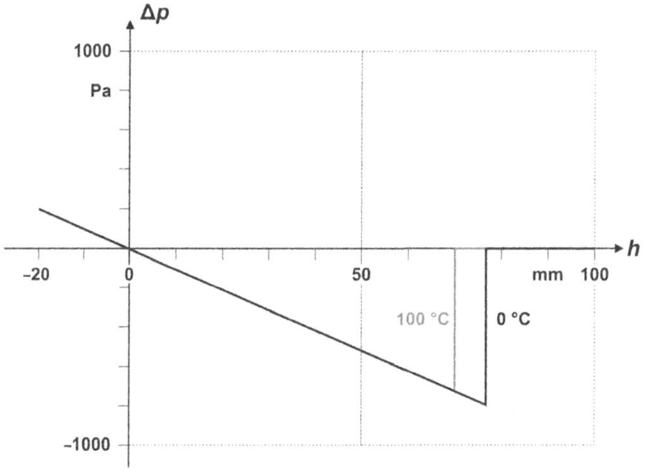

2.15.9 Bedeckungsgrad

Anzahl N der Stickstoffmoleküle:

Wir gehen vom allgemeinen Gasgesetz [Gl. (10.7)] aus:

$$pV = nRT\,.$$

Gemäß Gleichung (1.2) gilt für die Stoffmenge n

$$n = N\tau\,,$$

wobei N die Teilchenzahl der betrachteten Stoffportion und τ die Elementar(stoff)menge darstellt. Einsetzen in das allgemeine Gasgesetz ergibt:

$$pV = N\tau RT \quad \Rightarrow$$

$$N = \frac{pV}{\tau RT} = \frac{(490\cdot 10^{3}\ \text{Pa})\cdot(46{,}0\cdot 10^{-6}\ \text{m}^3)}{(1{,}66\cdot 10^{-24}\ \text{mol})\cdot 8{,}314\ \text{G}\,\text{K}^{-1}\cdot 190\ \text{K}} = 8{,}6\cdot 10^{21}\,.$$

Oberfläche A_N, die von den Stickstoffmolekülen bedeckt wird:

$$A_\text{N} = N\cdot A_\text{M}\,,$$

wobei A_M die Fläche angibt, die von einem Stickstoffmolekül belegt wird:

$$A_\text{N} = (8{,}6\cdot 10^{21})\cdot(0{,}16\cdot 10^{-18}\ \text{m}^2) = 1380\ \text{m}^2\,.$$

Oberfläche A_Ak der Aktivkohle:

$$A_\text{Ak} = m_\text{Ak}\cdot A_\text{sp,Ak} = (50{,}0\cdot 10^{-3}\ \text{kg})\cdot(900\cdot 10^{3}\ \text{m}^2\,\text{kg}^{-1}) = 45000\ \text{m}^2\,.$$

Bedeckungsgrad Θ:

Der Bedeckungsgrad gibt den Bruchteil der belegten Oberfläche an [vgl. Gl. (15.9)]:

$$\Theta = \frac{A_N}{A_{Ak}} = \frac{1380\ m^2}{45000\ m^2} = \mathbf{0{,}031}\,.$$

2.15.10 LANGMUIR-Isotherme (I)

Druck p, bei dem das Gas die Hälfte der Oberfläche belegt:

Die LANGMUIRsche Adsorptionsisotherme wird durch Gleichung (15.13) beschrieben,

$$\Theta = \frac{\mathring{K}\cdot p}{1+\mathring{K}\cdot p},$$

wobei $\mathring{K}$ als Gleichgewichtskonstante für das Adsorptionsgeschehen interpretiert werden kann. Auflösen nach p ergibt:

$$p = \frac{\Theta}{\mathring{K}(1-\Theta)}\,.$$

Wird die Hälfte der Oberfläche von dem Gas belegt, so hat der Bedeckungsgrad Θ den Wert 0,5.

$$p = \frac{0{,}5}{(0{,}65\cdot 10^3\ Pa^{-1})\cdot(1-0{,}5)} = 1540\ Pa = \mathbf{1{,}54\ kPa}\,.$$

2.15.11* LANGMUIR-Isotherme (II)

a) Bestimmung der Konstanten $\mathring{K}$ sowie der Masse m_{mono}:

Ausgangspunkt ist wieder die LANGMUIRsche Adsorptionsisotherme [Gl. (15.13)]:

$$\Theta = \frac{\mathring{K}\cdot p}{1+\mathring{K}\cdot p}\,.$$

Für den Bedeckungsgrad Θ gilt [Gl. (15.9)]:

$$\Theta = \frac{m}{m_{mono}}\,.$$

Zusammengefasst erhalten wir also

$$\frac{m}{m_{mono}} = \frac{\mathring{K}\cdot p}{1+\mathring{K}\cdot p}\,.$$

Daher gilt für das erste Messwertepaar (p_1, m_1)

$$\frac{m_1}{m_{\text{mono}}} = \frac{\overset{\circ}{K} \cdot p_1}{1 + \overset{\circ}{K} \cdot p_1}$$

bzw. für das zweite Messwertepaar (p_2, m_2)

$$\frac{m_2}{m_{\text{mono}}} = \frac{\overset{\circ}{K} \cdot p_2}{1 + \overset{\circ}{K} \cdot p_2}.$$

Wir dividieren nun die erste Gleichung durch die zweite und erhalten:

$$\frac{m_1}{m_2} = \frac{p_1}{p_2} \cdot \frac{1 + \overset{\circ}{K} \cdot p_2}{1 + \overset{\circ}{K} \cdot p_1} = \frac{p_1 + \overset{\circ}{K} \cdot p_1 \cdot p_2}{p_2 + \overset{\circ}{K} \cdot p_1 \cdot p_2}.$$

Auflösen nach $\overset{\circ}{K}$ ergibt:

$$m_1(p_2 + \overset{\circ}{K} \cdot p_1 \cdot p_2) = m_2(p_1 + \overset{\circ}{K} \cdot p_1 \cdot p_2)$$

$$m_1 \cdot p_2 + m_1 \cdot \overset{\circ}{K} \cdot p_1 \cdot p_2 = m_2 \cdot p_1 + m_2 \cdot \overset{\circ}{K} \cdot p_1 \cdot p_2$$

$$\overset{\circ}{K} \cdot p_1 \cdot p_2(m_1 - m_2) = m_2 \cdot p_1 - m_1 \cdot p_2$$

$$\overset{\circ}{K} = \frac{m_2 \cdot p_1 - m_1 \cdot p_2}{p_1 \cdot p_2 \cdot (m_1 - m_2)}.$$

$$\overset{\circ}{K} = \frac{(51{,}34 \cdot 10^{-6}\ \text{kg}) \cdot (400 \cdot 10^2\ \text{Pa}) - (31{,}45 \cdot 10^{-6}\ \text{kg}) \cdot (800 \cdot 10^2\ \text{Pa})}{(400 \cdot 10^2\ \text{Pa}) \cdot (800 \cdot 10^2\ \text{Pa}) \cdot [(31{,}45 \cdot 10^{-6}\ \text{kg}) - (51{,}34 \cdot 10^{-6}\ \text{kg})]}$$

$$= \frac{-0{,}4624\ \text{Pa kg}}{-63650\ \text{Pa}^2\ \text{kg}} = \mathbf{7{,}27 \cdot 10^{-6}\ Pa^{-1}}.$$

Anschließend kehren wir z. B. zu der Gleichung für das erste Messwertepaar zurück und lösen nach m_{mono} auf:

$$m_{\text{mono}} = \frac{m_1(1 + \overset{\circ}{K} \cdot p_1)}{\overset{\circ}{K} \cdot p_1}.$$

$$m_{\text{mono}} = \frac{(31{,}45 \cdot 10^{-6}\ \text{kg}) \cdot [1 + (7{,}27 \cdot 10^{-6}\ \text{Pa}^{-1}) \cdot (400 \cdot 10^2\ \text{Pa})]}{(7{,}27 \cdot 10^{-6}\ \text{Pa}^{-1}) \cdot (400 \cdot 10^2\ \text{Pa})}$$

$$= 140{,}0 \cdot 10^{-6}\ \text{kg} = \mathbf{140{,}0\ mg}.$$

b) Bedeckungsgrad Θ_1:

$$\Theta_1 = \frac{m_1}{m_{\text{mono}}} = \frac{31{,}45 \cdot 10^{-6}\ \text{kg}}{140{,}0 \cdot 10^{-6}\ \text{kg}} = \mathbf{0{,}225}.$$

Bedeckungsgrad Θ_2:

$$\Theta_2 = \frac{m_2}{m_{\text{mono}}} = \frac{51{,}34 \cdot 10^{-6}\ \text{kg}}{140{,}0 \cdot 10^{-6}\ \text{kg}} = \mathbf{0{,}367}\,.$$

2.16 Grundzüge der Kinetik

2.16.1 Umsatzgeschwindigkeit und Geschwindigkeitsdichte

Gesamtumsatz $\Delta\xi$:

Der Gesamtumsatz $\Delta\xi$ ergibt sich unter Zuhilfenahme der „stöchiometrischen Grundgleichung" [Gl. (1.14)] sowie der Definitionsgleichung für die molare Masse [Gl. (1.5)] zu:

$$\Delta\xi = \frac{\Delta n_\mathrm{B}}{\nu_\mathrm{B}} = \frac{\Delta m_\mathrm{B}}{M_\mathrm{B} \cdot \nu_\mathrm{B}} .$$

Da die gesamte Brennstoffmasse m_0 umgesetzt werden soll, können wir auch schreiben:

$$\Delta\xi = \frac{m_\mathrm{B} - m_\mathrm{B,0}}{M_\mathrm{B} \cdot \nu_\mathrm{B}} = \frac{0 - m_\mathrm{B,0}}{M_\mathrm{B} \cdot \nu_\mathrm{B}} = \frac{-m_\mathrm{B,0}}{M_\mathrm{B} \cdot \nu_\mathrm{B}} .$$

Kerze:
Im Falle der Kerze fungiert Paraffin [Formel $\approx$ (CH_2)] als Brennstoff.

$$\Delta\xi = \frac{-1 \cdot 10^{-2}\ \mathrm{kg}}{(14{,}0 \cdot 10^{-3}\ \mathrm{kg\,mol^{-1}}) \cdot (-2)} = \mathbf{0{,}36\ mol} .$$

Sonne:
In der Sonne wird hingegen Wasserstoff umgesetzt.

$$\Delta\xi = \frac{-2 \cdot 10^{30}\ \mathrm{kg}}{(1{,}0 \cdot 10^{-3}\ \mathrm{kg\,mol^{-1}}) \cdot (-4)} = \mathbf{500 \cdot 10^{30}\ mol} .$$

Umsatzgeschwindigkeit ω:

Die Umsatzgeschwindigkeit ω entspricht hier dem Quotienten aus Gesamtumsatz $\Delta\xi$ und Brenndauer Δt [vgl. Gl. (16.2)]:

$$\omega = \frac{\Delta\xi}{\Delta t} .$$

Kerze:

$$\omega = \frac{0{,}36\ \mathrm{mol}}{3600\ \mathrm{s}} = \mathbf{100 \cdot 10^{-6}\ mol\,s^{-1}} .$$

Sonne:

$$\omega = \frac{500 \cdot 10^{30}\ \mathrm{mol}}{5 \cdot 10^{18}\ \mathrm{s}} = \mathbf{100 \cdot 10^{12}\ mol\,s^{-1}} .$$

Geschwindigkeitsdichte r:

Die Geschwindigkeitsdichte r ergibt sich zu [vgl. Gl. (16.6)]:

$$r = \frac{\omega}{V}.$$

Kerze:

$$r = \frac{100 \cdot 10^{-6}\ \text{mol}\,\text{s}^{-1}}{1 \cdot 10^{-6}\ \text{m}^3} = \mathbf{100\ mol\,m^{-3}\,s^{-1}}.$$

Sonne:

$$r = \frac{100 \cdot 10^{12}\ \text{mol}\,\text{s}^{-1}}{1 \cdot 10^{27}\ \text{m}^3} = \mathbf{100 \cdot 10^{-15}\ mol\,m^{-3}\,s^{-1}}.$$

Heizleistung P:

$$P = \mathcal{A} \cdot \omega.$$

Kerze:

$$P = (1{,}2 \cdot 10^6\ \text{J}\,\text{mol}^{-1}) \cdot (100 \cdot 10^{-6}\ \text{mol}\,\text{s}^{-1}) = \mathbf{120\ W}.$$

Sonne:

$$P = (3 \cdot 10^{12}\ \text{J}\,\text{mol}^{-1}) \cdot (100 \cdot 10^{12}\ \text{mol}\,\text{s}^{-1}) = \mathbf{300 \cdot 10^{24}\ W}.$$

Leistungsdichte φ:

$$\varphi = \mathcal{A} \cdot r.$$

Kerze:

$$\varphi = (1{,}2 \cdot 10^6\ \text{J}\,\text{mol}^{-1}) \cdot 100\ \text{mol}\,\text{m}^{-3}\,\text{s}^{-1} = \mathbf{120 \cdot 10^6\ W\,m^{-3}}.$$

Sonne:

$$\varphi = (3 \cdot 10^{12}\ \text{J}\,\text{mol}^{-1}) \cdot (100 \cdot 10^{-15}\ \text{mol}\,\text{m}^{-3}\,\text{s}^{-1}) = \mathbf{0{,}3\ W\,m^{-3}}.$$

2.16.2 Geschwindigkeitsgleichung

a) Ordnungen der Reaktion in Bezug auf die einzelnen Ausgangsstoffe:

Wir erwarten eine Geschwindigkeitsgleichung in Form einer Potenzfunktion [vgl. Gl. (16.8)],

$$r = k \cdot c_{\mathrm{B}}^{b} \cdot c_{\mathrm{B'}}^{b'} \cdot c_{\mathrm{B''}}^{b''}.$$

Die Exponenten b, b' und b'' nennt man die Ordnung der Reaktion in Bezug auf die einzelnen Reaktionsteilnehmer B, B′ und B″. Meist treten dabei kleine ganze Zahlen wie 1 oder 2 auf.

Um nun die Ordnung der Reaktion in Bezug auf einen bestimmten Stoff zu ermitteln, müssen wir zwei Zeilen der Tabelle miteinander vergleichen, in denen der fragliche Stoff in verschiedenen Konzentrationen auftritt, die Konzentrationen aller anderen Stoffe jedoch gleich bleiben.

Wird z. B. die Konzentration des Ausgangsstoffes B von 0,2 auf 0,3 kmol m^{-3}, d. h. um den Faktor 1,5 erhöht (bei gleichbleibenden Konzentrationen an B′ und B″), dann steigt die Geschwindigkeitsdichte von 3,2 auf 4,8 mol m^{-3} s^{-1} an, d. h. ebenfalls um den Faktor 1,5, wie der Vergleich der ersten und zweiten Zeile der Tabelle zeigt. Die Reaktion ist also erster Ordnung bezüglich B.

Erhöht man hingegen die Konzentration des Ausgangsstoffes B′ von 0,2 auf 0,3 kmol m^{-3}, d. h. ebenfalls um den Faktor 1,5, dann nimmt die Geschwindigkeitsdichte von 3,2 auf 7,2 mol m^{-3} s^{-1} zu, d. h. um den Faktor 2,25 (Vergleich der ersten und dritten Zeile). Dieser Wert entspricht jedoch $(1{,}5)^2$. Folglich ist die Reaktion zweiter Ordnung bezüglich B′.

Verdoppelt man schließlich die Konzentration des Ausgangsstoffes B″ von 0,2 auf 0,4 kmol m^{-3}, so verdoppelt sich auch die Geschwindigkeitsdichte (Vergleich der zweiten und vierten Zeile). Damit ist die Reaktion erster Ordnung bezüglich B″.

Geschwindigkeitsgleichung:

Wir erhalten folglich die Geschwindigkeitsgleichung:

$$r = k \cdot c_{\mathrm{B}}^1 \cdot c_{\mathrm{B}'}^2 \cdot c_{\mathrm{B}''}^1 = k \cdot c_{\mathrm{B}} \cdot c_{\mathrm{B}'}^2 \cdot c_{\mathrm{B}''} .$$

Insgesamt ist die Reaktion damit vierter Ordnung.

b) Geschwindigkeitskoeffizient *k*:

Der Geschwindigkeitskoeffizient *k* ergibt sich z. B. mit den Daten aus der ersten Zeile der Tabelle zu:

$$k = \frac{r}{c_{\mathrm{B}} \cdot c_{\mathrm{B}'}^2 \cdot c_{\mathrm{B}''}} .$$

$$k = \frac{3{,}2\ \mathrm{mol\,m^{-3}\,s^{-1}}}{(0{,}2 \cdot 10^3\ \mathrm{mol\,m^{-3}}) \cdot (0{,}2 \cdot 10^3\ \mathrm{mol\,m^{-3}})^2 \cdot (0{,}2 \cdot 10^3\ \mathrm{mol\,m^{-3}})}$$

$$= \mathbf{2 \cdot 10^{-9}\ m^9\,mol^{-3}\,s^{-1}} .$$

2.16.3* Geschwindigkeitsgleichung für Fortgeschrittene

a) Konzentrationsgang $\dot{c}_{\mathrm{B}',0}$:

Der Konzentrationsgang $\dot{c}_{\mathrm{B}',0} = \mathrm{d}c_{\mathrm{B}'}/\mathrm{d}t$ zur Zeit $t = 0$ entspricht der (hier negativen) Steigung der sog. „Anfangstangenten“ an die jeweils betrachtete $c_{\mathrm{B}'}(t)$-Kurve (siehe Abbildung).

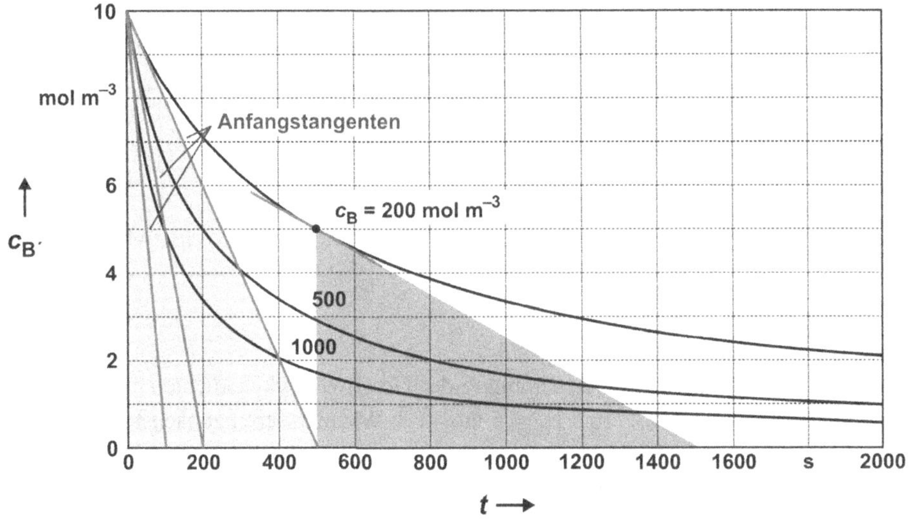

Als Beispiel soll $\dot{c}_{B',0}$ bei einer Konzentration $c_B = 200\ \text{mol}\,\text{m}^{-3}$ bestimmt werden. Die Steigung $m_{T,0}$ der entsprechenden „Anfangstangenten" ergibt sich aus dem Verhältnis von „Höhe" $\Delta c_{B'}$ zu „Grundlinie" Δt eines passend gewählten Steigungsdreiecks (hellgrau unterlegt), hier etwa gebildet aus den Achsenabschnitten der durch den Anfangspunkt der Kurve eingezeichneten Tangenten:

$$m_{T,0} = \frac{c_{B',1} - c_{B',0}}{t_1 - t_0} = \frac{0 - c_{B',0}}{t_1 - 0} = \dot{c}_{B',0}\,.$$

Während der Abschnitt auf der Ordinatenachse fest vorgegeben ist, muss der Abschnitt auf der Abzissenachse durch zeichnerische Bestimmung des Schnittpunktes der Tangenten mit der t-Achse ermittelt werden; gemäß der Abbildung liegt er bei $t_1 \approx 500$ s (die zeichnerische Bestimmung von t_1 ist mit einer gewissen Unsicherheit verbunden, die ganz grob bei etwa 10 % liegt):

$$\dot{c}_{B',0} = \frac{0\ \text{mol}\,\text{m}^{-3} - 10\ \text{mol}\,\text{m}^{-3}}{500\ \text{s} - 0\ \text{s}} = \mathbf{-0{,}020\ mol\,m^{-3}\,s^{-1}}\,.$$

Die anderen beiden Werte werden ganz analog ermittelt.

Anfangsgeschwindigkeitsdichte r_0:

Zur Bestimmung der Geschwindigkeitsdichte r wird Gleichung (16.7) herangezogen:

$$r = \frac{1}{\nu_{B'}} \cdot \frac{\mathrm{d}c_{B'}}{\mathrm{d}t} = \frac{1}{\nu_{B'}} \cdot \dot{c}_{B'}\,.$$

Aus der Umsatzformel ergibt sich der Wert für die Umsatzzahl $\nu_{B'}$ des Ausgangsstoffes B′ zu −1, d. h., wir erhalten für r_0, die Geschwindigkeitsdichte zur Zeit $t = 0$, die sog. „Anfangsgeschwindigkeitsdichte":

$$r_0 = \frac{1}{-1} \cdot (-0{,}020 \text{ mol m}^{-3}\text{ s}^{-1}) = \mathbf{+0{,}020 \text{ mol m}^{-3}\text{ s}^{-1}}.$$

c_B / mol m^{-3}	200	500	1000
$\dot{c}_{B',0}$ / mol m^{-3} s^{-1}	**−0,020**	**−0,050**	**−0,100**
r_0 / mol m^{-3} s^{-1}	**+0,020**	**+0,050**	**+0,100**

b) Geschwindigkeitsdichte r:

Als Beispiel wählen wir die Bestimmung der Geschwindigkeitsdichte r bei den Konzentrationen $c_B = 200$ mol m^{-3} und $c_{B'} = 5$ mol m^{-3}. Wir markieren zunächst die Konzentration an Ausgangsstoff B′ auf der entsprechenden $c_{B'}(t)$-Kurve (obige Abbildung; schwarzer Punkt) und zeichnen dann in diesem Punkt die Tangente an die Kurve. Aus dem zugehörigen Steigungsdreieck (mittelgrau unterlegt) können wir die Steigung m_T der Tangenten bestimmen:

$$m_T = \frac{c_{B',2} - c_{B',1}}{t_2 - t_1}.$$

$$m_T = \frac{0 \text{ mol m}^{-3} - 5 \text{ mol m}^{-3}}{1500 \text{ s} - 500 \text{ s}} = -0{,}005 \text{ mol m}^{-3}\text{ s}^{-1}.$$

(Auch hier ist die zeichnerische Bestimmung des t_2-Wertes mit der besagten Unsicherheit von grob 10 % behaftet.)

Die Geschwindigkeitsdichte r ergibt sich dann zu

$$r = \mathbf{+0{,}005 \text{ mol m}^{-3}\text{ s}^{-1}}.$$

Alle weiteren Werte werden nach dem gleichen Schema ermittelt. Dabei stellen die Angaben in der Tabelle Idealwerte dar, die je nach Ablesegeschick bei der Bestimmung der t_2-Werte etwas variieren können.

c_B / mol m^{-3}	200	500	1000
$c_{B'}$ / mol m^{-3} = 2	–	0,002	0,004
5	0,005	0,0125	0,025
10	0,020	0,050	0,100

c) Geschwindigkeitsgleichung:

Wir erwarten hier eine Geschwindigkeitsgleichung der Art

$$r \quad = k \cdot c_B^b \cdot c_{B'}^{b'},$$

wobei die Exponenten b und b' kleine ganze Zahlen wie 1 und 2 sind.

Ein Blick auf die Ergebnisse in Teilaufgabe b) zeigt, dass die Geschwindigkeitsdichte r linear mit steigender Konzentration des Ausgangsstoffes B zunimmt (Vergleich der Werte in einer Zeile). Die Reaktion ist also erster Ordnung bezüglich B.

Die Geschwindigkeitsdichte r steigt jedoch quadratisch mit zunehmender Konzentration des Ausgangsstoffes B′ (Vergleich der Werte in einer Spalte). Erhöht man z. B. die Konzentration an B′ (bei gleichbleibender Konzentration an B von 1000 mol m^{-3}) von 5 auf 10 mol m^{-3}, d. h. um den Faktor 2, dann nimmt die Geschwindigkeitsdichte von 0,025 auf 0,100 mol m^{-3} s^{-1} zu, d. h. um den Faktor 4 [= (2)^2]. Folglich ist die Reaktion zweiter Ordnung bezüglich B′.

Die Geschwindigkeitsgleichung lautet also

$$r \quad = k \cdot c_B \cdot c_{B'}^2 .$$

Geschwindigkeitskoeffizient k:

Der Geschwindigkeitskoeffizient k kann mit Hilfe von Daten aus obiger Tabelle abgeschätzt werden:

$$k \quad = \frac{r}{c_B \cdot c_{B'}^2} = \frac{0{,}100 \text{ mol m}^{-3}\text{ s}^{-1}}{1000 \text{ mol m}^{-3} \cdot (10 \text{ mol m}^{-3})^2} = \mathbf{1{,}0 \cdot 10^{-6}\ m^6\, mol^{-2}\, s^{-1}} .$$

2.16.4 Zerfall des Distickstoffpentoxids

a) Antrieb $\mathcal{A}_{sg}$ für die Sublimation des Distickstoffpentoxids:

Die chemischen Potenziale der fraglichen Stoffe unter Normbedingungen können aus der Tabelle A2.1 im Anhang des Lehrbuchs „Physikalische Chemie“ entnommen werden.

$$\begin{array}{lll} & N_2O_5|s \rightarrow & N_2O_5|g \\ \mu^\ominus/\text{kG:} & 113{,}9 & 115{,}1 \end{array}$$

$$\mathcal{A}_{sg}^\ominus \quad = \sum_{\text{Ausg.}} |\nu_i|\mu_i - \sum_{\text{End}} \nu_j \mu_j = (113{,}9 - 115{,}1)\text{ kG} = \mathbf{-1{,}2\ kG} .$$

Da Distickstoffpentoxid erst knapp oberhalb der Raumtemperatur sublimiert, ist unter Normbedingungen ein negativer Antrieb zu erwarten.

Antrieb $\mathcal{A}_Z$ für die Zersetzung des Distickstoffpentoxids:

$$\begin{array}{llll} & N_2O_5|s \rightarrow & 2\ NO_2|g + & \tfrac{1}{2}\ O_2|g \\ \mu^\ominus/\text{kG:} & 113{,}9 & 2 \cdot 52{,}3 & \tfrac{1}{2} \cdot 0 \end{array}$$

$$\mathcal{A}_Z^\ominus \quad = [113{,}9 - (2 \cdot 52{,}3 + \tfrac{1}{2} \cdot 0)]\text{ kG} = \mathbf{+9{,}3\ kG} .$$

Der Antrieb für den Prozess ist positiv, d. h., Distickstoffpentoxid zersetzt sich bereits bei Raumtemperatur in NO_2 und O_2.

b) Auftragung $c_B = f(t)$:

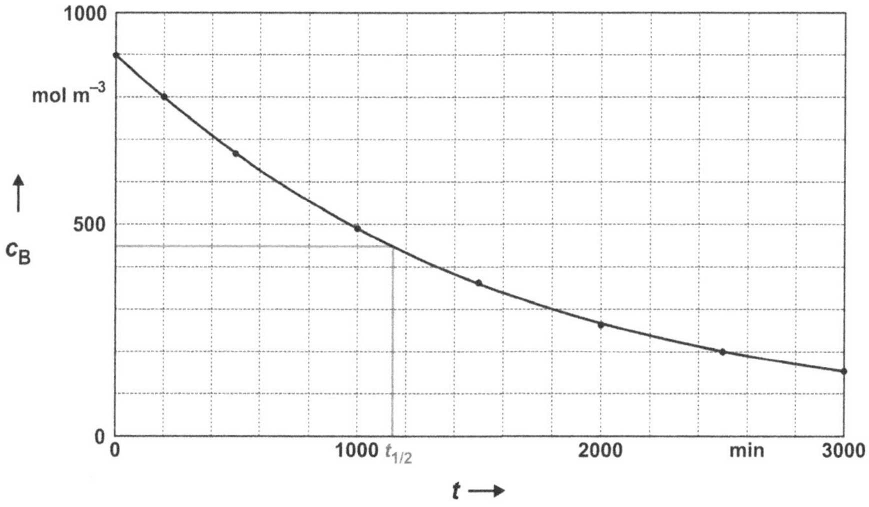

Zur Prüfung, ob es sich um eine Exponentialfunktion handelt, soll das im Anhang A1.1 des Lehrbuchs „Physikalische Chemie" vorgestellte Kriterium herangezogen werden: Man sagt, y hänge exponentiell von x ab, wenn eine Zunahme um einen festen Betrag a einen Zuwachs von y um einen festen Faktor β bewirkt,
in Stichworten: $y = f(x)$ heißt exponentiell, wenn gilt: $x \to x + a \Rightarrow y \to y \cdot \beta$.

Mit den Werten aus der in der Aufgabe zur Verfügung gestellten Tabelle erhalten wir (mit $a = 500$ und $\beta \approx 0{,}74$):

$$t \to t + 500 \quad \Rightarrow c_B \to c_B \cdot 0{,}74$$

$$t \to t + 1000\,[2 \cdot 500] \quad \Rightarrow c_B \to c_B \cdot 0{,}54\,[\approx (0{,}74)^2]$$

$$t \to t + 1500\,[3 \cdot 500] \quad \Rightarrow c_B \to c_B \cdot 0{,}41\,[\approx (0{,}74)^3]\ldots$$

Es handelt sich also tatsächlich um eine Exponentialkurve, d.h., die Reaktion ist erster Ordnung bezüglich des Distickstoffpentoxids und auch insgesamt erster Ordnung.

c) Auftragung $\ln\{c_B\} = f(t)$:

Zur Verifizierung der gefundenen Ordnung eignet sich z. B. die logarithmische Beziehung (16.13):

$$\ln\{c_B\} = \ln\{c_{B,0}\} - kt\,.$$

Trägt man $\ln\{c_B\}$ gegen t auf, so sollte man im Fall einer Reaktion erster Ordnung eine Gerade erhalten.

t / min	$\ln\{c_B\}$
0	6,80
200	6,68
500	6,51
1000	6,19
1500	5,91
2000	5,60
2500	5,30
3000	5,01

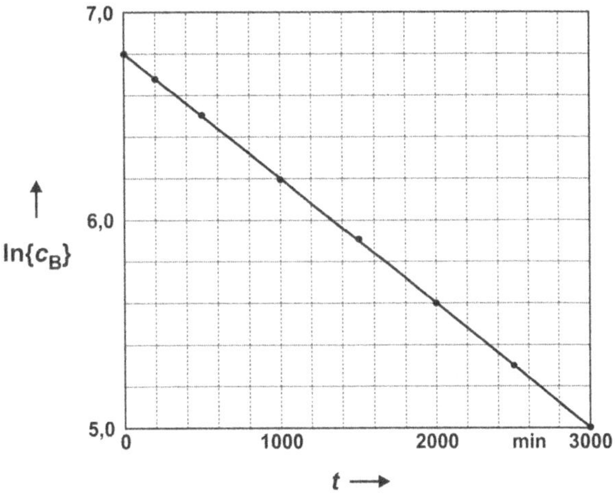

Es liegt, wie erwartet, eine Gerade vor.

d) Geschwindigkeitskoeffizient k:

Die (negative) Steigung m der Geraden, die man entweder graphisch mit Hilfe eines Steigungsdreiecks oder rechnerisch mittels linearer Regression ermitteln kann, beträgt $-6{,}0 \cdot 10^{-4}$ min^{-1}. Für den Geschwindigkeitskoeffizient k erhält man entsprechend $6{,}0 \cdot 10^{-4}$ min^{-1} = $\mathbf{1{,}0 \cdot 10^{-5}\ s^{-1}}$.

Halbwertszeit $t_{1/2}$:

Die Halbwertszeit $t_{1/2}$ der betrachteten Reaktion erster Ordnung beträgt gemäß Gleichung (16.15)

$$t_{1/2} = \frac{\ln 2}{k} = \frac{0{,}6931}{1{,}0 \cdot 10^{-5}\ \mathrm{s}^{-1}} = \mathbf{6{,}9 \cdot 10^4\ s} \,(= 1150\ \mathrm{min}^{-1}),$$

was recht gut mit dem Wert übereinstimmt, den man zeichnerisch aus der Abbildung in Teilaufgabe b) ermitteln kann.

2.16.5 Dissoziation von Ethan

a) Verhältnis $n_B/n_{B,0}$ nach 2 Stunden:

Das Verhältnis der Menge n_B an Ethan nach einer bestimmten Zeit (hier 2 Stunden) zur Ausgangsmenge $n_{B,0}$ kann mit Hilfe von Gleichung (16.12) berechnet werden:

$$\ln \frac{c_B}{c_{B,0}} = kt \quad \Rightarrow$$

$$\frac{c_B}{c_{B,0}} = \frac{n_B}{n_{B,0}} = \exp(-kt) = \exp[(-5{,}5 \cdot 10^{-4}\ \mathrm{s}^{-1}) \cdot 7200\ \mathrm{s}] = \mathbf{0{,}019}.$$

Nach 2 Stunden sind von der Ausgangsmenge nur noch 1,9 % vorhanden, d. h., 98,1 % des Ethans sind zerfallen.

b) Halbwertszeit $t_{1/2}$ von Ethan:

$$t_{1/2} = \frac{\ln 2}{k} = \frac{0,6931}{5,5 \cdot 10^{-4}\ \mathrm{s}^{-1}} = \mathbf{1260\ s}\,.$$

2.16.6 Zerfall von Dibenzoylperoxid

Geschwindigkeitskoeffizient k der Reaktion:

Wir gehen z. B. von Gleichung (16.12) aus,

$$\ln\frac{c_{\mathrm{B},0}}{c_{\mathrm{B}}} = k \cdot t\,,$$

und lösen nach k auf:

$$k = \frac{1}{t}\ln\frac{c_{\mathrm{B},0}}{c_{\mathrm{B}}} = \frac{1}{1,8 \cdot 10^{4}\ \mathrm{s}}\ln\frac{200\ \mathrm{mol\,m^{-3}}}{143\ \mathrm{mol\,m^{-3}}} = \mathbf{1,86 \cdot 10^{-5}\ s^{-1}}\,.$$

2.16.7 Altersbestimmung

a) Geschwindigkeitskoeffizient k des Zerfallsprozesses:

Aus der Beziehung für die Halbwertszeit $t_{1/2}$ [Gl. (16.15)],

$$t_{1/2} = \frac{\ln 2}{k}\,,$$

kann der Geschwindigkeitskoeffizient k ermittelt werden:

$$k = \frac{\ln 2}{t_{1/2}} = \frac{0,6931}{5730\ \mathrm{a}} = \mathbf{1,210 \cdot 10^{-4}\ a^{-1}}\,.$$

b) Alter t des Fundstückes:

Ausgehend von Gleichung (16.12),

$$\ln\frac{c_{\mathrm{B},0}}{c_{\mathrm{B}}} = k \cdot t\,,$$

lösen wir in diesem Fall nach t auf:

$$t = \frac{1}{k}\ln\frac{c_{\mathrm{B},0}}{c_{\mathrm{B}}}\,.$$

Das Verhältnis $c_{\mathrm{B}}/c_{\mathrm{B},0}$ soll 0,77 betragen, d. h., wir erhalten:

$$t = \frac{1}{1{,}210 \cdot 10^{-4}\ \text{a}^{-1}} \ln \frac{1}{0{,}77} \approx \mathbf{2160\ a}\,.$$

Das Holz für den Balken wurde also schätzungsweise im zweiten Jahrhundert v. Chr. geschlagen.

2.16.8 Zerfall von Iodwasserstoff

a) Halbwertszeit $t_{1/2}$ des Iodwasserstoffzerfalls:

Beim Iodwasserstoffzerfall ($2\ HI \rightarrow H_2 + I_2$) handelt es sich um eine Reaktion vom Typ

$$2\ \text{B} \rightarrow \text{Produkte}\,.$$

Zur Berechnung der Halbwertszeit, d. h. der Zeit, bis die Konzentration des Iodwasserstoffs auf die Hälfte der Ausgangskonzentration gefallen ist, wird daher Gleichung (16.23) herangezogen:

$$t_{1/2} = \frac{1}{2kc_{\text{B},0}} = \frac{1}{2 \cdot (1{,}0 \cdot 10^{-5}\ \text{m}^3\ \text{mol}^{-1}\ \text{s}^{-1}) \cdot 20\ \text{mol}\,\text{m}^{-3}} = \mathbf{2500\ s}\,.$$

b) Zeit t, bis die Konzentration an Iodwasserstoff auf ein Achtel gefallen ist:

Wir gehen von Gleichung (16.21) aus,

$$\frac{1}{c_\text{B}} = \frac{1}{c_{\text{B},0}} + 2kt\,,$$

und lösen nach t auf:

$$t = \frac{1}{2k}\left(\frac{1}{c_\text{B}} - \frac{1}{c_{\text{B},0}}\right).$$

Die Konzentration c_B an Iodwasserstoff soll $c_{\text{B},0}/8 = 2{,}5\ \text{mol}\,\text{m}^{-3}$ betragen:

$$t = \frac{1}{2 \cdot (1{,}0 \cdot 10^{-5}\ \text{m}^3\ \text{mol}^{-1}\ \text{s}^{-1})}\left(\frac{1}{2{,}5\ \text{mol}\,\text{m}^{-3}} - \frac{1}{20\ \text{mol}\,\text{m}^{-3}}\right) = \mathbf{17500\ s}\ (\approx 4\ \text{h}\ 52\ \text{min})\,.$$

2.16.9 Alkalische Esterverseifung

Geschwindigkeitskoeffizient k der alkalischen Esterverseifung:

Bei der alkalischen Verseifung von Essigsäureethylester handelt es sich um eine Reaktion vom Typ

$$\text{B} + \text{B}' \rightarrow \text{Produkte}\,.$$

Da aber die Anfangskonzentrationen der beiden Ausgangsstoffe B ($CH_3COOC_2H_5$) und B′ (OH^-) gleich groß und beide Reaktionspartner im selben Maße an der Reaktion beteiligt sind, können wir Gleichung (16.24) für die Berechnungen heranziehen:

$$\frac{1}{c_B} = \frac{1}{c_{B,0}} + kt\,.$$

Auflösen nach k ergibt:

$$k = \frac{1}{t}\left(\frac{1}{c_B} - \frac{1}{c_{B,0}}\right).$$

$$k = \frac{1}{3600\ \mathrm{s}}\left(\frac{1}{62\ \mathrm{mol\,m^{-3}}} - \frac{1}{100\ \mathrm{mol\,m^{-3}}}\right) = \mathbf{1{,}70 \cdot 10^{-6}\ m^3\,mol^{-1}\,s^{-1}}\,.$$

Halbwertszeit $t_{1/2}$ der alkalischen Esterverseifung:

Die Halbwertszeit $t_{1/2}$ ergibt sich gemäß Gleichung (16.25) zu:

$$t_{1/2} = \frac{1}{kc_{B,0}} = \frac{1}{(1{,}70 \cdot 10^{-6}\ \mathrm{m^3\,mol^{-1}\,s^{-1}}) \cdot (100\ \mathrm{mol\,m^{-3}})} = \mathbf{5900\ s}\ (\approx 1\ \mathrm{h}\ 38\ \mathrm{min})\,.$$

2.17 Zusammengesetzte Reaktionen

2.17.1 Eine „süße“ Gleichgewichtsreaktion

a) Geschwindigkeitskoeffizient k_{-1} für die Rückreaktion:

Der Quotient der Geschwindigkeitskoeffizienten für die Hin- und Rückreaktion entspricht der herkömmlichen Gleichgewichtskonstanten [Gl. (17.5)]:

$$\overset{\circ}{K}_c = \frac{k_{+1}}{k_{-1}} \quad \Rightarrow$$

$$k_{-1} = \frac{k_{+1}}{\overset{\circ}{K}_c} = \frac{8{,}75 \cdot 10^{-4}\ \mathrm{s}^{-1}}{1{,}64} = \mathbf{5{,}34 \cdot 10^{-4}\ s^{-1}}\,.$$

b) Gleichgewichtszahl $\overset{\circ}{\mathcal{K}}_c$:

Der Zusammenhang zwischen herkömmlicher Gleichgewichtskonstante $\overset{\circ}{K}_c$ und Gleichgewichtszahl $\overset{\circ}{\mathcal{K}}_c$ wird durch Gleichung (6.20) hergestellt:

$$\overset{\circ}{K}_c = \kappa \overset{\circ}{\mathcal{K}}_c, \qquad \text{wobei} \quad \kappa = (c^{\ominus})^{\nu_c} \quad \text{mit} \quad \nu_c = \nu_\mathrm{B} + \nu_\mathrm{D}\,.$$

ν_c ist die Summe der Umsatzzahlen derjenigen Stoffe, bei denen die Gehaltsabhängigkeit des chemischen Potenzials mittels der Konzentration c beschrieben wird. Im vorliegenden Fall ist ν_c wegen $\nu_c = (-1) + 1$ gleich 0. $\overset{\circ}{K}_c$ und $\overset{\circ}{\mathcal{K}}_c$ sind somit identisch.

Grundwert $\overset{\circ}{\mathcal{A}}$ des chemischen Antriebs:

Der Grundwert $\overset{\circ}{\mathcal{A}}$ des chemischen Antriebs ergibt sich aus Gleichung (6.22):

$$\overset{\circ}{\mathcal{A}} = RT \ln \overset{\circ}{\mathcal{K}}_c = 8{,}314\ \mathrm{G\,K^{-1}} \cdot 310\ \mathrm{K} \cdot \ln 1{,}64 = 1280\ \mathrm{G} = \mathbf{1{,}28\ kG}\,.$$

c*) Reaktionszeit t:

Die Konzentration von β-D-Glucose (Stoff D) ist genau so groß wie die von α-D-Glucose (Stoff B), wenn die Ausgangskonzentration an α-D-Glucose auf die Hälfte abgesunken ist, d. h. $c_\mathrm{B}/c_{\mathrm{B},0} = 0{,}5$. Zur Ermittlung der Reaktionszeit wird das integrierte Geschwindigkeitsgesetz herangezogen [Gl. (17.11)]:

$$c_\mathrm{B} = \frac{k_{-1} + k_{+1} \cdot \mathrm{e}^{-(k_{+1}+k_{-1})t}}{k_{+1} + k_{-1}} c_{\mathrm{B},0}\,.$$

Um die Gleichung übersichtlicher zu gestalten, wird die Summe $(k_{+1} + k_{-1})$ durch k abgekürzt:

$$c_\mathrm{B} = \frac{k_{-1} + k_{+1} \cdot \mathrm{e}^{-kt}}{k} c_{\mathrm{B},0}\,.$$

Auflösen nach t ergibt:

$$t = -\frac{1}{k}\ln\left[\frac{1}{k_{+1}}\cdot\left(\frac{c_B \cdot k}{c_{B,0}} - k_{-1}\right)\right].$$

Mit $k = (8{,}75 \cdot 10^{-4}\ s^{-1}) + (5{,}34 \cdot 10^{-4}\ s^{-1}) = 14{,}09 \cdot 10^{-4}\ s^{-1}$ erhalten wir

$$t = -\frac{1}{14{,}09 \cdot 10^{-4}\ s^{-1}}\ln\left\{\frac{1}{8{,}75 \cdot 10^{-4}\ s^{-1}}\cdot\left[0{,}5 : (14{,}09 \cdot 10^{-4}\ s^{-1}) - (5{,}34 \cdot 10^{-4}\ s^{-1})\right]\right\}$$

$$= 1161\ s = \mathbf{19\ min\ 21\ s}.$$

2.17.2 Gleichgewichtsreaktion

a) Herkömmliche Gleichgewichtskonstante $\overset{\circ}{K}_c$:

Die herkömmliche Gleichgewichtskonstante ergibt sich gemäß Gleichung (6.21) zu

$$\overset{\circ}{K}_c = \frac{c_{D,Gl}}{c_{B,Gl}}.$$

Für die Gleichgewichtskonzentration $c_{D,Gl}$ gilt jedoch

$$c_{D,Gl} = c_{B,0} - c_{B,Gl} = 1{,}00\ kmol\,m^{-3} - 0{,}20\ kmol\,m^{-3} = 0{,}80\ kmol\,m^{-3}.$$

Wir erhalten also:

$$\overset{\circ}{K}_c = \frac{0{,}80 \cdot 10^3\ mol\,m^{-3}}{0{,}20 \cdot 10^3\ mol\,m^{-3}} = \mathbf{4{,}00}.$$

b*) Geschwindigkeitskoeffizient k_{-1}:

Wir gehen wieder vom integrierten Geschwindigkeitsgesetz [Gl. (17.11)] aus [siehe auch Lösung 2.17.1 c)]:

$$c_B = \frac{k_{-1} + k_{+1} \cdot e^{-kt}}{k_{+1} + k_{-1}} c_{B,0}.$$

Einsetzen von $k_{+1} = k_{-1} \cdot \overset{\circ}{K}_c$ ergibt:

$$\frac{c_B}{c_{B,0}} = \frac{k_{-1} + k_{-1} \cdot \overset{\circ}{K}_c \cdot e^{-kt}}{k_{-1} + k_{-1} \cdot \overset{\circ}{K}_c} = \frac{k_{-1}(1 + \overset{\circ}{K}_c \cdot e^{-kt})}{k_{-1}(1 + \overset{\circ}{K}_c)} = \frac{1 + \overset{\circ}{K}_c \cdot e^{-kt}}{1 + \overset{\circ}{K}_c}.$$

Kennen wir die Summe k, so können wir gemäß der Beziehung

$$k = k_{+1} + k_{-1} = k_{-1} \cdot \overset{\circ}{K}_c + k_{-1} = k_{-1}(\overset{\circ}{K}_c + 1)$$

den Geschwindigkeitskoeffizienten k_{-1} bestimmen,

$$k_{-1} = \frac{k}{\overset{\circ}{K}_c + 1} .$$

Wir lösen also das integrierte Geschwindigkeitsgesetz nach k auf,

$$e^{-kt} = \frac{\frac{c_B}{c_{B,0}}(1+\overset{\circ}{K}_c)-1}{\overset{\circ}{K}_c}$$

$$k = -\frac{1}{t}\ln\frac{\frac{c_B}{c_{B,0}}(1+\overset{\circ}{K}_c)-1}{\overset{\circ}{K}_c}$$

$$k = -\frac{1}{600\ \text{s}}\ln\frac{\frac{0,70\cdot 10^3\ \text{mol}\,\text{m}^{-3}}{1,00\cdot 10^3\ \text{mol}\,\text{m}^{-3}}(1+4,00)-1}{4,00} = 7,83\cdot 10^{-4}\ \text{s}^{-1},$$

und erhalten

$$k_{-1} = \frac{7,83\cdot 10^{-4}\ \text{s}^{-1}}{4,00+1} = \mathbf{1,57\cdot 10^{-4}\ s^{-1}} .$$

Geschwindigkeitskoeffizient k_{+1}:

Der Geschwindigkeitskoeffizient k_{+1} ergibt sich schließlich als Differenz aus der Summe k und dem Wert für k_{-1}:

$$k_{+1} = k - k_{-1} = (7,83\cdot 10^{-4}\ \text{s}^{-1} - 1,57\cdot 10^{-4}\ \text{s}^{-1}) = \mathbf{6,26\cdot 10^{-4}\ s^{-1}} .$$

2.17.3 Zerfall von Essigsäure

a) Reaktionszeit t, nach der 90 % der Essigsäure verbraucht sind:

Bei Reaktionen erster Ordnung fällt die Konzentration des Ausgangsstoffes B, in diesem Fall Essigsäure, exponentiell mit der Zeit ab. Das gilt auch dann, wenn zwei (oder mehrere) solcher Reaktionen parallel ablaufen, wobei sich die Geschwindigkeitskoeffizienten addieren [Gl. (17.18)]:

$$c_B = c_{B,0}e^{-kt} \quad \text{mit} \quad k = k_1 + k_2 .$$

Umformen nach der Reaktionszeit t sowie Einsetzen von $k = 3,74\ \text{s}^{-1} + 4,65\ \text{s}^{-1} = 8,39\ \text{s}^{-1}$ und $c_B = (1-0,90)c_{B,0} = 0,10c_{B,0}$ ergibt:

$$t = -\frac{1}{k}\ln\frac{c_B}{c_{B,0}} = -\frac{1}{8,39\ \text{s}^{-1}}\ln 0,10 = \mathbf{0,27\ s} .$$

b) Konzentrationsverhältnis c_D:$c_{D'}$ der Reaktionsprodukte Methan und Keten:

Die Produkte Methan (D) und Keten (D′) konkurrieren im Verhältnis ihrer Geschwindigkeitskoeffizienten um die Konzentration des Ausgangsstoffes [Gl. (17.23)]:

$$\frac{c_D}{c_{D'}} = \frac{k_1}{k_2} = \frac{3,74\ \text{s}^{-1}}{4,65\ \text{s}^{-1}} = \mathbf{0,80}\,.$$

Das Konzentrationsverhältnis beträgt 0,80 und ist zeitunabhängig.

c) Maximale Ausbeute $\eta_{D',\max}$ an Keten:

Der Anteil eines entstehenden Produktes ist umso höher, je größer der zugehörige Geschwindigkeitskoeffizient ist. Die maximale Ausbeute $\eta_{D',\max}$ an Keten ergibt sich daher zu:

$$\eta_{D',\max} = \frac{k_2}{k_1 + k_2} = \frac{4,65\ \text{s}^{-1}}{3,74\ \text{s}^{-1} + 4,65\ \text{s}^{-1}} = 0,55 = \mathbf{55\ \%},$$

bezogen auf die eingesetzte Menge an Essigsäure.

1.17.4* Parallelreaktionen

Summe k der Geschwindigkeitskoeffizienten:

Die Summe k der beiden Geschwindigkeitskoeffizienten k_1 und k_2 kann mit Hilfe von Gleichung (17.18) bestimmt werden [siehe auch Lösung 2.17.3 a)]:

$$c_B = c_{B,0}\mathrm{e}^{-kt} \quad \Rightarrow \quad k = -\frac{1}{t}\ln\frac{c_B}{c_{B,0}}\,.$$

$$k = -\frac{1}{2400\ \text{s}^{-1}}\ln\frac{0,05\cdot 10^3\ \text{mol}\,\text{m}^{-3}}{0,50\cdot 10^3\ \text{mol}\,\text{m}^{-3}} = 9,6\cdot 10^{-4}\ \text{s}^{-1}\,.$$

Geschwindigkeitskoeffizient k_2:

Die zeitliche Konzentrationsänderung bei der Bildung des Produktes D′ auf Grund von Reaktion 2 wird durch Gleichung (17.22) beschrieben:

$$c_{D'} = \frac{k_2}{k}c_{B,0}(1-\mathrm{e}^{-kt})\,.$$

Durch Auflösen nach dem gesuchten Geschwindigkeitskoeffizienten k_2 erhält man:

$$k_2 = \frac{k\cdot c_{D'}}{c_{B,0}(1-\mathrm{e}^{-kt})}\,.$$

$$k_2 = \frac{9,6\cdot 10^{-4}\ \text{s}^{-1}\cdot(0,10\cdot 10^3\ \text{mol}\,\text{m}^{-3})}{(0,50\cdot 10^3\ \text{mol}\,\text{m}^{-3})\cdot\{1-\exp[(-9,6\cdot 10^{-4}\ \text{s}^{-1})\cdot 2400\ \text{s}]\}}$$

$$k_2 \quad = \frac{0{,}096\ \text{s}^{-1}\ \text{mol}\,\text{m}^{-3}}{450\ \text{mol}\,\text{m}^{-3}} = \mathbf{2{,}1 \cdot 10^{-4}\ s^{-1}}\,.$$

Geschwindigkeitskoeffizient k_1:

Der Geschwindigkeitskoeffizient k_1 ergibt sich dann zu:

$$k_1 \quad = k - k_2 = (9{,}6 \cdot 10^{-4}\ \text{s}^{-1}) - (2{,}1 \cdot 10^{-4}\ \text{s}^{-1}) = \mathbf{7{,}5 \cdot 10^{-4} \cdot s^{-1}}\,.$$

2.17.5* Folgereaktionen

a) Zeit t_{max}, zu der die Konzentration an Z maximal ist:

In der Aufgabenstellung wird für die zeitabhängige Konzentration des Zwischenstoffes Z die folgende Gleichung angegeben:

$$c_\text{Z}(t) \quad = \frac{k_1}{k_2 - k_1} c_{\text{B},0} (\text{e}^{-k_1 t} - \text{e}^{-k_2 t})\,.$$

Die Konzentration c_Z erreicht das Maximum, wenn $\text{d}c_\text{Z}(t)/\text{d}t$ gleich null ist. Die erste Ableitung der Funktion $c_\text{Z}(t)$ lautet:

$$\frac{\text{d}c_\text{Z}(t)}{\text{d}t} = \frac{k_1}{k_2 - k_1} c_{\text{B},0} (-k_1 \text{e}^{-k_1 t} + k_2 \text{e}^{-k_2 t})\,.$$

Hierbei kamen die Ableitungsregeln (A1.7) und (A1.13; Kettenregel) zum Einsatz. Die Ableitung wird, wie gesagt, gleich null gesetzt:

$$\frac{k_1}{k_2 - k_1} c_{\text{B},0} [-k_1 \exp(-k_1 t_{\text{max}}) + k_2 \exp(-k_2 t_{\text{max}})] = 0$$

$$-k_1 \exp(-k_1 t_{\text{max}}) + k_2 \exp(-k_2 t_{\text{max}}) = 0$$

$$k_2 \exp(-k_2 t_{\text{max}}) = k_1 \exp(-k_1 t_{\text{max}})$$

$$\frac{\exp(-k_2 t_{\text{max}})}{\exp(-k_1 t_{\text{max}})} = \frac{k_1}{k_2}\,.$$

Gemäß der Rechenregel $\text{e}^\text{a}/\text{e}^\text{b} = \text{e}^{\text{a}-\text{b}}$ erhalten wir:

$$\exp[(k_1 - k_2) t_{\text{max}}] = \frac{k_1}{k_2}\,.$$

Logarithmieren beider Seiten der Gleichung resultiert schließlich in:

$$(k_1 - k_2) \cdot t_{\text{max}} = \ln \frac{k_2}{k_1}$$

$$t_{\text{max}} \quad = \frac{1}{k_1 - k_2} \ln \frac{k_1}{k_2}\,.$$

b) Zeit t_{max}, berechnet für die Beispielreaktion:

$$t_{max} = \frac{1}{0{,}006\ s^{-1} - 0{,}010\ s^{-1}} \ln \frac{0{,}006\ s^{-1}}{0{,}010\ s^{-1}} = \mathbf{128\ s}\,.$$

c) Maximalkonzentration $c_{Z,max}$ an Zwischenstoff Z:

$$c_{Z,max} = \frac{k_1}{k_2 - k_1} c_{B,0}[\exp(-k_1 t_{max}) - \exp(-k_2 t_{max})]\,.$$

$$c_{Z,max} = \frac{0{,}010\ s^{-1}}{0{,}006\ s^{-1} - 0{,}010\ s^{-1}} \cdot (1{,}00 \cdot 10^3\ mol\,m^{-3}) \cdot$$

$$[\exp(-0{,}010\ s^{-1} \cdot 128\ s) - \exp(-0{,}006\ s^{-1} \cdot 128\ s)]$$

$$c_{Z,max} = \frac{-1{,}859\ s^{-1}\ mol\,m^{-3}}{-0{,}004\ s^{-1}} = 465\ mol\,m^{-3} = \mathbf{0{,}47\ kmol\,m^{-3}}\,.$$

2.17.6* Konstruktion der $c(t)$-Kurven einer mehrstufigen Umsetzung

a) Gleichungen für den Konzentrationsgang $\dot{c} = dc/dt$ der vier Stoffe B, Z, Z′, D:

$$\dot{c}_B = -r_1 = -k_1 c_B c_Z\,,$$

$$\dot{c}_Z = r_1 - r_2 = k_1 c_B c_Z - k_2 c_Z c_{Z'}\,,$$

$$\dot{c}_{Z'} = r_2 - r_3 = k_2 c_Z c_{Z'} - k_3 c_{Z'}\,,$$

$$\dot{c}_D = r_3 = k_3 c_{Z'}\,.$$

b) Schrittweise Konstruktion der $c(t)$-Kurven:

Zur Veranschaulichung der Vorgehensweise sollen die Werte der ersten Zeile sowie des Beginns der zweiten Zeile berechnet werden.

Erste Zeile:

$c_{Z,0} = 50{,}0\ mol\,m^{-3}$ (vorgegeben)

$c_{Z',0} = 35{,}0\ mol\,m^{-3}$ (vorgegeben)

$$k_1 c_B c_Z = (5 \cdot 10^{-6}\ m^3\,mol^{-1}\,s^{-1}) \cdot 1000\ mol\,m^{-3} \cdot 50{,}0\ mol\,m^{-3} = 0{,}250\ mol\,m^{-3}\,s^{-1}$$

$$k_2 c_Z c_{Z'} = (100 \cdot 10^{-6}\ m^3\,mol^{-1}\,s^{-1}) \cdot 50{,}0\ mol\,m^{-3} \cdot 35{,}0\ mol\,m^{-3} = 0{,}175\ mol\,m^{-3}\,s^{-1}$$

$$k_3 c_{Z'} = (5 \cdot 10^{-3}\ s^{-1}) \cdot 35{,}0\ mol\,m^{-3} = 0{,}175\ mol\,m^{-3}\,s^{-1}$$

$$\dot{c}_Z \cdot \Delta t = (k_1 c_B c_Z - k_2 c_Z c_{Z'}) \cdot \Delta t$$

$$= (0{,}250\ mol\,m^{-3}\,s^{-1} - 0{,}175\ mol\,m^{-3}\,s^{-1}) \cdot 100\ s = 7{,}5\ mol\,m^{-3}$$

$$\dot{c}_{Z'} \cdot \Delta t = (k_2 c_Z c_{Z'} - k_3 c_{Z'}) \cdot \Delta t$$

$$= (0{,}175\ mol\,m^{-3}\,s^{-1} - 0{,}175\ mol\,m^{-3}\,s^{-1}) \cdot 100\ s = 0\ mol\,m^{-3}$$

Zweite Zeile:

$c_Z \quad = c_{Z,0} + \dot{c}_Z \cdot \Delta t = 50{,}0\ \mathrm{mol\,m^{-3}} + 7{,}5\ \mathrm{mol\,m^{-3}} = 57{,}5\ \mathrm{mol\,m^{-3}}$

$c_{Z'} \quad = c_{Z',0} + \dot{c}_{Z'} \cdot \Delta t = 35{,}0\ \mathrm{mol\,m^{-3}} + 0\ \mathrm{mol\,m^{-3}} = 35{,}0\ \mathrm{mol\,m^{-3}} \ldots$

t / s	c_Z / mol m^{-3}	$c_{Z'}$ / mol m^{-3}	$k_1c_Bc_Z$ / mol m^{-3} s^{-1}	$k_2c_Zc_{Z'}$ / mol m^{-3} s^{-1}	$k_3c_{Z'}$ / mol m^{-3} s^{-1}	$\dot{c}_Z \cdot \Delta t$ / mol m^{-3}	$\dot{c}_{Z'} \cdot \Delta t$ / mol m^{-3}
0	**50,0**	**35,0**	**0,250**	**0,175**	**0,175**	**7,5**	**0**
100	**57,5**	**35,0**	**0,288**	**0,201**	**0,175**	**8,7**	**2,6**
200	**66,2**	**37,6**	0,331	0,249	0,188	8,2	6,1
300	74,4	43,7	0,372	0,325	0,219	4,7	10,6
400	79,1	54,3	0,396	0,430	0,272	–3,4	15,8
500	75,7	70,1	0,379	0,531	0,351	–15,2	18,0
600	60,5	88,1	0,303	0,533	0,441	–23,0	9,2
700	37,5	97,3	0,188	0,365	0,487	–17,7	–12,2
800	19,8	85,1	0,099	0,168	0,426	–6,9	–25,8
900	12,9	59,3	0,065	0,076	0,297	–1,1	–22,1
1000	11,8	37,2	–	–	–	–	–

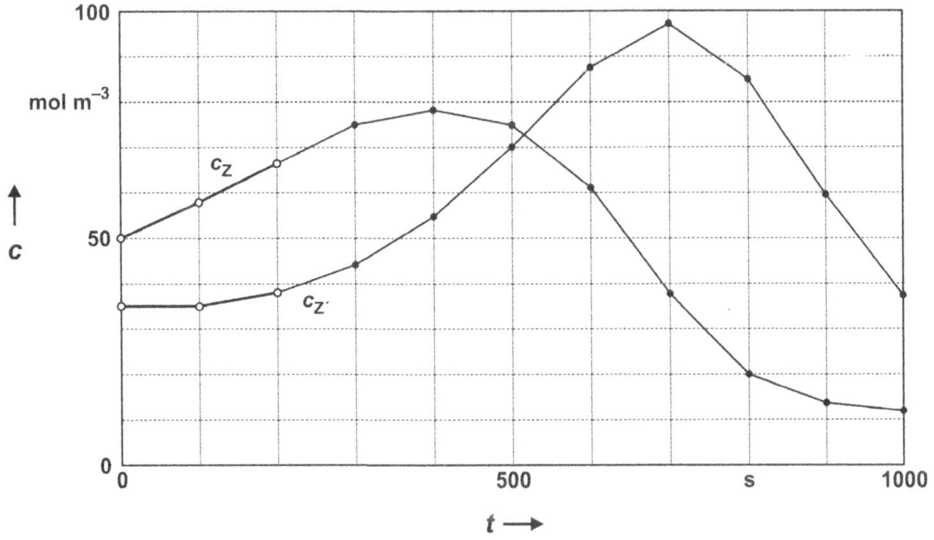

Die Abbildung gibt einen ersten, allerdings nur groben Eindruck von der zeitlichen Konzentrationsabhängigkeit der Zwischenprodukte Z und Z'. Um genauere Resultate zu erhalten, müsste der Zeittakt Δt deutlich verringert werden.

2.18 Theorie der Reaktionsgeschwindigkeit

2.18.1 Zerfall von Distickstoffpentoxid

Geschwindigkeitskoeffizient k bei einer Temperatur von $\vartheta = 65$ °C:

Wir gehen von der ARRHENIUS-Gleichung [Gl. (18.2)] aus:

$$k(T) = k_\infty \exp\frac{-W_A}{RT}.$$

Einsetzen ergibt:

$$k(338\,\text{K}) = 4{,}94\cdot 10^{13}\,\text{s}^{-1}\cdot\exp\frac{-103\cdot 10^3\,\text{J}\,\text{mol}^{-1}}{8{,}314\,\text{G}\,\text{K}^{-1}\cdot 338\,\text{K}}$$

$$= 4{,}94\cdot 10^{13}\,\text{s}^{-1}\cdot\exp\frac{-103\cdot 10^3\,\text{J}\,\text{mol}^{-1}}{8{,}314\,\text{J}\,\text{mol}^{-1}\,\text{K}^{-1}\cdot 338\,\text{K}} = \mathbf{5{,}96\cdot 10^{-3}\,s^{-1}}.$$

2.18.2 Kinetik im Alltag

Aktivierungsenergie W_A:

Wir gehen wieder von der ARRHENIUS-Gleichung aus. In unserem Alltagsbeispiel soll eine Temperaturerhöhung von $T_1 = 281$ K auf $T_2 = 303$ K dazu führen, dass die Reaktionsgeschwindigkeit und damit der Geschwindigkeitskoeffizient auf den 40-fachen Wert ansteigt:

$$\frac{k_2}{k_1} = \frac{k_\infty e^{-W_A/RT_2}}{k_\infty e^{-W_A/RT_1}} = \exp\frac{W_A}{R}\left(\frac{1}{T_1}-\frac{1}{T_2}\right) \approx 40.$$

Logarithmieren und Auflösen nach der gesuchten Aktivierungsenergie W_A ergibt:

$$W_A = \frac{R\cdot\ln\frac{k_2}{k_1}}{\frac{1}{T_1}-\frac{1}{T_2}} \approx \frac{8{,}314\,\text{J}\,\text{mol}^{-1}\,\text{K}^{-1}\cdot\ln 40}{\frac{1}{281\,\text{K}}-\frac{1}{303\,\text{K}}} \approx 120\cdot 10^3\,\text{J}\,\text{mol}^{-1} \approx \mathbf{120\,kJ\,mol^{-1}}.$$

2.18.3 Säurekatalysierte Hydrolyse von Benzylpenicillin

a) Geschwindigkeitskoeffizient k_1:

Zwischen Halbwertszeit $t_{1/2}$ und Geschwindigkeitskoeffizient k besteht bei einer Reaktion erster Ordnung der folgende Zusammenhang [Gl. (16.15)]:

$$t_{1/2,1} = \frac{\ln 2}{k_1} \quad\Rightarrow$$

$$k_1 = \frac{\ln 2}{t_{1/2,1}} = \frac{\ln 2}{1098\,\text{s}} = 6{,}31\cdot 10^{-4}\,\text{s}^{-1}.$$

Frequenzfaktor k_∞:

Der Frequenzfaktor k_∞ ergibt sich aus der ARRHENIUS-Gleichung [Gl. (18.2)] zu:

$$k_1 = k_\infty \exp\frac{-W_A}{RT_1} \quad \Rightarrow$$

$$k_\infty = \frac{k_1}{\exp\frac{-W_A}{RT_1}} = \frac{6{,}31\cdot 10^{-4}\ \mathrm{s^{-1}}}{\exp\frac{-87{,}14\cdot 10^3\ \mathrm{J\,mol^{-1}}}{8{,}314\ \mathrm{J\,mol^{-1}\,K^{-1}}\cdot 333\ \mathrm{K}}} = \mathbf{2{,}95\cdot 10^{10}\ s^{-1}}\,.$$

b) Geschwindigkeitskoeffizient k_2:

$$k_2 = k_\infty \exp\frac{-W_A}{RT_2}\,.$$

$$k_2 = (2{,}95\cdot 10^{10}\ \mathrm{s^{-1}})\cdot\exp\frac{-87{,}14\cdot 10^3\ \mathrm{J\,mol^{-1}}}{8{,}314\ \mathrm{J\,mol^{-1}\,K^{-1}}\cdot 303\ \mathrm{K}} = 2{,}80\cdot 10^{-5}\ \mathrm{s^{-1}}\,.$$

Halbwertszeit $t_{1/2,2}$:

$$t_{1/2,2} = \frac{\ln 2}{k_2} = \frac{\ln 2}{2{,}80\cdot 10^{-5}\ \mathrm{s^{-1}}} = 24800\ \mathrm{s} = \mathbf{6{,}9\ h}\,.$$

Die Reaktion verläuft, wie zu erwarten, bei der niedrigeren Temperatur sehr viel langsamer.

2.18.4 Geschwindigkeit des N_2O_4-Zerfalls

a) Geschwindigkeitskoeffizient k:

Zur Bestimmung des Geschwindigkeitskoeffizienten k wird wieder von der ARRHENIUS-Gleichung [Gl. (18.2)] ausgegangen:

$$k = k_\infty \exp\frac{-W_A}{RT}\,.$$

$$k = (2\cdot 10^{11}\ \mathrm{m^3\,mol^{-1}\,s^{-1}})\cdot\exp\frac{-46\cdot 10^3\ \mathrm{J\,mol^{-1}}}{8{,}314\ \mathrm{J\,mol^{-1}\,K^{-1}}\cdot 298\ \mathrm{K}} = 1730\ \mathrm{m^3\,mol^{-1}\,s^{-1}}\,.$$

Geschwindigkeitsdichte r:

$$r = k\cdot c_B\cdot c_{B'} = 1730\ \mathrm{m^3\,mol^{-1}\,s^{-1}}\cdot 1\ \mathrm{mol\,m^{-3}}\cdot 40\ \mathrm{mol\,m^{-3}} = \mathbf{6{,}9\cdot 10^4\ mol\,m^{-3}\,s^{-1}}\,.$$

b) Halbwertszeit $t_{1/2}$:

Es handelt sich um eine Reaktion pseudoerster Ordnung. Die konstante Konzentration $c_{B'}$ des Stickstoffs kann mit dem eigentlichen Geschwindigkeitskoeffizienten k zu einem neuen Geschwindigkeitskoeffizienten k' zusammengefasst werden:

$$k' = k \cdot c_{B'} .$$

Die Halbwertszeit $t_{1/2}$ ergibt sich dann gemäß Gleichung (16.15) zu:

$$t_{1/2} = \frac{\ln 2}{k'} = \frac{\ln 2}{k \cdot c_{B'}} = \frac{\ln 2}{1730\ \text{m}^3\ \text{mol}^{-1}\ \text{s}^{-1} \cdot 40\ \text{mol}\ \text{m}^{-3}} = 10,0 \cdot 10^{-6}\ \text{s} = \mathbf{10\ \mu s} .$$

2.18.5 Iodwasserstoff-Gleichgewicht

Geschwindigkeitskoeffizient k_{+1} für die Hinreaktion bei unterschiedlichen Temperaturen:

Aus der ARRHENIUS-Gleichung [Gl. (18.2)],

$$k(T) = k_{\infty} \exp \frac{-W_A}{RT} ,$$

erhalten wir den Geschwindigkeitskoeffizienten k_{+1} bei den beiden Temperaturen $T_1 = 629$ K und $T_2 = 700$ K:

$$k_{+1}(T_1) = (3{,}90 \cdot 10^8\ \text{m}^3\ \text{mol}^{-1}\ \text{s}^{-1}) \cdot \exp \frac{-165{,}7 \cdot 10^3\ \text{J}\ \text{mol}^{-1}}{8{,}314\ \text{J}\ \text{mol}^{-1}\ \text{K}^{-1} \cdot 629\ \text{K}}$$

$$= 6{,}76 \cdot 10^{-6}\ \text{m}^3\ \text{mol}^{-1}\ \text{s}^{-1} .$$

$$k_{+1}(T_2) = (3{,}90 \cdot 10^8\ \text{m}^3\ \text{mol}^{-1}\ \text{s}^{-1}) \cdot \exp \frac{-165{,}7 \cdot 10^3\ \text{J}\ \text{mol}^{-1}}{8{,}314\ \text{J}\ \text{mol}^{-1}\ \text{K}^{-1} \cdot 700\ \text{K}}$$

$$= 1{,}68 \cdot 10^{-4}\ \text{m}^3\ \text{mol}^{-1}\ \text{s}^{-1} .$$

Geschwindigkeitskoeffizient k_{-1} für die Rückreaktion bei unterschiedlichen Temperaturen:

Der Geschwindigkeitskoeffizient k_{-1} für die Rückreaktion lässt sich aus der Beziehung (17.5) für eine Gleichgewichtsreaktion,

$$\overset{\circ}{K}_c = \frac{k_{+1}}{k_{-1}} ,$$

bestimmen. Durch Auflösen nach k_{-1} erhält man:

$$k_{-1} = \frac{k_{+1}}{\overset{\circ}{K}_c} .$$

Einsetzen ergibt:

$$k_{-1}(T_1) = \frac{6{,}76 \cdot 10^{-6}\ \text{m}^3\ \text{mol}^{-1}\ \text{s}^{-1}}{76{,}4} = 8{,}85 \cdot 10^{-8}\ \text{m}^3\ \text{mol}^{-1}\ \text{s}^{-1} .$$

$$k_{-1}(T_2) = \frac{1{,}68 \cdot 10^{-4}\ \text{m}^3\ \text{mol}^{-1}\ \text{s}^{-1}}{52{,}0} = 3{,}23 \cdot 10^{-6}\ \text{m}^3\ \text{mol}^{-1}\ \text{s}^{-1} .$$

Aktivierungsenergie $W_{A,-1}$ für die Rückreaktion:

Zur Bestimmung der Aktivierungsenergie $W_{A,-1}$ für die Rückreaktion kann die Gleichung aus Lösung 2.18.2 herangezogen werden:

$$W_{A,-1} = \frac{R \cdot \ln \frac{k_{-1}(T_2)}{k_{-1}(T_1)}}{\frac{1}{T_1} - \frac{1}{T_2}}.$$

$$W_{A,-1} = \frac{8{,}314\ \text{J}\,\text{mol}^{-1}\,\text{K}^{-1} \cdot \ln \frac{3{,}23 \cdot 10^{-6}\ \text{m}^3\,\text{mol}^{-1}\,\text{s}^{-1}}{8{,}85 \cdot 10^{-8}\ \text{m}^3\,\text{mol}^{-1}\,\text{s}^{-1}}}{\frac{1}{629\ \text{K}} - \frac{1}{700\ \text{K}}}$$

$$= \frac{29{,}91\ \text{J}\,\text{mol}^{-1}\,\text{K}^{-1}}{1{,}613 \cdot 10^{-4}\ \text{K}^{-1}} = \mathbf{185{,}4\ kJ\,mol\,s^{-1}}.$$

Frequenzfaktor $k_{\infty,-1}$ für die Rückreaktion:

Die ARRHENIUS-Gleichung wird nach $k_{\infty,-1}$ aufgelöst und die entsprechenden Werte für eine bestimmte Temperatur, z. B. T_1, eingesetzt:

$$k_{\infty,-1} = \frac{k_{-1}(T_1)}{\exp \frac{-W_A}{RT_1}} = \frac{8{,}85 \cdot 10^{-8}\ \text{m}^3\,\text{mol}^{-1}\,\text{s}^{-1}}{\exp \frac{-185{,}4 \cdot 10^3\ \text{J}\,\text{mol}^{-1}}{8{,}314\ \text{J}\,\text{mol}^{-1}\,\text{K}^{-1} \cdot 629\ \text{K}}} = \mathbf{2{,}21 \cdot 10^8\ m^3\,mol^{-1}\,s^{-1}}.$$

2.18.6 Stoßtheorie

a) Bruchteil q_1 aller Teilchen mit ausreichender kinetischer Energie bei $T_1 = 300$ K:

Der Bruchteil q_1 aller Teilchen, deren kinetische Energie mindestens W_{min} beträgt. ergibt sich bei der Temperatur $T_1 = 300$ K gemäß Gleichung (18.6) zu:

$$q_1 \approx \exp \frac{-W_{min}}{RT_1}.$$

Einsetzen der konkreten Werte ergibt:

$$q_1 \approx \exp \frac{-60 \cdot 10^3\ \text{J}\,\text{mol}^{-1}}{8{,}314\ \text{J}\,\text{mol}^{-1}\,\text{s}^{-1} \cdot 300\ \text{K}} = \mathbf{3{,}6 \cdot 10^{-11}}.$$

b) Bruchteil q_2 aller Teilchen mit ausreichender kinetischer Energie bei $T_2 = 400$ K:

Der Bruchteil q_2 der Teilchen mit ausreichender kinetischer Energie ergibt sich bei Erhöhung der Temperatur um 100 K zu

$$q_2 \approx \exp\frac{-60\cdot 10^3\ \mathrm{J\,mol^{-1}}}{8{,}314\ \mathrm{J\,mol^{-1}\,s^{-1}}\cdot 400\ \mathrm{K}} = \mathbf{1{,}5\cdot 10^{-8}}.$$

Wie erwartet, nimmt der Anteil an reaktionsfähigen Teilchen mit Erhöhung der Temperatur stark zu (auf rund das 500fache).

2.18.7* Stickoxide in Luft

a) Berechnung eines chemischen Potenzials $\overset{\circ}{\mu}$ bei erhöhter Temperatur am Beispiel des Gases NO:

Zur Beschreibung der Temperaturabhängigkeit des chemischen Potenzials hatten wir als einfachste Möglichkeit einen linearen Ansatz gewählt [vgl. Gl. (5.2)]:

$$\overset{\circ}{\mu}(T_1) = \overset{\circ}{\mu}(T_0) + \alpha(T_1 - T_0)\,.$$

Einsetzen ergibt für das konkrete Beispiel:

$$\overset{\circ}{\mu}(398\ \mathrm{K}) = 87{,}6\cdot 10^3\ \mathrm{G} + (-211\ \mathrm{G\,K^{-1}})\cdot(398\ \mathrm{K} - 298\ \mathrm{K}) = 66{,}5\cdot 10^3\ \mathrm{G} = \mathbf{66{,}5\ kG}\,.$$

Die übrigen Werte werden in analoger Weise berechnet.

Zusammenfassend erhalten wir:

	2 NO +	O_2	→ ‡	→ 2 NO_2
$\overset{\circ}{\mu}(298\ \mathrm{K})/\mathrm{kG}$	2 · 87,6	**0**	+240	**2 · 52,3**
	175,2			**104,6**
$\alpha/\mathrm{G\,K^{-1}}$	2 · (−211)	**−205**	−356	**2 · (−240)**
$\overset{\circ}{\mu}(398\ \mathrm{K})/\mathrm{kG}$	**2 · 66,5**	**−20,5**	**+204,4**	**2 · 28,3**
	112,5			**56,6**

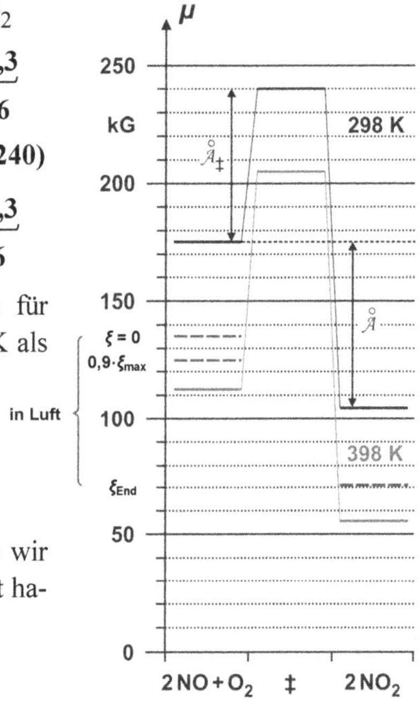

Im nebenstehenden Schaubild sind die Potenziale für 298 K als schwarze Balken und diejenigen für 398 K als graue Balken eingezeichnet.

b) Exemplarische Berechnung der Größen bei 298 K:

Chemischer Antrieb $\overset{\circ}{\mathcal{A}}_{\ddagger}$ des Aktivierungsschrittes:

Der Antrieb $\mathcal{A}$ einer beliebigen Umbildung ist, wie wir bereits häufiger bei unseren Berechnungen eingesetzt haben [vgl. Gl. (4.3)]:

$$\mathcal{A} = \sum_{\text{Ausg}} |\nu_i|\mu_i - \sum_{\text{End}} \nu_j\mu_j\,.$$

Für den Grundwert des chemischen Antriebs des Aktivierungsschrittes erhalten wir also folglich:

$$\overset{\circ}{\mathcal{A}}_{\ddagger} = [2\,\overset{\circ}{\mu}(\mathrm{NO}) + \overset{\circ}{\mu}(\mathrm{O_2})] - \overset{\circ}{\mu}(\ddagger) = [175{,}2 - 240]\,\mathrm{kG} = \mathbf{-64{,}8\ kG}\,.$$

Gleichgewichtszahl $\overset{\circ}{\mathcal{K}}_{\ddagger}$ für den Aktivierungsschritt:

Die Gleichgewichtszahl $\overset{\circ}{\mathcal{K}}_{\ddagger}$ kann mit Hilfe von Gleichung (6.18) aus dem Antrieb $\overset{\circ}{\mathcal{A}}_{\ddagger}$ berechnet werden:

$$\overset{\circ}{\mathcal{K}}_{\ddagger} = \exp\frac{\overset{\circ}{\mathcal{A}}_{\ddagger}}{RT} = \exp\frac{-64{,}8\cdot 10^3\ \mathrm{G}}{8{,}314\ \mathrm{G\,K^{-1}}\cdot 298\ \mathrm{K}} = \mathbf{4{,}4\cdot 10^{-12}}\,.$$

Chemischer Antrieb $\overset{\circ}{\mathcal{A}}$ für den Gesamtvorgang:

$$\overset{\circ}{\mathcal{A}} = [2\,\overset{\circ}{\mu}(\mathrm{NO}) + \overset{\circ}{\mu}(\mathrm{O_2})] - 2\,\overset{\circ}{\mu}(\mathrm{NO_2}) = [175{,}2 - 104{,}6]\,\mathrm{kG} = \mathbf{+70{,}6\ kG}\,.$$

Gleichgewichtszahl $\overset{\circ}{\mathcal{K}}$ für den Gesamtvorgang:

$$\overset{\circ}{\mathcal{K}} = \exp\frac{\overset{\circ}{\mathcal{A}}}{RT} = \exp\frac{70{,}6\cdot 10^3\ \mathrm{G}}{8{,}314\ \mathrm{G\,K^{-1}}\cdot 298\ \mathrm{K}} = \mathbf{2{,}4\cdot 10^{12}}\,.$$

Die entsprechenden Werte bei einer Temperatur von 398 K können ganz analog berechnet werden. Zusammenfassend erhalten wir also:

$\overset{\circ}{\mathcal{A}}_{\ddagger}/\mathrm{kG} = -64{,}8$; $\overset{\circ}{\mathcal{K}}_{\ddagger} = 4{,}4\cdot 10^{-12}$; $\overset{\circ}{\mathcal{A}}/\mathrm{kG} = +70{,}6$; $\overset{\circ}{\mathcal{K}} = 2{,}4\cdot 10^{12}$ (298 K),

$\overset{\circ}{\mathcal{A}}_{\ddagger}/\mathrm{kG} = -91{,}9$; $\overset{\circ}{\mathcal{K}}_{\ddagger} = 8{,}7\cdot 10^{-13}$; $\overset{\circ}{\mathcal{A}}/\mathrm{kG} = +55{,}9$; $\overset{\circ}{\mathcal{K}} = 2{,}2\cdot 10^{7}$ (398 K).

c) Herleitung des Umrechnungsfaktors:

Bei dünnen Gasen sind Teildruck p und Konzentration c einander proportional, wie aus dem allgemeinen Gasgesetz leicht ersichtlich ist:

$$pV = nRT \quad \text{und damit}$$

$$p = \frac{n}{V}RT = cRT\,.$$

Einsetzen der relativen Größen $p_\mathrm{r} = p/p^\ominus$ und $c_\mathrm{r} = c/c^\ominus$ ergibt:

$$p_\mathrm{r}p^\ominus = c_\mathrm{r}c^\ominus RT \quad \text{bzw.}$$

$$p_\mathrm{r}\frac{p^\ominus}{c^\ominus RT} = c_\mathrm{r}\,,$$

wobei $p^\ominus/c^\ominus RT$ einen festen Faktor darstellt.

Für eine allgemeine Reaktion dünner Gase,

$$|\nu_\mathrm{B}|\mathrm{B} + |\nu_\mathrm{B'}|\mathrm{B'} + \ldots \rightleftarrows \nu_\mathrm{D}\mathrm{D} + \nu_\mathrm{D'}\mathrm{D'} + \ldots\,,$$

gilt das Massenwirkungsgesetz in der folgenden Form [vgl. Gl. (6.29)]:

$$\frac{p_r(\mathrm{D})^{\nu_\mathrm{D}} \cdot p_r(\mathrm{D'})^{\nu_\mathrm{D'}} \cdot \ldots}{p_r(\mathrm{B})^{|\nu_\mathrm{B}|} \cdot p_r(\mathrm{B'})^{|\nu_\mathrm{B'}|} \cdot \ldots} = \overset{\circ}{\mathcal{K}}_p .$$

Durch Multiplikation mit dem Faktor $(p^\ominus / c^\ominus RT)^\nu$ mit $\nu = \nu_\mathrm{B} + \nu_\mathrm{B'} + \ldots + \nu_\mathrm{D} + \nu_\mathrm{D'} + \ldots$ erhält man:

$$\frac{c_r(\mathrm{D})^{\nu_\mathrm{D}} \cdot c_r(\mathrm{D'})^{\nu_\mathrm{D'}} \cdot \ldots}{c_r(\mathrm{B})^{|\nu_\mathrm{B}|} \cdot c_r(\mathrm{B'})^{|\nu_\mathrm{B'}|} \cdot \ldots} = \left(\frac{p^\ominus}{c^\ominus RT}\right)^\nu \cdot \overset{\circ}{\mathcal{K}}_p = \overset{\circ}{\mathcal{K}}_c .$$

Gleichgewichtszahl $\overset{\circ}{\mathcal{K}}_{\ddagger c}$ bei 298 K:

Die Gleichgewichtszahl $\overset{\circ}{\mathcal{K}}_{\ddagger c}$ errechnet sich zu

$$\overset{\circ}{\mathcal{K}}_{\ddagger c} = \left(\frac{p^\ominus}{c^\ominus RT}\right)^\nu \cdot \overset{\circ}{\mathcal{K}}_{\ddagger} ,$$

wobei $\nu = \nu(\mathrm{NO}) + \nu(\mathrm{O_2}) + \nu(\ddagger) = (-2) + (-1) + 1 = -2$.

$$\overset{\circ}{\mathcal{K}}_{\ddagger c} = \left[\frac{100 \cdot 10^3\ \mathrm{Pa}}{(1 \cdot 10^3\ \mathrm{mol\,m^{-3}}) \cdot 8{,}314\ \mathrm{J\,mol^{-1}\,K^{-1}} \cdot 298\ \mathrm{K}}\right]^{-2} \cdot (4{,}4 \cdot 10^{-12})$$

$$= \mathbf{2{,}7 \cdot 10^{-9}} .$$

Einheitenanalyse:

$$\frac{\mathrm{Pa}}{\mathrm{mol\,m^{-3}\ J\,mol^{-1}\,K^{-1}\,K}} = \frac{\mathrm{N\,m^{-2}}}{\mathrm{m^{-3}\ N\,m}} = 1 .$$

Geschwindigkeitskoeffizient k bei 298 K:

Der Geschwindigkeitskoeffizient k ergibt sich zu:

$$k = \kappa_\ddagger \cdot \frac{k_\mathrm{B} T}{h} \cdot \overset{\circ}{\mathcal{K}}_{\ddagger c} .$$

Mit $\kappa_\ddagger = (c^\ominus)^\nu = (c^\ominus)^{-2}$ erhalten wir:

$$k = (1 \cdot 10^3\ \mathrm{mol\,m^{-3}})^{-2} \cdot \frac{(1{,}38 \cdot 10^{-23}\ \mathrm{J\,K^{-1}}) \cdot 298\ \mathrm{K}}{6{,}626 \cdot 10^{-34}\ \mathrm{J\,s}} \cdot (2{,}7 \cdot 10^{-9})$$

$$k = \mathbf{1{,}68 \cdot 10^{-2}\ m^6\,mol^{-2}\,s^{-1}} .$$

Die entsprechenden Werte bei einer Temperatur von 398 K können ganz analog berechnet werden. Zusammenfassend erhalten wir also:

$\overset{\circ}{\mathcal{K}}_{\ddagger c} = 2{,}7 \cdot 10^{-9}$; $k / \mathrm{m^6\,mol^{-2}\,s^{-1}} = 1{,}68 \cdot 10^{-2}$ (298 K),

$\overset{\circ}{\mathcal{K}}_{\ddagger c} = 9{,}5 \cdot 10^{-10}$; $k / \mathrm{m^6\,mol^{-2}\,s^{-1}} = 7{,}87 \cdot 10^{-3}$ (398 K).

d) Chemisches Potenzial $\mu_0(\mathrm{NO})$ des NO in der Luft am Anfang ($\xi = 0$):

Die Luft soll zu Beginn einen Gehalt an Stickstoffmonoxid von $x_0(\mathrm{NO}) = 0{,}001$ bei 298 K aufweisen. Um nun die Abhängigkeit des chemischen Potenzials vom Gehalt der betreffenden Substanz zu berücksichtigen, wird im vorliegenden Fall die Massenwirkungsgleichung 3 [Gl. (13.1)] herangezogen:

$$\mu_0(\text{NO}) \quad = \overset{\circ}{\mu}(\text{NO}) + RT \ln x_0(\text{NO})\,.$$

Bei $\overset{\circ}{\mu}$ (= $\overset{\bullet}{\mu}$) handelt es sich, wie gesagt, um einen speziellen Grundwert, nämlich das chemische Potenzial des reinen Stoffes.

$$\mu_0(\text{NO}) \quad = (87{,}6 \cdot 10^3\ \text{G}) + 8{,}314\ \text{G}\,\text{K}^{-1} \cdot 298\ \text{K} \cdot \ln 0{,}001 = 70500\ \text{G} = 70{,}5\ \text{kG}\,.$$

Chemisches Potenzial $\mu_0(O_2)$ des O_2 in der Luft am Anfang ($\xi = 0$):

Luft weist einen Gehalt an Sauerstoff von $x_0(O_2) = 0{,}21$ auf. Das chemische Potenzial des Sauerstoffs in der Luft ergibt sich also zu:

$$\mu_0(\text{O}_2) \quad = \overset{\circ}{\mu}(\text{O}_2) + RT \ln x(\text{O}_2)\,.$$

$$\mu_0(\text{O}_2) \quad = 0\ \text{G} + 8{,}314\ \text{G}\,\text{K}^{-1} \cdot 298\ \text{K} \cdot \ln 0{,}21 = -3900\ \text{G} = -3{,}9\ \text{kG}\,.$$

Auf Grund des großen Überschusses an Sauerstoff ändert sich dessen chemisches Potenzial während der Reaktion nicht [$\mu(O_2) = \mu_0(O_2)$].

Potenzial $\mu_0 = \mu_0(2\ NO + O_2)$ in der Luft am Anfang ($\xi = 0$):

$$\mu_0 \quad = 2\mu_0(\text{NO}) + \mu_0(\text{O}_2)\,.$$

$$\mu_0 \quad = 2 \cdot (70{,}5 \cdot 10^3\ \text{G}) + (-3{,}9 \cdot 10^3\ \text{G}) = 137{,}1 \cdot 10^3\ \text{G} = \mathbf{137{,}1\ kG}\,.$$

Das Potenzial ist (wie auch die beiden folgenden μ_1 und μ_2) als gestrichelter dunkelgrauer Balken in das Schaubild unter Teilaufgabe a) eingezeichnet.

Chemisches Potenzial $\mu_1(NO)$ des NO in der Luft, nachdem 90 % des NO oxidiert sind:

Wenn 90 % des Stickstoffmonoxids oxidiert sind, so verbleibt noch ein Mengenanteil von $x_1(NO) = 0{,}0001$ in der Luft. Entsprechend ergibt sich das chemische Potenzial $\mu_1(NO)$ zu:

$$\mu_1(\text{NO}) \quad = \overset{\circ}{\mu}(\text{NO}) + RT \ln x_1(\text{NO})\,.$$

$$\mu_1(\text{NO}) \quad = (87{,}6 \cdot 10^3\ \text{G}) + 8{,}314\ \text{G}\,\text{K}^{-1} \cdot 298\ \text{K} \cdot \ln 0{,}0001 = 64800\ \text{G} = 64{,}8\ \text{kG}\,.$$

Potenzial $\mu_1 = \mu_1(2\ NO + O_2)$ in der Luft bei $\xi = 0{,}9 \cdot \xi_{max}$:

$$\mu_1 \quad = 2\mu_1(\text{NO}) + \mu_0(\text{O}_2)\,.$$

$$\mu_1 \quad = 2 \cdot (64{,}8 \cdot 10^3\ \text{G}) + (-3{,}9 \cdot 10^3\ \text{G}) = 125{,}7 \cdot 10^3\ \text{G} = \mathbf{125{,}7\ kG}\,.$$

Chemisches Potenzial $\mu(NO_2)$ des NO_2 am Ende (ξ_{end}):

Aus jedem Stickstoffmonoxidmolekül entsteht ein Stickstoffdioxidmolekül, d. h. am Ende weist NO_2 einen Gehalt von $x(NO_2) = 0{,}001$ in der Luft auf. Das chemische Potenzial von

NO_2 beträgt daher

$$\mu(NO_2) = \overset{\circ}{\mu}(NO_2) + RT \ln x(NO_2) .$$

$$\mu(NO_2) = (52{,}3 \cdot 10^3 \text{ G}) + 8{,}314 \text{ G K}^{-1} \cdot 298 \text{ K} \cdot \ln 0{,}001 = 35200 \text{ G} = 35{,}2 \text{ kG} .$$

Potenzial $\mu_2 = \mu_2(2\ NO_2)$ am Ende (ξ_{end}):

$$\mu_2 = 2\mu(NO_2) = 2 \cdot (35{,}2 \cdot 10^3 \text{ G}) = 70{,}4 \cdot 10^3 \text{ G} = \mathbf{70{,}4\ kG} .$$

e) Konzentration $c_0(O_2)$ des Sauerstoffs in der Luft:

Die Konzentration $c_0(O_2)$ des Sauerstoffs kann mit Hilfe des allgemeinen Gasgesetzes berechnet werden [siehe Lösung 2.18.7 c)]:

$$p_0(O_2) = c_0(O_2) \cdot R \cdot T \quad \Rightarrow$$

$$c_0(O_2) = \frac{p_0(O_2)}{RT} .$$

Partialdruck $p_0(O_2)$ des Sauerstoffs in der Luft:

$$p_0(O_2) = x_0(O_2) \cdot p^{\ominus} = 0{,}21 \cdot (100 \cdot 10^3 \text{ Pa}) = 21 \cdot 10^3 \text{ Pa} .$$

$$c_0(O_2) = \frac{21 \cdot 10^3 \text{ Pa}}{8{,}314 \text{ J mol}^{-1} \text{ K}^{-1} \cdot 298 \text{ K}} = 8{,}48 \text{ mol m}^{-3} .$$

Auf Grund des großen Überschusses an Sauerstoff ändert sich dessen Konzentration während der Reaktion nicht [$c(O_2) = c_0(O_2)$].

Ausgangskonzentration $c_0(NO)$ des Stickstoffmonoxids in der Luft:

Die Berechnung wird ganz analog zur vorherigen durchgeführt:

$$c_0(NO) = \frac{p_0(NO)}{RT} .$$

Ausgangspartialdruck $p_0(NO)$ des Stickstoffmonoxids in der Luft:

$$p_0(NO) = x_0(NO) \cdot p^{\ominus} = 0{,}001 \cdot (100 \cdot 10^3 \text{ Pa}) = 100 \text{ Pa} .$$

$$c_0(NO) = \frac{100 \text{ Pa}}{8{,}314 \text{ J mol}^{-1} \text{ K}^{-1} \cdot 298 \text{ K}} = 0{,}0404 \text{ mol m}^{-3} .$$

Halbwertszeit $t_{1/2}$ der Stickstoffmonoxidoxidation:

Es soll eine Reaktion pseudozweiter Ordnung vorliegen, d. h., die Halbwertszeit $t_{1/2}$ ergibt sich gemäß Gleichung (16.23) zu:

$$t_{1/2} = \frac{1}{2k' \cdot c_0(\mathrm{NO})} = \frac{1}{2k \cdot c(\mathrm{O_2}) \cdot c_0(\mathrm{NO})}.$$

$$t_{1/2} = \frac{1}{2 \cdot (1{,}68 \cdot 10^{-2}\ \mathrm{mol^{-2}\,m^6\,s^{-1}}) \cdot 8{,}48\ \mathrm{mol\,m^{-3}} \cdot 0{,}0404\ \mathrm{mol\,m^{-3}}} = \mathbf{87\ s}.$$

f) Zeit t, bis die Konzentration an NO auf ein Tausendstel der Anfangswertes gefallen ist:

Wir gehen von Gleichung (16.21) aus,

$$\frac{1}{c(\mathrm{NO})} = \frac{1}{c_0(\mathrm{NO})} + 2k't,$$

und lösen nach t auf:

$$t = \frac{1}{2k'}\left(\frac{1}{c(\mathrm{NO})} - \frac{1}{c_0(\mathrm{NO})}\right) = \frac{1}{2k \cdot c(\mathrm{O_2})}\left(\frac{1}{c(\mathrm{NO})} - \frac{1}{c_0(\mathrm{NO})}\right).$$

Die Konzentration $c(\mathrm{NO})$ soll $c_0(\mathrm{NO})/1000 = 4{,}04 \cdot 10^{-5}\ \mathrm{mol\,m^{-3}}$ betragen:

$$t = \frac{1}{2 \cdot (1{,}68 \cdot 10^{-2}\ \mathrm{mol^{-2}\,m^6\,s^{-1}}) \cdot 8{,}48\ \mathrm{mol\,m^{-3}}} \cdot \left(\frac{1}{4{,}04 \cdot 10^{-5}\ \mathrm{mol\,m^{-3}}} - \frac{1}{4{,}04 \cdot 10^{-2}\ \mathrm{mol\,m^{-3}}}\right)$$

$$\approx 86800\ \mathrm{s} \approx \mathbf{1\ d}.$$

Die Konzentration an NO ist erst nach ungefähr einem Tag auf ein Tausendstel des Anfangswertes gefallen.

2.19 Katalyse

2.19.1 Katalyse der Wasserstoffperoxid-Zersetzung durch Iodid

Verhältnis der Geschwindigkeitskoeffizienten von katalysierter und unkatalysierter Reaktion:

Wir gehen von der ARRHENIUS-Gleichung [Gl. (18.2)] aus. Das Verhältnis der Geschwindigkeitskoeffizienten von katalysierter Reaktion (k_{kat}) und unkatalysierter Reaktion (k_{unkat}) bei 298 K ergibt sich dann zu:

$$\frac{k_{\text{kat}}}{k_{\text{unkat}}} = \frac{k_{\infty}\mathrm{e}^{-W_{\text{A,kat}}/RT}}{k_{\infty}\mathrm{e}^{-W_{\text{A,unkat}}/RT}} = \exp\frac{-W_{\text{A,kat}} + W_{\text{A,unkat}}}{RT}.$$

$$\frac{k_{\text{kat}}}{k_{\text{unkat}}} = \exp\frac{(-59\cdot 10^3\ \text{J mol}^{-1}) + (76\cdot 10^3\ \text{J mol}^{-1})}{8,314\ \text{J mol}^{-1}\,\text{K}^{-1}\cdot 298\ \text{K}} = \mathbf{955}.$$

Die Reaktion wird also fast um einen Faktor 1000 beschleunigt.

2.19.2 Katalytische Spaltung von Acetylcholin

Anfangsgeschwindigkeitsdichte r_0:

Die Anfangsgeschwindigkeitsdichte r_0 für eine beliebige Ausgangskonzentration $c_{\text{S},0}$ an Substrat kann mit Hilfe von Gleichung (19.11) bestimmt werden:

$$r_0 = k_2\cdot\frac{c_{\text{E},0}\cdot c_{\text{S},0}}{K_{\text{M}} + c_{\text{S},0}}.$$

$$r_0 = (1,4\cdot 10^4\ \text{s}^{-1})\cdot\frac{(5\cdot 10^{-6}\ \text{mol m}^{-3})\cdot 10\ \text{mol m}^{-3}}{(9\cdot 10^{-2}\ \text{mol m}^{-3}) + 10\ \text{mol m}^{-3}} = \mathbf{0{,}069\ mol\ m^{-3}\,s^{-1}}.$$

Maximale Anfangsgeschwindigkeitsdichte $r_{0,\text{max}}$:

Die maximale Anfangsgeschwindigkeitsdichte $r_{0,\text{max}}$ entspricht dem Produkt aus Wechselzahl k_2 und Enzymkonzentration $c_{\text{E},0}$ [Gl. (19.13)]:

$$r_{0,\text{max}} = k_2\cdot c_{\text{E},0} = (1,4\cdot 10^4\ \text{s}^{-1})\cdot(5\cdot 10^{-6}\ \text{mol m}^{-3}) = \mathbf{0{,}070\ mol\ m^{-3}\,s^{-1}}.$$

2.19.3 Anwendung der MICHAELIS-MENTEN-Kinetik

a) Dissoziationskonstante $\overset{\circ}{K}_{\text{diss.}}$ für den Enzym-Substrat-Komplex:

Der von Leonor MICHAELIS und Maud Leonora MENTEN vorgeschlagene Mechanismus geht davon aus, dass aus Enzym E und Substrat S rasch und reversibel ein Enzym-Substrat-Komplex ES gebildet wird:

$$\text{E} + \text{S} \underset{k_{-1}}{\overset{k_1}{\rightleftarrows}} \text{ES} \overset{k_2}{\rightarrow} \text{E} + \text{P}.$$

Die Dissoziationskonstante für den Komplex, d. h. die Gleichgewichtskonstante für seinen Zerfall in Enzym und Substrat, ergibt sich dann gemäß Gleichung (17.5) zu

$$\overset{\circ}{K}_{\text{diss}} = \frac{k_{-1}}{k_{+1}} = \frac{4 \cdot 10^4\ \text{s}^{-1}}{1{,}0 \cdot 10^5\ \text{m}^3\ \text{mol}^{-1}\ \text{s}^{-1}} = \mathbf{0{,}4\ mol\ m^{-3}}\,.$$

b) MICHAELIS-Konstante K_M:

Die MICHAELIS-Konstante K_M kann mit Hilfe von Gleichung (19.6) berechnet werden:

$$K_\text{M} = \frac{k_{-1} + k_2}{k_{+1}} = \frac{(4 \cdot 10^4\ \text{s}^{-1}) + (8 \cdot 10^5\ \text{s}^{-1})}{1{,}0 \cdot 10^5\ \text{m}^3\ \text{mol}^{-1}\ \text{s}^{-1}} = \mathbf{8{,}4\ mol\ m^{-3}}\,.$$

Katalytische Effizienz k_2/K_M:

Die katalytische Effizienz wird durch den Quotienten k_2/K_M beschrieben:

$$\frac{k_2}{K_\text{M}} = \frac{8 \cdot 10^5\ \text{s}^{-1}}{8{,}4\ \text{mol}\,\text{m}^{-3}} = \mathbf{9{,}5 \cdot 10^4\ m^3\ mol^{-1}\ s^{-1}}\,.$$

c) K_M ist nur dann als Maß für die Substrataffinität des Enzyms brauchbar, wenn $k_2 << k_{-1}$ ist. Dies ist im vorliegenden Fall keineswegs erfüllt.

2.19.4 Hydratisierung von Kohlendioxid mittels Carboanhydrase

a) Bestimmung von K_M und $r_{0,\text{max}}$:

Zur Bestimmung der für jedes Enzym spezifischen Kenngrößen K_M und $r_{0,\text{max}}$ kann die sogenannte LINEWEAVER-BURKE-Auftragung herangezogen werden. Dazu bildet man den Kehrwert der MICHAELIS-MENTEN-Gleichung und erhält nach Umformung die folgende Beziehung [Gl. (19.15)]:

$$\frac{1}{r_0} = \frac{K_\text{M}}{r_{0,\text{max}}} \cdot \frac{1}{c_{\text{S},0}} + \frac{1}{r_{0,\text{max}}}\,.$$

Trägt man nun $1/r_0$ gegen $1/c_{\text{S},0}$ auf, so ergibt sich (bei stets gleicher Gesamtkonzentration $c_{\text{E},0}$ an Enzym) eine Gerade, aus deren extrapoliertem Schnittpunkt mit der Ordinate der Wert von $r_{0,\text{max}}$ bestimmt werden kann. Zur Ermittlung von K_M kann dann die Steigung $K_\text{M}/r_{0,\text{max}}$ herangezogen werden. Alternativ kann auch der Abszissenabschnitt zur Bestimmung von K_M eingesetzt werden, da er $-1/K_\text{M}$ entspricht.

$1/c_{S,0}$ / ($m^3\,mol^{-1}$)	$1/r_0$ / ($m^3\,s\,mol^{-1}$)
0,8	36,0
0,4	20,1
0,2	12,3
0,05	6,5
0,025	5,3

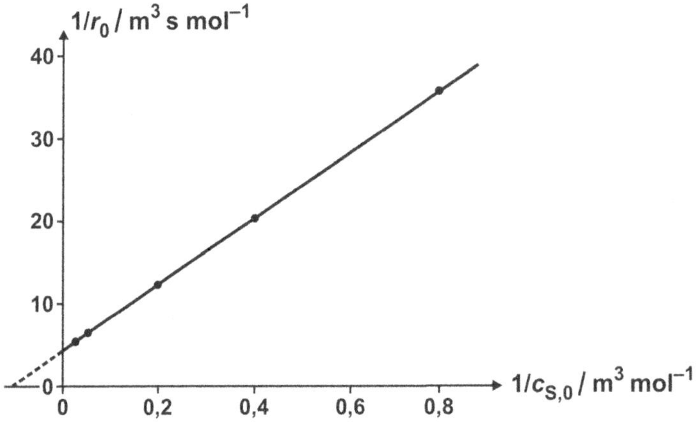

Aus dem Diagramm oder durch lineare Regression erhalten wir einen Ordinatenabschnitt b von 4,4 $m^3\,s\,mol^{-1}$ und eine Steigung m von 39,5 s.

Die maximale Anfangsgeschwindigkeitsdichte $r_{0,max}$ ergibt sich dann aus dem Ordinatenabschnitt b zu:

$$b = \frac{1}{r_{0,max}} \quad \Rightarrow$$

$$r_{0,max} = \frac{1}{b} = \frac{1}{4{,}4\ m^3\,s\,mol^{-1}} = \mathbf{0{,}23\ mol\,m^{-3}\,s^{-1}}\,.$$

Die MICHAELIS-Konstante K_M erhält man aus der Steigung m der Geraden gemäß

$$m = \frac{K_M}{r_{0,max}} \quad \Rightarrow$$

$$K_M = m \cdot r_{0,max} = 39{,}5\ s \cdot 0{,}24\ mol\,m^{-3}\,s^{-1} = \mathbf{9{,}1\ mol\,m^{-3}}\,.$$

b) Wechselzahl k_2:

Die Wechselzahl k_2 lässt sich mit Hilfe von Beziehung (19.13) ermitteln:

$$r_{0,\max} = k_2 \cdot c_{E,0} \quad \Rightarrow$$

$$k_2 = \frac{r_{0,\max}}{c_{E,0}} = \frac{0,23\ \text{mol}\,\text{m}^{-3}\,\text{s}^{-1}}{2,8 \cdot 10^{-6}\ \text{mol}\,\text{m}^{-3}} = 8,2 \cdot 10^{4}\ \text{s}^{-1}.$$

Katalytische Effizienz k_2/K_M:

$$\frac{k_2}{K_M} = \frac{8,2 \cdot 10^{4}\ \text{s}^{-1}}{9,1\ \text{mol}\,\text{m}^{-3}} = \mathbf{9{,}0 \cdot 10^{3}\ m^{3}\,mol^{-1}\,s^{-1}}.$$

2.20 Transporterscheinungen

2.20.1 Glucosefluss

Stofffluss J_B:

Der Zusammenhang zwischen der Flussdichte j_B eines Stoffes und seinem Konzentrationsgefälle wird durch das erste FICKsche Gesetz hergestellt [Gl. (20.10)]:

$$j_B = -D_B \cdot \frac{dc_B}{dx}.$$

Die Flussdichte j_B wiederum entspricht dem Stofffluss J_B, bezogen auf die Fläche des durchströmten Querschnitts A [Gl. (20.5)],

$$j_B = \frac{J_B}{A},$$

d. h. es gilt:

$$\frac{J_B}{A} = -D_B \cdot \frac{dc_B}{dx}.$$

Auflösen nach dem gesuchten Stofffluss J_B ergibt:

$$J_B = -A \cdot D_B \cdot \frac{dc_B}{dx}.$$

Da es sich um ein lineares Gefälle handelt, können wir schreiben:

$$J_B = -A \cdot D_B \cdot \frac{\Delta c_B}{l} = -A \cdot D_B \cdot \frac{c_{B,2} - c_{B,1}}{l}.$$

Wir erhalten damit für den Fluss J_B der Glucose:

$$J_B = -(5 \cdot 10^{-4}\ \mathrm{m^2}) \cdot (0{,}67 \cdot 10^{-9}\ \mathrm{m^2\,s^{-1}}) \cdot \frac{0{,}2\ \mathrm{mol\,m^{-3}} - 1{,}0\ \mathrm{mol\,m^{-3}}}{1 \cdot 10^{-3}\ \mathrm{m}} = \mathbf{2{,}7 \cdot 10^{-10}\ mol\,s^{-1}}.$$

2.20.2 Diffusion von Kohlenstoff in Eisen

a) Diffusionskoeffizient D_B für Kohlenstoff in Eisen bei 750 °C:

Man geht wieder von dem ersten FICKschen Gesetz aus,

$$j_B = -D_B \cdot \frac{dc_B}{dx} = -D_B \cdot \frac{\Delta c_B}{d},$$

und löst nach D_B auf:

$$D_B = -j_B \cdot \frac{d}{\Delta c_B} = -j_B \cdot \frac{d}{c_{B,2} - c_{B,1}}.$$

$$D_B = -(28{,}3\cdot 10^{-6}\ \text{mol}\,\text{m}^{-2}\,\text{s}^{-1})\cdot\frac{3\cdot 10^{-3}\ \text{m}}{185\ \text{mol}\,\text{m}^{-3} - 1850\ \text{mol}\,\text{m}^{-3}} = \mathbf{5{,}1\cdot 10^{-11}\ m^2\,s^{-1}}.$$

b) Aktivierungsenergie W_A für den Diffusionsprozess:

Zur Bestimmung der Aktivierungsenergie W_A kann die Gleichung aus Lösung 2.18.2 in abgewandelter Form herangezogen werden:

$$W_A = \frac{R\cdot\ln\dfrac{D_B(T_2)}{D_B(T_1)}}{\dfrac{1}{T_1}-\dfrac{1}{T_2}}.$$

$$W_A = \frac{8{,}314\ \text{J}\,\text{mol}^{-1}\,\text{K}^{-1}\cdot\ln\dfrac{1{,}7\cdot 10^{-10}\ \text{m}^2\,\text{s}^{-1}}{5{,}1\cdot 10^{-11}\ \text{m}^2\,\text{s}^{-1}}}{\dfrac{1}{1023\ \text{K}}-\dfrac{1}{1173\ \text{K}}}$$

$$= \frac{10{,}0\ \text{J}\,\text{mol}^{-1}\,\text{K}^{-1}}{1{,}25\cdot 10^{-4}\ \text{K}^{-1}} = 80000\ \text{J} = \mathbf{80{,}0\ kJ\ mol\ s^{-1}}.$$

"Frequenzfaktor" $D_{B,0}$:

Der ARRHENIUS-Ansatz wird nach $D_{B,0}$ aufgelöst und die entsprechenden Werte für eine bestimmte Temperatur, z. B. T_1, werden eingesetzt:

$$D_{B,0} = \frac{D_B(T_1)}{\exp\dfrac{-W_A}{RT_1}} = \frac{5{,}1\cdot 10^{-11}\ \text{m}^2\,\text{s}^{-1}}{\exp\dfrac{-80\cdot 10^3\ \text{J}\,\text{mol}^{-1}}{8{,}314\ \text{J}\,\text{K}^{-1}\cdot 1023\ \text{K}}} = \mathbf{6{,}2\cdot 10^{-7}\ m^2\,s^{-1}}.$$

2.20.3* Diffusion von Rohrzucker

a) Konzentration $c_{B,0}$ des Zuckers (bei Gleichverteilung im Teeglas):

$$c_{B,0} = \frac{n_{B,0}}{V_L}.$$

Stoffmenge $n_{B,0}$ des Zuckers:

Mit der molaren Masse $M_B = 342{,}0\cdot 10^{-3}\ \text{kg}\,\text{mol}^{-1}$ für Rohrzucker (Saccharose, $C_{12}H_{22}O_{11}$) ergibt sich

$$n_{B,0} = \frac{m_{B,0}}{M_B} = \frac{10\cdot 10^{-3}\ \text{kg}}{342{,}0\cdot 10^{-3}\ \text{kg}\,\text{mol}^{-1}} = 0{,}029\ \text{mol}.$$

Volumen V_L der Lösung:

$$V_L = l \cdot A = l \cdot \pi r^2 = l \cdot \pi(d/2)^2 .$$

$$V_L = (7 \cdot 10^{-2}\ \text{m}) \cdot 3{,}142 \cdot [(5 \cdot 10^{-2}\ \text{m})/2]^2 = 137 \cdot 10^{-6}\ \text{m}^3 .$$

$$c_{B,0} = \frac{0{,}029\ \text{mol}}{137 \cdot 10^{-6}\ \text{m}^3} = \mathbf{212\ mol\,m^{-3}} .$$

Konzentration $c_{B,1}$ am Boden:

Da ein lineares Konzentrationsgefälle vorliegen und die Konzentration $c_{B,2}$ an der Oberfläche 0 betragen soll, gilt für die Konzentration $c_{B,1}$ am Boden:

$$c_{B,1} = 2 \cdot c_{B,0} = 2 \cdot 212\ \text{mol}\,\text{m}^{-3} = \mathbf{424\ mol\,m^{-3}} .$$

b) Stoffflussdichte j_B:

Die Stoffflussdichte j_B ergibt sich aus dem ersten FICKschen Gesetz:

$$j_B = -D_B \cdot \frac{dc_B}{dz} = -D_B \cdot \frac{\Delta c_B}{l} = -D_B \cdot \frac{c_{B,2} - c_{B,1}}{l} .$$

$$j_B = -(0{,}5 \cdot 10^{-9}\ \text{m}^2\,\text{s}^{-1}) \cdot \frac{0 - 424\ \text{mol}\,\text{m}^{-3}}{7 \cdot 10^{-2}\ \text{m}} = \mathbf{3{,}0 \cdot 10^{-6}\ mol\,m^{-2}\,s^{-1}} .$$

Driftgeschwindigkeit $v_{B,1}$:

Die Driftgeschwindigkeit $v_{B,1}$ kann mit Hilfe von Gleichung (20.5) berechnet werden:

$$j_B = c_{B,1} \cdot v_{B,1} \quad \Rightarrow$$

$$v_{B,1} = \frac{j_B}{c_{B,1}} = \frac{3{,}0 \cdot 10^{-6}\ \text{mol}\,\text{m}^{-2}\,\text{s}^{-1}}{424\ \text{mol}\,\text{m}^{-3}} = \mathbf{7{,}1 \cdot 10^{-9}\ m\,s^{-1}} .$$

c) Dauer Δt für den Konzentrationsausgleich:

Die Dauer Δt für den ungefähren Konzentrationsausgleich ergibt sich gemäß Gleichung (20.13) zu

$$\Delta t = \frac{l^2}{8D_B} = \frac{(7 \cdot 10^{-2}\ \text{m})^2}{8 \cdot (0{,}5 \cdot 10^{-9}\ \text{m}^2\,\text{s}^{-1})} = \mathbf{1225000\ s} \approx 14\ \text{Tage} .$$

2.20.4 Öl als Gleitmittel

Reibungskraft F_R:

Die zu überwindende Reibungskraft F_R wird durch das NEWTONsche Reibungsgesetz [Gl. (20.15)] beschrieben,

$$F_R = -\eta \cdot A \cdot \frac{\Delta v_x}{\Delta z},$$

wobei in unserem Fall einfach $\Delta v_x/\Delta z = v_0/d$ gilt:

$$F_R = -\eta \cdot A \cdot \frac{v_0}{d}.$$

$$F_R = -0{,}1\ \text{Pa s} \cdot 0{,}18\ \text{m}^2 \cdot \frac{0{,}3\ \text{m s}^{-1}}{0{,}1 \cdot 10^{-3}\ \text{m}} = -0{,}1\ \text{N m}^{-2}\ \text{s} \cdot 0{,}18\ \text{m}^2 \cdot \frac{0{,}3\ \text{m s}^{-1}}{0{,}1 \cdot 10^{-3}\ \text{m}} = -54\ \text{N}.$$

Es muss also eine Kraft $F = -F_R =$ **54 N** auf den Körper wirken, um die der Bewegung entgegengerichtete Reibungskraft zu überwinden.

2.20.5 Molekülradius und –volumen

a) Molekülradius r_B:

Zur Abschätzung des Molekülradius wird Gleichung (20.20) herangezogen:

$$D_B = \frac{k_B T}{6\pi \cdot \eta \cdot r_B},$$

wobei k_B die BOLTZMANN-Konstante bezeichnet. Auflösen nach r_B ergibt:

$$r_B = \frac{k_B T}{6\pi \cdot \eta \cdot D_B}.$$

Myoglobin:

$$r_{Myo} = \frac{k_B T}{6\pi \cdot \eta \cdot D_{Myo}} = \frac{(1{,}38 \cdot 10^{-23}\ \text{J K}^{-1}) \cdot 293\ \text{K}}{6 \cdot 3{,}142 \cdot (1{,}002 \cdot 10^{-3}\ \text{Pa s}) \cdot (0{,}113 \cdot 10^{-9}\ \text{m}^2\ \text{s}^{-1})} = \mathbf{1{,}9 \cdot 10^{-9}\ m}.$$

Einheitenanalyse:

$$\frac{\text{J K}^{-1}\ \text{K}}{\text{Pa s m}^2\ \text{s}^{-1}} = \frac{\text{N m}}{\text{N m}^{-2}\ \text{m}^2} = \text{m}.$$

Hämoglobin:

$$r_{Häm} = \frac{k_B T}{6\pi \cdot \eta \cdot D_{Häm}} = \frac{(1{,}38 \cdot 10^{-23}\ \text{J K}^{-1}) \cdot 293\ \text{K}}{6\pi \cdot (1{,}002 \cdot 10^{-3}\ \text{Pa s}) \cdot (0{,}069 \cdot 10^{-9}\ \text{m}^2\ \text{s}^{-1})} = \mathbf{3{,}1 \cdot 10^{-9}\ m}.$$

Molekülvolumen V_B:

Da Myoglobin- und Hämoglobinmoleküle annähernd Kugelgestalt aufweisen, ergibt sich das Molekülvolumen zu:

$$V_B = \frac{4}{3}\pi r_B^3.$$

Myoglobin:

$$V_{\text{Myo}} = \frac{4}{3}\pi r_{\text{Myo}}^3 = \frac{4}{3}\cdot 3{,}142\cdot(1{,}9\cdot 10^{-9}\ \text{m})^3 = \mathbf{2{,}9\cdot 10^{-26}\ m^3}.$$

Hämoglobin:

$$V_{\text{Häm}} = \frac{4}{3}\pi r_{\text{Häm}}^3 = \frac{4}{3}\cdot 3{,}142\cdot(3{,}1\cdot 10^{-9}\ \text{m})^3 = \mathbf{12{,}5\cdot 10^{-26}\ m^3}.$$

b) Das Volumenverhältnis von Hämoglobin- zu Myoglobin-Molekül beträgt

$$\frac{12{,}5\cdot 10^{-26}\ \text{m}^3}{2{,}9\cdot 10^{-26}\ \text{m}^3} = 4{,}3\,.$$

Da Hämoglobin aus vier Untereinheiten besteht, die ähnlich aufgebaut sind wie das monomere Myoglobin, macht das erhaltene Volumenverhältnis Sinn.

2.20.6 Sinken von Schadstoffpartikeln in Luft

a) Volumen V_P eines kugelförmigen Schadstoffpartikels:

$$V_\text{P} = \frac{4}{3}\pi r_\text{P}^3 = \frac{4}{3}\cdot 3{,}142\cdot(8\cdot 10^{-6}\ \text{m})^3 = 2{,}14\cdot 10^{-15}\ \text{m}^3\,.$$

Masse m_P eines Schadstoffpartikels:

$$\rho_\text{P} = \frac{m_\text{P}}{V_\text{P}} \quad\Rightarrow$$

$$m_\text{P} = \rho_\text{P}\cdot V_\text{P} = (2500\ \text{kg}\,\text{m}^{-3})\cdot(2{,}14\cdot 10^{-15}\ \text{m}^3) = 5{,}35\cdot 10^{-12}\ \text{kg}\,.$$

Sinkgeschwindigkeit υ_P der Schadstoffpartikel:

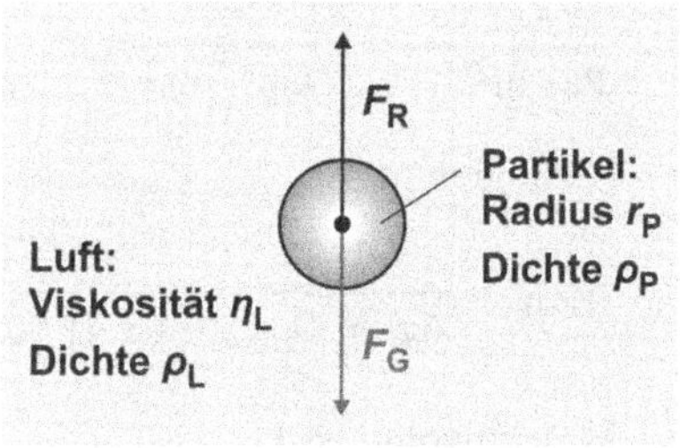

Der Schwerkraft F_G,

$$F_\text{G} = m_\text{P}\cdot g\,,$$

wirkt die STOKESsche Reibungskraft F_R [Gl. (20.18)],

$$F_\text{R} = 6\pi\cdot\eta_\text{L}\cdot r_\text{P}\cdot\upsilon_\text{P}\,,$$

entgegen. Beim (konstanten) Sinken gilt somit folgendes Kräftegleichgewicht:

$$F_\text{G} = -F_\text{R} \quad\Rightarrow$$

$$m_\text{P}\cdot g = -6\pi\cdot\eta_\text{L}\cdot r_\text{P}\cdot\upsilon_\text{P}\,.$$

Auflösen nach der gesuchten Sinkgeschwindigkeit υ_P ergibt:

$$v_P = -\frac{m_P \cdot g}{6\pi \cdot \eta_L \cdot r_P} = -\frac{(5{,}35 \cdot 10^{-12}\ \text{kg}) \cdot 9{,}8\ \text{m s}^{-2}}{6 \cdot 3{,}142 \cdot (18{,}5 \cdot 10^{-6}\ \text{Pa s}) \cdot (8 \cdot 10^{-6}\ \text{m})} = \mathbf{-0{,}019\ m\ s^{-1}}.$$

Einheitenanalyse:

$$\frac{\text{kg m s}^{-2}}{\text{Pa s m}} = \frac{\text{N}}{\text{N m}^{-2}\ \text{s m}} = \frac{\text{m}}{\text{s}}.$$

b) Falldauer Δt:

Für eine gleichförmige Bewegung gilt:

$$v = \frac{\Delta h}{\Delta t} \quad \Rightarrow$$

$$\Delta t = \frac{\Delta h}{v} = \frac{-50\ \text{m}}{-0{,}019\ \text{m s}^{-1}} = \mathbf{2630\ s} \approx 44\ \text{min}.$$

c) Auftriebskraft F_A:

Berücksichtigt man die Auftriebskraft, so ist das Kräftegleichgewicht folgendermaßen zu formulieren:

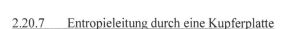

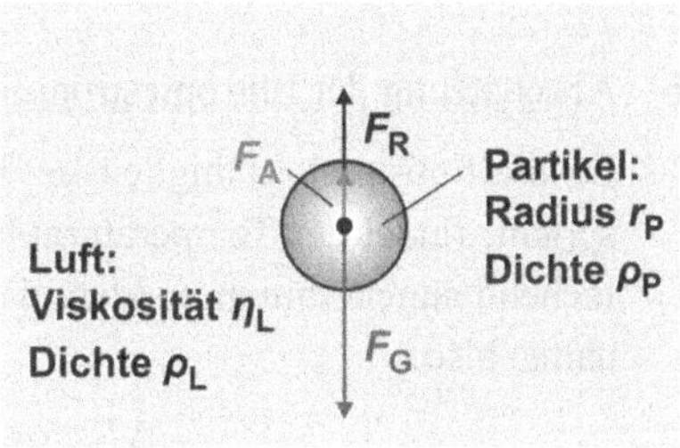

$$F_G = -F_R - F_A \quad \Rightarrow$$

$$F_G + F_A = -F_R.$$

Die Schwerkraft wird durch den Auftrieb des Partikels vermindert, was durch die folgende Beziehung zum Ausdruck gebracht werden kann:

$$F_G + F_A = (\rho_P \cdot V_P - \rho_L \cdot V_P) \cdot g = (\rho_P - \rho_L) \cdot V_P \cdot g.$$

Da die Dichte des Partikels mit 2500 kg m^{-3} mehr als zweitausendmal so groß wie die Dichte der Luft von 1,2 kg m^{-3} ist, ist die Auftriebskraft so klein, dass sie hier keine Rolle spielt.

2.20.7 Entropieleitung durch eine Kupferplatte

Entropiestromdichte j_S:

Die Entropiestromdichte j_S ist dem Temperaturgefälle $\mathrm{d}T/\mathrm{d}x$ proportional [FOURIERsches Gesetz; Gl. (20.22)],

$$j_S = -\sigma_S \cdot \frac{\mathrm{d}T}{\mathrm{d}x},$$

wobei σ_S die Entropieleitfähigkeit des Materials darstellt. Es soll ein lineares Temperaturgefälle bestehen, so dass wir schreiben können:

$$j_S = -\sigma_S \cdot \frac{\Delta T}{d} = -\sigma_S \cdot \frac{T_2 - T_1}{d}.$$

Für den fraglichen Temperaturbereich (Durchschnittstemperatur $T = 298$ K) können wir die Entropieleitfähigkeit für Kupfer aus Tabelle 20.5 im Lehrbuch „Physikalische Chemie“ verwenden:

$$j_S = -1{,}3\,\text{Ct}\,\text{K}^{-1}\,\text{s}^{-1}\,\text{m}^{-1} \cdot \frac{273\,\text{K} - 323\,\text{K}}{20 \cdot 10^{-3}\,\text{m}} = \mathbf{3250\,Ct\,s^{-1}\,m^{-2}}.$$

2.20.8* Entropieverlust bei Wohngebäuden †

a) Entropiestromdichte $j_{S,Z}$ für die nicht isolierte Wand:

Die Entropiestromdichte $j_{S,Z}$ für die nicht isolierte Wand lässt sich mit Hilfe des FOURIERschen Gesetzes berechnen [Gl. (20.22)]:

$$j_{S,Z} = -\sigma_{S,Z} \cdot \frac{\Delta T_{\text{ges}}}{d_Z} = -0{,}003\,\text{Ct}\,\text{K}^{-1}\,\text{s}^{-1}\,\text{m}^{-1} \cdot \frac{-20\,\text{K}}{12 \cdot 10^{-3}\,\text{m}} = \mathbf{5{,}0\,Ct\,s^{-1}\,m^{-1}}.$$

b) Abschätzung der Entropiestromdichte $j_{S,ZS,1}$ für die isolierte Wand:

Da die Entropieleitfähigkeit im Styropor weniger als $^1/_{20}$ von derjenigen in Ziegeln entspricht, findet der Temperaturabfall fast vollständig im Styropor statt; daher kann vereinfachend angenommen werden, dass die Wand nur aus den Styroporplatten besteht. Wir erhalten also:

$$j_{S,ZS,1} \approx j_{S,S} = -\sigma_{S,S} \cdot \frac{\Delta T_{\text{ges}}}{d_S} = -0{,}00013\,\text{Ct}\,\text{K}^{-1}\,\text{s}^{-1}\,\text{m}^{-1} \cdot \frac{-20\,\text{K}}{5 \cdot 10^{-3}\,\text{m}} = \mathbf{0{,}52\,Ct\,s^{-1}\,m^{-1}}.$$

c) Temperaturprofil über die isolierte Wand:

Der Entropiestrom, der durch das Styropor fließt ($J_{S,S}$) soll gleich dem Entropiestrom sein, der durch die Ziegel fließt ($J_{S,Z}$), d. h., es gilt

$$J_{S,S} = J_{S,Z} \quad \text{und damit}$$

$$-\sigma_{S,S} \cdot \frac{\Delta T_S}{d_S} = -\sigma_{S,Z} \cdot \frac{\Delta T_Z}{d_Z}.$$

Auflösen nach ΔT_S, der Temperaturänderung über die Styroporplatten, ergibt:

$$\Delta T_S = \frac{\sigma_{S,Z} \cdot d_S}{\sigma_{S,S} \cdot d_Z} \cdot \Delta T_Z = \frac{0{,}003\,\text{Ct}\,\text{K}^{-1}\,\text{s}^{-1}\,\text{m}^{-1} \cdot (5 \cdot 10^{-3}\,\text{m})}{0{,}00013\,\text{Ct}\,\text{K}^{-1}\,\text{s}^{-1}\,\text{m}^{-1} \cdot (12 \cdot 10^{-3}\,\text{m})} \cdot \Delta T_Z = 9{,}62 \cdot \Delta T_Z.$$

Der Temperaturunterschied zwischen innen und außen entspricht nun der Summe der Temperaturänderungen über die Ziegelwand und über die Styroporplatten:

$$\Delta T_{\text{ges}} = \Delta T_{\text{Z}} + \Delta T_{\text{S}} = \Delta T_{\text{Z}} + 9{,}62 \cdot \Delta T_{\text{Z}} = 10{,}62 \cdot \Delta T_{\text{Z}}.$$

Für die Temperaturänderung ΔT_{Z} über die Ziegelwand erhält man daher:

$$\Delta T_{\text{Z}} = \frac{\Delta T_{\text{ges}}}{10{,}62} = \frac{-20\ \text{K}}{10{,}62} = -1{,}88\ \text{K}.$$

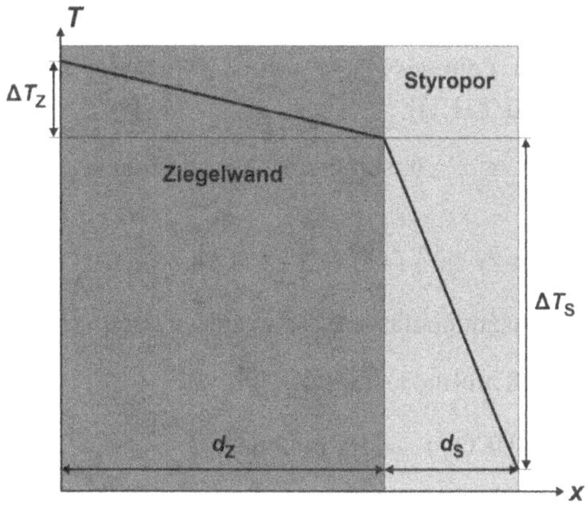

Entsprechend beträgt die Temperaturänderung ΔT_{S} über die Styroporplatten −18,12 K (siehe nebenstehende Abbildung).

Entropiestromdichte $j_{S,\text{ZS},2}$:

Wir können nun die Entropie-stromdichte $j_{S,\text{ZS},2}$ berechnen, indem wir die entsprechenden Daten in das FOURIERsche Gesetz für eine der beiden Schichten einsetzen (da ja $J_{S,\text{S}} = J_{S,\text{Z}}$ gelten soll):

$$j_{S,\text{ZS},2} = -\sigma_{S,\text{Z}} \cdot \frac{\Delta T_{\text{Z}}}{d_{\text{Z}}} = -0{,}003\ \text{Ct}\,\text{K}^{-1}\,\text{s}^{-1}\,\text{m}^{-1} \cdot \frac{-1{,}88\ \text{K}}{12 \cdot 10^{-3}\ \text{m}} = \mathbf{0{,}47\ Ct\,s^{-1}\,m^{-1}}.$$

Dieser Wert liegt ca. 10 % unter dem Schätzwert aus b), so dass die Näherung noch akzeptabel ist. Ein Vergleich mit dem Wert für die nicht isolierte Wand zeigt, dass der Entropieverlust durch die Isolation auf ca. $1/10$ des ursprünglichen Wertes abgesenkt werden kann.

2.21 Elektrolytlösungen

2.21.1 Leitfähigkeit von Leitungswasser

a) Konzentration $c(HCO_3^-)$ der Hydrogencarbonationen:

Im Leitungswasser gilt, wie in jeder Elektrolytlösung, die Elektroneutralitätsbedingung [Gl. (21.1)]:

$\sum_i z_i c_i = 0$, summiert über alle Ionenarten i, d. h.

$$[(+2)\cdot 1,0+(+2)\cdot 0,2+1\cdot 0,5+(-2)\cdot 0,3+(-1)\cdot 0,5]\,\text{mol}\,\text{m}^{-3}+(-1)\cdot c(\text{HCO}_3^-) = 0.$$

Zusammenfassen und Auflösen nach $c(HCO_3^-)$ ergibt:

$$1,8\,\text{mol}\,\text{m}^{-3} - c(\text{HCO}_3^-) = 0$$

$$c(\text{HCO}_3^-) = \mathbf{1,8\,mol\,m^{-3}}.$$

b) Spezifische Leitfähigkeit σ des Leitungswasser bei 25 °C:

Die in der Aufgabe vorgegebene Tabelle kann mit Hilfe von Tabelle 21.2 im Lehrbuch ergänzt werden:

	Ca^{2+}	Mg^{2+}	Na^+	SO_4^{2-}	Cl^-	HCO_3^-
$c\,/\,\text{mol}\,\text{m}^{-3}$	1,0	0,2	0,5	0,3	0,5	1,8
$u\,/\,10^{-8}\,\text{m}^2\,\text{V}^{-1}\,\text{s}^{-1}$	6,2	5,5	5,2	−8,3	−7,9	−4,6

Zur Berechnung der spezifischen Leitfähigkeit des Leitungswassers wird die „Vierfaktorenformel" [Gl. (21.26)] herangezogen:

$$\sigma = \sum_i z_i \mathcal{F}\cdot c_i\cdot u_i = \mathcal{F}\cdot\sum_i z_i\cdot c_i\cdot u_i\,.$$

$$\sigma = 96485\,\text{C}\,\text{mol}^{-1}\cdot[(+2)\cdot 1,0\cdot 6,2+(+2)\cdot 0,2\cdot 5,5+(+1)\cdot 0,5\cdot 5,2+(-2)\cdot 0,3\cdot(-8,3)+ (-1)\cdot 0,5\cdot(-7,9)+(-1)\cdot 1,8\cdot(-4,6)]\cdot 10^{-8}\,\text{mol}\,\text{m}^{-1}\,\text{V}^{-1}\,\text{s}^{-1}$$

$$\sigma = 96485\,\text{A}\,\text{s}\,\text{mol}^{-1}\cdot(34,41\cdot 10^{-8}\,\text{mol}\,\text{m}^{-1}\,\text{V}^{-1}\,\text{s}^{-1})$$

$$= 0,033\,\text{A}\,\text{V}^{-1}\,\text{m}^{-1} = \mathbf{0,033\,S\,m^{-1}}.$$

c)* Spezifische Leitfähigkeit σ des Leitungswassers bei 100 °C:

Pro Temperaturerhöhung um ein Grad ändert sich die spezifische Leitfähigkeit um 2 %, d. h., es gilt:

$$\sigma(373\,\text{K}) = \sigma(298\,\text{K})\cdot(1{,}02)^{373-298} = \sigma(298\,\text{K})\cdot(1{,}02)^{75} = 0{,}033\,\text{S}\,\text{m}^{-1}\cdot 4{,}4$$
$$= \mathbf{0{,}15\,S\,m^{-1}}\,.$$

2.21.2 Wanderung von Zn^{2+}-Ionen

a) Elektrische Beweglichkeit u von Zn^{2+}-Ionen:

Die elektrische Beweglichkeit u der Zn^{2+}-Ionen ergibt sich anhand von Gleichung (21.11),

$$v = u\cdot E\,,\ \text{zu}$$

$$u = \frac{v}{E} = \frac{2{,}74\cdot 10^{-5}\,\text{m}\,\text{s}^{-1}}{500\,\text{V}\,\text{m}^{-1}} = 5{,}5\cdot 10^{-8}\,\text{m}^2\,\text{V}^{-1}\,\text{s}^{-1}\,.$$

Radius r des hydratisierten Zn^{2+}-Ions:

Der Radius r des hydratisierten Zn^{2+}-Ions lässt sich mit Hilfe von Gleichung (21.14) abschätzen:

$$u = \frac{z\cdot e_0}{6\pi\cdot\eta\cdot r} \quad\Rightarrow$$

$$r = \frac{z\cdot e_0}{6\pi\cdot\eta\cdot u} = \frac{(+2)\cdot(1{,}60\cdot 10^{-19}\,\text{C})}{6\cdot 3{,}142\cdot(0{,}890\cdot 10^{-3}\,\text{Pa}\,\text{s})\cdot(5{,}5\cdot 10^{-8}\,\text{m}^2\,\text{V}^{-1}\,\text{s}^{-1})} = \mathbf{3{,}5\cdot 10^{-10}\,m}\,.$$

Einheitenanalyse:

$$\frac{\text{C}}{\text{Pa}\,\text{s}\,\text{m}^2\,\text{V}^{-1}\,\text{s}^{-1}} = \frac{\text{A}\,\text{s}\,\text{V}}{\text{N}\,\text{m}^{-2}\,\text{m}^2} = \frac{\text{N}\,\text{m}}{\text{N}} = \text{m}\,.$$

Zwischen den Einheiten der elektrischen Energie $W = U\cdot I\cdot\Delta t$ bestehen dabei die folgenden Beziehungen: 1 V A s = 1 J = 1 N m.

b) Diffusionskoeffizient D des hydratisierten Zn^{2+}-Ions:

Zur Abschätzung des Diffusionskoeffizienten D des hydratisierten Zn^{2+}-Ions können wir auf die EINSTEIN-SMOLUCHOWSKI-Gleichung [Gl. (20.11)],

$$D = \omega RT\,,$$

und die Definitionsgleichung der elektrischen Beweglichkeit u,

$$u = \omega z\mathcal{F}\,,$$

zurückgreifen. Aus der Kombination beider Beziehungen erhält man:

$$D = \frac{u}{z\cdot\mathcal{F}}\cdot RT = \frac{5{,}5\cdot 10^{-8}\,\text{m}^2\,\text{V}^{-1}\,\text{s}^{-1}}{(+2)\cdot 96485\,\text{C}\,\text{mol}^{-1}}\cdot 8{,}314\,\text{G}\,\text{K}^{-1}\cdot 298\,\text{K} = \mathbf{7{,}1\cdot 10^{-10}\,m^2\,s^{-1}}\,.$$

Einheitenanalyse:

$$\frac{\text{m}^2\,\text{V}^{-1}\,\text{s}^{-1}}{\text{C}\,\text{mol}^{-1}}\,\text{G}\,\text{K}^{-1}\,\text{K} = \frac{\text{m}^2\,\text{s}^{-1}}{\text{V}\,\text{A}\,\text{s}\,\text{mol}^{-1}}\,\text{J}\,\text{mol}^{-1} = \text{m}^2\,\text{s}^{-1}\,.$$

2.21.3 Dissoziation der Ameisensäure in wässriger Lösung

a) Bestimmung der Zellkonstante Z:

Wir gehen von der Gleichung

$$R_E = \rho_E \cdot Z = \frac{1}{\sigma_E} \cdot Z$$ [vgl. Gl. (21.25)] aus und erhalten damit

$$Z = R_E \cdot \sigma_E = 40,0\,\Omega \cdot 1,288\,\mathrm{S\,m^{-1}} = 40,0\,\mathrm{S^{-1}} \cdot 1,288\,\mathrm{S\,m^{-1}} = \mathbf{51,52\,m^{-1}}.$$

b) Spezifische Leitfähigkeit σ der Ameisensäurelösung:

Es gilt wieder:

$$R = \frac{1}{\sigma} \cdot Z \quad \Rightarrow$$

$$\sigma = \frac{1}{R} \cdot Z = \frac{1}{1026,3\,\Omega} \cdot 51,52\,\mathrm{m^{-1}} = \mathbf{0,050200\,S\,m^{-1}}.$$

Molare Leitfähigkeit Λ der Ameisensäurelösung:

Zwischen spezifischer und molarer Leitfähigkeit besteht der folgende Zusammenhang [Gl. (21.28)]:

$$\Lambda = \frac{\sigma}{c} = \frac{0,050200\,\mathrm{S\,m^{-1}}}{10\,\mathrm{mol\,m^{-3}}} = 5,020 \cdot 10^{-3}\,\mathrm{S\,m^2\,mol^{-1}} = \mathbf{5,020\,mS\,m^2\,mol^{-1}}.$$

c) Dissoziationsgrad α:

Der Dissoziationsgrad α ergibt sich gemäß Gleichung (21.42) zu

$$\alpha = \frac{\Lambda}{\Lambda^0} = \frac{5,020 \cdot 10^{-3}\,\mathrm{S\,m^2\,mol^{-1}}}{40,43 \cdot 10^{-3}\,\mathrm{S\,m^2\,mol^{-1}}} = \mathbf{0,124}.$$

Gleichgewichtskonstante $K_c^\ominus$:

Betrachtet wird die Dissoziation der Ameisensäure in Wasser,

$$\mathrm{HCOOH|w} \rightleftarrows \mathrm{H^+|w + HCOO^-|w}.$$

Unter Anwendung des OSTWALDschen Verdünnungsgesetzes [Gl. (21.41)] errechnet sich die Gleichgewichtskonstante $K_c^\ominus$ zu:

$$K_c^\ominus = \frac{\alpha^2}{(1-\alpha)} \cdot c = \frac{(0,124)^2}{(1-0,124)} \cdot 10\,\mathrm{mol\,m^{-3}} = \mathbf{0,176\,mol\,m^{-3}}.$$

Gleichgewichtszahl $\mathcal{K}_c^\ominus$:

Zur Umrechnung der herkömmlichen Gleichgewichtskonstanten $K_c^\ominus$ in die Gleichgewichtszahl $\mathcal{K}_c^\ominus$ wird Gleichung (6.20) herangezogen,

$$\overset{\circ}{K}_c^{\ominus} = \kappa \mathcal{K}_c^{\ominus}, \quad \text{wobei} \quad \kappa = (c^{\ominus})^{\nu_c} \quad \text{mit} \quad \nu_c = \nu_\mathrm{B} + \nu_{\mathrm{B}'} + \ldots + \nu_\mathrm{D} + \nu_{\mathrm{D}'} + \ldots .$$

Im vorliegenden Fall ist $\nu_c = -1 + 1 + 1 = +1$ und damit $\kappa = (1\ \mathrm{kmol\,m^{-3}})^1 = 1\ \mathrm{kmol\,m^{-3}}$. Auflösen der Gleichung nach der gesuchten Gleichgewichtszahl $\mathcal{K}_c^{\ominus}$ ergibt:

$$\mathcal{K}_c^{\ominus} = \frac{\overset{\circ}{K}_c^{\ominus}}{\kappa} = \frac{0{,}176\ \mathrm{mol\,m^{-3}}}{1 \cdot 10^3\ \mathrm{mol\,m^{-3}}} = 1{,}76 \cdot 10^{-4}.$$

d) Normwert $\mu_\mathrm{p}^{\ominus}$ des Protonenpotenzials des Säure-Base-Paares Ameisensäure/Formiat:

Die Dissoziation der Ameisensäure in Wasser kann im Sinne BRØNSTEDs auch als Protonenübertragung von der Ameisensäure auf das Wasser aufgefasst werden:

$$\mathrm{HCOOH|w} + \mathrm{H_2O|w} \rightleftarrows \mathrm{H_3O^+|w} + \mathrm{HCOO^-|w}.$$

Das Protonenpotenzial $\mu_\mathrm{p}^{\ominus}(\mathrm{HCOOH/HCOO^-})$ ergibt sich dann gemäß Gleichung (7.8) zu:

$$\mu_\mathrm{p}^{\ominus}(\mathrm{HCOOH/HCOO^-}) - \mu_\mathrm{p}^{\ominus}(\mathrm{H_3O^+/H_2O}) = RT \ln \frac{c_\mathrm{r}(\mathrm{HCOO^-}) \cdot c_\mathrm{r}(\mathrm{H_3O^+})}{c_\mathrm{r}(\mathrm{HCOOH})}.$$

Das Protonenpotenzial $\mu_\mathrm{p}^{\ominus}(\mathrm{H_3O^+/H_2O})$ ist gleich 0 und das Argument des Logarithmus entspricht der Gleichgewichtszahl $\mathcal{K}_c^{\ominus}$. Wir erhalten also für den Normwert des Protonenpotenzials:

$$\mu_\mathrm{p}^{\ominus}(\mathrm{HCOOH/HCOO^-}) = RT \ln \mathcal{K}_c^{\ominus}.$$

$$\mu_\mathrm{p}^{\ominus}(\mathrm{HCOOH/HCOO^-}) = 8{,}314\ \mathrm{G\,K^{-1}} \cdot 298\ \mathrm{K} \cdot \ln(1{,}76 \cdot 10^{-4}) = -21400\ \mathrm{G} = \mathbf{-21{,}4\ kG}.$$

Es handelt sich demgemäß, wie zu erwarten, um ein schwaches Säure-Base-Paar (siehe auch Tabelle 7.2).

Protonenpotenzial μ_p in der Ameisensäure-Lösung:

Für das Protonenpotenzial eines schwachen Säure-Base-Paares wie Ameisensäure/Formiat, gelöst in reinem Wasser, gilt die folgende Beziehung [vgl. Gl. (7.6)]:

$$\mu_\mathrm{p} = \tfrac{1}{2} \cdot \left\{\mu_\mathrm{p}^{\ominus}(\mathrm{HCOOH/HCOO^-}) + \mu_\mathrm{p}^{\ominus}(\mathrm{H_3O^+/H_2O}) + RT \ln[c(\mathrm{HCOOH})/c^{\ominus}]\right\}.$$

Der Dissoziationsgrad α der vorliegenden Ameisensäure ergab sich zu 0,124, d. h., der dissoziierte Anteil liegt mit 12,4 % deutlich über 5 %. Die in Abschnitt 7.2 verwendete Näherung, dass der undissozierte Anteil $c(\mathrm{Ad})$ gleich der Anfangskonzentration c_0 gesetzt werden kann, ist hier nicht mehr zulässig. Es ist stattdessen die Konzentration $c(\mathrm{HCOOH}) = (1-\alpha) \cdot c_0 = (1-0{,}124) \cdot 0{,}010\ \mathrm{kmol\,m^{-3}} = 0{,}00876\ \mathrm{kmol\,m^{-3}}$ einzusetzen:

$$\mu_\mathrm{p} = \tfrac{1}{2} \cdot \left[-21{,}4 \cdot 10^3\ \mathrm{G} + 0\ \mathrm{G} + 8{,}314\ \mathrm{G\,K^{-1}} \cdot 298\ \mathrm{K} \cdot \ln(0{,}00876\ \mathrm{kmol\,m^{-3}}/1\ \mathrm{kmol\,m^{-3}})\right]$$

$$= -16600\ \mathrm{G} = \mathbf{-16{,}6\ kG}.$$

2.21.4* Löslichkeitsprodukt von Bleisulfat

Spezifische Leitfähigkeit σ der gesättigten $PbSO_4$-Lösung:

Auch hier gilt:

$$\sigma = \frac{1}{R} \cdot Z = \frac{1}{10340\,\Omega} \cdot 51{,}52\,\mathrm{m}^{-1} = 49{,}83 \cdot 10^{-4}\,\mathrm{S\,m}^{-1}\,.$$

Sättigungskonzentration c_{sd}:

Ausgangspunkt ist Gleichung (21.28):

$$\Lambda = \frac{\sigma}{c}\,.$$

Da $PbSO_4$ zu den schwerlöslichen Salzen gehört, ist seine gesättigte Lösung so verdünnt, dass die molare Leitfähigkeit Λ der Lösung mit der molaren Grenzleitfähigkeit Λ^0 gleichgesetzt werden kann. Diese setzt sich wiederum aus den auf die beiden Ionenarten entfallenden Anteilen zusammen, $\Lambda^0 = \Lambda^0(Pb^{2+}) + \Lambda^0(SO_4^{2-})$ [vgl. Gl. (21.35)]. Außerdem ist die spezifische Leitfähigkeit σ der Lösung um die spezifische Leitfähigkeit σ_W des Wassers zu korrigieren. Wir erhalten also:

$$\Lambda^0(Pb^{2+}) + \Lambda^0(SO_4^{2-}) = \frac{\sigma - \sigma_W}{c_{sd}} \quad \Rightarrow$$

$$c_{sd} = \frac{\sigma - \sigma_W}{\Lambda^0(Pb^{2+}) + \Lambda^0(SO_4^{2-})}\,.$$

$$c_{sd} = \frac{(49{,}83 \cdot 10^{-4}\,\mathrm{S\,m}^{-1}) - (1{,}80 \cdot 10^{-4}\,\mathrm{S\,m}^{-1})}{(142 \cdot 10^{-4}\,\mathrm{S\,m}^2\,\mathrm{mol}^{-1}) + (160 \cdot 10^{-4}\,\mathrm{S\,m}^2\,\mathrm{mol}^{-1})} = 0{,}1590\,\mathrm{mol\,m}^{-3}\,.$$

Löslichkeitsprodukt $\mathcal{K}_{sd}^{\ominus}$ von $PbSO_4$:

Das Löslichkeitsprodukt $\mathcal{K}_{sd}^{\ominus}$ von $PbSO_4$ ergibt sich gemäß Abschnitt 6.6 zu

$$\mathcal{K}_{sd}^{\ominus} = c_r(Pb^{2+}) \cdot c_r(SO_4^{2-}) = (c_{sd}/c^{\ominus})^2\,.$$

$$\mathcal{K}_{sd}^{\ominus} = [(0{,}1590 \cdot 10^{-3}\,\mathrm{kmol\,m}^{-3})/1\,\mathrm{kmol\,m}^{-3}]^2 = \mathbf{2{,}53 \cdot 10^{-8}}\,.$$

2.21.5 Molare Grenzleitfähigkeit von Silberbromid

Molare Grenzleitfähigkeit Λ^0 von AgBr:

Zur Bestimmung der molaren Grenzleitfähigkeit des AgBr wird das Gesetz von der unabhängigen Ionenwanderung [Gl. (21.31)] herangezogen. Durch geschickte Kombination,

$$\Lambda^0(AgBr) = \Lambda^0(Ag^+) + \Lambda^0(Br^-) + \Lambda^0(Na^+) - \Lambda^0(Na^+) + \Lambda^0(NO_3^-) - \Lambda^0(NO_3^-)\,,$$

lässt sich der gesuchte Wert aus den gegebenen molaren Grenzleitfähigkeiten berechnen:

$$\Lambda^{\emptyset}(\mathrm{AgBr}) = \Lambda^{\emptyset}(\mathrm{AgNO_3}) + \Lambda^{\emptyset}(\mathrm{NaBr}) - \Lambda^{\emptyset}(\mathrm{NaNO_3}) .$$

$$\Lambda^{\emptyset}(\mathrm{AgBr}) = [13{,}33 + 12{,}82 - 12{,}15] \cdot 10^{-3}\ \mathrm{S\,m^2\,mol^{-1}} = \mathbf{14{,}00 \cdot 10^{-3}\ S\,m^2\,mol^{-1}} .$$

2.21.6 Experimentelle Bestimmung der molaren Grenzleitfähigkeit

a) Zur Überprüfung, um welche Art von Elektrolyt es sich handelt, eignet sich das KOHLRAUSCHsche Quadratwurzelgesetz [Gl. (21.38)],

$$\Lambda = \Lambda^{\emptyset} - b\sqrt{c} ,$$

das für hinreichend verdünnte, starke Elektrolyte gilt. Im Falle eines starken Elektrolyten sollte man daher bei einer Auftragung von Λ gegen $\sqrt{c}$ bei nicht zu hohen Konzentrationen einen linearen Zusammenhang erhalten. Zunächst muss daher für jede Konzentration die spezifische Leitfähigkeit σ,

$$\sigma = \frac{1}{R} \cdot Z ,$$

und daraus dann die molare Leitfähigkeit Λ bestimmt werden:

$$\Lambda = \frac{\sigma}{c} .$$

$\sqrt{c}$ / mmol$^{1/2}$ m$^{-3/2}$	7,07	4,47	3,16	2,24	1,00	0,71
σ / S m^{-1}	0,3846	0,1625	0,08376	0,04286	0,00885	0,00446
Λ / mS m^2 mol^{-1}	7,69	8,13	8,38	8,57	8,85	8,92

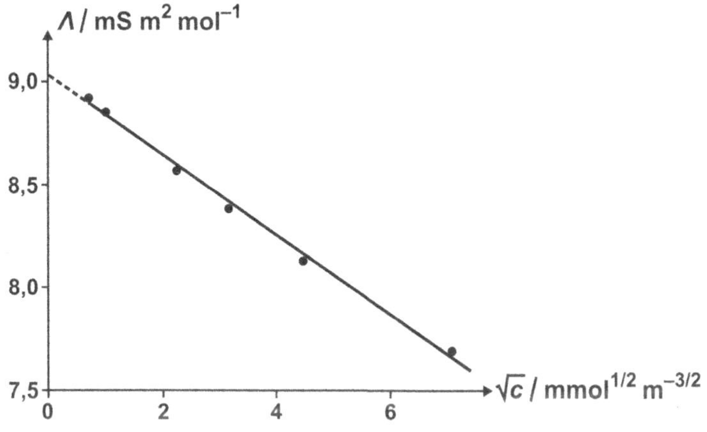

Es wird tatsächlich ein linearer Zusammenhang erhalten, d. h., es handelt sich um einen starken Elektrolyten.

b) Grenzleitfähigkeit $\Lambda^{\emptyset}$:

Die Grenzleitfähigkeit $\Lambda^{\emptyset}$ des Elektrolyten kann nach Extrapolation aus dem Ordinatenabschnitt der Geraden bestimmt werden. Aus dem Diagramm oder durch lineare Regression erhalten wir einen Ordinatenabschnitt b von 9,02 mS $m^2 \, mol^{-1}$. Dieser entspricht der Grenzleitfähigkeit $\Lambda^{\ominus}$.

2.21.7 Wanderung des Permanganations im elektrischen Feld

Molare Grenzleitfähigkeit $\Lambda^{\ominus}$ des MnO_4^--Ions:

Für die molare Ionenleitfähigkeit Λ_i gilt [Gl. (21.29)]:

$$\Lambda_i = z_i \cdot u_i \cdot \mathcal{F} .$$

Unter Berücksichtigung der Beziehung

$$v = u \cdot \frac{U}{l}$$

[Gl. (21.16)] erhält man

$$\Lambda_i = z_i \cdot v_i \cdot \frac{l}{U} \cdot \mathcal{F} .$$

Für die molare Leitfähigkeit Λ_- des MnO_4^--Ions ergibt sich also:

$$\Lambda_- = (-1) \cdot (-8,5 \cdot 10^{-6} \, m \, s^{-1}) \cdot \frac{0,15 \, m}{20 \, V} \cdot 96485 \, C \, mol^{-1} = 61,5 \cdot 10^{-4} \, S \, m^2 \, mol^{-1} .$$

Die molare Leitfähigkeit Λ_- soll in erster Näherung gleich der molaren Grenzleitfähigkeit $\Lambda_-^{\ominus}$ des MnO_4^--Ions sein.

Überführungszahl $t_-^{\ominus}$ des MnO_4^--Ions:

Die Überführungszahl $t_-^{\ominus}$ des MnO_4^--Ions ergibt sich in Analogie zu Gleichung (21.55) zu:

$$t_-^{\ominus} = \frac{\nu_- \Lambda_-^{\ominus}}{\Lambda^{\ominus}} = \frac{\nu_- \Lambda_-^{\ominus}}{\Lambda_+^{\ominus} + \Lambda_-^{\ominus}} = \frac{1 \cdot (61,5 \cdot 10^{-4} \, S \, m^2 \, mol^{-1})}{(73,5 + 61,5) \cdot 10^{-4} \, S \, m^2 \, mol^{-1}} = \mathbf{0,46} .$$

2.21.8 HITTORFsche Überführungszahlen

a) Überführungszahl t_+ des H^+-Ions:

Die Überführungszahl t_+ kann mit Hilfe von Gleichung (21.68) aus den Konzentrationsänderungen im Kathodenraum (KR) und Anodenraum (AR) berechnet werden:

$$t_+ = \frac{\Delta c_{AR}}{\Delta c_{KR} + \Delta c_{AR}} .$$

Konzentrationsänderung Δc_{KR} im Kathodenraum:

$$\Delta c_{KR} = c_{KR} - c_0 = 97,9 \, mol \, m^{-3} - 100 \, mol \, m^{-3} = -2,1 \, mol \, m^{-3} .$$

Konzentrationsänderung Δc_{AR} im Anodenraum:

$$\Delta c_{AR} = c_{AR} - c_0 = 90{,}4\ \text{mol m}^{-3} - 100\ \text{mol m}^{-3} = -9{,}6\ \text{mol m}^{-3}.$$

$$t_+ = \frac{-9{,}6\ \text{mol m}^{-3}}{(-2{,}1\ \text{mol m}^{-3}) + (-9{,}6\ \text{mol m}^{-3})} = \mathbf{0{,}821}.$$

Überführungszahl t_- des Cl^--Ions:

Ganz analog ergibt sich die Überführungszahl t_- gemäß Gleichung (21.67) zu:

$$t_- = \frac{\Delta c_{KR}}{\Delta c_{KR} + \Delta c_{AR}} = \frac{-2{,}1\ \text{mol m}^{-3}}{(-2{,}1\ \text{mol m}^{-3}) + (-9{,}6\ \text{mol m}^{-3})} = \mathbf{0{,}179}.$$

b) Ionenleitfähigkeit Λ_+^0 des H^+-Ions bei unendlicher Verdünnung:

Aus der Überführungszahl t_+ kann mit Hilfe von Gleichung (21.54) bzw. (21.55) die Ionenleitfähigkeit des Kations bestimmt werden. Dabei gehen wir vereinfachend davon aus, dass die in der Teilaufgabe a) ermittelte Überführungszahl t_+ näherungsweise t_+^0 entspricht.

$$t_+^0 = \frac{\nu_+ \Lambda_+^0}{\Lambda^0} \quad \Rightarrow$$

$$\Lambda_+^0 = \frac{t_+^0 \cdot \Lambda^0}{\nu_+} = \frac{0{,}821 \cdot (426{,}0 \cdot 10^{-4}\ \text{S m}^2\ \text{mol}^{-1})}{1} = \mathbf{349{,}7 \cdot 10^{-4}\ S\ m^{-2}\ mol^{-1}}.$$

Ionenleitfähigkeit Λ_-^0 des Cl^--Ions bei unendlicher Verdünnung:

Ganz analog kann die Ionenleitfähigkeit des Anions ermittelt werden:

$$\Lambda_-^0 = \frac{t_-^0 \cdot \Lambda^0}{\nu_-} = \frac{0{,}179 \cdot (426{,}0 \cdot 10^{-4}\ \text{S m}^{-2}\ \text{mol}^{-1})}{1} = \mathbf{76{,}3 \cdot 10^{-4}\ S\ m^{-2}\ mol^{-1}}.$$

2.21.9* HITTORFsche Überführungszahlen für Fortgeschrittene

Gesamtladung Q, die transportiert wird:

Lässt man einen Strom I für die Zeitdauer Δt durch die Zelle fließen, so wird insgesamt die folgende Ladung transportiert:

$$Q = I \cdot \Delta t = (80 \cdot 10^{-3}\ \text{A}) \cdot 3600\ \text{s} = 288\ \text{C}.$$

Masse $m_{KR,0}$ an KOH im Kathodenraum (KR) vor der Elektrolyse:

Die Masse $m_{KR,0}$ an KOH lässt sich aus dem Massenanteil w leicht berechnen [siehe Gl. (1.8)]:

$$w_0(\mathrm{KOH}) = \frac{m_{\mathrm{KR},0}(\mathrm{KOH})}{m_{\mathrm{ges}}} \quad \Rightarrow$$

$$m_{\mathrm{KR},0}(\mathrm{KOH}) = w_0(\mathrm{KOH}) \cdot m_{\mathrm{ges}} = 0{,}002 \cdot (100{,}00 \cdot 10^{-3}\ \mathrm{kg}) = 0{,}200 \cdot 10^{-3}\ \mathrm{kg}\ .$$

Masse m_{KR} an KOH im Kathodenraum nach der Elektrolyse:

Rechnet man den Analysenwert nach der Elektrolyse von $25{,}00 \cdot 10^{-3}$ kg an Lösung auf $100{,}00 \cdot 10^{-3}$ kg um, so erhält man

$$m_{\mathrm{KR}}(\mathrm{KOH}) = (0{,}0615 \cdot 10^{-3}\ \mathrm{kg}) \cdot 4 = 0{,}246 \cdot 10^{-3}\ \mathrm{kg}\ .$$

Massenänderung Δm_{KR} der KOH im Kathodenraum:

Die Massenänderung Δm_{KR} der KOH im Kathodenraum ergibt sich zu:

$$\Delta m_{\mathrm{KR}}(\mathrm{KOH}) = m_{\mathrm{KR}}(\mathrm{KOH}) - m_{\mathrm{KR},0}(\mathrm{KOH})\ .$$

$$\Delta m_{\mathrm{KR}}(\mathrm{KOH}) = (0{,}246 \cdot 10^{-3}\ \mathrm{kg}) - (0{,}200 \cdot 10^{-3}\ \mathrm{kg}) = 0{,}046 \cdot 10^{-3}\ \mathrm{kg}\ .$$

Stoffmengenänderung $\Delta n_{\mathrm{KR}}^{+}$ der K^+-Ionen im Kathodenraum:

Die Stoffmengenänderung $\Delta n_{\mathrm{KR}}^{+}$ der K^+-Ionen im Kathodenraum entspricht der Stoffmengenänderung Δn_{KR} an KOH:

$$\Delta n_{\mathrm{KR}}^{+} = \Delta n_{\mathrm{KR}}(\mathrm{KOH}) = \frac{\Delta m_{\mathrm{KR}}(\mathrm{KOH})}{M(\mathrm{KOH})} = \frac{0{,}046 \cdot 10^{-3}\ \mathrm{kg}}{56{,}1 \cdot 10^{-3}\ \mathrm{kg\,mol^{-1}}} = 8{,}2 \cdot 10^{-4}\ \mathrm{mol}\,.$$

Ladungsmenge Q_+, die durch die K^+-Ionen transportiert wird:

Da die K^+-Ionen an der Kathode nicht entladen werden, muss nur die Zunahme ihrer Menge im Kathodenraum durch Einwandern aus dem Anodenraum berücksichtigt werden, d. h., es gilt:

$$\Delta n_{\mathrm{KR}}^{+} = \frac{Q_+}{z_+ \mathcal{F}} \quad \Rightarrow$$

$$Q_+ = z_+ \mathcal{F} \cdot \Delta n_{\mathrm{KR}}^{+} = (+1) \cdot 96495\ \mathrm{C\,mol^{-1}} \cdot (8{,}2 \cdot 10^{-4}\ \mathrm{mol}) = 79{,}1\ \mathrm{C}\,.$$

Überführungszahl t_+ des K^+-Ions:

Die Überführungszahl t_+ des K^+-Ions gibt nun den Anteil des Gesamtstromes I [Gl. (21.50)] und damit auch der Gesamtladung Q an, der durch diese Ionenart transportiert wird:

$$t_+ = \frac{I_+}{I} = \frac{Q_+}{Q} = \frac{79{,}1\ \mathrm{C}}{288\ \mathrm{C}} = \mathbf{0{,}275}\ .$$

Überführungszahl t_- des OH^--Ions:

Die Überführungszahl t_- des OH^--Ions kann mit Hilfe von Gleichung (21.52) berechnet werden:

$$t_{+} + t_{-} = 1 \quad \Rightarrow$$

$$t_{-} = 1 - t_{+} = 1 - 0{,}275 = \mathbf{0{,}725}\,.$$

2.22 Elektrodenreaktionen und Galvanispannungen

2.22.1 Elektronenpotenzial

Umsatzformel: $NO|g + 2\,H_2O|l \rightarrow NO_3^-|w + 4\,H^+|w + 3\,e^-$

$\mu^\ominus/\text{kG}$: $+87{,}6 \quad 2\cdot(-237{,}1) \quad -108{,}7 \quad 4\cdot 0$

Elektronenpotenzial $\mu_e^\ominus$ des Redoxsystems:

Der Normwert des Elektronenpotenzials eines Redoxsystems Rd/Ox ergibt sich in Anlehnung an Gleichung (22.18) zu

$$\mu_e^\ominus(\text{Rd/Ox}) := \frac{1}{\nu_e}\left[\mu_{\text{Rd}}^\ominus - \mu_{\text{Ox}}^\ominus\right].$$

Sowohl das Reduktions- als auch das Oxidationsmittel stellt im vorliegenden Fall eine Stoffkombination dar, d. h., es gilt:

$$\mu_{\text{Rd}}^\ominus = \nu_{\text{Rd}'}\mu_{\text{Rd}'}^\ominus + \nu_{\text{Rd}''}\mu_{\text{Rd}''}^\ominus = \{[1\cdot 87{,}6]+[2\cdot(-237{,}1)]\}\ \text{kG} = \mathbf{-386{,}6\ kG}.$$

$$\mu_{\text{Ox}}^\ominus = \nu_{\text{Ox}'}\mu_{\text{Ox}'}^\ominus + \nu_{\text{Ox}''}\mu_{\text{Ox}''}^\ominus = \{[1\cdot(-108{,}7)+[4\cdot 0]\}\ \text{kG} = \mathbf{-108{,}7\ kG}.$$

Für den Normwert des Elektronenpotenzials erhalten wir also

$$\mu_e^\ominus(\text{Rd/Ox}) = \frac{1}{3}\left[(-386{,}6\ \text{kG})-(-108{,}7\ \text{kG})\right] = \mathbf{-92{,}6\ kG}.$$

2.22.2 Gleichgewichtsgalvanispannung und Differenz der chemischen Potenziale

Differenz der chemischen Potenziale der Zinkionen in Metall und Lösung:

Die Galvanispannung $U_{\text{Me}\rightarrow\text{L}}$ ergibt sich gemäß Gleichung (22.12) allgemein zu:

$$U_{\text{Me}\rightarrow\text{L}} = -\frac{\mathcal{A}_\text{J}(\text{J}|\text{m} \rightarrow \text{J}|\text{d})}{z_\text{J}\mathcal{F}}.$$

Für unser Beispiel können wir entsprechend formulieren:

$$U_{\text{Me}\rightarrow\text{L}} = -\frac{\mathcal{A}(\text{Zn}^{2+}|\text{m} \rightarrow \text{Zn}^{2+}|\text{w})}{2\mathcal{F}},$$

wobei gilt:

$$\mathcal{A} = \mu(\text{Zn}^{2+}|\text{m}) - \mu(\text{Zn}^{2+}|\text{w}).$$

Auflösen nach der gesuchten Differenz resultiert in:

$$\mu(\text{Zn}^{2+}|\text{m}) - \mu(\text{Zn}^{2+}|\text{w}) = -2\mathcal{F}\cdot U_{\text{Me}\rightarrow\text{L}}.$$

$$\mu(\text{Zn}^{2+}|\text{m}) - \mu(\text{Zn}^{2+}|\text{w}) = -2\cdot 96485\ \text{C mol}^{-1}\cdot(-0{,}3\ \text{V}) = 58000\ \text{G} = \mathbf{58\ kG}.$$

Einheitenanalyse:

$\text{C mol}^{-1}\ \text{V} = \text{A s mol}^{-1}\ \text{V} = \text{J mol}^{-1} = \text{G}.$

Aufgrund der Formel $W_{el} = U \cdot I \cdot \Delta t$ für die elektrische Energie entspricht die sog. „Voltamperesekunde (VAs)“ dem Joule, wie bereits in Lösung 2.21.2 besprochen.

2.22.3 Galvanispannung von Redoxelektroden

Umsatzformel: $2\ Cr^{3+}|w + 7\ H_2O|l \rightarrow Cr_2O_7^{2-}\ |w + 14\ H^+|w + 6\ e^-$

NERNSTsche Gleichung:

Da ein zusammengesetztes Redoxpaar Rd → Ox + ν_ee vorliegt, wobei Rd für die Stoffkombination $\nu_{Rd'}Rd' + \nu_{Rd''}Rd'' + ...$ und Ox für die Kombination $\nu_{Ox'}Ox' + \nu_{Ox''}Ox'' + ...$ steht, lautet die NERNSTsche Gleichung [Gl. (22.24)]:

$$\Delta\varphi = \Delta\overset{\circ}{\varphi} + \frac{RT}{\nu_e \mathcal{F}} \ln \frac{c_r(\mathrm{Ox'})^{\nu_{Ox'}} \cdot c_r(\mathrm{Ox''})^{\nu_{Ox''}} \cdot ...}{c_r(\mathrm{Rd'})^{\nu_{Rd'}} \cdot c_r(\mathrm{Rd''})^{\nu_{Rd''}} \cdot ...} .$$

Im Falle unseres Beispiels erhalten wir also:

$$\Delta\varphi = \Delta\overset{\circ}{\varphi}(\mathrm{Cr^{3+}/Cr_2O_7^{2-}}) + \frac{RT}{6\mathcal{F}} \ln \frac{c_r(\mathrm{Cr_2O_7^{2-}})}{c_r(\mathrm{Cr^{3+}})^2 \cdot c_r(\mathrm{H^+})^{14}} .$$

Das flüssige Wasser taucht als reine Flüssigkeit im Argument des Logarithmus nicht auf.

2.22.4 Konzentrationsabhängigkeit der Galvanispannung von Metallionenelektroden

Änderung ΔU der Galvanispannung bei Änderung der Konzentration:

Die Konzentrationsabhängigkeit der Galvanispannung einer Metallionenelektrode, wie sie die Cu/Cu^{2+}-Elektrode darstellt, wird durch Gleichung (22.16) beschrieben:

$$U = \overset{\circ}{U} + \frac{RT}{z_J \mathcal{F}} \ln \frac{c_J(\mathrm{L})}{c^\ominus} .$$

Für die Änderung der Galvanispannung bei Erhöhung der Ionenkonzentration um den Faktor 5 erhalten wir in unserem Beispiel:

$$\Delta U = \left[\overset{\circ}{U}(\mathrm{Cu/Cu^{2+}}) + \frac{RT}{2\mathcal{F}} \ln \frac{5c(\mathrm{Cu^{2+}})}{c^\ominus}\right] - \left[\overset{\circ}{U}(\mathrm{Cu/Cu^{2+}}) + \frac{RT}{2\mathcal{F}} \ln \frac{c(\mathrm{Cu^{2+}})}{c^\ominus}\right],$$

$$= \frac{RT}{2\mathcal{F}} \ln \frac{5c(\mathrm{Cu^{2+}}) \cdot c^\ominus}{c^\ominus \cdot c(\mathrm{Cu^{2+}})} = \frac{RT}{2\mathcal{F}} \ln 5 = \frac{8{,}314\ \mathrm{G\,K^{-1}} \cdot 298\ \mathrm{K}}{2 \cdot 96485\ \mathrm{C\,mol^{-1}}} \ln 5 = \mathbf{0{,}0207\ V} .$$

Einheitenanalyse:

$$\frac{\mathrm{G\,K^{-1}\,K}}{\mathrm{C\,mol^{-1}}} = \frac{\mathrm{J\,mol^{-1}}}{\mathrm{A\,s\,mol^{-1}}} = \frac{\mathrm{V\,A\,s}}{\mathrm{A\,s}} = \mathrm{V} .$$

2.22.5 Diffusionsspannung

a) Diffusionsspannung U_{Diff} bei Vorliegen von NaCl-Lösungen:

Die im stationären Zustand vorliegende Diffusionsspannung U_{Diff} ergibt sich für einen 1-1-wertigen Elektrolyten (wie z. B. NaCl) gemäß Gleichung (22.28) zu

$$U_{\text{Diff}} = \frac{t_+ - t_-}{\mathcal{F}} RT \ln \frac{c(\text{II})}{c(\text{I})} .$$

Überführungszahl t_+:

Zwischen der Überführungszahl t_+ und den Ionenbeweglichkeiten u_+ und u_- besteht der folgende Zuammenhang [Gl. (21.53)]:

$$t_+ = \frac{u_+}{u_+ - u_-} = \frac{5,2 \cdot 10^{-8}\ \text{m}^2\ \text{V}^{-1}\ \text{s}^{-1}}{[5,2 - (-7,9)] \cdot 10^{-8}\ \text{m}^2\ \text{V}^{-1}\ \text{s}^{-1}} = 0,40 .$$

Überführungszahl t_-:

Aus Gleichung (21.52) folgt unmittelbar:

$$t_- = 1 - t_+ = 1 - 0,40 = 0,60 .$$

$$U_{\text{Diff}} = \frac{0,40 - 0,60}{96485\ \text{C}\,\text{mol}^{-1}} \cdot 8,314\ \text{G}\,\text{K}^{-1} \cdot 298\ \text{K} \cdot \ln \frac{100\ \text{mol}\,\text{m}^{-3}}{300\ \text{mol}\,\text{m}^{-3}}$$

$$= 0,0056\ \text{V} = \mathbf{5{,}6\ mV}.$$

b) Diffusionsspannung U_{Diff} bei Vorliegen von KCl-Lösungen:

Für die Diffusionsspannung U_{Diff} erhält man in diesem Fall mit

$$t_+ = \frac{7,6 \cdot 10^{-8}\ \text{m}^2\ \text{V}^{-1}\ \text{s}^{-1}}{[7,6 - (-7,9)] \cdot 10^{-8}\ \text{m}^2\ \text{V}^{-1}\ \text{s}^{-1}} = 0,49 \quad \text{und} \quad t_- = 1 - 0,49 = 0,51$$

den folgenden Wert:

$$U_{\text{Diff}} = \frac{0,49 - 0,51}{96485\ \text{C}\,\text{mol}^{-1}} \cdot 8,314\ \text{G}\,\text{K}^{-1} \cdot 298\ \text{K} \cdot \ln \frac{100\ \text{mol}\,\text{m}^{-3}}{300\ \text{mol}\,\text{m}^{-3}}$$

$$= 0,00056\ \text{V} = \mathbf{0{,}56\ mV}.$$

Durch den Wechsel des Kations ist die Diffusionsspannung also auf ca. ein Zehntel des ursprüngliches Wertes gesunken.

2.22.6 Membranspannung

a) Die Elektroneutralitätsbedingung lautet:

Lösung außen (I): $c_{\text{K}^+}(\text{I}) = c_{\text{Cl}^-}(\text{I})$,

Lösung innen (II): $5c_{\text{Prot}^{5+}}(\text{II}) + c_{\text{K}^+}(\text{II}) = c_{\text{Cl}^-}(\text{II})$.

b) Cl^--Innenkonzentration $c_{Cl^-}(II)$:

Wenn Gleichgewicht herrscht, gilt die DONNAN-Gleichung [Gl. (22.33)]:

$$c_{K^+}(I) \cdot c_{Cl^-}(I) = c_{K^+}(II) \cdot c_{Cl^-}(II) .$$

Auflösen nach $c_{Cl^-}(II)$ ergibt:

$$c_{Cl^-}(II) = \frac{c_{K^+}(I)}{c_{K^+}(II)} \cdot c_{Cl^-}(I) = 1{,}08 \cdot 150 \text{ mol m}^{-3} = \mathbf{162 \text{ mol m}^{-3}} .$$

c) Membranspannung U_{Mem}:

Die Membranspannung (DONNAN-Spannung) U_{Mem} ergibt sich gemäß Gleichung (22.30) zu:

$$U_{Mem} = \frac{RT}{\mathcal{F}} \ln\left(\frac{c_{K^+}(II)}{c_{K^+}(I)}\right) = \frac{8{,}314 \text{ G K}^{-1} \cdot 298 \text{ K}}{96485 \text{ C mol}^{-1}} \ln \frac{1}{1{,}08} = -0{,}0020 \text{ V} = \mathbf{-2{,}0 \text{ mV}}.$$

1.22.7* Membranspannung für Fortgeschrittene

a) Endkonzentrationen an Ionen auf beiden Seiten der Membran:

Bezeichnet man die Ausgangskonzentration des Proteins mit einer negativen Ladung z auf der einen Seite der Membran mit $c_{0,II}$, so beträgt die Konzentration des assoziierten Ions (in unserem Beispiel Na^+) $z \cdot c_{0,II}$. Auf der anderen Seite der Membran befindet sich eine NaCl-Lösung der Konzentration $c_{0,I}$. Es beginnen nun Na^+- und Cl^--Ionen in die Proteinlösung einzuströmen. Bis zur Gleichgewichtseinstellung verringert sich somit die Konzentration der NaCl-Außenlösung um c_x, d. h., ihre Endkonzentration beträgt $c_{0,I} - c_x$. Die Konzentration an Na^+-Ionen in der Innenlösung ist auf $z \cdot c_{0,II} + c_x$ angestiegen, die der (vorher nicht vorhandenen) Cl^--Ionen auf c_x. Einsetzen in die DONNAN-Gleichung [Gl. (22.33)] (unter der Voraussetzung gleicher Volumina auf beiden Seiten der Membran) ergibt:

$$(c_{0,I} - c_x) \cdot (c_{0,I} - c_x) = (z \cdot c_{0,II} + c_x) \cdot c_x \text{, d. h.,}$$

$$c_{0,I}^2 - 2c_{0,I}c_x + c_x^2 = zc_{0,II}c_x + c_x^2 .$$

Auflösen nach c_x ergibt über den Zwischenschritt

$$(zc_{0,II} + 2c_{0,I})c_x = c_{0,I}^2 \quad \text{schließlich}$$

$$c_x = \frac{c_{0,I}^2}{zc_{0,II} + 2c_{0,I}} .$$

Setzen wir nun die gegebenen Werte ein, so erhalten wir

$$c_x = \frac{(50\ \text{mol}\,\text{m}^{-3})^2}{(+3)\cdot 3\ \text{mol}\,\text{m}^{-3} + 2\cdot 50\ \text{mol}\,\text{m}^{-3}} = 22{,}9\ \text{mol}\,\text{m}^{-3}$$

und damit für die Konzentrationen in der Außenlösung:

$$c_{\text{Na}^+}(\text{I}) = c_{\text{Cl}^-}(\text{I}) = c_{0,\text{I}} - c_x = 50\ \text{mol}\,\text{m}^{-3} - 22{,}9\ \text{mol}\,\text{m}^{-3} = \mathbf{27{,}1\ mol\,m^{-3}}.$$

Die Konzentrationen in der Innenlösung ergeben sich hingegen zu:

$$c_{\text{Prot}^{z-}}(\text{II}) = c_{0,\text{II}} = \mathbf{3\ mol\,m^{-3}},$$

$$c_{\text{Na}^+}(\text{II}) = z\cdot c_{0,\text{II}} + c_x = (+3)\cdot 3\ \text{mol}\,\text{m}^{-3} + 22{,}9\ \text{mol}\,\text{m}^{-3} = \mathbf{31{,}9\ mol\,m^{-3}},$$

$$c_{\text{Cl}^-}(\text{II}) = c_x = \mathbf{22{,}9\ mol\,m^{-3}}.$$

b) Membranspannung U_{Mem}:

Die Membranspannung (DONNAN-Spannung) U_{Mem} resultiert gemäß Gleichung (22.30) in:

$$U_{\text{Mem}} = \frac{RT}{\mathcal{F}}\ln\left(\frac{c_{\text{Na}^+}(\text{II})}{c_{\text{Na}^+}(\text{I})}\right).$$

$$U_{\text{Mem}} = \frac{8{,}314\ \text{G}\,\text{K}^{-1}\cdot 298\ \text{K}}{96485\ \text{C}\,\text{mol}^{-1}}\ln\frac{31{,}9\ \text{mol}\,\text{m}^{-3}}{27{,}1\ \text{mol}\,\text{m}^{-3}} = 0{,}0042\ \text{V} = \mathbf{4{,}2\ mV}.$$

2.23 Redoxpotenziale und galvanische Zellen

2.23.1 NERNSTsche Gleichung einer Halbzelle

a) Umsatzformel: $Ag|s + Cl^-|w \rightarrow AgCl|s + e^-$

$\mu^\ominus$/kG: 0 −131,2 −109,8

Redoxpotenzial $E^\ominus$ der betrachteten Halbzelle:

Für ein zusammengesetztes Redoxpaar Rd → Ox + ν_ee, in dem Rd für die Stoffkombination $\nu_{Rd'}Rd' + \nu_{Rd''}Rd'' + ...$ und Ox für die Kombination $\nu_{Ox'}Ox' + \nu_{Ox''}Ox'' + ...$ steht, ergibt sich der Normwert $E^\ominus$ des Redoxpotenzials in Anlehnung an Gleichung (23.6) zu

$$E^\ominus(\text{Rd/Ox}) = -\frac{\left[\nu_{Rd'}\mu^\ominus(\text{Rd}') + \nu_{Rd''}\mu^\ominus(\text{Rd}'') + ... - \nu_{Ox'}\mu^\ominus(\text{Ox}') - ...\right] - \nu_e\mu_e^\ominus(\text{H}_2/\text{H}^+)}{\nu_e \mathcal{F}}.$$

[Leider hatte sich im Lehrbuch „Physikalische Chemie“ in Gleichung (23.6) der „Fehlerteufel“ eingeschlichen und der Faktor ν_e im Zähler war vergessen worden.]

Der Term $\mu_e^\ominus(\text{H}_2/\text{H}^+)$ ist jedoch gleich null und man erhält:

$$E^\ominus(\text{Rd/Ox}) = -\frac{\nu_{Rd'}\mu^\ominus(\text{Rd}') + \nu_{Rd''}\mu^\ominus(\text{Rd}'') + ... - \nu_{Ox'}\mu^\ominus(\text{Ox}') - \nu_{Ox'}\mu^\ominus(\text{Ox}'') - ...}{\nu_e \mathcal{F}}.$$

Einsetzen ergibt für das konkrete Beispiel:

$$E^\ominus(\text{Ag+Cl}^-/\text{Ag}) = -\frac{\{[0 + (-131,2)] - [-109,8]\} \cdot 10^3\ \text{G}}{1 \cdot 96485\ \text{C mol}^{-1}} = \mathbf{+0,222\ V}.$$

NERNSTsche Gleichung für die betrachtete Halbzelle:

Für ein zusammengesetztes Redoxpaar lautet die NERNSTsche Gleichung:

$$E = \overset{\circ}{E}(\text{Rd/Ox}) + \frac{E_N(T)}{\nu_e} \cdot \lg \frac{c_r(\text{Ox}')^{\nu_{Ox'}} \cdot c_r(\text{Ox}'')^{\nu_{Ox''}} \cdot ...}{c_r(\text{Rd}')^{\nu_{Rd'}} \cdot c_r(\text{Rd}'')^{\nu_{Rd''}} \cdot ...},$$

wobei c_r (= $c/c^\ominus$) die relative Konzentration ist.

Bei der Normtemperatur $T^\ominus$ = 298 K gilt $E_N^\ominus$ = 0,059 V und man erhält:

$$E = E^\ominus(\text{Rd/Ox}) + \frac{0,059\ \text{V}}{\nu_e} \cdot \lg \frac{c_r(\text{Ox}')^{\nu_{Ox'}} \cdot c_r(\text{Ox}'')^{\nu_{Ox''}} \cdot ...}{c_r(\text{Rd}')^{\nu_{Rd'}} \cdot c_r(\text{Rd}'')^{\nu_{Rd''}} \cdot ...}.$$

Für die Silber-Silberchlorid-Elektrode ergibt sich also

$$E = +0,222\ \text{V} + \frac{0,059\ \text{V}}{1} \cdot \lg \frac{1}{c_r(\text{Cl}^-)},$$

da für die Feststoffe Ag und AgCl das Massenwirkungsglied entfällt.

b) Umsatzformel: $Mn^{2+}|w + 4\ H_2O|l \rightarrow MnO_4^-|w + 8\ H^+|w + 5\ e^-$
$\mu^\ominus/\mathrm{kG}$: −228,1 4·(−237,1) −447,2 8·0

Redoxpotenzial $E^\ominus$ der betrachteten Halbzelle:

$$E^\ominus(Mn^{2+}/MnO_4^-) = -\frac{\{[(-228{,}1)+4\cdot(-237{,}1)]-[(-447{,}2)+8\cdot 0]\}\cdot 10^3\ \mathrm{G}}{5\cdot 96485\ \mathrm{C\,mol^{-1}}}$$

$$= \mathbf{+1{,}512\ V}\,.$$

NERNSTsche Gleichung für die betrachtete Halbzelle:

$$E = +1{,}512\ \mathrm{V} + \frac{0{,}059\ \mathrm{V}}{5}\cdot\lg\frac{c_r(MnO_4^-)\cdot c_r(H^+)^8}{c_r(Mn^{2+})}\,.$$

Das flüssige Wasser taucht als reine Flüssigkeit im Argument des Logarithmus nicht auf.

c) Umsatzformel: $HCOOH|w \rightarrow CO_2|g + 2\ H^+|w + 2\ e^-$
$\mu^\ominus/\mathrm{kG}$: −372,4 −394,4 2·0

Redoxpotenzial $E^\ominus$ der betrachteten Halbzelle:

$$E^\ominus(HCOOH/CO_2) = -\frac{\{[-372{,}4]-[(-394{,}4)+2\cdot 0]\}\cdot 10^3\ \mathrm{G}}{2\cdot 96485\ \mathrm{C\,mol^{-1}}} = \mathbf{-0{,}114\ V}\,.$$

NERNSTsche Gleichung für die betrachtete Halbzelle:

$$E = -0{,}114\ \mathrm{V} + \frac{0{,}059\ \mathrm{V}}{2}\cdot\lg\frac{p_r(CO_2)\cdot c_r(H^+)^2}{c_r(HCOOH)}\,.$$

Im Falle des Kohlendioxidgases wird dessen relativer Druck p_r ($= p/p^\ominus$) eingesetzt.

d) Umsatzformel: $HCOO^-|w + 3\ OH^-|w \rightarrow CO_3^{2-}|w + 2\ H_2O|l + 2\ e^-$
$\mu^\ominus/\mathrm{kG}$: −351,0 3·(−157,2) −527,8 2·(−237,1)

Redoxpotenzial $E^\ominus$ der betrachteten Halbzelle:

$$E^\ominus(HCOO^-/CO_3^{2-}) = -\frac{\{[(-351{,}0)+3\cdot(-157{,}2)]-[(-527{,}8)+2\cdot(-237{,}1)]\}\cdot 10^3\ \mathrm{G}}{2\cdot 96485\ \mathrm{C\,mol^{-1}}}$$

$$= \mathbf{-0{,}930\ V}\,.$$

NERNSTsche Gleichung für die betrachtete Halbzelle:

$$E = -0{,}930\ \mathrm{V} + \frac{0{,}059\ \mathrm{V}}{2}\cdot\lg\frac{c_r(CO_3^{2-})}{c_r(HCOO^-)\cdot c_r(OH^-)^3}\,.$$

2.23.2 Konzentrationsabhängigkeit von Redoxpotenzialen

a) Umsatzformel: $Fe^{2+}|w \rightarrow Fe^{3+}|w + e^-$

Redoxpotenzial E der betrachteten Halbzelle:

Das Redoxpotenzial E ergibt sich in Anlehnung an Gleichung (23.8) bei der Normtemperatur $T^\ominus = 298$ K zu

$$E = E^\ominus(\text{Rd/Ox}) + \frac{0,059\ \text{V}}{\nu_e} \cdot \lg \frac{c(\text{Ox})}{c(\text{Rd})}.$$

Für das Redoxpaar aus zwei- und dreiwertigen Eisenionen aus unserem Beispiel erhalten wir somit:

$$E = E^\ominus(\text{Fe}^{2+}/\text{Fe}^{3+}) + \frac{0,059\ \text{V}}{1} \cdot \lg \frac{c(\text{Fe}^{3+})}{c(\text{Fe}^{2+})}.$$

Der Normwert des Redoxpotenzials kann aus Tabelle 23.1 im Lehrbuch „Physikalische Chemie“ entnommen werden: $E^\ominus(Fe^{2+}/Fe^{3+}) = +0,771$ V.

$$E = +0,771\ \text{V} + 0,059\ \text{V} \cdot \lg \frac{0,010\ \text{kmol}\,\text{m}^{-3}}{0,005\ \text{kmol}\,\text{m}^{-3}} = \mathbf{+0,789\ V}.$$

b) Umsatzformel: $Cl^-|w + 4\ H_2O|l \rightarrow ClO_4^-|w + 8\ H^+|w + 8\ e^-$

Redoxpotenzial E der betrachteten Halbzelle:

Zur Berechnung des Redoxpotenzials kann die bereits in Lösung 2.22.1 verwendete NERNSTsche Gleichung für zusammengesetzte Redoxpaare eingesetzt werden:

$$E = E^\ominus(\text{Rd/Ox}) + \frac{0,059\ \text{V}}{\nu_e} \cdot \lg \lg \frac{c_r(\text{Ox}')^{\nu_{\text{Ox}'}} \cdot c_r(\text{Ox}'')^{\nu_{\text{Ox}''}} \cdot \ldots}{c_r(\text{Rd}')^{\nu_{\text{Rd}'}} \cdot c_r(\text{Rd}'')^{\nu_{\text{Rd}''}} \cdot \ldots}.$$

Im konkreten Fall erhalten wir:

$$E = E^\ominus(\text{Cl}^-/\text{ClO}_4^-) + \frac{0,059\ \text{V}}{8} \cdot \lg \frac{[c(\text{ClO}_4^-)/c^\ominus] \cdot [c(\text{H}^+)/c^\ominus]^8}{[c(\text{Cl}^-)/c^\ominus]}.$$

Wasserstoffionenkonzentration $c(H^+)$ in der Lösung:

Die Wasserstoffionen-Konzentration ergibt sich gemäß der Beziehung (siehe Abschnitt 7.3 im Lehrbuch „Physikalische Chemie“)

$$c(\text{H}^+)/c^\ominus = 10^{-\text{pH}} \quad \text{zu}$$

$$c(\text{H}^+) = 10^{-\text{pH}} \cdot c^\ominus = 10^{-3,0} \cdot 1\ \text{kmol}\,\text{m}^{-3} = 0,001\ \text{kmol}\,\text{m}^{-3}.$$

$$E = +1{,}389\ \text{V} + \frac{0{,}059\ \text{V}}{8} \cdot \lg \frac{[0{,}020\ \text{kmol m}^{-3}/1\ \text{kmol m}^{-3}] \cdot [0{,}001\ \text{kmol m}^{-3}/1\ \text{kmol m}^{-3}]^8}{[0{,}005\ \text{kmol m}^{-3}/1\ \text{kmol m}^{-3}]}$$

$$= \mathbf{+1{,}216\ V}.$$

c) Umsatzformel: $ClO_3^-|w + 2\ OH^-|w \rightarrow ClO_4^-|w + H_2O|l + 2\ e^-$

Redoxpotenzial E der betrachteten Halbzelle:

$$E = E^{\ominus}(ClO_3^-/ClO_4^-) + \frac{0{,}059\ \text{V}}{2} \cdot \lg \frac{[c(ClO_4^-)/c^{\ominus}]}{[c(ClO_3^-)/c^{\ominus}] \cdot [c(OH^-)/c^{\ominus}]^2}.$$

$$E = +0{,}36\ \text{V} + \frac{0{,}059\ \text{V}}{2} \cdot \lg \frac{[0{,}020\ \text{kmol m}^{-3}/1\ \text{kmol m}^{-3}]}{[0{,}010\ \text{kmol m}^{-3}/1\ \text{kmol m}^{-3}] \cdot [0{,}010\ \text{kmol m}^{-3}/1\ \text{kmol m}^{-3}]^2}$$

$$= \mathbf{+0{,}49\ V}.$$

2.23.3 Redoxpotenzial von Gaselektroden

Umsatzformel: $4\ OH^-|w \rightarrow O_2|g + 2\ H_2O|l + 4\ e^-$.

Redoxpotenzial E der Sauerstoffelektrode:

Das Redoxpotenzial ergibt sich zu

$$E = E^{\ominus}(OH^-/O_2) + \frac{0{,}059\ \text{V}}{4} \cdot \lg \frac{[p(O_2)/p^{\ominus}]}{[c(OH^-)/c^{\ominus}]^4}.$$

Wasserstoffionenkonzentration $c(H^+)$ in der Lösung:

Die Wasserstoffionen-Konzentration ergibt sich zu [siehe Lösung 2.23.2 b)]:

$$c(H^+) = 10^{-\text{pH}} \cdot c^{\ominus} = 10^{-9{,}0} \cdot 1\ \text{kmol m}^{-3} = 1{,}0 \cdot 10^{-9}\ \text{kmol m}^{-3}.$$

Hydroxidionenkonzentration $c(OH^-)$ in der Lösung:

$$K_W = c(H^+) \cdot c(OH^-) \quad \Rightarrow$$

$$c(OH^-) = \frac{K_W}{c(H^+)} = \frac{1{,}0 \cdot 10^{-14}\ \text{kmol}^2\ \text{m}^{-6}}{1{,}0 \cdot 10^{-9}\ \text{kmol m}^{-3}} = 1{,}0 \cdot 10^{-5}\ \text{kmol m}^{-3}.$$

$$E = +0{,}401\ \text{V} + \frac{0{,}059\ \text{V}}{4} \cdot \lg \frac{[25\ \text{kPa}/100\ \text{kPa})]}{[1{,}0 \cdot 10^{-5}\ \text{kmol m}^{-3}/1\ \text{kmol m}^{-3}]^4}$$

$$= \mathbf{+0{,}687\ V}.$$

2.23.4 Berechnung von Redoxpotenzialen aus Redoxpotenzialen

Umsatzformeln: (1) $Cr \rightarrow Cr^{2+} + 2\ e^-$

(2) $Cr \rightarrow Cr^{3+} + 3\ e^-$

(3) $Cr^{2+} \rightarrow Cr^{3+} + e^-$

Redoxpotenzial $E^\ominus$ der betrachteten Halbzelle:

Für ein einfaches Redoxpaar $Rd \rightarrow Ox + \nu_e e$ ergibt sich der Normwert $E^\ominus$ des Redoxpotenzials in Anlehnung an Gleichung (23.6) zu

$$E^\ominus = -\frac{\mu^\ominus(Rd) - \mu^\ominus(Ox)}{\nu_e \mathcal{F}}.$$

Für den Antrieb $\mathcal{A}^\ominus$ der Halbzellenreaktion erhält man:

$$\mathcal{A}^\ominus = \mu^\ominus(Rd) - \mu^\ominus(Ox) - \nu_e \mu^\ominus(e^-).$$

Der Term $\mu^\ominus(Rd) - \mu^\ominus(Ox)$ kann nun durch den Antrieb $\mathcal{A}^\ominus$ ersetzt werden, da $\mu^\ominus(e^-) = 0$ ist, d. h., es gilt

$$E^\ominus = -\frac{\mathcal{A}^\ominus}{\nu_e \mathcal{F}}.$$

Wie wir aus Kapitel 4 im Lehrbuch „Physikalische Chemie" wissen, können die Antriebe von Reaktionen addiert bzw. subtrahiert werden. Dies gilt jedoch im Allgemeinen nicht für die Redoxpotenziale, da unterschiedliche Faktoren ν_e auftauchen. Wir müssen also zunächst aus den Redoxpotenzialen die Antriebe der Halbreaktionen berechnen.

$$\mathcal{A}_1^\ominus = -\nu_{e,1}\mathcal{F} \cdot E_1^\ominus.$$

$$\mathcal{A}_2^\ominus = -\nu_{e,2}\mathcal{F} \cdot E_2^\ominus.$$

Der Antrieb $\mathcal{A}_3^\ominus$ ergibt sich dann wegen $(3) = -(1) + (2)$ zu

$$\mathcal{A}_3^\ominus = -\mathcal{A}_1^\ominus + \mathcal{A}_2^\ominus,$$

d. h., wir erhalten

$$-\nu_{e,3}\mathcal{F} \cdot E_3^\ominus = \nu_{e,1}\mathcal{F} \cdot E_1^\ominus - \nu_{e,2}\mathcal{F} \cdot E_2^\ominus.$$

Umformen nach dem gesuchten Redoxpotenzial $E_3^\ominus$ ergibt:

$$E_3^\ominus = \frac{\nu_{e,2}E_2^\ominus - \nu_{e,1}E_1^\ominus}{\nu_{e,3}} = \frac{3 \cdot (-0,744\ \mathrm{V}) - 2 \cdot (-0,913\ \mathrm{V})}{1} = \mathbf{-0,406\ V}.$$

2.23.5 Löslichkeitsprodukt von Silberiodid

Löslichkeitsprodukt $\mathcal{K}_{sd}^{\ominus}$ von Silberiodid:

Die NERNSTsche Gleichung für die Silber-Silberionen-Elektrode lautet:

$$E_1 = E^{\ominus}(Ag/Ag^+) + \frac{RT^{\ominus}}{\mathcal{F}} \cdot \ln c_r(Ag^+) .$$

Die Ag^+-Ionenkonzentration soll im vorliegenden Fall durch das Löslichkeitsprodukt $\mathcal{K}_{sd}^{\ominus}$ des schwerlöslichen Salzes AgI bestimmt werden:

$$\mathcal{K}_{sd}^{\ominus} = c_r(Ag^+) \cdot c_r(I^-) \quad \Rightarrow$$

$$c_r(Ag^+) = \frac{\mathcal{K}_{sd}^{\ominus}}{c_r(I^-)} .$$

Einsetzen ergibt:

$$E_1 = E^{\ominus}(Ag/Ag^+) + \frac{RT^{\ominus}}{\mathcal{F}} \cdot \ln \frac{\mathcal{K}_{sd}^{\ominus}}{c_r(I^-)} .$$

Für die NERNSTsche Gleichung der Silber-Silberiodid-Elektrode erhält man [vgl. Gl. (22.27)]:

$$E_2 = E^{\ominus}(Ag + I^-/AgI) + \frac{RT^{\ominus}}{\mathcal{F}} \cdot \ln \frac{1}{c_r(I^-)} .$$

Vergleicht man diese Beziehung mit der Gleichung darüber und beachtet, dass E_1 und E_2 die gleichen experimentellen Gegebenheiten beschreiben und daher gleich sind, so folgt:

$$E^{\ominus}(Ag + I^-/AgI) = E^{\ominus}(Ag/Ag^+) + \frac{RT^{\ominus}}{\mathcal{F}} \cdot \ln \mathcal{K}_{sd}^{\ominus} .$$

$c_r(I^-)$ kürzte sich auf beiden Seiten heraus. Auflösen nach $\mathcal{K}_{sd}^{\ominus}$ ergibt:

$$\mathcal{K}_{sd}^{\ominus} = \exp \frac{[E^{\ominus}(Ag + I^-/AgI) - E^{\ominus}(Ag/Ag^+)] \cdot \mathcal{F}}{RT^{\ominus}} .$$

$$\mathcal{K}_{sd}^{\ominus} = \exp \frac{[-0,1522\ \mathrm{V} - 0,7996\ \mathrm{V}] \cdot 96485\ \mathrm{C\,mol^{-1}}}{8,314\ \mathrm{G\,K^{-1}} \cdot 298,15\ \mathrm{K}} = \mathbf{8,14 \cdot 10^{-17}} .$$

Sättigungskonzentration c_{sd}:

Die Sättigungskonzentration c_{sd} des schwerlöslichen Silberiodids in wässriger Lösung ergibt sich gemäß Abschnitt 6.6 im Lehrbuch „Physikalische Chemie“ aus dem Löslichkeitsprodukt

$$\mathcal{K}_{sd}^{\ominus} = c_r(Ag^+) \cdot c_r(I^-)$$

unter Berücksichtigung, dass gilt:

$$c_{sd} = c(Ag^+) = c(I^-) .$$

Durch Einsetzen,

$$\mathcal{K}_{\text{sd}}^{\ominus} = (c_{\text{sd}}/c^{\ominus})\cdot(c_{\text{sd}}/c^{\ominus}) = (c_{\text{sd}}/c^{\ominus})^2 ,$$

und Auflösen nach c_{sd} erhält man:

$$c_{\text{sd}} = \sqrt{\mathcal{K}_{\text{sd}}^{\ominus}}\,c^{\ominus} = \sqrt{8{,}14\cdot 10^{-17}}\cdot 1\,\text{kmol}\,\text{m}^{-3} = \mathbf{9{,}02\cdot 10^{-9}\ kmol\ m^{-3}} .$$

2.23.6 Konzentrationszelle

Differenz ΔE der Redoxpotenziale für die galvanische Zelle:

Das Redoxpotenzial einer Silber-Silberionen-Elektrode wird durch die folgende NERNSTsche Gleichung beschrieben:

$$E = E^{\ominus}(\text{Ag/Ag}^+) + \frac{RT^{\ominus}}{\mathcal{F}}\cdot \ln c_{\text{r}}(\text{Ag}^+) .$$

Für die Differenz ΔE der Redoxpotenziale erhalten wir also:

$$\Delta E = E_2 - E_1$$

$$\Delta E = \left[E^{\ominus}(\text{Ag/Ag}^+) + \frac{RT^{\ominus}}{\mathcal{F}}\cdot \ln c_2(\text{Ag}^+)/c^{\ominus}\right] - \left[E^{\ominus}(\text{Ag/Ag}^+) + \frac{RT^{\ominus}}{\mathcal{F}}\cdot \ln c_1(\text{Ag}^+)/c^{\ominus}\right]$$

Der Term $E^{\ominus}(\text{Ag/Ag}^+)$ kürzt sich heraus, d. h., es verbleibt:

$$\Delta E = \frac{RT^{\ominus}}{\mathcal{F}}\cdot \ln\frac{c_2(\text{Ag}^+)}{c_1(\text{Ag}^+)} \quad \text{und damit}$$

$$\Delta E = \frac{8{,}314\ \text{G}\,\text{K}^{-1}\cdot 298\ \text{K}}{96485\ \text{C}\,\text{mol}^{-1}}\cdot \ln\frac{0{,}0100\ \text{kmol}\,\text{m}^{-3}}{0{,}0005\ \text{kmol}\,\text{m}^{-3}} = \mathbf{+0{,}077\ V} .$$

Solche galvanischen Zellen, die sich nur in der Konzentration des Elektrolyten unterscheiden, bezeichnet man als *Konzentrationszellen* (oder auch –ketten).

2.23.7 Galvanische Zelle

a) Halbreaktionen sowie Gesamtreaktion der Zelle:

Oxidation:	$Cr^{2+} \rightarrow Cr^{3+} + e^-$	(links im Zellschema),
Reduktion:	$Fe^{3+} + e^- \rightarrow Fe^{2+}$	(rechts im Zellschema),
Gesamtreaktion:	$Cr^{2+} + Fe^{3+} \rightarrow Cr^{3+} + Fe^{2+}$.	

b) Konzentrationsabhängigkeit der Zellspannung:

Die NERNSTsche Gleichung für die allgemein formulierte Gesamtreaktion

$$\text{Rd} + \text{Ox}^* \rightarrow \text{Rd}^* + \text{Ox}$$

lautet [siehe Gl. (23.16)]:

$$\Delta E = \Delta\overset{\circ}{E} + \frac{RT}{\nu_e \mathcal{F}} \cdot \ln \frac{c(\mathrm{Ox}^*) \cdot c(\mathrm{Rd})}{c(\mathrm{Rd}^*) \cdot c(\mathrm{Ox})}$$

mit $\Delta\overset{\circ}{E} = \overset{\circ}{E}(\mathrm{Ox}^*/\mathrm{Rd}^*) - \overset{\circ}{E}(\mathrm{Ox}/\mathrm{Rd})$ als Grundwert der Potenzialdifferenz ΔE für die betrachtete Zelle. Für die Konzentrationsabhängigkeit von ΔE bei 25 °C erhalten wir im vorliegenden Beispiel also

$$\Delta E = \Delta E^\ominus + \frac{RT^\ominus}{\mathcal{F}} \cdot \ln \frac{c_r(\mathrm{Fe}^{3+}) \cdot c_r(\mathrm{Cr}^{2+})}{c_r(\mathrm{Fe}^{2+}) \cdot c_r(\mathrm{Cr}^{3+})} \quad .$$

c) Normwert $\Delta E^\ominus$ der Potenzialdifferenz:

Die Normwerte $E^\ominus$ der Redoxpotenziale können der Tabelle 23.1 im Lehrbuch „Physikalische Chemie“ entnommen werden:

$$E^\ominus(\mathrm{Cr}^{2+}/\mathrm{Cr}^{3+}) = -0{,}407\ \mathrm{V},$$

$$E^\ominus(\mathrm{Fe}^{2+}/\mathrm{Fe}^{3+}) = +0{,}771\ \mathrm{V}\,.$$

Der Normwert $\Delta E^\ominus$ der Potenzialdifferent beträgt entsprechend [vgl. Gl. (23.11)]:

$$\Delta E^\ominus = E^\ominus(\mathrm{Fe}^{2+}/\mathrm{Fe}^{3+}) - E^\ominus(\mathrm{Cr}^{2+}/\mathrm{Cr}^{3+}) = (+0{,}771\ \mathrm{V}) - (-0{,}407\ \mathrm{V}) = \mathbf{+1{,}178\ V}\,.$$

d) Chemischer Antrieb $\mathcal{A}^\ominus$ der Zellreaktion:

Zwischen dem chemischem Antrieb $\mathcal{A}^\ominus$ der Zellreaktion und der Potenzialdifferenz $\Delta E^\ominus$ der Zelle besteht der folgende Zusammenhang [siehe Gl. (23.15)]:

$$\Delta E^\ominus = \frac{\mathcal{A}^\ominus}{\nu_e \mathcal{F}} \quad \Rightarrow$$

$$\mathcal{A}^\ominus = \nu_e \mathcal{F} \cdot \Delta E^\ominus\,.$$

$$\mathcal{A}^\ominus = 1 \cdot 96485\ \mathrm{C\,mol^{-1}} \cdot (+1{,}178\ \mathrm{V}) = +113{,}7 \cdot 10^3\ \mathrm{G} = \mathbf{+113{,}7\ kG}\,.$$

Der chemische Antrieb ist positiv, die Zellreaktion läuft also in der angegebenen Richtung freiwillig ab.

Bei freiwilligem Ablauf der Reaktion wird die Elektrode mit dem größeren Redoxpotenzial (hier Pt|Fe^{2+},Fe^{3+}) die Kathode und die mit dem kleineren Redoxpotenzial (hier Pt|Cr^{2+},Cr^{3+}) die Anode.

Printed in the United States
By Bookmasters